孝文化的传承与创新

——基于大唐盛世的考察

季庆阳　著

西安电子科技大学出版社

内 容 简 介

本书是迄今海内外研究该课题的唯一专著。全书以历史学和文化学的视野全面系统地对唐代孝文化进行了论述，包括唐代孝文化的渊源，唐代政治、经济、文化、社会生活与孝文化的关系，唐代的孝道观，唐代孝文化的特征及形成的历史原因，唐代孝文化的地位、影响，以及启示等。

本书史料翔实，新见迭出，在一些方面填补了研究空白，同时，为孝文化的传承与创新奠定了学术基础，为弘扬传统文化、构建和谐社会进行了积极探索。

图书在版编目（CIP）数据

孝文化的传承与创新：基于大唐盛世的考察/季庆阳著.
—西安：西安电子科技大学出版社，2015.6（2018.12重印）
ISBN 978-7-5606-3715-0

Ⅰ. ① 孝…　Ⅱ. ① 季…　Ⅲ. ① 孝—文化研究—中国—唐代　Ⅳ. ① B823.1

中国版本图书馆 CIP 数据核字(2015)第 101651 号

策　　划　李惠萍
责任编辑　高维岳　李江彬
出版发行　西安电子科技大学出版社(西安市太白南路 2 号)
电　　话　(029)88242885　88201467　　邮　　编　710071
网　　址　www.xduph.com　　电子邮箱　xdupfxb001@163.com
经　　销　新华书店
印刷单位　三河市兴国印务有限公司
版　　次　2015 年 6 月第 1 版　2018 年 12 月第 2 次印刷
开　　本　787 毫米×960 毫米　1/16　印　张　23
字　　数　379 千字
定　　价　46.00 元
ISBN 978-7-5606-3715-0/B

XDUP 4007001-1

如有印装问题可调换

作者简介

季庆阳，男，1973年出生，陕西礼泉人，历史学博士，1996年毕业于陕西师范大学历史系，2002年毕业于西北大学思想文化研究所，获历史学硕士学位，2011年毕业于陕西师范大学历史文化学院，获历史学博士学位，现任西安电子科技大学机关党委书记，西安电子科技大学终南文化书院副院长，主要从事中国思想文化史方面的研究。近年来致力于孝文化研究，2012年主持陕西省社科基金项目"唐代孝文化研究"，发表相关论文10余篇。

序

中国传统文化内容丰富，博大精深，是中华民族在漫长的历史岁月中创造的财富。在众多的传统文化因子中，孝文化源远流长，曾对中国历史产生过重要影响。从历史的角度来看，中国孝文化经历了形成、发展、演变的过程，值得我们进行深入探讨。近年来，有不少学者致力于中国孝文化的研究，这是令人欣慰的好事。现在呈现在大家面前的这部著作，就是季庆阳博士对唐代孝文化进行研究的最新成果。

唐代孝文化植根于先秦时代的《孝经》。《孝经》是儒家的重要经典之一，其中心思想是在家行孝、对国尽忠。这种思想对齐家、治国、平天下具有重要意义。因此，统治者主张“以孝治天下”。自汉代以来，《孝经》在社会上广为流传，孔安国、马融、何晏、苏林、何承天等学者还曾对《孝经》做过注释。到了唐代，统治者对“孝”更加重视，将它看作人们全部道德的基础，认为它是决定家庭和谐、国家稳定的基本规范。唐高祖在《旌表孝友诏》中说：“民禀五常，仁义斯重；士有百行，孝敬为先。自古哲王，经邦致治，设教垂范，莫尚于兹”。武则天在《臣轨·序》中说：“然则君亲既立，忠孝形焉。奉国奉家，率由之道宁二；事君事父，资敬之途斯一。”唐玄宗在《令郡县采奏孝弟诰》中说：“至和育物，大孝安亲，古之哲王，必由斯道。……信可以光宅寰宇，永绥黎元者哉。其天下有至孝友弟，行著乡闾堪旌表者，郡县长官采听闻奏，庶孝子顺孙，沐于元化也”。基于这种认识，唐代前期便把《孝经》设置为学校的必修课程。唐玄宗甚至亲自为《孝经》作注，并令“天下家藏《孝经》一本，精勤教习”，要求“学校之中，倍加传授。州县官长，明申劝课焉。” 在统治者的提倡和推动下，忠孝观念深入人心，形成了具有唐代风格的孝文化。

唐代孝文化的内容十分广泛，涉及唐代政治、经济、文化和社会生活的诸多领域。从政治方面来看，唐王朝继承了“以孝治天下”的传统，将孝道纳入唐代文教体制之中，大力提倡孝道的教化作用。为此，不仅鼓励社会成员学习《孝经》，尊行孝道，褒奖孝行，尊老养老，而且将行孝作为考察官员的重要标准，并从法律的高度对不孝行为做了处罚的规定。从经济方面来讲，统治者认为孝道对于促进农业技术的传播与调动劳动者的生产积极性具有重要作用，因而将“孝”的理念推广到家庭财产管理等方面。就文化而言，“孝”作为意识形态，与唐代的宗教、文学、史学、艺术、科技都有一定的关系。可以说，孝文化促进了唐代各个文化因子的发展，对唐人的衣食住行、家庭生活、节日习俗以及社会风气都产生了一定的影响。当然，出于皇权统治的需要，唐代帝王要求官僚士大夫和普通民众做到忠孝统一、忠先于孝。而士大夫往往强调忠孝不可兼得，普通民众则以“善事父母”作为行孝的准则。如果我们把唐代孝文化放到中国孝文化的历史长河中加以考察，就可以发现唐代的孝文化具有继承性、创新性、开放性、包容性、阶段性和区域性的特征。从某种意义上讲，唐代孝文化是中古盛世孝文化的代表，对中国历史产生了深刻的影响。

季庆阳先生在攻读博士学位期间，全面考察了中国传统的孝文化，广泛吸收了海内外学者的研究成果，从汗牛充栋的文献中搜集了大量资料，并在此基础上，对唐代孝文化进行了全面、系统、深入的探讨。博士毕业后，继续从事唐代孝文化研究。通过多年的潜心钻研，最终写成了这部著作。通读这本书，我们可以清楚地看出唐代孝文化的历史渊源、唐代孝文化的发展历程，以及唐代孝文化对周边国家、对中国后世的影响。同时，还可以深入了解唐代孝文化与唐代政治、经济、文化、社会生活的关系，认识唐代孝文化的特征及其历史价值。因此，我认为本书具有重要的学术价值。当前，我国政府致力于和谐社会建设，全国人民都在为实现“中国梦”而努力。但毋庸讳言，社会道德缺失、家庭矛盾突显、代际关系紧张、养老问题突出等社会现实问题依然存在。本书还针对这些现实问题的解决和孝文化的现代转型进行了深入探讨，对传统孝文化的现代价值进行了分析考察。阅读本书，大家可以从中得到有益的启示。

王双怀

2015 年 3 月 9 日识于觅道斋

❖❖ 前　言 ❖❖

孝文化是中国传统文化的重要组成部分，在中国历史文化中具有举足轻重的地位，可以看作是中国传统文化的表征。所谓百善孝为先，孝道也是中华民族最重要的传统美德之一。黑格尔在其《历史哲学》中说："中国纯粹建筑在这一种道德结合上，国家的特性便是客观的'家庭孝敬'"。梁漱溟先生在《中国文化要义》中说："说中国文化是'孝'的文化，自是没错"。台湾学者杨国枢在其《中国人之孝道的概念分析》中指出："传统的中国不仅是以农立国，而且是以孝立国""孝是中国文化最突出的特色"。肖群忠先生在其《孝与中国文化》中指出："传统中国文化在某种意义上，可称为孝的文化；传统中国社会，更是奠基于孝道之上的社会，因而孝道乃是使中华文明区别于古希腊罗马文明和印度文明的重大文化现象之一。在传统的中国社会与文化中，孝道实具有根源性、原发性、综合性，是中国文化的一个核心观念与首要文化精神，是中国文化的显著特色之一"。随着中国实力的增强，国人的文化自信也日益增强，复兴文化和提升中国文化的软实力，建设文化强国成为实现中国梦的题中之意。复兴文化必须弘扬中国传统文化，弘扬中国传统文化则要抓住要领和核心理念，因此，在弘扬传统文化上，作为中国传统文化的鲜明特征之一的孝文化，理应受到应有的重视。弘扬孝文化实际上就是要对孝文化进行传承与创新，实现孝文化的现代转型。如何传承和创新，学界众说纷纭，目前还处在积极的探索之中，本书的研究将为推进孝文化的传承与创新提供新的探索，也为传统文化的弘扬探寻合适的路径作出努力。

随着改革开放的不断推进，中国社会发生着深刻的变革，社会问题日益突现，如个人和社会道德的缺失，现代家庭矛盾的加剧和代际关系的紧张，青少年普遍缺乏感恩意识和社会责任感，轻则对父母漠不关心、离家出走，重则轻生自杀和弑杀父母。中国老年人口超过 2 亿，老龄化与养老问题日趋严峻，社会转型中各阶层利益诉求多元化和矛盾冲突加剧，社会安全稳定问题日益突出。传统孝文化具有珍爱生命、立德修身、感恩图报、和家友邻、爱国明礼等丰富的精神内涵，具有提升个人道德修养、和谐家庭社会关系、维护社会稳定等功能。本书通过对孝文化的研究，分析孝文化在解决古代社会问题中的运行机制和作用，从中可为现代社会问题的解决提供启示和借鉴，尤其是对于如何加强社会道德建设，构建核心价值体系，如何加强青少年教育，提高青年人的感恩意识和社会责任感，如何发扬敬老尊老传统，形成社会养老敬老的良好风尚，如何发扬悌道，促进人与人之间的友善之道及社会和谐稳定等，都能给予启迪。

唐代在中国古代历史上具有特殊的地位。它是封建社会繁荣鼎盛时期的代表，这一时期中国文化辉煌而灿烂，其孝文化具有典型性，因此，选取唐代对孝文化进行考察，更能深刻把握孝文化在传统社会中的地位和作用，为孝文化的传承与创新奠定坚实的学术基础，为弘扬中国传统文化，推进文化复兴事业，构建和谐社会进行积极探索。

孝观念基于人的自然亲情，其产生与生殖崇拜和祖先崇拜有着密切的关系。早期的孝观念表现为生命延续、传宗接代和尊祖祭祖。周代孝道开始兴盛。在孝道观念上主要表现为尊祖敬宗，表达方式上则是“追孝”“享孝”。在这一观念的影响下，尊老敬老也成为孝道的内容，并在西周形成社会风尚。春秋战国时期，随着个体家庭经济的发展，孝道的含义由西周的尊祖敬宗、传宗接代逐步转变为以“善事父母”为基本内涵。以孔子为代表的先秦儒家创立了包括孝道、孝行、孝治在内的一整套系统的孝文化理论，集中体现在了《孝经》之中，成为秦汉以后的中国传统孝文化的思想基础。汉代在确立儒学为国家的指导思想之后，同时确立了“以孝治天下”的治国方针，并为汉代以后的封建王朝所推崇。

出于政治的需要，历朝统治者大力宣扬和提倡孝文化，对儒家的孝道理论不断进行阐发，集中体现在对《孝经》的注解上。据近人蔡汝塑的《孝经集目考略》统计，从汉到清末注解《孝经》的作品多达 431 种，而且在历史上曾出现过封建皇帝亲自研究《孝经》的现象。如晋元帝作《孝经传》，北魏孝明帝作《孝经义记》，唐玄宗两次注解《孝经》(宋代邢昺为之作《疏》，成为通行的“十三经”《孝经》注解本)，清顺治帝撰《御定孝经注》，雍正帝撰《御纂孝经集注》等。

古代对于《孝经》的研究，多出于维护封建统治的目的，从经学的思维出发，囿于今古文之争，主要体现在义理的阐释和文字的考证、训诂、辑佚等方面，尽管历史弥久，著作颇多，但受时代和观念的影响，真正具有研究价值的作品并不多见。自汉代到清代，具有代表性的著作主要有：汉代郑玄的《孝经注》，汉代孔安国的《孝经传》，唐玄宗的《孝经注》(包括宋代邢昺的《疏》)，以及宋代朱熹的《孝经刊误》等。

从有关资料来看，对传统孝文化的研究是从近代开始的。近代以来，中国封建社会走向衰落，传统文化陷入危机，尤其是“五四”以来，随着“西学”的冲击，对旧文化、旧道德的批判，孝文化作为旧文化、旧道德的重要组成部分也成为学界批评的对象。如陈独秀、吴虞等人认为孝道是维护封建专制的思想基础，批判忠孝合一[①]；胡适批判孝道对个性自由和独立人格的压抑[②]；鲁迅在《新青年》上发表的《狂人日记》《二十四孝图》等文章，也对传统孝道的虚伪性、残酷性及其危害进行了揭露和批判。可以说新文化运动对传统孝道的批判和否定，使人们认识到了传统孝文化的阶级性、虚伪性和残酷性，动摇了传统孝道在中国文化中的地位，为科学研究传统孝文化创造了条件。

20 世纪 30 年代后期，现代新儒学在中西文化论争中兴起，旨在维护儒家道统，鼓吹儒学复兴。新儒家从继承和创建儒学的角度，对传统孝文化进行了新的审视，从道德伦理和政治思想的角度去寻求孝文化的合理内涵。其主要代表人物有贺麟、马一浮、谢幼伟、徐复观等。贺麟在《五伦观念的新检讨》一文中认为五伦关系是人生不可逃避，不应逃避的关系，其最高发展是三纲说，而三纲是教人“以常德为准而皆尽单方面之爱或单

① 陈独秀《复辟与尊孔》，载《新青年》第 3 卷 6 号。吴虞《家族制度为专制主义之根据论》、《说孝》，载蔡尚思主编：《中国现代思想史资料简编》第 1 卷，浙江人民出版社，1982 年。

② 胡适《我的儿子》，《每周评论》，1919 年 8 月 3 日，第 33 号。

方面的义务”。以父子关系为例，如果父子关系是相对的、无常的，则家庭关系即不能稳定，变乱随时可以发生。贺麟认为，父为子纲之说就是要补救父子关系的相对性与不安定性，“以免陷入相对的循环报复，给价还价的不稳定关系之中”[①]。马一浮认为孝为至德要道，在心为祖，行之为道，是人之所以为人之基本原则[②]；认为五等之孝的本义是指五种高低有别的道德名称，因为“古之爵人者，皆以爵为差，故爵名者，皆名其人之德也”[③]。谢幼伟认为：“孝的伦理，在中国社会或任何社会，均有应该存在的理由。”这是由于“孝是肯定人生的，是肯定社会的，且是社会团结的必要因素。”[④] 还认为孝道与孝治，道德与政治是可以相结合的[⑤]。徐复观在《中国孝道思想的形成、演变及其在历史中的诸问题》一文中认为，作为具有悠久文化历史的孝道，不能简单地打倒或拥护，而应具体地分析：首先是要将《孝经》所提倡的忠孝合一思想与孔孟的孝道思想区分开来。认为孔孟言孝，总是归结于人们内心的德性要求；论政，总是为了人民。《孝经》言孝，则总是归结于权势、利禄；论政，则是为了“天下为家”政治的需要。所以孔孟孝道思想于今天仍有其积极的意义，需要大力弘扬[⑥]。可以说现代新儒家分析了儒家孝文化在中国文化中的地位，发掘了孝文化的合理内涵，探讨了孝文化的现代意义，对于科学的研究传统孝文化多有启迪，当然有些观点还是值得商榷的。

新中国成立后，确立了马克思主义在中国政治生活中的指导地位。在马克思主义的指导下，孝文化作为中国传统文化的遗产，被批判地继承。研究工作大体可以分为三个阶段：① 20 世纪 50 年代至 60 年代中期，学术研究深受政治的影响，出现了将学术问题政治化、简单化、教条化的趋势，对孝文化的研究总体上批判多，肯定少。② 20 世纪 60 年代中期至 80

① 贺麟《文化与人生·五伦观念的新检讨》，商务印书馆，1988 年，第 51-61 页。

② 马一浮《复性书院讲录·〈孝经〉大义》，山东人民出版社，1998 年，第 112 页。

③ 《复性书院讲录·〈孝经〉大义》，第 121 页。

④ 罗义俊编《理性与生命——当代新儒学文萃》，上海书店，1994 年，第 522-523 页。

⑤ 《理性与生命——当代新儒学文萃》，第 513 页。

⑥ 徐复观《中国思想史论集》，上海书店，2004 年，第 132-164 页。

年代初，完全混淆了学术与政治的界限，对儒家思想全盘否定，孝文化也难逃厄运。③ 改革开放以来，随着思想解放，对传统文化的重新审视，孝文化也逐渐受到社会各界的关注。尤其是近20年来，随着改革开放的不断推进，中国社会发生了深刻的变革，社会问题日益突现(如个人和社会道德缺失、现代家庭矛盾加剧和代际关系紧张，老龄化与养老问题严峻，社会安全稳定问题突出等)，社会各界对孝文化的研究越来越重视。社会上成立了许多孝文化的研究机构。粗略统计，20年来，我国发表的有关孝文化的论文有数百篇。近年也出版了多部孝文化研究专著[①]。通过学者的努力，使得孝文化研究的学术氛围日益浓厚起来，在有关孝文化的起源、内涵、发展演变、历史影响及现代价值等方面的研究都有所深入。孝文化作为中国传统文化中一个相对独立的文化体系，其基本框架确立起来了。与此同时，这一领域依然存在诸多问题，需要进一步探索和思考。如孝文化的起源与内涵是孝文化研究中的基本问题，关于这个问题，学界在认识上依然存在较大的分歧；如何使传统孝文化现代化是孝文化研究的重大课题，虽然目前备受关注，但研究的深度还有待加强；少数民族孝文化的研究，以及孝文化与其他文化之间的关系研究还相对薄弱，有比较大的研究空间；魏晋以后孝文化研究亟需深入等等。总之，孝文化研究尚有很大的研究空间，

---

① 出版的著作主要有：康学伟：《先秦孝道研究》，文津出版社，1992年版；吉林人民出版社，2000年；林安弘：《儒家孝道思想研究》，文津出版社，1992年；宁业高：《中国孝文化漫谈》，中央民族大学出版社，1995年；魏英敏：《孝与家庭伦理》，湖南教育出版社，1997年；宫晓卫：《孝经•人伦的至理》，上海古籍出版社，1997年；王玉德：《孝•中国家政理念之评议》，广西人民出版社，1997年；何世明：《从基督教看中国孝道》，宗教文化出版社，1999年；谢宝耿：《中国孝道精华》，上海社会科学院出版社，2000年；肖群忠：《孝与中国文化》，人民出版社，2001年；万本根等编：《中国孝道文化》，巴蜀书社，2001年；吴锋：《中国传统孝观念的传承研究》，吉林人民出版社，2005年；王长坤：《先秦儒家孝道研究》，四川出版集团巴蜀书社，2007年；朱岚：《中国传统孝道七讲》，中国社会出版社，2008年；叶光辉，杨国枢：《中国人的孝道：心理学的分析》，重庆大学出版社，2009年；黄雪梅：《大化无形:云南大理白族祖先崇拜中的孝道化育机制研究》，广西师范大学出版社，2009年；高望之著，高亮之、高翼之译：《儒家孝道》，江苏人民出版社，2010年；曹方林，郑家治：《四川孝道文化》，巴蜀书社，2010年；骆承烈主编：《中华孝文化研究集成1 天经地义论孝道》，光明日报出版社，2013年。

学者们需要继续努力。

对孝文化进行研究，首先需要对孝文化的含义作出界定。什么是文化？文化的内涵与外延是什么？对此，中外学术界一直是众说纷纭，莫衷一致。据说关于文化的定义，国外不下百余种，国内也多达数百个，迄今未成共识。由于文化概念的不确定性，有关孝文化的概念也是众说纷纭，未有定论。

一般情况下，文化被看作是人类为了生存与发展，在改造客观世界和主观世界过程中所创造的一切物质财富和精神财富的总和。按照马克思主义的观点，经济基础决定上层建筑，文化是与政治、经济相对而言的一个概念，一般被归为意识形态范畴。因此可以把文化理解为人类创造的一切物质财富和精神财富的总和，尤其是精神财富。从这个意义来讲，可以将孝文化界定为中国古代创造的一切与“孝”有关的物质财富和精神财富的总和，以精神财富为主。具体来讲，它包括：与“孝”有关的物质财富，如衣食住行等物化形态；与“孝”有关的精神财富，如制度(政治制度、经济制度、文化制度、社会制度)、宗教、哲学、文学(诗歌、散文、小说、戏剧)、史学、医学、艺术(音乐、舞蹈、书法、绘画、雕塑)、风俗礼仪等。本书将从这个界定出发，对孝文化进行具体论述，以期望能勾勒出孝文化与唐代社会历史关系的概貌，反映出孝文化的丰富内涵。

本书在前人研究的基础上，采用多学科交叉的方法，以唐代社会作为考察基点，对孝文化在古代社会的表达方式、地位、功能、影响等进行系统分析，在此基础上从传承与创新的角度对孝文化进行反思，探讨现代社会如何弘扬孝文化。本书主要内容共分为八个部分，各部分要点如下：

第一章　唐代之前孝文化的历史演进。孝观念产生于生殖崇拜和祖先崇拜。西周时期，孝文化以尊祖敬宗和敬老养老为特色。春秋战国时期，以孔子为代表的儒家学派创立了一整套孝文化的理论，奠定了中国孝文化的理论基础。汉代奉行“以孝治天下”的治国方略，使孝道政治化和神学化。魏晋南北朝时期，因门阀士族势力强大，玄学风靡一时，形成孝亲先于忠君、生孝重于死孝等孝道观。所有这些，都为孝文化在唐代发展奠定了历史基础。

第二章　孝文化与唐代政治。“以孝治天下”为古代政治传统，唐代将孝纳入文教体制当中，推行崇圣尊儒的政策，在政治生活的各个环节中，提倡孝道的教化作用。这在唐代的教育制度、选官用人制度、褒奖孝行政策、尊老养老政策、礼仪制度、法律制度中都有充分的体现。从孝文化与唐代政治生活的关系中可以反映出孝文化在中国古代政治中具有强大的影响力。

第三章　孝文化与唐代经济。在唐代，孝文化不仅保障了小农家庭的团结与社会的稳定，而且在促进农业技术的传播和劳动力的生产上起到了积极作用。从唐代推行孝道实践的经济政策、孝文化与唐代家庭财产的管理，以及孝文化与唐代财政的关系来看，孝文化与唐代经济关系十分密切。这种关系有利于孝文化的发展，对社会经济则是一把双刃剑，祭祀、丧葬等方面的过度开支给社会经济的发展带来沉重的负担。

第四章　孝文化与唐代文化。孝文化作为意识形态渗透到唐代文化生活的各个领域。资料显示，孝文化与唐代宗教、文学、史学、艺术(包括音乐舞蹈、绘画雕塑、建筑、书法等)、医学等等都有不同程度的关系。孝文化促进了唐代各个文化因子的发展，而各种文化因素的创新反过来又丰富了孝文化的内容。孝文化也塑造了唐代文人的品格。

第五章　孝文化与唐代社会生活。唐代孝文化深入到唐人社会生活的方方面面，对唐人的衣食住行、家庭生活、节日习俗以及社会风气都产生了不同程度的影响。在孝文化的影响下，唐代社会呈现出许多体现孝文化的风尚。注重厚葬、行第和谱牒就是这种风尚的体现。

第六章　唐代的孝道观和孝文化的特征。唐人遵行了儒家孝道伦理的基本内涵，但不同阶层对孝道理解存在差异。出于皇权统治的需要，唐代帝王要求官僚士大夫和普通民众做到忠孝统一、忠先于孝。而士大夫往往强调忠孝不可兼得，普通民众则以“善事父母”作为行孝的准则。从大量资料来看，唐代孝文化具有继承性、创新性、开放性、包容性、阶段性和区域性的特征。这些特征的形成有多种因素在起作用，但总的来讲是由唐朝的社会历史条件所决定的。

第七章　唐代孝文化的地位及影响。唐代孝文化是中国中古盛世孝文化的代表，它对唐代社会产生了深刻而又全面的影响。这种影响主要表现为对唐人思想道德和文化的引领，对唐代政治实践和社会生活的指导，以及对唐代社会秩序的维护。值得注意的是，孝文化对与唐代同时代的新罗和日本等周边国家也产生了深远的影响。后来，唐代的孝文化又被宋代所继承，成为宋代及其以后各代孝文化的基础。从这个意义上讲，唐代孝文化在中国传统孝文化的发展历程中起着承上启下、继往开来的作用。

第八章　孝文化的传承与创新。在对唐代社会的考察基础上思考以下问题：对待传统文化中的孝文化我们应该坚持批判与继承相结合，传承与创新相结合的方针。一是在思想观念上要批判其封建性、虚伪性、愚昧性、保守性等糟粕，挖掘其生命意识、孝亲意识、敬老意识、修身意识、责任意识、爱国意识、进取意识、和谐意识等精髓。二是在制度上要扬弃其维护小农经济和封建专制的制度设计，借鉴其在社会精神价值建造、孝道教育、尊老养老、依法护孝等方面的合理安排。三是在文化和社会生活方面要扬弃其消极、愚昧甚至是腐朽的一面，如绝对服从、男尊女卑、重男轻女、厚葬久丧等文化习俗和生活方式，要弘扬其重视亲情、立德修身、友善邻里、团结互助等方面的习俗和生活方式。四是要结合现代社会的特点，提出新的家庭孝道文化理念，丰富孝文化的内涵，创建新的行孝方式，创新弘扬孝道的机制和途径，实现孝文化的现代化。

目　　录

第一章　唐代之前孝文化的历史演进

在研究唐代孝文化之前，有必要先对中国孝文化的起源、含义、产生条件及发展演变加以探讨。本章将对这些问题进行阐述。

第一节　孝文化的起源

一、孝道溯源

大部分学者认为孝起源于先民的生殖崇拜和祖先崇拜。按照唯物主义观点，直接生活的生产和再生产是历史中的决定性因素，而生产包括两种：一种是生活资料以及为此所必备的工具的生产；另一种是人类自身的生产，即“种的繁衍”[①]。在远古社会，由于严酷的生存条件，先民人口生产表现为高出生率、高死亡率和极低增长率的特点。据估计，原始社会人口出生的死亡率高达50%。旧石器时代，世界人口百年增长率不超过1.5‰，新石器时代世界人口百年增长率不超过4‰[②]。同时，原始人类的平均寿命很低，据推测，从旧石器时代到新石器时代，先民的平均年龄在20～30岁。“原始人类只能以增加出生率来求得和扩大人类自身的再生产。如果还考虑到生命的短促使妇女的可育时间大为缩减，依靠增加出生率来求得和扩大人类再生产的意义就显得更不寻常了”。而“在原始状态的生产方式下，人口的增加就意味着人力的增加。因此，人类自身的繁殖便成了原始社会发展

① [德]马克思，恩格斯《马克思恩格斯选集》(第1卷)，人民出版社，1972年，第31页。
② 吴申元《中国人口思想史稿》，中国社会科学出版社，1986年，第9页。

的决定性因素。出于对社会生产力的人的再生产的严重关切，原始人类出现了生殖崇拜”[①]。20 世纪初，周予同先生第一次揭示了孝与生殖崇拜文化之间的渊源关系。他在《“孝”与“生殖器崇拜”》一文中说：“就我现在的观察，我敢大胆地说，儒家的根本思想出发于‘生殖崇拜’；就是说，儒家哲学的价值论或伦理学的根本观念是“仁”，而本体论或形而上学的根本观念是‘生殖崇拜’。因为崇拜生殖，所以主张仁孝；因为主张仁孝，所以探源于生殖崇拜；二者密切的关系，绝对不能隔离”[②]。宋金兰对孝的字义进行了考察，认为“‘孝’的原始字形传达的信息是男女交合、生育子女。‘孝’字所记录的是早期汉语中‘家庭’的‘家’这个词。因为构成家庭的基本要素，就是夫妻及其子女”[③]。由于当时的人们面对极其恶劣的自然环境和生存条件，非常期望人类繁衍壮大，但又不理解人类的生殖和繁衍，对各种自然现象，诸如生老病死、天灾人祸等，产生莫名的恐惧和敬畏，于是产生了生殖崇拜。由于孝导源于生殖崇拜，其本质就是生命的繁衍，也就是说孝的初始含义之一是生命延续，传宗接代。

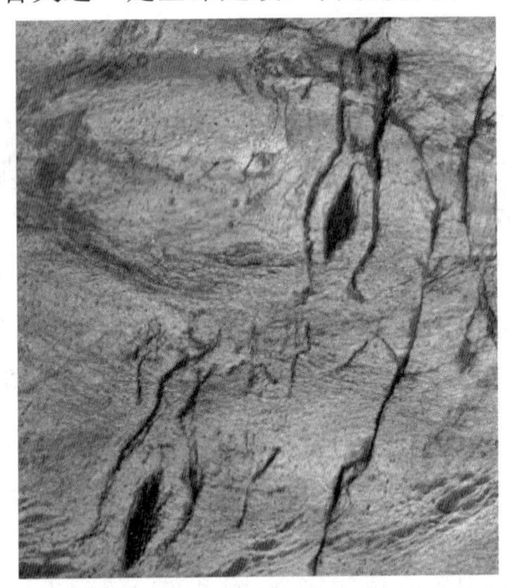

发现于河南的 4000 年前的女性生殖崇拜岩画

① 赵国华《生殖崇拜文化论》，中国社会科学出版社，1990 年，第 391 页。
② 顾颉刚《古史辨》，上海古籍出版社，1982 年，第 239 页。
③ 宋金兰《“孝”的文化内涵及其嬗变》，《青海社会科学》，1994 年第 3 期。

祖先崇拜是一种以崇尚祭祀祖先亡灵而祈求庇护为核心内容，由图腾崇拜、生殖崇拜、灵魂崇拜复合而成的原始宗教。“祖先崇拜的产生是人类为追索其祖源而展现的对生命本质与价值意识的一种外在形式”①。祖先崇拜使原始人群从万物有灵的多神崇拜和图腾崇拜发展到崇拜对象为人，而非自然物。由于人类自身的再生产使得人们从血缘关系上崇敬祖先。《礼记·郊特牲》说：“万物本乎天，人本乎祖”，《大戴礼记·礼之本》云：“先祖者，类之本也”“无先祖焉出?”进入传统农耕社会后，祖先在生产过程中积累下来的宝贵经验和技能，对人类的生存具有决定性意义。在当时，经验的积累、知识的增长都相当缓慢，对经验的尊崇，进而转变为对掌握和传承经验之人的尊崇。“儒家的孝道，有其历史上的依据，这根据即是在殷商时代即已盛行的崇拜祖先的宗教。上古的祖先教，演变出儒家的孝道。在秦汉以后的两千年，儒家的孝道，又维系了这个古老的宗教”②。中国古代早期的祖先崇拜不同于后来宗法制下的尊祖敬宗，它是在亲情关系基础上形成的一种观念和情感，并通过孝的形式表现出来。“孝作为一种道德范畴，其原始含义具有宗教性质，即对祖先的一种崇拜，是一种祭祀活动：‘率见昭考，以孝以享’。所谓‘孝’，是指族长或大宗率领族人在宗庙祭祀祖先的活动，足见早期的‘孝’与宗教信仰有着密切关系”③。金文及先秦早期文献的“孝享”都是祭祀，而报祀的对象主要是部族的始祖或首领④。据文献记载，最早进行“祀祖祭先”的是尧舜时期⑤。夏世系的流传也是祖先崇拜的力证。从甲骨文中可以清楚地认识商代祖先崇拜的状况。于省吾先生认为：“他们的宗教信仰，主要是祖先崇拜”⑥。胡厚宣先生指出：“因为殷人以为先祖死后，能够配天，也可以称帝。所以先祖和天帝一样，也能够降下祸福，授佑作孽于殷王，求雨求年，就要祷告先祖，求先祖在帝

---

① 王祥龄《中国古代崇祖敬天思想》，台湾学生书局，1992 年，第 71 页。

② 钱穆《中国文化导论》，中国青年出版社，1989 年，第 51 页。

③ 郑晓江，李承贵，杨雪骋《传统道德与当代中国》，安徽教育出版社，1998 年，第 115 页。

④ 舒大刚《〈周易〉、金文“孝享”释义》，《周易研究》，2002 年第 4 期。

⑤《国语·鲁语》载：“有虞氏禘黄帝而祖颛顼，郊尧而宗舜“。(清)徐元诰：《国语集解》，中华书局，2002 年，第 1501 页。

⑥ 于省吾《略论图腾与宗教起源和夏商图腾》，《历史研究》，1959 年第 11 期。

左右从旁再请上帝，而绝不直接向上帝行之”[1]。也就是说，在殷周宗法制度建立前，祖先崇拜就已经很发达，祀祖祭先的尊祖意识十分盛行，成为孝观念又一本初的含义。

黄帝陵

总之，古人把祖先的生殖行为神秘化、神圣化，以为不仅人的生命由祖先而来，人的命运也由祖先主宰，就把生殖崇拜观念与对祖先灵魂的迷信观念相结合，由此而产生了生命延续、传宗接代和尊祖祭祖的早期孝观念，也就是说，孝产生于具有生命哲学意蕴的生殖崇拜和具有宗教色彩的祖先崇拜。

也有学者认为“孝”起源于敬老，孝是敬老的狭义化。其主要论据是甲骨文、金文中“老”“考”“孝”三字相通[2]。东汉人许慎在《说文解字》中说：“孝，善事父母者。从老省，从子，子承老也”。我个人认为，仅从字源的角度去判定孝的起源不能完全让人信服，一是不同的人对孝字的起源有不同的理解，比如有学者认为“孝”字在甲骨文是祭祀祖先时所奉献的形象[3]。而许慎对“孝”字的解释是从“善事父母”的角度进行的，而善

① 胡厚宣《殷卜辞中的上帝和王帝(下)》，《历史研究》1959 年第 10 期。

② 杨荣国《中国古代思想史》，人民出版社，1973 年，第 11 页。

③ 张岂之《中国思想史》，西北大学出版社，1989 年，第 15 页。

事父母并非“孝”的初始含义，并不能说明孝起源于敬老。实际上敬老是从尊敬祖先的观念中衍生出来的，正如肖群忠先生所说：“敬老恰恰是从尊祖、事父中衍生出来的，因为祖先、父母相对于子孙来说，均是老，从孝之亲亲中可以扩充，衍生出社会道德的敬老精神，而不可能从敬老中衍生出尊祖敬亲”[①]。

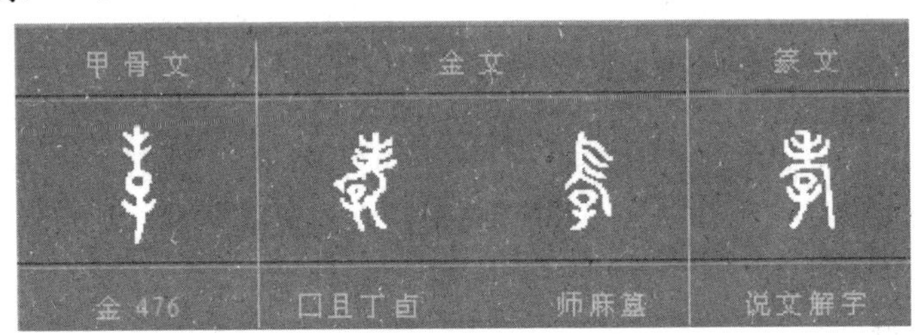

孝字的演变

至于“孝”起源的时间，众说纷纭，观点各异。一种观点认为孝观念是父系氏族公社时代的产物，具体说产生于古代传说中的五帝时代前期。孝观念产生的两个条件在这时已具备：一是基于血缘关系而产生的亲亲之情，二是个体婚制的建立[②]。另一种观点认为孝产生于殷代[③]。还有一种观点认为孝产生于周代。何平的《孝道的起源与孝行的最早提出》一文认为孝这一德目是周人首先提出的[④]。肖群忠先生在《孝与中国文化》中指出孝观念正式形成于周初。尽管关于孝的起源问题争论颇多，但有一点大家比较认同，即认为早在周代孝已经流行于社会之中。

二、西周时期的孝文化

西周是中国宗法奴隶制国家发展和完善时期，以宗法制、分封制、井田制和礼乐制度为基础，形成了西周孝文化的特点。在西周的典籍、铭文中，孝德往往是用“追孝”“享孝”来表述的，如：“汝肇刑文武，用会绍

① 肖群忠《孝与中国文化》，人民出版社，2001 年，第 25 页。

② 康学伟《先秦孝道研究》，吉林人民出版社，2000 年，第 7 页。

③ 杨荣国《中国古代思想史》，人民出版社，1973 年，第 11 页；李裕民《殷周金文中的“孝”和孔丘孝道的反动本质》，《考古学报》，1974 年第 2 期。

④ 何平《孝道的起源与孝行的最早提出》，《南开学报》，1988 年第 2 期。

乃辟，追孝于前文人”[①]；“昭兹来许，绳其祖武，于万斯年，受天之祜”[②]；“威仪孔时，君子有孝子，孝子不匮，永锡尔类”[③]。类似材料很多，从总的情况来看，反映对死人孝的材料远远多于反映对活人孝的材料。因此，西周孝的内涵主要是尊祖敬宗，其表现的形式主要是祭祀。查昌国在《西周“孝”义试探》一文中指出：“西周孝的对象是神祖考妣，非健在的人；孝是君德，宗德；其内容为尊祖，有敬宗抑父的作用”[④]。王慎行在《论西周孝道观的本质》一文认为，西周“孝是天人合一宗教思想的道德支柱”和“宗法制度在伦理观念上的表现”[⑤]。西周孝道观念是在继承殷商孝道观的基础上得到丰富和发展的。比较殷周“孝祖”的孝道观念，两者有明显的不同。其主要的一点就是祖先崇拜由宗教向人文化方向发展，并增加了道德伦理的内容。殷人将祖先神和上帝合而为一，即宗教与伦理融为一体。周人则将祖先神和上帝分离开来。这一分离使得周人把目光从天上转到了地上，从神界转到了人间。周人以德尊天，以孝敬祖，而德的实质是对天克尽孝道。周人认为天命变化靡常，而祖宗对子孙的保护是永久不变的，因此对祖宗的敬重更显得重要。陈来认为：“西周的祖先祭享不仅是一种对祖灵的献媚，而更是对祖先的一种报本的孝行。”[⑥]肖群忠认为尊祖祭祖的伦理精神在于“第一，报本返初”“第二，慎终追远”“第三，继志述事”[⑦]。

孝文化之所以形成这样的特点，与西周完备、严密的宗法制度有着密切的联系。宗法制度是一种构建在家族血缘关系基础之上的等级制度，也是父权与政权合一的制度。这种制度中，天子、诸侯、卿大夫及士等构成了严格的等级体系。宗法制度主要表现在权位继承制上的嫡子继承制和庶子分封制。商代有“兄终弟及”继位制，也有传子制(传嫡子或传兄弟之子)，

①《尚书·文侯之命》。
②《诗经·大雅·下武》。
③《诗经·大雅·既醉》。
④ 查昌国《西周“孝”义试探》，《 中国史研究》1993 年第 2 期。
⑤ 王慎行《论西周孝道观的本质》，《人文杂志》1991 年第 2 期。
⑥ 陈来《古代宗教与伦理》，三联书店，1996 年，第 303-304 页。
⑦ 肖群忠《孝与中国文化》，人民出版社，2001 年，第 16-17 页。

到了周代形成了明确的宗法制。周王自称天子，王位由嫡长子继承，为天下的大宗，是同姓贵族的最高家长，也是政治上的天下共主，掌握国家的最高权力。宗法制度也实行于各封国内。商代虽已开始分封诸侯，但真正大规模地实施是在周代，以封地连同民众赏给王室子弟和部分有功之臣。诸侯是本国的大宗，相对天子而言则是小宗。相应的卿、大夫、士之间，也有大宗与小宗之分。分封制导致周王朝统治集团趋于松散，各诸侯在经济、政治、军事上都与中央具有相对的独立性。政治统治系统的维护主要依靠以血缘关系为纽带的宗法制度。在宗法制和分封制下，只有强调对祖先和父兄的崇敬和孝顺，才有利于巩固周王室政权。因此，提倡孝道便成为强化周王朝统治和维系社会秩序的迫切需要。周王自称自己的祖先是上帝的儿子，是奉上帝之命来建立周王朝的统治，所谓“丕显文王，受天有大命”[①]，文王是接受上天委任来治理天下的。鉴于祖先神的特殊地位，周王为巩固自身的统治地位，就高举祖先的旗帜以团结诸侯，建立严格的宗庙制度和举行隆重的祭祀活动，以达到尊祖敬宗的效果。这种制度使得“家”“国”成为一体，在血缘关系的基础上将祖先崇拜、宗法制度和孝道结合为一体。这种结合既保留了孝的宗教色彩和神圣性，又使家庭道德与社会道德合为一体，凸显出孝的道德伦理精神和政治准则的要求。这奠定了中国传统孝文化最为显著的特征。

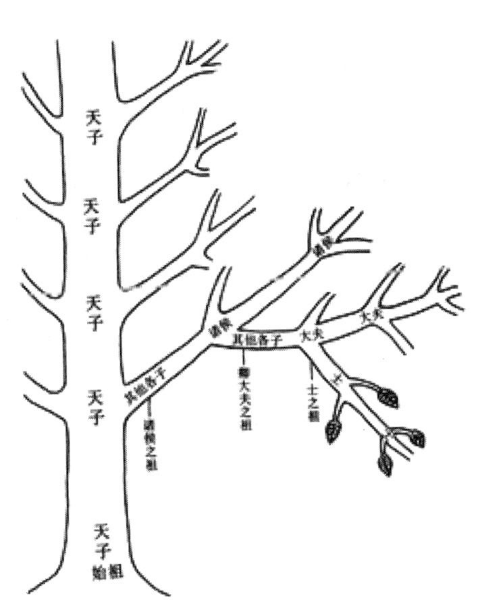

西周宗法制示意图

西周的孝道虽主要表现为尊祖敬宗，但孝养在世父母的观念已开始出现，这在《尚书》《诗经》等反映西周思想文化的主要典籍中均有所反映，如：

《尚书·周书·酒诰》：“肇牵车牛远服贾，用孝养厥父母”。

① 《大盂鼎铭文》。

《尚书·周书·康诰》:“元恶大憝,矧惟不孝不友。子弗祗服厥父事,大伤厥考心”。

《诗经·小雅·斯干》:“乃生女子,载寝之地,载衣之裼,载弄之瓦。无非无仪,唯酒食是议,无父母诒罹”。

《诗经·邶风·凯风》:“凯风自南,吹彼棘心。棘心夭夭,母氏劬劳。凯风自南,吹彼棘薪。母氏圣善,我无令人。爰有寒泉,在浚之下。有子七人,母氏劳苦。睍睆黄鸟,载好其音。有子七人,莫慰母心”。

《诗经·小雅·小弁》:“维桑与梓,必恭敬止。靡瞻匪父,靡依匪母”。

《诗经·郑风·将仲子》:“将仲子兮,无逾我里,无折我树杞。岂敢爱之?畏我父母。仲可怀也,父母之言,亦可畏也!”

《诗经·齐风·南山》:“娶妻如之何?必告父母”。

上述这些材料反映了西周人对父母的孝养观念。“善事父母”的孝道观念的出现,是西周个体家庭经济出现与发展的结果。个体家庭的出现,使一夫一妻及其子女构成了一个独立的经济单位,因此使抚育子女与奉养老人成为父母与子女间应尽的责任和义务。西周时期,社会生产单位仍以父系大家庭为主,个体家庭经济虽已生成,有走向独立的倾向,但由于生产力水平的低下,尚不具备完全独立的能力。因此“善事父母”的孝道观念虽已出现,但在西周的孝道中不占主流,而且这种观念主要体现在庶民阶层。正如吕思勉先生所说:“宗法盖仅贵族有之,以贵族食于人,可以聚族而居。平民食人,必逐田亩散处。贵族治人,其团结不容涣散。平民治于人,于统系无所知。《丧服传》曰:‘禽兽知母而不知父。野人曰:父母何算焉?都邑之士,则知尊称矣。大夫及学士,则知尊祖矣。诸侯及其太祖。天子及其始祖之所自出。’其位愈尊,所追愈远,即可见平民于血统不甚了了。于血统不甚了了,自无所谓宗法矣。孟子曰:‘死徙无出乡,乡田同井,出入相友,守望相助,疾病相扶持,则百姓亲睦。’平民之团结,如是而已”[①]。在庶民阶层的个体家庭中,子女直接感受到父母的保护和养育之恩,对他们而言,奉养父母才是孝道的直接体现。

① 吕思勉《中国制度史》,上海世纪出版集团,2002年,第2页。

敬老养老也是西周孝文化的重要内容。在尊祖敬宗的孝观念的影响下，敬老养老成为西周的社会风尚。西周的贵族家庭的结构“通常以一种多层次的亲属集团即宗族的形式存在，并以之作为从事社会活动的基本单位”[①]。西周时期“每一个相对独立的贵族家族都不仅是几代同居的亲族组织，同时亦是一个政治经济的综合体”[②]“贵族家族以宗族的形式存在……聚族共处的宗族成员是不分财的”[③]。贵族阶层的“孝”所涉及的对象是包括父母在内的所有族内长辈。对于贵族来讲，其养老的重点不在于实际的生活需求，而在于政治的需要，看重的是其道德教化功能，在很大程度上体现出礼仪化的特征。《礼记·王制》云：“凡养老，有虞氏以燕礼，夏后氏以飨礼，殷人以食礼，周人修而兼用之。五十养于乡，六十养于国，七十养于学，达于诸侯”。这里所述的各种礼仪都是针对贵族而言的。周天子举行养老敬老之礼，就是在孝道上给老百姓以示范。据文献记载，周天了一般在视学之年亲自举行养老之礼。举行礼仪时，选天下有德的老人为三老、五更，以拟父兄，对其执子弟之礼。从铭文与西周文献反映出“鳏”“寡”“孤”‘独”成为西周社会救助的对象。“孝”所涉及的养老对象已经打破了宗法血缘关系，从奉养本族老人扩大到敬养异族同国之老和异族异老。周代养老有专门的机构和人员来负责，还制定了免除老人的赋役，对老人的生活进行额外的照顾，并在政治上给予特殊待遇等规定，通过政治待遇和物质奖励来激励民众崇德向善，树立起良好的价值取向，以达到养老崇孝的目的[④]。

三、春秋战国时期的孝文化

春秋战国时期是中国古代社会史上一个大变革的历史时期，这一时期随着铁器的广泛使用和牛耕技术的不断推广，社会生产力水平显著提高。

---

① 朱凤翰《商周家族形态研究》，天津古籍出版社，1990 年，第 218 页。

② 朱凤翰《商周家族形态研究》，天津古籍出版社，1990 年，第 319 页。

③ 朱凤翰《商周家族形态研究》，天津古籍出版社，1990 年，第 349 页。

④ 郭政凯《周代养老制度的特点》，《中国史研究》，1988 年第 3 期。

社会经济关系发生了深刻的变革，主要表现在井田制的崩溃，土地私有逐渐发展，封建土地所有制最终在战国时期得以确立。经济关系的变动，引起了社会阶级结构的变化，春秋中叶以后在新旧势力的斗争中，“士”阶层作为一种新的社会阶层逐步形成。“由于士阶层处于贵族与庶人之间，是上下流动的汇合之所”[①]，在当时社会各阶层中最为活跃，成为社会变革的巨大推动者。由于生产力的提高，使个体家庭为单位进行农业生产成为可能。到战国初期，经过各国变法运动后，独立的小农家庭已普遍存在，成为新的君主政权立国的基础。政治上的变革主要表现在分封制和宗法制被破坏，维护宗法等级制度的周礼也趋于崩溃，宗法贵族统治逐渐被封建君主专制所取代。思想文化上表现在官学衰落，私学大兴，诸子各言其说，呈现出百家争鸣的局面。在这种大变革的背景下，孝文化也发生了深刻的变化。

其一，孝的含义由西周的尊祖敬宗、生儿育女、传宗接代的初始义转变为“善事父母”的基本内涵。“春秋晚期以来，随着社会变革的展开与深入，宗法制的基干也开始松动。到了战国时期，古老的宗法制度基本上退出了历史舞台，宗族内部以血缘为纽带而形成的约束力，已趋于消失”[②]。因此对祖先的崇敬也逐渐淡化。在春秋战国的文献中，我们可以看到许多不尊大宗，不祭先祖的现象。由于对鬼神的崇敬无法左右社会的变革，春秋以来，人们对鬼神的信赖程度降低，多采取敬而远之的态度，甚至对其进行批判。如《韩非子·亡征》云：“用时日，事鬼事，信卜筮而好祭祀者，可亡也”。《韩非子·饰邪》云：“龟筮鬼神不足举胜，左右背乡不足专战。然而恃之，愚莫大焉”。鬼神地位的降低使人们对祖先祭祀的活动趋于怠慢，也淡化了“追孝”的观念。

“孝养”观念代替“追孝”观念与家庭结构的变化直接相关。春秋以来，由于生产力的提高，使个体家庭为单位进行农业生产成为可能，到战国时期，小农家庭经济已普遍存在。在宗法制的解体中，小家庭失去了依傍，但也由此获得了独立地位。从文献记载来看，战国时期平民的家庭形

① 余英时《士与中国文化》，上海人民出版社，1987 年，第 12 页。

② 肖群忠《孝与中国文化》，人民出版社，2001 年，第 26 页。

态主要是以一夫一妻为核心的，包括父母、子女在内的小家庭，它是建立在“一夫百亩”基础上的小农经济。在这种家庭关系中，父权得到了提升和重视，逐渐成为家庭关系中独一无二的权力。赡养年迈或生病的父母是子嗣基于血亲关系应尽的最基本的义务，而从物质上供养父母则成为“孝”的基本内容和方式。

政府的倡导也加强了“孝养”的观念。战国时期，小农家庭成为君主专制国家的基础。因此政府高度重视老百姓的安居乐业。而家庭因不孝而失和会引起社会问题，严重的甚至会引起社会的混乱。《管子·山权数》云：“君不高仁，则国不相被；君不高慈孝，则民简其亲而轻过，此乱之致也”。因此当时政府一方面依靠社会舆论提倡孝道，另一方面采取法律手段来维护孝道。在《周礼·地官·大司寇》中有“乡八刑”，“不孝之刑”被列为第一项。

另外，“善事父母”的观念盛行与儒家的大肆倡导也是密不可分的。有关先秦儒家对孝文化的贡献将在下节专述。

其二，旧的孝文化受到冲击和破坏。随着西周建立的井田制、分封制、宗法制和礼乐制度在春秋时期趋于解体，旧的孝文化体系便被破坏。孝道在上层社会陷入了危机。《春秋繁露·王道》云：“周衰，天子微弱，诸侯力政，大夫专国，士专邑，不能行度制法文之礼。诸侯背叛，莫修贡聘奉献天子。臣弑其君，子弑其父。孽杀其宗，不能统理，更相伐锉以广地。以强相胁，不能制属。强奄弱，众暴寡，富使贫并兼无已。臣下上僭，不能禁止”。这段文字充分反映出春秋时期旧孝道文化动摇的状况。到了战国时期，旧的孝文化进一步走向衰微。一是反映孝道伦理精神的周礼多被抛弃。二是废除世卿世禄制。在世卿世禄制下，官吏的任用是以宗法血缘关系为依据的，可以世代因袭，官吏有固定的食禄和采邑。春秋末年以后情况发生了变化，新的官僚制度逐渐取代世卿世禄制，官吏的任命、罢免和调遣均由各国国君来决定，而且官僚没有固定食禄的采邑，俸禄是由国君及各级政权按规定发给的。官员大多数是凭借自己的才华和能力得到国君的任用，而不再是依靠彼此间的血缘关系。君主和官员之间形成的是一种雇用的主从关系，这一变革使得旧有的孝道观念自然被排除在外了。三是思想上的百家争鸣对孝文化的激烈批判。春秋战国是我国古代思想大解放的时期，这一时期产生了许多思想派别，到战国时期号称“百家争鸣”。司马谈在《论六家要旨》中将其分为阴阳、儒、墨、名、法、道六家，刘歆《七略·诸子略》中将其分为儒、道、阴阳、法、名、墨、纵横、杂、农、小说十家，实际上进行激烈争论的主要是儒、道、墨、法等家。

先秦道家崇尚回归自然，将仁、义、礼、乐及孝等道德的产生归结为人类堕落的产物，主张人们应该超越和废弃道德而归于自然。道家虽然不反对自然的淳朴亲情，但却反对道德伦理上的“孝道”。老子认为，因“六亲不和”而产生的孝束缚了人纯真的自然本性，根本不值得倡导。

先秦法家站在法治主义的立场上否定道德教化的作用，商鞅把“孝悌”看作“六虱”之一，他认为“治主无忠臣，慈父无孝子”[①]。韩非认为人性本恶，所以他否定孝道的存在，“孝子爱亲，百数之一也”[②]，还将孝悌之道归为天下大乱的原因，“天下皆以孝悌忠顺之道为是也，而莫知察孝悌忠顺之道而审行之，是以天下乱”[③]。

先秦墨家从“兼相爱”“交相利”的立场出发，与西周等级孝道不同，墨家提出了无等级差别的“交孝子”原则，即人己之亲无分别，一以孝之，“即必吾先从事乎爱利人之亲，然后人报我以爱利吾亲也”[④]。墨子孝道的又一要义是“利亲”，墨子说：“孝，利亲也”[⑤]。墨子只重视物质上对亲人的供养，而视不安之心，敬亲、慕亲的拳拳之心为愚昧的表现，主张人们应该蔑弃，这样一来，墨子的孝就与人性和人情，以及人的自我实现等皆无关联。正因为如此，墨子被儒家指责为“无父”，视其为禽兽无异之徒。

上述这些批判既是西周孝道衰微的反映，同时也对新孝道观念的产生起到了推进作用。

---

①《商君书》卷4。

②《韩非子·难二》。

③《韩非子·忠孝》。

④《墨子·兼爱下》。

⑤《墨子·经上》。

第二节　先秦儒家对孝道理论的贡献

面对春秋战国周室微、王道绝、诸侯争霸、列国混战、礼坏乐崩、人伦不理的社会变革和社会危机，以孔子为代表的先秦儒家，怀着匡时济世的抱负，以高度的历史使命感和时代责任感，洞察社会，针砭时弊，在继承与革新的基础上，提出了拯救社会的新的思想理论，创立了儒家独特的孝道理论体系。先秦儒家孝道理论创立于孔子，丰富、发展于孔子后学，完备于《孝经》，是一个包括孝道、孝行、孝治的系统的理论体系。它既是春秋战国孝文化的重要组成部分，更成为秦汉以后中国传统孝文化的理论基础和行动指南。

一、孔子创立的儒家孝道理论

孔子是儒家学说的创始人，也是儒家孝道理论的创立者。孔子对西周以来的孝道理论的继承、改造与创新主要表现在以下几点：

孔子像

（一）视孝道为个人及家庭道德

西周时期，孝道主要体现在对先祖的祭祀活动上，具有浓厚的宗教色彩。孝道是维护现实宗法政治的需要，体现为宗族道德。到了春秋后期，宗教的影响大为削弱，社会理性开始觉醒，表现在对鬼神畏惧程度的减轻，“天道远，人道迩，非所及也，何以知之？”[①]孔子对于鬼神也持这种态度，“子不语怪、力、乱、神”[②]，主张“务民之义，敬鬼神而远之”[③]，把着眼点放在人事上，因而在孝道上凸显其道德价值，从“善事父母”的内涵出发，从个人道德修养和家庭伦

① 《左传·昭公十八年》。
② 《论语·述而》。
③ 《论语·雍也》。

理的角度对西周孝道进行改造。

(1) 率先提出“孝敬”父母的思想。西周时期已经确立了“善事父母”的孝道观念，但主要偏重于物质生活的奉养方面。孔子认为，单纯从物质生活上奉养父母还不够，更重要的是要对父母做到“敬”，即对父母精神上的慰藉和人格上的尊重。所以当子游问孝时，孔子说：“今之孝者，是谓能养。至于犬马，皆能有养。不敬，何以别乎？”[①] “敬”比“养”更难，所以孔子要求子女要以色事亲，即“色难。有事，弟子服其劳；有酒食，先生撰”[②]。父母患病要极尽忧劳。“孟武伯问孝。子曰：‘父母唯其疾之忧’”[③]。要看到父母年寿日高而及时行孝。“子曰：‘父母之年，不可不知也。一则以喜，一则以惧’”[④]。孔子将孝建立在人类血缘亲情的基础之上，从而“使孝道完成了从天国到人间的转化，从一种虔诚礼敬的宗教伦理变成了一种对自我意识进行反思的人生哲学”[⑤]。

(2) 主张孝悌结合。孔子在西周孝友结合的基础上进一步强调孝悌结合。《论语》云：“弟子入则孝，出则悌，谨而信，泛爱众，而亲仁”“其为人也孝悌，而好犯上者，鲜矣”“孝悌也者，其为仁之本与”[⑥]。孝悌被看作是仁的基础，孝是敬父，悌就是敬兄，由敬兄长衍生出敬长的一般原则，这样就使家庭中的孝道推广到社会关系中，成为处理社会关系的准则，所谓“宗族称孝焉，乡党称弟(悌)焉”[⑦]。最终使家庭伦理与社会伦理结合起来。

(3) 提倡孝之以礼。礼的精神中包含着敬。所以孔子认为要对父母尽孝，就要符合礼的要求，按照礼的规范去做。“孟懿子问孝。子曰‘无违’。樊迟御，子告之曰：‘孟孙问孝于我，我对曰无违。’樊迟曰：‘何谓也？’

---

①《论语·为政》。

②《论语·为政》。

③《论语·为政》。

④《论语·里仁》。

⑤ 张践《儒家孝道观的形成与演变》，《中国哲学史》，2000 年第 3 期。

⑥《论语·学而》。

⑦《论语·子路》

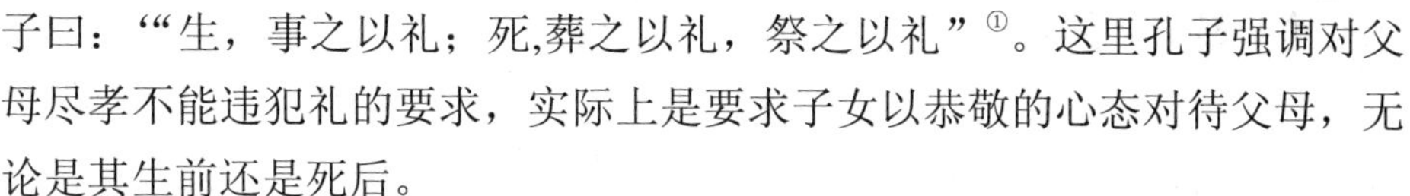

子曰：“‘生，事之以礼；死,葬之以礼，祭之以礼”[①]。这里孔子强调对父母尽孝不能违犯礼的要求，实际上是要求子女以恭敬的心态对待父母，无论是其生前还是死后。

（4）首倡“几谏”原则。孔子在协调父子关系上倡导“几谏”原则。他说：“事父母几谏，见志不从，又敬不违，劳而不怨”[②]。在孔子看来，对于父母的错误，作为子女不能坐视不管，从而使父母陷于不义。而应该积极地给予劝谏。当然劝谏是要建立在子女对父母恭敬的基础上。若是父母“见志不从”，子女则要“又敬不违，劳而不怨”，对父母绝不能因此产生怨恨之心。对父母的劝谏要把握好时机，并掌握好方式方法，所谓“父母有过，下气怡色，柔声以谏，谏若不入，起敬起孝，说则复谏。不说，与其得罪于乡党州闾，宁孰谏。父母怒不说，而挞之流血，不敢疾怨，起敬起孝”[③]。“几谏”的原则具有一定的民主精神，有利于协调孝与社会群体利益之间的关系。

（5）提出“父子相隐”原则。为了维护血缘亲情关系，孔子还提出“父子相隐”的原则。孔子说：“父为子隐，子为父隐，直在其中矣!”[④]从“父子相隐”原则中更能反映出孔子对血缘亲情的重视。当血缘亲情与社会群体利益之间的矛盾不能调和时，孔子主张维护血缘亲情，在孔子看来，父子关系是天然的，是根本的，是不能改变的，所以在谏的问题上，君与父要区别对待：“为人臣之礼，不显谏。三谏而不听，则逃之，子之本亲也，三谏而不听，则号泣而随之”[⑤]。也就是说，在孔子的观念中父重于君，而孝重于忠，私德重于公德，这反映出孔子思想保守的一面。但这一原则却影响深远，被后世援情入法，以至发展为“为尊者讳，为亲者讳，为贤者讳”的原则。

（6）主张承父之志。在孔子看来，子女不仅要在父母生前按他们的意

---

①《论语·为政》。

②《论语·里仁》。

③《礼记·内则》。

④《论语·子路》。

⑤《礼记·曲礼》。

愿行事，而且要在父母去世后继承他们的遗志。《论语》中体现了这一思想。孔子说："父在，观其志；父没，观其行。三年无改于父道，可谓孝矣"[①]；曾子说："吾闻诸夫子(孔子)：'孟庄子之孝也，其他可能也；其不改父之臣与父之政，是难能也"[②]。子女不仅是父母生命的延续，也是父母精神的延续，作为子女继承父母的遗志，并把其发扬光大，正是对父母精神延续的体现。

（二）强调孝缘于情

《论语·阳货》中有这样一段对话：

宰我问："三年之丧，期已久矣。君子三年不为礼，礼必坏；三年不为乐，乐必崩。旧谷既没，新谷既升，钻燧改火，期可已矣。"子曰："食夫稻，衣夫锦，于女安乎？"曰："安！""女安则为之。夫君子之居丧，食旨不甘，闻乐不乐，居处不安，故不为也。今女安，则为之。"宰我出，子曰："予之不仁也！子生三年，然后免于父母之怀，夫三年之丧，天下之通丧也。予也有三年之爱于其父母乎？"

可以看出，孔子解释丧祭礼仪，完全着眼于人伦关系，从父母与子女间深厚的感情出发的。匡亚明先生说孔子"很重视亲子之间的情感因素，认为孝是由父母对子女的爱引起的子女对父母的爱。在这种爱的基础上产生的尊敬的心情、愉悦的颜色乃至奉养的行动必然是纯真无伪的情感的流露"[③]。可谓一语道的。孔子十分重视丧礼，在他看来丧礼最能反映人的真实感情，"人未有自致者也，必也亲丧乎"[④]。孔子特别强调，在丧礼中人要表达对死者的哀戚之情，"丧与其易也，宁戚""临丧不哀，吾何以观之哉"[⑤]。孔子对人死后有形体或精神的存在并不重视，而把祭祀看成一种纪念方式和教化手段。故在祭祀祖先上必须诚敬："丧，与其易也，宁戚""吾

---

①《论语·学而》。

②《论语·子张》。

③ 匡亚明《孔子评传》，齐鲁书社，1985年，第233页。

④《论语·子张》。

⑤《论语·八佾》。

不与祭，如不祭”“祭如在，祭神如神在”[①]。这些都强调的是丧礼的纪念和教化作用。总之，孔子破除西周孝道鬼神之说、将祖先崇拜置于人伦自然感情之上，赋予孝以人伦道德的坚实基础，如此一来，“把道德律从氏族贵族的专用形式拉下来，安置在一般人类的心理要素里，并给予有体系的说明，这可以说是孔子在中国古代思想史上的大功绩”[②]。

（三）孝与仁结合，为孝找到了哲学基础

仁为孔子思想的核心内容。孔子把“仁”作为最高伦理规范和人的本质来看待。孔子认为“仁”的根本要求是“爱人”。而“爱人”之情首先是血缘亲情之爱，即“孝”。葛兆光说：“在所有的情感中，血缘之爱是无可置疑的，儿子爱他的父亲，弟弟爱他的哥哥，这都是从血缘中自然生出来的真性情，这种真性情引出真感情，这种真感情就是‘孝’‘悌’”[③]。孔子正是从这个角度来认识“孝悌”与“仁”之间的关系的，他说：“君子笃于亲，则民兴于仁，”[④]其弟子有子对他的思想进行了深刻总结，有子说：“君子务本，本立而道生。孝悌也者，其为仁之本与。”[⑤]孔子赋予“仁”以孝道的伦理内涵，“一方面具有深广的理性内涵，另一方面又能在个体生命和心灵上扎稳根”“从而像孝那样成为个体自觉自愿的责任感和使命感，成为个体的真血性、真性情和真感情，对个体普遍有效”[⑥]。孔子所说的“爱人”并不局限于爱亲，孔子说：“弟子入则孝，出则悌，谨而信，泛爱众而亲仁”[⑦]。也就是说，“所谓‘爱人’的本义是爱一切的人”[⑧]。但孔子的“爱一切人”不能简单地理解为平等的爱所有的人，因为在血缘宗法社会里，“众”是有亲疏尊卑之别的。因此，孔子所说的“泛爱众”是由一种由亲及疏，从近到远，推己及人的等差之爱。总之，孔子以“孝”释“仁”，冲

---

①《论语·八佾》。

② 侯外庐，等《中国思想通史》（第1卷），人民出版社，1957年，第156页。

③ 葛兆光《七世纪前中国的知识、思想与信仰世界》，复旦大学出版社，1998年，第181页。

④《论语·泰伯》。

⑤《论语·学而》。

⑥ 刘泽民《孔子以孝释仁析》，《中南工业大学学报(社科版)，2001年第3期。

⑦《论语·学而》。

⑧ 赵吉惠《中国先秦思想史》，陕西人民教育出版社，1988年，第51页。

淡了西周孝道观念的宗教、政治伦理色彩，为孝道确立了人性化的哲学基础，将其内化为人人都应自觉遵守的行动准则。

（四）孔子孝道思想的相互性和平等性

孔子从亲情的相互性出发来看待孝道。孔子一方面提倡子孝，另一方面又要求“父慈”。孝是子女对父母爱的体现，而慈则是父母对子女爱的体现，父母与子女的关系由此而建立在彼此互爱的基础上。正因为如此，孔子既坚决反对“子不子”、“子弑父”等不良现象，但也同时对“父不父”的现象加以批评。从父母与子女互爱的角度出发，孔子在强调子女孝养父母的同时，提出父母要抚育子女的要求。如在子女幼年时要抚养好他们，所谓“子生三年，然后免于父母之怀”[①]。在子女生病时要照顾好子女，所谓“父母唯其疾之忧”[②]。孔子提出的“父为子隐，子为父隐”的观点也是强调相互性。在孔子思想中既有要求维护父母长辈的威信一面，又有鼓励晚辈应具有自主、独立的意识的一面，如他说：“当仁，不让于师”[③]，并提出“后生可畏，焉知来者之不如今也”[④]。孔子曾肯定陈司败、子游敢于纠正自己的错误，称赞子贡对他的启发，批评颜回在他面前“不违，如愚”等，这些都反映出孔子提倡在长幼交往中的平等性。

二、孔子后学对儒家孝道理论的丰富与发展

（一）曾子学派对孔子孝道理论的继承与发展

曾子是孔子的弟子，以孝行而著称。大部分学者认为曾子对中国传统孝道发展发挥了至关重要的作用，正是曾子实现了孝内涵的扩充及孝道理论的进一步体系化，推动了孝道的普及，促进了儒家道德伦理学说的完善[⑤]。

---

①《论语·阳货》。

②《论语·为政》。

③《论语·卫灵公》。

④《论语·子罕》。

⑤ 也有人认为曾子对孝道理论的贡献不大，以孝著称的曾子是被乐正子春改扮过的，所谓曾子的孝论是由他的弟子构建的，乐正子春才是儒家孝道派的代表人物。参见黄开国：《论儒家的孝道学派》，《哲学研究》，2003 年第 3 期。

曾子像

目前研究曾子及其学派思想的主要文献是《大戴礼记》中的《曾子十篇》[①]。此外，在《论语》《孟子》《荀子》《礼记》《孔子家语》《韩诗外传》等文献中也有一些曾子言行的记载。当然，曾子的思想不仅仅是曾子本人的，应该是以曾子为代表的儒家这一派别的思想。曾子学派对儒家孝道理论的发展主要表现在：

（1）将孝道本体化。孔子的思想核心是“仁”，孝的理论是其“仁学”体系的组成部分，孝是从属于“仁”的一个道德范畴。曾子则将孝无限拔高，将其变成超越于“仁”之上的宇宙本体，成为具有普遍意义的道德准则。曾子说：“夫孝也，天下之大经也”[②]。曾子将“孝”的内涵不断扩大，成为总摄一切的道德范畴。曾子曰：“民之本教曰孝……夫仁者，仁此者也；义者，义此者也；忠者，忠此者也；信者，信此者也；礼者，礼此者也；

---

① 前人朱熹、梁启超等人怀疑主要反映曾子孝思想的《大戴礼记》中有关曾子的十篇可能并不是曾子所作。现今人们对此也多有争论，多数学者认为《大戴礼记》中曾子十篇反映的确是曾子学派的思想，可参见朱熹《晦庵先生朱文公文集》，上海书店出版社 1989 年，第 385 页；梁启超《古书真伪及其年代》，陈其泰编《梁启超论著选粹》，广东人民出版社，1969 年，第 1083 页；王铁《〈曾子〉著作时代考》，《中国哲学史研究》，1987 年第 1 期；罗新慧《郭店楚简与〈曾子〉》，《管子学刊》1999 年第 3 期；钟肇鹏：《曾子学派的孝治思想》，《求是斋丛稿》，巴蜀书社，2001 年，第 359-379 页。

②《大戴礼记·曾子大孝》。

行者，行此者也；强者，强此者也”[①]。同时，曾子的孝道还包括“庄、忠、敬、勇”等范畴，即“居处不庄，非孝也；事君不忠，非孝也；莅官不敬，非孝也；朋友不信，非孝也；战阵不勇，非孝也”[②]。甚至“伐一树，杀一兽，不以其时，非孝也”[③]。由此可以看出，曾子的孝道几乎囊括了一个人社会行为的各个方面，成为人类社会生活的终极法则。同时，曾子对“孝”的外延也无限扩大。把孝的范围推向极致，他说：“夫孝，置之而塞于天地，衡之而衡于四海，施诸后世，而无朝夕，推而放诸东海而准，推而放诸西海而准，推而放诸南海而准，推而放诸北海而准。《诗》云：‘自西自东，自南自北，无思不服。’此之谓也”[④]。孔子只是提出了孝为仁之本的命题，而曾子将孔子孝道的内涵和外延无限扩大，将孝道渗入到人类社会生活的各个方面，在时间上行于万世，在空间上横被四海，充塞天地，以孝为核心，将孝提升到最高范畴的地位。这在儒家诸学派中是相当突出和特殊的。孝道理论发展到了曾子，就其包含的内涵和外延来说，已经达到了无以复加的地步。曾子的这一思想后来为儒家孝道思想的集大成之作——《孝经》所继承。

(2) 提出全体贵生和扬名显亲的理论。曾子评价一个人是否履行孝道的重要标准就是全体贵生。在曾子看来，子女躯体是父母生命的一部分，损伤自己的躯体即是残伤父母之躯体，这当然是一种不孝行为。“身者，亲之遗体也。行亲之遗体，敢不敬乎？[⑤]”所以曾子主张人们要全体贵生，避免自然灾害和社会危害对身体的伤害。“故孝子之事亲也，居易以俟命，不兴行险以侥幸”[⑥]。从全体贵生出发，曾子要求：

孝子不登高，不履危，痹亦弗凭，不苟笑，不苟訾，隐不命，临不指，故不在尤之中也。孝子恶言死焉，流言止焉，美言兴焉，故恶言不出于口，

①《大戴礼记·曾子大孝》。
②《大戴礼记·曾子大孝》。
③《大戴礼记·曾子大孝》。
④《大戴礼记·曾子大孝》。
⑤《大戴礼记·曾子大孝》。
⑥《大戴礼记·曾子本孝》。

烦言不及于己[1]。

出门而使，不以或为父母忧也。险途隘巷，不求先焉，以爱其身，以不敢忘其亲也[2]。

道而不径，舟而不游，不敢先父母之遗体行殆也[3]。

从以上材料可以看出，曾子主张要规避各种使自己身体受到伤害的可能，这里的伤害不仅包括肉体，而且包括自身的人格与尊严。曾子要求孝子全体贵生的目的在于便于孝养父母，不让父母为自己操心，保证传宗接代，承嗣宗庙。在全体贵生的基础上，曾子提出孝子要扬名显亲。这也是曾子评价孝道的一个主要标准。曾子提出，子女的孝行不是说在父母去世后就终止了，而是要伴随子女的一生的过程之中，“孝子养老也……孝子之身终。终身也者，非终父母之身，终其身也”[4]。子女在父母去世后，要“慎行其身，不遗父母恶名，可谓能终也”[5]。在这个基础上，“立身行道，扬名于后世，以显父母，孝之终也”[6]。也就是说，在父母去世后，做到谨言慎行，不因为自己的错误而让去世的父母蒙羞是低层次的孝道，通过立身行道，扬名于后世，去世的父母因此受到别人的敬慕，这是更高层次上的孝道。

(3) 突出强调“孝”的真情实感性。孔子所理解的孝，其基本含义是子女对父母的敬爱之情和关怀之意。曾子的孝道思想仍然从敬爱父母这一基本内涵出发，更加强调了孝是人们发自内心的真诚情感的流露。他说：“忠者，其孝之本与!”“君子之孝也，忠爱以敬，反是乱也”[7]。“忠”的本义《说文解字》解释为：“忠，敬也，从心、中声”。此处所言“忠”，是指发自内心的真诚。曾子强调人与人之间要以诚相待，他说：“吾日三省吾

---

①《大戴礼记・曾子本孝》。

②《大戴礼记・曾子本孝》。

③《大戴礼记・曾子大孝》。

④《礼记・曲礼》。

⑤《礼记・祭义》。

⑥《孝经・开宗明义章》。

⑦《大戴礼记・曾子本孝》。

身，为人谋而不忠乎？与朋友交而不信乎？传不习乎？”[①]这里他通过反省自查以达到真诚无私。所以曾子强调子女对父母的感情应是发自内心的真诚情感的流露，无须外在的强制。曾子说：“礼以将其力，敬以入其忠，饮食移味，居处温愉，著心于此，济其志也”[②]。曾子强调孝是人们发自内心的真诚情感的流露，正是对孔子强调孝缘于情的深化和发展。

(4) 注重孝道与修身的结合。曾子视个人道德修养为人生追求的最终目标，强调道德修养的提高要融入孝子的日常生活之中，“君子一举足不敢忘父母，一出言不敢忘父母，故道而不径，舟而不游，不敢以父母之遗体行殆也。一出言不敢忘父母，故恶不出口，忿言不及于已。然后不辱其身，不忧其亲，是可谓孝矣”[③]。在孝道的实践和修养上曾子要求终其一生，持之以恒，即“孝子于亲也，生则有义以辅之，死则哀以莅焉，祭祀则莅之，以敬如此，而成于孝子也”[④]。曾子从为人、行事等多个方面对孝子的品行作出了规定，如君子应“攻其恶，求其过，强其所不能，去私欲，从事于义”[⑤]。君子应该“直言直行，不婉言而取富，不屈行而取位”“不得志，不安贵位，不怀厚禄，负耜而行道，冻饿而守仁，则君子之义也”[⑥]。从中可以看出，曾子以追求道德的极度完善为最高理想。曾子在如何进行自我修养方面提出了许多方法和途径，其中着重强调提高道德修养的重要途径——内心反省。曾子的“吾日三省吾身”的反省自查精神使其把修身和道德完善转变成为孝道的重要内容。

(5) 对孝进行了层次性划分，深化孝道的内涵。曾子对孝的层次性划分大致包括两种标准。其一，以社会等级为标准。曾子说：“君子之孝也，以正致谏；士之孝也，以德从命；庶人之孝也，任力恶食，任善不敢臣三德”[⑦]。这里曾子从社会等级的角度，对不同社会阶层的孝道提出了具体的

①《论语·学而》。
②《大戴礼记·曾子立孝》。
③《大戴礼记·曾子大孝》。
④《大戴礼记·曾子本孝》。
⑤《大戴礼记·曾子立事》。
⑥《大戴礼记·曾子制言》。
⑦《大戴礼记·曾子本孝》。

要求。其二，以孝的层次性为标准。曾子说："养可能也，敬为难；敬可能也，安为难；安可能也，久为难；久可能也，卒为难。父母既殁，慎行其身，不遗父母恶名，可谓能终也"[①]。这里曾子从行孝的难易程度上对孝进行了层次性的划分，在划分时，曾子既考虑了外在的行为，又考虑到了内心的真诚，既提出了持久行孝的要求，又突出强调了行孝的实际效果。在此基础上，曾子又将孝分成大、中、小三个等次："大孝尊亲，其次不辱，其下能养"[②]。曾子还说："孝有三：大孝不匮，中孝用劳，小孝用力。博施备物，可谓不匮；尊仁安义，可谓用劳；慈爱忘劳，可谓用力矣"[③]。从上述孝的层次划分来看，曾子认为养是孝的最低层次，对父母的敬和爱是孝的高层次的体现，虽然因为社会等级的不同，君子、士、庶人在行孝上存在不同的层次性，但对高层次的孝道的追求则是曾子所期望的。曾子对孝的层次性划分，使孝的要求更加具体，这对后世的孝道理论产生了深远的影响。

(6) 曾子把孝道与忠君结合为一体。曾子视孝道为总摄人类一切的最高准则，政治关系作为社会关系的一种，自然包含在其中。曾子说："事君不忠，非孝也；莅官不敬，非孝也"[④]。这里曾子把处理君臣关系的"忠"与处理家庭血缘关系的"孝"等同对待，将二者统一起来。曾子把政治领域中的尊卑等级与家庭关系中的父子、兄弟、夫妻、主仆等相对应。他说："事父可以事君，事兄可以事师长，使子犹使臣也。使弟犹使承嗣也；能取朋友者，亦能取所予从政者矣。赐与其宫室，亦犹庆赏于国也；忿怒其臣妾，亦犹用刑罚于万民也"[⑤]。他还说："为人子而不能孝其父者，不敢言人父不能畜其子者；为人弟而不能承其兄者，不敢言人兄不能顺其弟者；为人臣而不能事其君者，不敢言人君不能使其臣者也。故与父言，言畜子；与子言，言孝父；与兄言，言顺弟；与弟言，言承兄；与君言，言使臣；

① 《大戴礼记·曾子大孝》。
② 《大戴礼记·曾子大孝》。
③ 《大戴礼记·曾子大孝》。
④ 《大戴礼记·曾子大孝》。
⑤ 《大戴礼记·曾子立事》。

与臣言，言事君”[①]。曾子视政治关系的忠君之道为家庭关系的孝悌之道的衍申，把忠君与孝亲结合起来，把家庭伦理的孝道拓展到了政治领域。但在忠孝关系上，曾子坚持以孝为重的原则，在孝养父母方面他尽心竭力，即使受到委屈也无怨无悔。但在君臣关系上，却表现出了强烈的自尊。他说：“晋楚之富，不可及也；彼以其富，我以吾仁；彼以其爵，我以吾义，吾何慊乎哉!”“君子直言直行，不宛言而取富，不屈行而取位”[②]“诸侯不听，则不干其土；听而不贤，则不践其朝”[③]。从中可以看出曾子思想中孝亲是重于忠君的，这与孔子的思想是一致的。

总之，无论从曾子对孝道的笃行来看，还是从曾子对孝道理论的深化和发展来看，其都无愧于先秦儒家孝道理论的集大成者。

（二）孟子的孝道理论

曾子是子思的老师，在孔子的弟子中以孝而著称。孟子受业于子思之门人。这种师徒渊源关系，使得曾子和子思对孟子的思想影响很深。孟子对曾子的孝行格外推崇，对其孝道理论做了进一步的宣传、丰富和发展。

孟子像

(1) 以“性善论”作为孝道的哲学基础。孟子认为人天生就具有仁、义、礼、智的道德性，而孝是仁的核心，因而孝也是人天生具备的道德品

① 《大戴礼记·曾子立孝》。

②《孟子 • 公孙丑下》。

③《大戴礼记 • 解诂》。

质。他说："人之所不学而能者，其良能也；不虑而知者，其良知也。孩提之童无不知爱其亲者，及其长也，无不知敬其兄也。亲亲，仁也；敬长，义也。无他，达之天下也"[①]。因为孝是天生的人性，是人天生的善德，所以人人都应该具备，这也是人与禽兽的根本区别之所在。性善论为孝悌提供了先验的基础，增强了人们履行孝道的内在要求。这既是对孔子的孝缘于情的发展，更是对曾子孝出于人自然亲情的深化。

(2) 以孝悌为最高道德要求。孟子继承曾子孝本论的思想，把孝悌的价值和作用扩而大之，使其成为一切道德的最高准则，他说："事，孰为大？事亲为大""事亲，事之本也"[②]"仁之实，事亲是也；义之实；从兄是也；智之实。知斯二者弗去是也；礼之实，节文斯二者是也；乐之实，乐斯二者，乐则生矣。生则恶可已也，恶可已，则不知足之蹈之，手之舞之"[③]。这里孟子把孝悌看成了贯穿于仁义礼智等之中的核心内容，实际上已经有了"百善孝为先"的意味。孟子坚持以孝为本，所以他将父子关系放在人伦之首。他说："父子有亲，君臣有义，夫妇有别，长幼有序，朋友有信"[④]。当父子、君臣关系发生冲突时，孟子与曾子一样坚定地维护孝道。《孟子·尽心上》记载：

桃应问曰："舜为天子，皋陶为士，瞽叟杀人，则如之何？"孟子曰："执之而已矣。""然则舜不禁与？"曰："夫舜恶得禁之？夫有所爱之也。""然则舜如之何？"曰："舜视弃天下犹弃弊屣也。窃负而逃，遵海滨而处，终身欣然，乐而忘天下"。

这段话充分反映了孟子孝道至高的思想。孟子在具体行孝上提出了"尊亲""顺亲""得亲"的原则。如何实践这些原则呢？孟子认为须不断地加强个人道德修养，即要"诚身以事亲""守身以事亲"。而要做到这两点，关键在于明善。孟子说："不明乎善，不诚其身矣"[⑤]"不失其身而能事亲

---

①《孟子·尽心上》。

②《孟子·离娄上》。

③《孟子·离娄上》。

④《孟子·滕文公上》。

⑤《孟子·离娄上》。

者，吾闻之矣；失其身而能事其亲者，吾未之闻也”[①]。这样，孟子将事亲之孝与个人道德修养联系在一起，这是对曾子思想的继承。孟子在强调孝道时突出了父权，更多地强调子女顺从父母的一面。在对待父母的过错上他提出：“父子之间不责善。责善则离，离则不祥莫大焉”。“责善，朋友之道也；父子责善，贼恩之大者”[②]。因而他在子女对待父母的过错上与孔子的“几谏”和曾子的“以正致谏”“微谏不倦”的原则不同。但孟子又提出，对于父母的过失，子女应根据情况，区别对待。“亲之过大而不怨，是愈疏也；亲之过小而怨，是不可矶也。愈疏，不孝也；不可矶，亦不孝也”[③]。即对于父母小的过失要容忍顺从，对于父母大的过失要通过恰当的方式助其改过。总体上看，孟子出于对亲亲原则的维护，在对待父母过错的处理上相比孔子与曾子有所后退。但在主张厚葬方面他却超过了孔曾。他说：“养生者不足以当大事，惟送死可以当大事”[④]。主张“君子不以天下俭其亲”[⑤]。孟子这一主张主要是基于对父母的孝心的体现而提出的，这应与后世追求奢侈，崇尚浮华的心理区别开来。

(3) 以“无后”为最大之不孝。在目前所见先秦典籍中，孟子是率先提出“无后”为大不孝的人。孟子说：“不孝有三，无后为大。舜不告而娶，为无后也，君子以为犹告也”[⑥]。在孟子看来，最大的不孝莫过于不结婚生子，使祖先生命失去了延续，家族断了香火和祭祀。孟子这一观念正是孝所具有的生命繁衍的本质含义的体现，也体现了中国古代的婚姻观念。在古人看来，婚姻的目的有以下三层含义：在于传宗接代，保持家族的血脉延续；在于奉养父母；在于延续对去世祖先的祭祀。正因为如此，孟子将“男女居室”看作“人之大伦”，对“舜不告而取”违背礼制的行为不仅不批评，反而大加称赞。

---

①《孟子·离娄上》。
②《孟子·离娄上》。
③《孟子·告子下》。
④《孟子·离娄下》。
⑤《孟子·公孙丑下》。
⑥《孟子·离娄上》。

孟子提出“无后为大”是适应战国时期社会经济发展需要的。古代是以农立国的社会，主要的生产力是人力，人口的繁衍意味着生产的发展，所以孟子说：“诸侯之宝三：土地、人民、政事”。[①]“广土众民，君子欲之”[②]。战国中后时期，小农经济成为社会的基础。在小农家庭经济当中，男子是家庭的主要劳动力，尤其是青年男子。没有儿子，就意味着失去了经济支撑，意味着养老保障的阙失。所以，孟子这一思想就成为战国以后国人的普遍信念。在宗法社会制度下，孟子所说的“后”，主要指男性后代。只有男性才能继承父祖之业。古人的婚姻和生育观念被这一思想所支配，重男轻女主宰了封建社会的生育观念。而“无后”不孝的罪名则主要由妇女来承担。

(4) 以孝推行仁政。孟子说：“仁之实，事亲是也”[③]。所以孟子所倡导的仁政实际上是以“孝治天下”。孟子认为“善政”不如“善教”更能得到民心的拥护。所谓善教就是“谨庠序之教，申之以孝悌之义”[④]。对民众实行孝悌道德教化，将孝道作为治国之道、教化之本。“尧舜之道，孝弟(悌)而已矣”[⑤]。孟子将舜塑造为大孝至孝的典范，就蕴含了以孝教化民众，以孝治天下的思想。孟子认为只要每个人“入以事其父兄，出以事其长上”[⑥]，则“人人亲其亲，长其长，而天下平”，[⑦]“老吾老，以及人之老；幼吾幼，以及人之幼，天下可运于掌”[⑧]。只要以“入孝出悌”为修身之要，齐家之本，就可以治国平天下，小者“谨庠序之教，申之以孝悌之义，颁白者不负戴于道路矣”[⑨]，大者“壮者以暇日修其孝悌忠信，入以事其父兄，出以

①《孟子·尽心下》。
②《孟子·尽心上》。
③《孟子·离娄上》。
④《孟子·梁惠王上》。
⑤《孟子·告子下》。
⑥《孟子·梁惠王上》。
⑦《孟子·离娄上》。
⑧《孟子·梁惠王上》。
⑨《孟子·梁惠王上》。

事其长上，可使制梃以挞秦、楚之坚甲利兵矣”[①]。孟子将孝教、孝道和治道统一为一体，进一步强化了孝的政治功能。这一思路在《孝经》中得到进一步完善，成为“以孝治天下”的重要思想依据。

（三）荀子的孝道理论

荀子是战国末期儒家最重要的代表人物。他学宗孔子，又广泛吸取各家学说的精华，成为先秦百家之学的总结者。荀子在儒家中并不以传孝道而著称，但其孝道理论表现出与孔子、曾子、孟子不同的特点。

荀子墓前塑像

(1) 孝道产生于礼义。孔子、曾子、孟子皆认为孝道是建立在血缘亲情之基础上，子女对父母之爱的自然流露。孟子更认为孝道是人天生的善性的体现。荀子从性恶论出发，认为孝子之道是一种外在的行为规范，并非人天性就具备孝心。他说：“夫子之让乎父，弟之让乎兄，子之代乎父，弟之代乎兄，此二行者，皆反于性而悖于情也。然而孝子之道，礼义之文理也。故顺情性则不辞让矣，辞让则悖于情性矣”[②]。父子兄弟之间的谦让

①《孟子·梁惠王上》。

②《荀子·性恶》。

和子弟替代父兄劳动一样都违背人的性情，孝悌的实行完全是礼仪规范的结果，“天非私曾骞孝己而外众人也；然而曾骞孝己独厚于孝之实，而全于孝之名者，何也？以綦于礼义故也”[①]。可见荀子将孝道的产生和实施建立在了礼仪规范的基础上。

(2) 孝悌是“人之小行”。孔子视孝悌为仁之根本；曾子将孝道奉为宇宙万物和人类社会的普遍准则；孟子以孝道作为最高的道德标准。荀子虽然主张孝道，但他却把孝道看得比较低，认为“入孝出弟，人之小行也”[②]，即与王道和礼义相比，孝道只是一般的道德准则而已。

(3) 以“从义不从父”为孝子之道。孔、曾、孟以维护血缘亲情为中心，在子女对代父母的孝道上着重强调要“无违”、顺从，对父母的过错要委婉地劝谏，总之不能冒犯父母。荀子谈“孝”以礼义为标准，“夫义者，内节于人而外节于万物者也，上安于主而下调于民者也。内外上下节者，义之情也”[③]。所以他主张“从道不以君，从义不以父，人之大行也”[④]。他认为对君、父的完全顺从并不是孝，而服从道义，坚持原则，不让君亲陷于不义，才是真正的“大孝”，“故可以从命而不从，是不子也；未可以从而从，是不衷也。明于从不从之义，而能致恭敬，忠信、端悫、以慎行之，则可谓大孝矣。传曰：‘从道不从君，从义不以父’。此之谓也”[⑤]。荀子认为在这三种情形下要“从义不以父”：“从命则亲危，不从命则亲安，孝子不从命乃衷；从命则亲辱，不从命则亲荣，孝子不从命乃义；从命则禽兽，不从命则修饰，孝子不从命乃敬”[⑥]。这三种情况都会导致父母陷于不仁不义之境地，所以在这些情况下要“从义不从父”。

(4) 忠君重于孝父。孔子、曾子、孟子都坚持父权高于君权，主张孝亲重于忠君。而荀子事君和孝亲是统一的，所谓“臣之于君也，下之于上

---

①《荀子·性恶》。

②《荀子·子道》。

③《荀子·强国》。

④《荀子·子道》。

⑤《荀子·子道》。

⑥《荀子·子道》。

也，若子之事父，弟之事兄”[①]。但同时荀子又顺应封建大一统专制统治的需要提出君恩大于父母恩。他说：“父能生之，不能养之；母能食之，不能教诲之；君者，已能食之矣，又善教诲之者也”[②]。所以他主张对君主也要服丧三年。荀子在父权与君权的关系上强调要树立君主绝对的权威，“君者，国之隆也；父者，家之隆也；隆一而治，二而乱。自古及今，未有二隆争重而能长久者”[③]。

总之，荀子的孝道理论顺应了封建君主专制大一统的制度需要，使孝道蜕变为政治的附庸，对后世也产生了深远影响。

三、《孝经》对先秦儒家孝道理论的总结

《孝经》是儒家专门系统论述孝道理论的著作，在历史上有今古文之分。汉以后，今古文《孝经》在列于学官问题上时有争议，今天看来，二者内容的差异不大，只是古经多有《闺门》一章，此外，只是文字上有增减改换，大义还是一样的。对于《孝经》的作者和成书时代，历代学者众说纷纭，大致有以下几种说法：《孝经》是孔子作；是孔子门人作；是曾子作；是曾子门人作；是子思作；是齐鲁陋儒作；是孟子的门弟子作；是汉儒作。至今无有定论。至于《孝经》成书的年代，有先秦时期、汉初、西汉中期及西汉末期等多种说法[④]。

近人王正己先生在《孝经今考》中，认为《孝经》成书年代是在战国末年，上限早不过庄子的时代，因为《庄子·天运》篇说：“丘治《诗》《书》《礼》《易》《乐》《春秋》六经。”所以庄子时已经有六经的名称了，而且《孝经》此前从未见同别的经一起引用过，是有了六经以后才产生的。《孝经》成书的下限不出《吕氏春秋》的成书时代，因为《吕氏春秋》引用过

①《荀子·议兵》。

②《荀子·礼论》。

③《荀子·致士》。

④ 胡平生《孝经译注·序》将各种观点作了介绍，可参考，中华书局，1996年，第4-10页。

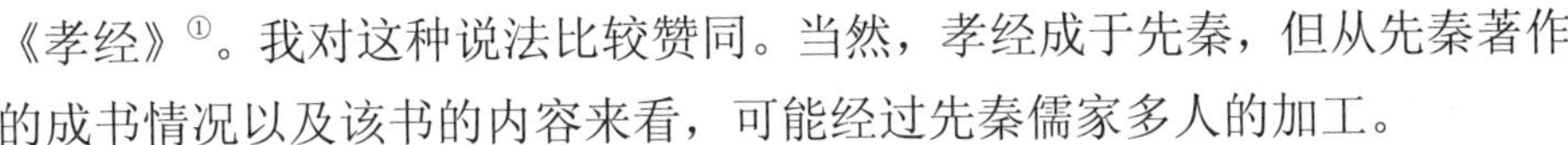

《孝经》[①]。我对这种说法比较赞同。当然，孝经成于先秦，但从先秦著作的成书情况以及该书的内容来看，可能经过先秦儒家多人的加工。

《孝经》对孔子、曾子、孟子、荀子等人的孝道理论进行了继承和发挥，以“孝治天下”为核心，对儒家有关孝道、孝行和孝治等方面的理论进行了系统化的总结。在以后中国两千余年的发展中，更多的是在实践上对这些理论进行丰富，而在理论创造上只限于修修补补，再没有大的创造。《孝经》的思想内容主要可以概括以下几点：

（1）孝为“至德要道”。《孝经·开宗明义章》提出：“夫孝，德之本也，教之所由生也”。孝为“至德要道”。《三才章》云：“曾子曰：‘甚哉，孝之大也。’子曰：‘夫孝，天之经也，地之义也，民之行也。天地之经而民是则之，则天之明，因地之利，以顺天下，是以其教不肃而成，其政不严而治’”。把孝道上升到世界根本规律的高度来认识，孝道不仅是人间道德的根本，也是世界运行的法则。因而孝道就是永恒不变的道理和规律。不仅如此，《孝经》还将孝进一步神秘化。《孝经·感应章》专论行孝和神明的关系：“昔者明王事父孝，故事天明；事母孝，故事地察；长幼顺，故上下治；天地明察，神明彰矣。故虽天子，必有尊也，言有父也；必有先也，言有兄也。宗庙致敬，不忘亲也；修身慎行，恐辱先也；宗庙致敬，鬼神著矣；孝悌之至，通于神明，光于四海，无所不通”。孝悌到了极致就能感动神明。汉代以后产生了大量孝子感应的故事，有些还被写入正史，其思想根源便是《孝经》。

（2）五等之孝。《孝经》把社会上的人分为五个等级：天子、诸侯、卿大夫、士及庶人。对于这五种不同的人，孝道上也有不同的要求。《天子章》说：“爱敬尽于事亲，而德教加于百姓，刑于四海，盖天子之孝也”。天子既要爱敬自己的父母亲人，而且要推行德教于百姓，在孝道方面为百姓做出表率。《诸侯章》说：“富贵不离其身，然后能保其社稷，而和其民人，盖诸侯之孝也”。不失去自己的富贵地位，保住祖宗留下的封地，团结本国的臣民，这就是诸侯应尽的孝道。《卿大夫章》规定卿、大夫的“孝”，必

① 顾颉刚《古史辨》（第四册），上海古籍出版社，1981 年，第 170—172 页。

须以王道为准则，“然后能守其宗庙”，即祖宗留下的基业。《士章》说：“忠顺不失，以事其上，然后能保其禄位，而守其祭祀，盖士之孝也”。以忠顺的之道侍奉其长上，保全自己的爵禄和承祭其先祖，这就是士的孝道标准。《庶人章》说：“用天之道，分地之利，谨身节用，以养父母，此庶人之孝也”。庶人的孝行主要是勤恳劳作，勤俭治身，以孝养父母。《孝经》将所有的人都纳到了“孝”的轨道上来，并为其确定了各自实践孝道的标准。“故自天子至于庶人，孝无终始”。五等之孝的提出实际上是对孝道政治化的进一步发展，核心思想在于将孝亲与忠君紧密结合，宣扬“以孝治天下”。

(3) 移“孝”作“忠”。《孝经》特别强调从“事亲”到“事君”的转移。《开宗明义章》说：“夫孝，始于事亲，中于事君，终于立身”。孝从奉养父母开始，然后扩展到效忠君王，自身的修养是孝亲忠君的基础，通过立身行道，显亲建功则是孝亲和忠君的体现。《孝经》提出五个社会阶层的人，在“事亲之孝”上是一样的，但是在事君上，因五个社会阶层的人地位不同，孝道的方式与内容则有所不同。《孝经》特别突出地强调了等级的差别，要求要严格遵守等级秩序。《纪孝行章》说：“居上不骄，为下不乱，在丑不争”。由此可见《孝经》不仅为忠孝的统一确定了明确的路径，而且为不同社会阶层实践移“孝”作“忠”规定了具体的方式和内容。移“孝”作“忠”的思想反映了加强封建专制统治的要求，符合封建统治者长治久安的需要，所以备受他们的推崇。

(4) 孝道具体实行的规定。《孝经》在如何实践孝道方面也作出了详细的要求。《孝经》二至六章除列出“五等之孝”的孝道与孝行外，在《纪孝行章》《谏诤章》《丧亲章》及其他各章中，也提出各种孝行。其中，《纪孝行章》是专述孝行的一章。《纪孝行章》提出侍奉双亲要“居则致其敬，养则致其乐，病则致其忧，丧则致其哀，祭则致其严”；“居上不骄，为下不乱，在丑不争”。在《谏诤章》中，主张当父亲做事违反义理，做子女的应该直言劝告，才算真正符合孝道。《孝经》中专设《丧亲章》，认为父母死后对父母丧葬、祭祀，是作为孝子事亲的终结，并对如何“居丧”作出了十分详细的规定。另外，《孝经》各章中，也提出各种孝行。《圣治章》要求“父母生之，续莫大焉”。即延续父母生命，传宗接代也是孝子应履行的孝道。《庶人章》要求“谨身节用，以养父母”。《广扬名章》要求“行成于内，而名立于后世矣”。这实际上是修身行道，显亲扬名的要求。《感应章》要求“宗庙致敬，不忘亲也；修身慎行，恐辱先也”。这体现出慎终追远的要求。以上这些规定，基本上是对孔子、曾子、孟子等先秦儒家的孝道主张所做的总结和提炼，而它们都成为后世行孝的具体规范。

(5) 刑罚护孝。在孔子、曾子、孟子、荀子思想中，孝道主要靠礼制和社会道德舆论来维护。刑罚并不被看重。在《孝经》中专列《五刑》一章，来论述对不孝如何进行处罚。《五刑章》云：“子曰‘五刑之属三千，而罪莫大于不孝。要君者无上，非圣人者无法，非孝者无亲。此大乱之道也’”。在《孝经》的作者看来，不孝对社会的危害极大，因此在对不孝行为的量刑上应最重。这一原则成为秦汉以后封建社会立法的一个准则。

总之，《孝经》以其对孝道理论论述的系统化和全面性，以及将孝道与政治的完全结合，使其在儒家孝道理论总结方面达到了顶峰，成为儒家孝道理论的总结性著作，也成为后世统治者“以孝治天下”的圭臬。

第三节　汉代孝文化的发展

汉代是中国古代孝文化昌盛的一个重要时期。汉王朝统治者把孝作为治国安邦的理论基础，以孝治为基本国策，采取各种措施，大力推行和实践孝道，使孝渗透到社会生活各领域之中，并产生了广泛而深远的影响。汉代之所以推行“以孝治天下”的基本国策，是由多方面因素所决定的。有人将其归为四个方面：一、以小农经济为基础的社会组织结构要求以‘孝’作为统治工具；二、浓郁的孝文化背景是汉代选择孝治的思想文化前提；三、选择孝治是汉代统治者汲取秦亡教训的必然结果；四、儒者入仕、儒学定于一尊是汉代以孝治国长期不变的政治保障[①]。汉代在孝文化的发展上主要表现在：孝道理论的政治化和神学化，孝治政策的系统化，孝道要求和实践的片面化。

---

① 徐玲《汉代孝治文化研究》，硕士学位论文，河南大学，2004年。

一、孝道理论的政治化和神学化

汉代将《孝经》奉为经典。《孝经》的核心思想就是事亲孝就能事君忠，由修身治家便可推及至治国平天下。总体上来看，“移孝作忠”是汉代孝道理论的核心。汉代孝道理论的进一步政治化的突出体现就是将孝道纳入封建社会的纲常体系之中。董仲舒提出的“君为臣纲，父为子纲，夫为妻纲”的“三纲”确定了君臣、父子、夫妻之间绝对的尊卑关系，孝悌不再是基于人的自然亲情基础上的单纯的道德准则，而是为“三纲”服务的。其实质是强化家族的宗法统治和封建君权。董仲舒不再像先秦儒家那样，从人情、人性的角度去论证孝道，而是从“天人感应”的神学角度对孝道进行诠释，使孝悌蒙上了神秘的外衣。董仲舒用阴阳五行的神学思想解释“孝”为“天之经，地之义”[①]，父子关系如同五行的关系一样，是天定的次序。子女对父母尽孝是天道的体现，臣子对君主尽忠也如此。天与君关系也同父子相传的关系一样，“受命之君，天意之所予也。故号为天子者，宜视天如父，事天以孝道也。号为诸侯者，宜谨视所侯奉之天子也。号为大夫者，宜厚其忠信”[②]。

董仲舒用阴阳理论把“三纲”解释为：“君为阳，臣为阴。父为阳，子为阴。夫为阳，妻为阴。阴阳无所独行。其始也不得专起；其终也不得分功，有所兼之义”[③]。阳居主导地位，阴只能对阳起辅助配合作用，这是永恒不变的天意，“王道之三纲，可求于天”[④]。“三纲”之上加上了“天”即神的权威，论证了孝道的神秘性和封建尊卑等级制度的合理性，同时也突出了天子的地位，使孝道不但有了神圣性，而且有了新的哲学基础和政治功能。他肯定

董仲舒像

①《春秋繁露》卷 11《五行之义》。
②《春秋繁露》卷 10《深察名号》。
③《《春秋繁露》卷 12《基义》。
④《春秋繁露》卷 12《基义》。

了君权的神圣性和绝对性，以此来拔高、神化统治者，维护其统治地位。以董仲舒为代表的两汉经学家从渺茫的天上替统治者寻找合理的统治理论依据，对孝道进行神学化的规范和改造，使先秦儒家的孝道观念逐渐失却了本来的面貌。

西汉中后期，谶纬迷信泛滥，对《孝经》以阴阳五行和荒诞的神话进行诠释，使孝道更加神秘化和庸俗化。东汉统治者“宣布图谶于天下”，使谶纬迷信与经学结合。章帝时编订而成的《白虎通义》，包含了大量的孝道理论，此书继承和发挥了董仲舒的孝道观点。谶纬迷信在东汉得到法定的地位，其对孝道观念的论证进一步神秘化和庸俗化。东汉出现大量孝感天地、鬼神的故事，正是孝道神学化的体现。

二、孝治政策的系统化

汉代孝文化的最大特点就是将先秦以来的孝道理论付诸实践，而且在实践中形成了比较系统完备的政策，主要体现在：

（1）广泛推行孝道教化[①]。儒家孝道理论认为社会教化应从孝道开始。因此汉代统治者将孝道教化作为以孝治天下的重要措施加以推行。① 汉代孝道成为学校教育的必修课程，并立《孝经》为通用孝道教材。文帝时，始置《孝经》博士，《孝经》随之成为学校教育的主要课程。通《孝经》《论语》是当时举荐博士的重要条件。武帝时，规定学生必须先学《孝经》《论语》。宣帝时，规定在乡里的庠、序置《孝经》师一人，并请疏广专门以《孝经》教授皇太子。《孝经》不仅成为政府各级学校的通用教材，就连民间私学也讲授《孝经》。东汉明帝时，让军人也学习《孝经》：“自期门羽林之士，悉令通《孝经》章句”[②]。由此可见，《孝经》教育在汉代的普及程度。② 汉代家庭教育也高度重视孝道。汉皇室为了维护内部的团结和统治的稳固，特别重视对皇室子弟的孝道教育，尤其是太子。在汉代教授培养太子

① 有关汉代的孝道教化可以参考李庚子的博士论文：《两汉的“孝教”思想研究》，北京师范大学，2004 年。

②《后汉书》卷 19《儒林列传》。

的基本教材是《孝经》。《孝经》也是皇室子弟的必读之书。汉代不仅要求皇太子能够背诵《孝经》，而且要明了其义旨，更要能够以《孝经》为指导治理天下。汉代在家族、家庭内部也高度重视对子弟的孝道教育。家训、家法是家庭、家族教育的重要载体。从汉代的家训和家法来看，宣扬忠、孝、仁、义是其主要的功能。③ 设置专门官吏进行孝道教化。为了广泛深入地推行孝道教化，汉代在乡村特设“三老”“孝悌”等乡官对民众进行孝道教育，这样既强化了孝道教化，又是孝道教化的普及性得到增强。

（2）察举孝廉，以孝道作为选官标准。通过官禄来倡导孝道是汉代统治者推行孝治的重要方式之一。汉代采取察举制度选拔官吏，察举孝廉，以孝道品行作为选官标准是汉代官吏选拔制度的一大特色。据史书记载，将孝行纳入选举制始于文帝，确立于武帝。自武帝以后，汉代帝王都积极推行察举孝廉之制。汉代孝廉之选遍布全国各地。被选之人可到地方乃至中央做官。两汉书中记载的出身孝廉的人物就达 180 余人，从总的情况来看，他们大多数都是有能力有作为的人物。所以汉代通过察举孝廉的方式选官用人，不仅强化了整个社会的孝道理念，而且对汉代社会的稳定起到了重要的维护作用。

（3）褒奖孝行。汉代统治者为了劝孝，采取了一些优惠政策来褒奖孝行，主要有赏赐、免除赋役、宣传孝子等。在褒奖孝行中除了全国性外，也有地方性的。据《汉书》和《后汉书》记载，西汉惠帝至东汉顺帝时，全国性的褒奖孝行活动就达 32 次之多。从文献记载来看，褒奖孝子制度始于西汉文帝。就褒奖的情况来看两汉有所不同，西汉重物质赏赐激励。东汉则重赐爵，突出政治礼遇。免除孝子赋役之制始于西汉惠帝，惠帝四年“举民孝弟力田者复其身”[①]，即孝行突出者可以免除其家庭的徭赋。这一制度被后世所继承。汉代朝廷注意发现和扶持著名孝子，以其作为宣扬孝道的典范，江革就是其中的代表之一。朝廷曾多次赐谷给他，而且“常以八月长吏存问，致羊酒”[②]。在这些有名的孝子去世后，政府还为其立传树碑，加以褒崇。

---

①《汉书》卷 2《惠帝纪》。

②《后汉书》卷 39《江革传》。

(4) 养老敬老。汉代形成了相对完善的养老敬老体系：① 天子亲行养老之仪，以示垂范。如史书记载，东汉明帝“帅群臣躬养三老、五更于辟雍”[①]。从明帝开始皇帝亲行养老之礼成为惯例。② 赐物养老。此制始于汉高祖刘邦，到汉文帝时成为定制。汉代赐予老人的物品以饮食和布料为主，有时会赐予钱币等。从文献来看，能得到赐物的老人一般年龄在 80 岁以上。③ 赐王杖及爵位制度。赐王杖和爵位体现的是政府在政治上对老人的尊崇。汉朝赐予老人象征尊老的王杖，所规定的年龄为 70 岁，但有学者研究认为，并不是所有 70 岁的老人都能得到，可能只是其中的一部分[②]。④ 优待致仕官员。汉代朝廷建立了官员致仕制度，给退休老臣以一定的政治和生活待遇。除了可以带俸致仕外，还可以获得政府遣使存问、奉朝请及赠赐财物等礼遇[③]。⑤ 以法令来保障养老尊老。汉代法律规定可以宽免犯罪老人。如汉宣帝元康四年下诏：“自今以来，诸年 80 以上，非诬告杀伤佗人，皆不坐”[④]。成帝时，一度将年龄放宽到 70 岁，并规定除非首谋、首恶和杀伤人等重罪外，其他罪行都可以不予追究。

(5) 以法律维护孝道。汉代遵循《孝经》严惩“不孝”的立法原则，在法律上对不孝罪的惩罚非常严厉，大多数情况下要判处“枭首”“弃市”，子女有伤害父母的行为即为不孝，“殴父也，当枭首”[⑤]。《二年律令·贼律》记载：“子贼杀伤父母，奴婢贼杀伤主、主父母妻子，皆其枭首市”[⑥]。汉代普通人之间的伤害罪在量刑上要轻得多，杀人致命者则才判处死刑。“谋

---

①《后汉书》卷 4《礼仪志》。

② 臧知非通过分析汉朝三老、父老土地财产情况，认为资产多少是出任父老的重要依据。而具有社会教化功能的王杖，也不可能赐予普通老百姓，“授王杖者只是老年群体的一小部分，其绝大部分是没有王杖的；实行王杖制度有着尊崇老年人的目的，但这并不是其目的全部，甚至不是主要目的。其主要目的是要使老年人垂范乡里、纯洁风俗、教导乡民。作为官府治民的一个补充，他们是乡民尊敬效法的榜样，也是其他老人模仿的对象。”臧知非：《王杖诏书与汉代养老制度》，《史林》，2002 年第 2 期。

③ 张卫民《汉代官吏的优抚制度》，《山东师范大学报》，2001 年第 4 期。

④《汉书》卷 8《宣帝纪》。

⑤《太平御览》卷 640《刑法部六》。

⑥ 朱红林《张家山汉简〈二年律令〉集释》，社会科学文献出版社，2005 年，第 38 页。

贼杀、伤人，未杀，鲸为城旦春”“杀人，及与谋者，皆弃市”①。汉律还规定，子孙伤害祖父母及其他长辈或者父母告发子女不孝都要处以死刑。《二年律令·贼律》记载：“子孙杀父母，殴詈泰父母、父母叚大母、主母、后母，及父母告子不孝，皆弃市”②。所谓“大父”就是祖父，“大母”就是祖母，“叚母”指的是继母。父母可以告发子孙不孝或其他罪行，但子孙是绝不能告发父母的，反而要为父母隐瞒掩盖。如西汉衡山王刘赐谋反，其长子刘爽向朝廷告发，其结果是“太子爽坐告王父不孝，皆弃市”③。汉律还规定殴辱持王杖者、服丧期间娶妻妾或生子、闻父母亡匿不发丧等都视为不孝之罪，全要处以弃市之刑。由此可见，汉代在法律上对孝道给予了高度维护。

总之，汉代统治者建立了系统的政策体系来推行孝道，以达到以孝治天下的目的。这些政策也为后世所效仿。

三、孝道要求和实践的片面化

如果说先秦的孝道要求体现出对父母、子女具有相对的相互性和平等性，那么到了汉代，孝道要求就成了对子女的单向要求和绝对性的义务。汉代孝道理论的神学化和封建纲常化成为孝道要求的片面化和绝对化的思想基础，而汉代统治者的孝治政策和措施是孝道要求的片面化和绝对化的坚实保障。孝道要求的片面化和绝对化在观念上表现为：父为子天，父尊子卑，子女对父母尽孝是天经地义的绝对道德伦理义务。在实践上则体现为绝对地、片面地要求子女对父母尽义务和父母对于子女所拥有的权利。肖群忠先生在《孝与中国文化》一书中对父母子女之间义务权利关系进行了深入分析，他认为汉代社会父对子的片面绝对权利表现在：① 支配家庭财产权。② 支配子女的婚姻权。③ 支配子女行为权。④ 支配子女人身权。

---

①《张家山汉简(二年律令)集释》，第 28 页。

②《张家山汉简(二年律令)集释》，第 28 页。

③《汉书》卷 44《衡山王传》。

⑤ 父母与子女在法律上不平等[1]。而子女对父母片面的绝对孝道义务表现在：① 牺牲身体健康以行孝。② 牺牲妻子儿女以行孝。③ 牺牲自己生命以行孝[2]。汉代之所以强化孝道要求的片面化和绝对化，其目的在于维护父权家长制，因为父权家长制是皇权统治的基础，对父权家长制强化也是对汉代皇权统治的维护。而汉代孝道要求的片面化和绝对化的这一发展，对后世产生了深远影响。

汉代建立的以孝为核心的社会伦理秩序奠定了我国封建社会秩序的基本模式，使孝走出家庭，广泛的渗透到了社会各个领域，在维护封建社会的统治秩序，协调人际关系等方面发挥了重要作用。从汉代以后，以孝治天下成为历代封建统治者所遵循的治国之道，汉代推行孝道的许多政策被后代所继承和发展，对汉代以后社会的经济结构、政治制度、意识形态等方面都产生了极为重大的影响。

第四节　魏晋南北朝时期的孝文化

魏晋南北朝时期是中国历史上较为动荡的一个时期，除了西晋曾有过短暂的统一之外，其他时间几乎都处在分裂动乱的状态。这一时期的社会经济关系，主要是封建土地国有制和豪族大地主占有制相结合的经济形态。政治上表现为政权更替频繁，门阀士族把持国政。民族关系上表现为大迁徙、大融合的局面。思想文化上表现为儒学衰落，与道家融合形成玄学，神仙道教兴起，佛教大发展并与玄学合流。与汉代相比，尽管社会历史发生了较大的变化，但孝文化作为民族文化的基本传统有着深厚的民众社会基础，因此这一时期统治者依然倡导以孝治天下；受当时社会历史条件的影响，这一时期孝道观念表现出自然亲爱为孝，生孝重于死孝，孝亲先于忠君，至孝必有报应等特点；孝道也成为民族融合的重要内容，同时佛教对孝道形成冲击。

---

① 《孝与中国文化》，第 70-73 页。

② 《孝与中国文化》，第 73-76 页。

一、魏晋南北朝对汉代孝文化的传承

总体上来看，魏晋南北朝承汉代之传统，仍以“孝治天下”为基本国策。多仿效汉代，采取了一系列推行孝治的政策。

(1) 重视孝道教化。重视孝道教育体现在对《孝经》的推崇上。皇帝经常亲自宣讲《孝经》，如，《晋书·穆帝纪》记载，永和十二年(356)“二月辛丑，帝讲《孝经》……升平元年(357)三月，帝讲《孝经》”。《晋书·孝武帝纪》载，宁康三年(375)“九月，帝讲《孝经》”。《梁书·武帝纪》载，梁武帝不仅亲自讲授《孝经》，让子孙研读《孝经》，遵守“孝道”，而且亲自撰写《孝经讲疏》和《制旨孝经义》，并专设《孝经》助教一人，生十人，研习他写的《孝经》义旨。在当权者推动下，读书人大都重视对《孝经》的研习。北齐颜之推在《颜氏家训·勉学》中说：“虽百世小人，知读《论语》《孝经》者，尚为人师”。可见当时对习读《孝经》的重视。

(2) 孝道是选官用人的重要标准。魏晋南北朝选官的制度主要是九品中正制。这一制度是建立在乡里清议的基础上的，而主导乡里清议导向的往往是当地的名儒学范，儒家道德成为品评人物的标准。九品中正制是向门阀大族妥协的政治产物，实际上是一种带有浓厚家族色彩的制度。出于对家族利益的维护，作为家庭基本道德的“孝”成为清议人物的核心内容，成为选拔官吏的重要标准。士人入仕，经中正品评，若有不孝的污点，则难以通过。《世说新语·任诞·竹林七贤论》载，阮简居父丧有不周之处而遭清议，“废顿几三十年”。西晋陈寿在父丧中染病，让婢女给自己制丸药，“客往见之，乡党以为贬议，及蜀平，坐是沈滞者累年”，后又因母丧葬于洛阳，未归于蜀安葬，“竟被贬议”[①]。由此可见“孝”在魏晋南北朝官吏选拔中有着重要影响。

(3) 褒奖“孝悌”，提倡尊老养老。和汉代一样，魏晋南北朝的统治者对孝行卓异者给予褒奖、宣传。既有全国性的表彰，也有州、县等地方性的表彰，不仅汉族统治者对孝子进行表彰，少数民族统治者也是如此。表

① 《晋书》卷82《陈寿传》。

彰的形式也有多种，或赐以财物，或免其赋税、徭役，或赐以官爵等等。提倡尊老养老也是魏晋南北朝的统治者推行孝文化的重要举措。《梁书·武帝纪》载，梁武帝普通二年(521)，辛巳下诏：“凡民有单老孤稚不能自存，主者郡县咸加收养，赡给衣食，每令周足，以终其身。又于京师置孤独园，孤幼有归，华髮不匮。若终年命，厚加料理，尤穷之家，勿收租赋”。据《宋书·孝义传·何子平传》记载，南朝宋政府为鼓励孝行，规定官员的父亲如果年满80岁，就必须解除官职回家奉养老亲。这一时期也形成了“权留养亲”制度。《魏书·刑罚志》记载，北魏孝文帝太和十二年(488)诏：“犯死罪，若父母、祖父母年老，更无成人子孙，又无期亲者，仰案后列奏以待报，著之令格”。即对于身犯死罪的人，如果家中直系尊亲年迈需要奉养而无其他成年男丁。在经过请示朝廷批准后可以奉亲缓刑，违犯流、徒刑的符合条件的也可“权留养亲”。这一制度被后世所继承。

(4) 以法严惩“不孝”。魏晋南北朝是中国古代法制史发展的一个重要阶段。这一时期由于儒生参与修律、注律，使得儒家礼教与法律得到较好的结合，儒家伦理色彩在法律中大大增强，其中法律中突出反映了对儒家伦理的核心的孝道的维护。法律规定对“不孝”进行严惩。曹魏法律规定：“正杀继母与亲母同”[①]。晋律规定：“子孙敬养有亏或父母告子不孝，欲杀之皆许”；“诈取父母宁，以殴詈法弃市”[②]。北魏法律也规定：“害其亲者轘之”[③]。法律还维护家长对财产的支配权，以保证孝道的实施，如曹魏时法律规定：“除异子之科，使父子无异财也”[④]。魏晋南北朝时期当法律与孝道发生冲突时，往往采取屈法以全孝，即使父母犯了叛国大罪，子女也必须遵循“父子相隐”的孝道原则。把孝凌驾于法律之上，最突出的表现在“血亲复仇”上。这一时期统治者虽然也颁布了一些禁止复仇的法令，但总体上是宽宥和表扬占主流。《晋书·桓温传》记载，桓温杀死杀父仇人

①《晋书》卷30《刑法志》。

②《晋书》卷30《刑法志》。

③《魏书》卷111《刑法志》。

④《晋书》卷30《刑法志》。

江播家的三个儿子以为父报仇，官府对这件事并没有追究，不仅如此，“时人称焉”，朝廷后来还重用了桓温。萧梁时李庆绪在光天化日下手刃其杀父仇人，“自缚归罪，州将义而释之。梁天监中为东莞太守”[①]。类似这种视复仇为“义举”的例子举不胜举。复仇之风盛行足以反映出这一时期重孝而轻法的社会特征。

魏晋南北朝统治者为什么要坚持“以孝治天下”，采取一系列措施推行孝道呢？鲁迅先生说：“因为天位从禅让，即巧取豪夺而得来，若主张以忠治天下，他们的立脚点便不稳，办事便棘手，立论也难了，所以一定要以孝治天下”[②]。魏晋的曹氏、司马氏皆以篡逆而得天下，对先朝旧臣谈忠君难以启齿。而忠孝本为一体，都有服从长上的内涵，从孝立论则就方便多了。因此这一说法不无道理。但从根本上分析，则与魏晋南北朝士族社会性质有着密切的关系。这一时期主导社会政治的是门阀士族，家族势力强大，皇权要靠门阀士族的支撑。提倡以孝治天下实际上是皇权对私家势力的承认和妥协。由于以孝治天下适应了世家大族的利益，因而在这一时期得到进一步推行和发展。

二、魏晋南北朝时期孝道观的新特点

在魏晋南北朝时期特殊的历史条件下，孝道观念出现了一些新特点，归结起来主要有以下几个方面：

(1) 孝亲先于忠君。由于魏晋南北朝时期实行门阀制度，以家族为单位的豪门士族在经济和政治上发挥着主导作用。出于对家族秩序和利益的维护，在家族和国家利益的选择上更多的是考虑家族利益，因而在伦理关系上强调孝亲比忠君更为重要。“为了成就‘孝’的名声，一些人公然违犯国家法律和君王诏令，该奔丧的奔丧，该报仇的报仇”[③]，完全以“孝”字当头。如三国时吴国的大臣孟宗不顾孙权禁止官员奔丧的命令，在奔母丧

① 《梁书》卷 74《李庆绪传》。

② 鲁迅《而已集·魏晋风度及文章与药及酒之关系》，人民出版社，1980 年，第 108 页。

③ 谭洁《魏晋时期的孝道观》，《武汉大学学报》，2003 年第 4 期。

后，将自己绑起来等候朝廷的处置[①]。庞娥在杀死父亲的仇人后主动到官府请死[②]。有些人还把为官作为孝亲的工具。如《晋书·王长文传》记载：

王长文，……少以才学知名，而放荡不羁，州府辟命皆不就。州辟别驾，乃微服窃出，举州莫知所之。后于成都市中蹲踞啮胡饼。刺史知其不屈，礼遣之。闭门自守，不交人事……大康中，蜀土荒馑，开仓贩贷。长文居贫，贷多，后无以偿。……后成都王颖引为江源令，或问："前不降志，今何为屈？"长文曰："禄以养亲，非为身也"。

一旦忠孝关系发生矛盾，当时的社会舆论基本是站在孝道的立场上。这从王裒和嵇绍的情况可以说明。王裒因其父被晋文帝司马昭屈杀而隐居教授生徒，"三征七辟皆不就"[③]，因而获得孝名。嵇康因得罪钟会，为其构陷，也被司马昭处死。他的儿子嵇绍经山涛引荐入仕，在跟随晋惠帝北伐中因保护惠帝而殉职，虽得到朝廷的嘉奖，却招致了时人的非议[④]。诚如唐长孺先生在《魏晋南北朝的君父先后论》一文中所说："自晋以后，门阀制度的确立，促使孝道的实践在社会上具有更大的经济上与政治上的作用，因此亲先于君，孝先于忠的观念得以形成"，这种观念"一到唐代，一统帝国专制君主的威权业已建立，那种有害于君主利益的观点随着旧门阀制度的衰落而趋于消沉"[⑤]。

（2）自然亲爱为孝。魏晋时期，经学衰落，礼教败坏，名实不符成为社会的一大弊端，孝道也出现了虚假性："举秀才，不知书；察孝廉，父别

①《三国志》卷47《孙权传》。

②《三国志》卷18《庞娥传》。

③《晋书》卷88《王裒传》。

④《太平御览》四百四十五卷引王隐《晋书》曰："河南郭象著文，称嵇绍父死在非罪，曾无耿介，贪位死闇主，义不足多。曾以问郗公（指郗鉴）曰：'王裒之父，亦非罪死，裒犹辞征，绍不辞用，谁为多少?'郗公曰：'王胜于嵇.'或曰：'魏晋所杀，子皆仕宦，何以无非也?'答曰：'殛鲧兴禹。禹不辞兴者，以鲧犯罪也。若以时君所杀为当耶？则同于禹。以不当耶？则同于嵇。'又曰：'世皆以嵇见危授命。'答曰：'纪信代汉高之死，可谓见危授命。如嵇偏善其一可也。以俱体论之，则未得也"。

⑤ 唐长孺《魏晋南北朝史论拾遗》，中华书局，1983年，第238、247页。

居；寒素清白浊如泥，高第良将怯如鸡”[①]。为了挽救时弊，思想家们力图从名教与自然的关系探讨当中，探寻名教之本质，以达到维护封建名教的目的。以何晏、王弼为代表，提出“名教出于自然”；以嵇康、阮籍为代表的竹林七贤，提出“越名教而任自然”；以向秀和郭象为代表，提出“名教即自然”。从自然与名教的关系出发，思想家突出强调孝的自然本性。王弼在《老子注》中将“仁”“孝”解释为“自然亲爱为孝，推爱及物为仁。”即亲爱是人自然本性的体现，不需要假借外在的造作。因此提出“孝爱本于自然”。如果停留在对忠孝之名的追求上，那实际上是背离孝的自然本性。以嵇康、阮籍为代表的竹林名士在言论、行为上对礼教的反对只是其表面的现象，其实质上是反对礼教名实不符的虚伪性。目的在于恢复儒家名教真正的伦理价值，在孝行的表现上充分体现了这一点。史载，阮籍“性至孝，居丧虽不率常检，而毁几至灭性”[②]。其在母亲丧葬时，“蒸一肥豚，饮酒二斗，然后临决，直言‘穷矣’！都得一号，因吐血，废顿良久”[③]。在这里可以看出阮籍反对的是孝道徒具形式的礼仪规范，而宣扬的是出自自然本心的亲爱之情。

(3) 生孝重于死孝。在汉代社会，死孝往往重于生孝，表现为厚葬之风盛行。而魏晋时期，反对厚葬，主张生孝重于死孝，得到了社会的广泛认同。无论是帝王将相，还是平民百姓，皆主张薄葬。究其原因，主要在于：① 战乱频仍导致经济难以发展，国家财力虚空，迫使时人不得不在丧葬上节俭。② 在魏晋南北朝时期分裂战乱的时局下，盗墓行为十分猖獗，引起人们对厚葬的反思。魏文帝曹丕对此就有深切的认识，他说：“自古及今，未有不亡之国，亦无不掘之墓也。丧乱以来，汉氏诸陵无不发掘，至乃烧取玉匣金缕，骸骨并尽，是焚如之刑，岂不重痛哉！祸由乎厚葬封树”[④]。“大墓无不掘”的现实教训不得不使世人转变厚葬的观念。③ 玄学的流行

①《抱朴子》卷 15《审举》。

②《三国志》卷 21 注引《魏氏春秋》。

③《世说新语·任诞》。

④《三国志》卷 2《文帝纪》。

及佛教、道教的发展，促进了孝道观念的转变。老庄之学与儒学融合而产生的玄学，带有崇尚自然的倾向，人的生老病死被看作自然运行的结果。具有老庄思想的魏臣沐并就力主俭葬①。

佛教在魏晋南北朝得到快速发展。佛教主张万物为因缘和合而起，人的身体也是如此。因此，称人的身体为“臭皮囊”，在对遗体的安葬上，采用火葬，或者“坐化”。这种对遗体的轻视态度也对儒家重视死孝产生了一定冲击。

土生土长的道教更是一个重生的宗教，其由贵生的伦理角度出发，提出使父母长生不老才是最大的孝道，将世人的目光引向对父母生命的保全和延续上，而淡化死后的丧祭活动。

（4）至孝必有报应。早在汉代，就已出现过有关孝行与报应相联系的记载，但那时主要是在天人感应理论和谶纬迷信的影响下形成的。到了魏晋时期，佛教盛行，佛教因果报应思想与儒家的天人感应思想合流，使得至孝必有报应的观念得到社会的大力宣扬。魏晋时，出现了大量至孝带来报应的故事，代表性的如孟宗哭竹生笋②、王祥卧冰求鲤③、何琦哭棺辟火④等。其中，前两个故事被收入二十四孝中。这些孝感故事成为当时和后世孝道教育的典型素材，广为流传。而至孝必报的观念增强了孝行的神秘性，促进了行孝的自觉性。

---

① 沐并说：“以天地为一区，万物为刍狗，该览玄通，求形景之宗，同祸福之素，死生之命，吾有慕于道矣。夫道之为物，惟恍惟忽，寿为欺魄，夭为凫没，身沦有无，与神消息，含悦阴阳，甘梦太极，奚以棺椁为牢，衣裳为缠？尸系地下，长幽桎梏，岂不哀哉!”。“戒后亡者不得入藏，不得封树”。参见《三国志》卷23注引《沐并传》。

②《楚国先贤传》记载：“（孟）宗母嗜笋。冬节将至，时笋尚未生，宗入竹林哀叹，而笋为之出，得以供母。皆以为至孝之所致感”。参见《三国志》卷48注引《楚国先贤传》。

③《晋书·王祥传》记载：“（王祥）母常欲生鱼，时天寒冰冻，祥解衣将剖冰求之，冰忽自解，双鲤跃出，持之而归。母又思黄雀炙，复有黄雀数十飞入其幙，复以供母。乡里惊叹，以为孝感所致焉”。

④《晋书·何琦传》记载：“（何琦）及丁母忧，居丧泣血，杖而后起，停柩在殡，为邻火所逼，烟焰已交，家乏僮使，计无从出，乃匍匐抚棺号哭，俄而风止火息，堂屋一间免烧，其精诚所感如此”。

孟宗哭竹生笋图

王祥卧冰求鲤图

三、孝道在民族融合中的作用

魏晋南北朝是我国历史上民族大融合的重要时期之一。各少数民族进入中原后，在汉族文化影响下而逐渐汉化。儒家思想是汉族文化的主干，因此汉化在很大程度上可以说是儒家化。而孝道伦理是儒家思想的核心内容，所以在少数民族的汉化过程中逐渐接受了儒家孝道观念。在汉族统治者以孝治天下的影响下，魏晋南北朝时期许多少数民族统治者提倡和推进孝道，最为代表性的就是北魏孝文帝。在他执政期间曾积极提倡和推行孝道。他多次要求地方官员向中央报送“孝悌廉贞”“孝友德义者”“力田孝悌”，由政府给予褒奖。他亲行养老之礼，在社会上也实行养老。太和十年下诏：“民年八十以上，听一子不从役，孤独癃老笃疾贫穷不能自存者，三长内迭养食之”[①]。并给老人赐爵、赐官，赐几杖等，通过尊老养老以提倡孝道。“孝文帝以后，以孝治国成了拓跋魏的传统，从元宏始，北魏诸帝的谥号多冠以‘孝’字。皇帝讲习《孝经》几乎成了每朝的惯例。《孝经》成为拓跋魏必读之书”[②]。正是在统治者的倡导下，孝道观念逐渐得到少数民族的认同，正史中记载了不少少数民族的孝子，

北魏孝文帝像

① 《魏书》卷110《食货志》。

② 李洁《魏晋南北朝时期的孝行》，硕士学位论文，首都师范大学，2001年。

正反映了“孝”在民族融合中的作用。少数民族统治者为什么要选择孝道作为汉化的重要方式呢？其主要原因有二：其一，在宗法制下，孝是汉族广泛认同的道德伦理准则，以孝道为旗帜容易得到汉民族的顺服。少数民族统治者为了得到汉族民众的拥护，便不得不扬起孝道的大旗，以此促进民族的融合。其二，孝道具有和睦家族，增进团结的作用。少数民族在汉化的过程中也遭到本民族内部的强烈反对，他们向少数民族民众灌输孝观念，有助于弱化本民族内部的反对势力，维护本族内部的团结，从而维护其统治秩序。

四、佛教对孝道的冲击

魏晋南北朝是佛教传入中国以后兴盛的第一个高潮时期。佛教以人生为苦，视追求人生的解脱为最高理想。它的重解脱，倡离世与儒家的重现实，倡伦常是背道而驰的。佛教的发展对儒家思想形成严重冲击，儒家的孝道也不例外。这从当时儒家对佛教的批判以及佛教徒的回应中明显反映出来。儒家开始对佛教徒的剃度、弃家、不婚娶宗教规定进行批判，到东晋以后儒家在孝道问题上逐渐与政治、经济、社会现实问题联系起来对佛教进行批判。东晋时庾冰曾上书成帝说佛教“矫形骸，违常务，易礼典，弃名教”，如果不加约束，就会导致礼教废弃，尊卑失序，甚至可能会使天下大乱[①]。周朗在给宋孝武帝的奏疏中说佛教“背亲傲君，欺费疾老”[②]，并建议对佛教进行整治。郭祖上疏梁武帝，批评佛教僧徒人数太多，“天下户口几亡其半”，又不守礼法，教徒不从事生产劳动，只尚空谈，如此一来，“恐方来处处成寺，家家剃落，尺土一人，非复国有”[③]。范缜的语言更加尖锐，他说“浮屠害政，桑门蠹俗”，佛教的发展“使家家弃其亲爱，人人绝其嗣续”，以至于百姓“竭财以赴僧，破产以趋佛”[④]，强烈建议灭佛。

---

① 参见《弘明集》卷12《代晋成帝沙门不应尽敬诏》。

②《宋书》卷82《周朗传》。

③《南史》卷70《循吏传》。

④《梁书》卷48《儒林传》。

从以上反佛言论可以看出，南北朝时期的儒家已经着眼于国家、社会的现实利益，对佛教发起了全面批判。之所以如此激烈地反对佛教，主要是因为佛教的发展危及到了社会经济的发展和统治者政权的稳固。在经济上，寺院经济膨胀，使国家控制的劳动力大量流失，影响到了国家的赋税收入。在政治上，佛教组织的发展成为对抗皇权的潜在力量，已经危及“王道治乱”。在当时北朝佛教与世俗权力的利益冲突比南朝更加剧烈，所以在北朝出现了几次大规模灭佛、毁佛运动，正是佛教与现实权力之间矛盾尖锐化的体现。

在儒家批判的情况下，佛教徒也积极为佛教进行辩护。在辩护当中实际上促进了儒释之间的融合，这种融合体现在孝道问题的辩护中。东晋人孙绰就在辩论中提出“周孔即佛，佛即周孔”的主张，以调和儒释之间的矛盾。东晋僧人慧远认为儒佛的区别在于一个是“方内”，另一个是“方外”，二者殊途同归，其相互之间可以配合、可以相互促进，“内外之道可合而明”[①]。从这一思想出发，慧远对儒家关于佛教削发、出家等教规的指责一一进行了反驳。他认为佛教徒出家乃是“方外之宾”，是与物隔绝，看起来这种行为违反了世俗的仪礼伦常，而实际上是“隐世以求其志，变俗以达其道”。佛家的这种修行的最终结果是“道洽六亲，泽流天下，虽不处于王侯之位，亦已协契皇极，在宥生民矣”。因此，佛僧的剃度、出家虽然“内乖天属之重而不违其孝；外阙奉主之恭而不失其敬”[②]。佛教教规是为“达道”而制定的，是通过与世俗不同的方式来“达道”的，其实质与儒家遵循的孝道礼仪规范的功能是相同的。如此以来，慧远将佛教的教规等同于儒家的名教了，进一步调和了佛教与儒家在孝道伦理上的分歧，使儒释融合向前迈进了一步。

① 《弘明集》卷5《沙门不敬王者论》。
② 《弘明集》卷5《沙门不敬王者论》。

第二章　孝文化与唐代政治

孝治是孝文化的核心内容，因此，探讨唐代政治与孝文化的关系，就必须弄清楚唐代是否推行孝治，孝治状况如何。对于唐代继续推行孝治，学术界基本上认识一致，但在孝治的具体推行上却存在分歧。有些学者认为唐代不大重视孝道[①]，有的则认为孝文化在唐代得到空前发展[②]。从讨论的内容来看，以上学者所说的“孝道”和“孝文化”实际是于孝治而言的。笔者在以上研究的基础上，将从多个角度对唐代孝治状况作进一步考察。

第一节　唐代奉行以孝治天下的基本国策

《孝经·天子章》载，子曰：“爱亲者不敢恶于人，敬亲者不敢慢于人。爱敬尽于事亲，而德教加于百姓，刑于四海，盖天子之孝也。《甫刑》云：‘一人有庆，兆民赖之’”。唐代统治者懂得“孝”是人们全部道德的基础，是决定家庭和谐、国家稳定的最基本的道德规范，以孝治天下是他们的共识。唐代帝王多次下诏敕倡导孝道。如唐高祖在《旌表孝友诏》云：“民禀五常，仁义斯重；士有百行，孝敬为先。自古哲王，经邦致治，设教垂范，莫尚于兹”[③]；唐玄宗的《令郡县采奏孝弟诰》云：“至和育物，大孝安亲，

① 牛志平《试论唐代的孝道》，《晋阳学刊》，1991 年第 1 期；肖群忠：《孝与中国文化》，人民出版社，2001 年。

② 黄修明《孝文化与唐代社会政治》，《广西大学学报》，2002 年第 5 期。

③《全唐文》卷 1。

古之哲王，必由斯道”[①]。武则天撰写《臣轨》一书，专门论述忠孝之道，她在《臣轨·序》中说：“然则君亲既立，忠孝形焉。……奉国奉家，率由之道宁二；事君事父，资敬之途斯一”。唐玄宗先后两次为《孝经》亲自作注，并令天下家藏《孝经》一部。

唐代官僚士大夫也同样认同以孝治天下的理念。开元五年(717)，右补阙卢履冰在给唐玄宗的上书中云：“今陛下孝理天下，动合礼经”[②]。穆宗长庆元年(821)，太学博士直弘文馆郑遂等七人在上穆宗的奏疏中说：“夫论国之大事，必本乎正而根乎经，以臻于中道。圣朝以广孝为先，以得礼为贵”[③]。可见以孝治天下是唐朝君臣的共同遵守的治国之道。此外，中国古代老百姓视皇帝为天子，以其行为作为自己行事的榜样，帝王如能身体力行地实践孝道，其对官僚贵族和老百姓的影响力远比诏敕命令更大。

尽管唐代帝王不孝之举颇多，典型的如李世民的杀兄逼父，武则天的改唐为周，唐肃宗的抢班夺权等，但摄于孝文化的强大思想道德压力和基于维护统治秩序的考虑，不管他们心理如何，帝王们还是尽力树立自己的“孝道”形象。如尽管唐太宗因夺位之事与唐高祖李渊的父子关系并不融洽，但双方都尽力维护父慈子孝的形象。贞观九年(635)，高祖驾崩，遗诏丧葬从简，唐太宗与大臣讨论山陵制度，大臣们主张遵遗诏，太宗不同意，他说“朕欲一如遗诏，但臣子之心，不忍顿为俭素。如欲称朕崇厚之志，复恐百代之后，不免有废毁之忧。朕为此不能自决，任卿等平章，必令得所，勿置朕于不孝之地”[④]。可以看出唐太宗是非常怕自己背负不孝之名的。唐高宗“幼而岐嶷端审，宽仁孝友。……及文德皇后崩，晋王时年 9 岁，哀慕感动左右，太宗屡加慰抚，由是特深宠异。……太宗将伐高丽，命太子(即唐高宗)留镇定州。及驾发有期，悲啼累日，因请飞驿递表起居，并递敕垂报，并许之。飞表奏事，自此始也。及军旋，太子从至并州。时太

①《全唐文》卷 38。

②《旧唐书》卷 27《礼仪七》。

③《旧唐书》卷 26《礼仪六》。

④《通典》卷 79《大丧初崩及山陵制》。

宗患痈，太子亲吮之，扶辇步从数日”①，由此可见唐高宗竭力表现自己对父亲的孝敬之心。对母亲也是一样，唐高宗在其父母去世后专门为其建造寺庙以追福。唐肃宗夺了父亲唐玄宗的皇位，但生怕落个不孝之名，在迎接玄宗从蜀地返回长安时，导演了一场孝行大戏，以竭力塑造自己的孝道形象。史载：

十二月丙午，上皇(玄宗)至自蜀，上(肃宗)至望贤宫奉迎。上皇御宫南楼，上望楼辟易，下马趋进楼前，再拜蹈舞称庆。上皇下楼，上匍匐捧上皇足，涕泗呜咽，不能自胜。遂服侍上皇御殿，亲自进食；自御马以进，上皇上马，又躬揽辔而行，止之后退②。

肃宗在大庭广众之下，面对父亲玄宗皇帝，又是匍匐捧足、痛哭流涕，又是亲自服侍进食，又是牵马扶蹬，如此场面怎能不令观者感怀呢？

由于君主在实行“孝道”方面要给天下的人做出榜样，所以唐代在继位、立嗣的时候往往也以是否具备“孝道”作为标准之一。在唐代册立太子和新君的文书中充分反映出这一要求。唐高祖《答太宗陈让表手诰》称赞李世民“夙怀忠孝”③。唐太宗《遗诏》称“皇太子治，大孝通神，自天生德”④。唐玄宗《命皇太子即皇帝位诏》称赞肃宗“元子亨，睿哲聪明，恪慎克孝，才备文武，量吞海岳”⑤。这一标准在册立、废黜诸王时也适用，甚至被推广至少数民族君主的册立上。如唐朝《册突厥李思摩为可汗文》称李思摩“忠孝之节，简于朕心”⑥。册立以此为标准，废弃同样遵守这一准则。唐太宗在《黜魏王泰诏》中说：“朕闻生育品物，莫大乎天地；爱敬罔极，莫重乎君亲。是故为臣贵于尽忠。亏之者有罚；为子在于行孝，违之者必诛。大则肆诸市朝，小则终贻黜辱”⑦。正是认为魏王泰违背了孝道，所以将其废黜。

①《旧唐书》卷4《高宗上》。

②《旧唐书》卷10《肃宗纪》。

③《全唐文》卷3。

④《全唐文》卷9。

⑤《全唐文》卷34。

⑥《全唐文》卷10。

⑦《全唐文》卷7。

为了保证后继君主能够传承孝道，推行孝化，保证其家族的统治地位，唐朝非常重视对皇子，尤其是储君的教育。因此往往选择德高望重、孝行可嘉的大臣担任皇子的师傅，旨在将其培养成仁孝之君。据《旧唐书·王珪传》载：

(王珪)兼魏王师。王问珪以忠孝，珪答曰："陛下，王之君也，事君思尽忠；陛下，王之父也，事父思尽孝。忠孝之道，可以立身，可以成名，当年可以享天祐，余芳可以垂后叶。"王曰："忠孝之道，已闻教矣，愿闻所习。"圭答曰："汉东平王苍云：'为善最乐。'"上(唐太宗)谓侍臣曰："古来帝子，生于宫闼，及其成人，无不骄逸，是以倾覆相踵，少能自济。我今严教子弟，欲令皆得安全。王珪我久驱使，是所谙悉，以其意存忠孝，选为子师。尔宜语泰：'汝之待珪，如事我也，可以无过。'"泰每为之先拜，珪亦以师道自居，物议善之。时珪子敬直尚南平公主。礼成而退。是后公主下降有舅姑者，皆备妇礼，自珪始也。

唐太宗说得非常明白，选择王珪担任皇子的老师，就在于其"意存忠孝"，能以忠孝之道教导皇子。高宗时的元让以"孝悌殊异"，被唐高宗擢拜太子右内率府长史，后又被武则天召拜太子司议郎。武则天在召见他时说："卿既能孝于家，必能忠于国。今授此职，须知朕意。宜以孝道辅弼我儿"①。

天子"以孝治天下"还表现在谥号制度上。用谥号褒善惩恶，盖棺论定，赞成什么，反对什么，歌颂什么，表现着朝廷、民间的价值指向。唐代除武则天和哀帝外，其余皇帝都在谥号中加一"孝"字。唐代帝王对能否得到"孝德"的评价非常看重。《旧唐书·皇甫镈传》载：

崔群有公望，为搢绅所重，屡言时政之弊，(皇甫)镈恶之，因议宪宗尊号，乃奏曰："昨群臣议上徽号，崔群于陛下惜'孝德'两字。"宪宗怒，黜群为湖南观察使。

崔群虽有"公望"，然而却有书呆子气，竟敢说皇帝没有孝德，这是犯了大忌，难怪宪宗皇帝大怒。

① 《旧唐书》卷188《孝友·元让传》。

除此而外，唐代皇帝在宗庙祭祀、立后选妃、敬老养老等方面都竭力塑造自己“仁孝”的形象，以此达到率先垂范，教化天下的效果。

总体来看，说唐朝有些皇帝有不孝的行为，甚至是严重的违背孝道的行为，这是不容否定的事实，但说他们不重视孝道，“对孝道的宣扬并非那么真正卖力”①则是有悖于实际情况的。而把他们不重视孝道的原因归结为“皇室的‘胡化’色彩”则就更值得商榷了。诚然李渊之母独孤氏和李世民之妻长孙氏皆属鲜卑族，但其为鲜卑贵族。北魏经过孝文帝的汉化改革，鲜卑贵族的汉化程度很深。从史料记载来看，李渊之母独孤氏和李世民之妻长孙氏皆能尊奉儒家礼法，尤其是长孙皇后在奉行儒家孝道伦理方面堪称典范，其孝行事迹两唐书皆有记载，死后谥为“文德皇后”，这是对其儒家道德素养的最高评价。因此皇室的少数民族血统与是否重视孝道应该说没有多大关系。

综上，以孝治天下是唐代治国埋政的基本国策，统治阶级视孝治为“至德要道”，出于社会舆论的压力和政治的需要，帝王和皇室尽力塑造“仁孝”形象，而在孝道的劝导上则是不遗余力。以下将对其孝治政策进行具体分析。

第二节　唐代的孝道教育

孝道教育是以孝治天下的基础。孝道是唐代教育的核心内容之一。众所周知，出于维护和巩固封建统治的需要，唐朝统治者实行了崇圣尊儒的文教政策。这一政策是在隋朝统治者进行教育制度改革，倡导南北经学统一的基础上形成的。李唐王朝建立后，面对隋末的废墟，需要用儒家的政治伦理思想来指导国家的治理，同样，需要相应的文教政策来统一人们的思想。但汉魏以后，儒学内部的矛盾斗争以及玄、佛对儒学的冲击，造成了儒学教育的衰颓和思想上的混乱，不能适应为大一统的封建政权服务的政治要求。面对这种局面，李渊父子着力改进儒学教育。李渊统治期间，

① 牛志平《试论唐代的孝道》，《晋阳学刊》，1991 年第 1 期。

恢复了隋朝教育制度，多次颁发尊崇儒学和发展教育的诏书。李世民确立了崇圣尊儒的文教政策，并以此为指导建立了唐代的教育制度。终唐一代，崇圣尊儒一直是国家教育的指导方针。唐代的孝道教育正是在崇圣尊儒的文教政策指导下开展的，融入到了唐代的教育制度之中。

一、孝道教育与唐代的官学

唐代建立了汉魏以来最为完备的学校教育制度。唐代学校制度是以儒学学校为主体的多元组合体，从中央到地方建立起了多层的学校体系。

唐代官学包括中央官学和地方官学两级。唐代中央官学主要包括：国子学、太学、四门学、弘文馆、崇文馆、律学、书学、算学、天文历算学、医学、畜牧兽医学以及专门教育皇族子弟和功臣子弟的小学。地方上设有州、县学，乡学，医学，玄学等。在唐代整个学校教育体系中，儒学教育居于主导地位。在中央“六学二馆”中，国子学、太学、四门学、弘文馆、崇文馆都是以儒家经学教育为核心的，这当中的主体是国子学、太学和四门学。这三学的生徒占了唐代中央学校人数的绝大多数。《唐六典》规定：国子学300人，太学500人，四门学1300人。而具有职业性质的律学、书学、算学加起来人数才只有1100人。中央官学中的经学教育学校主要招收的是贵族和官僚子弟，弘文馆和崇文馆是贵族子弟学校。弘文馆收入的学生为皇帝缌麻以上亲属，皇后大功以上亲属，以及宰相、散官一品，京官从三品的子弟。崇文馆接受的是皇族缌麻以上亲，皇太后、皇后大功以上亲，散官一品中书门下平章事，六尚书，功臣身食实封者，京官职事正三品，京官职事从三品和中书黄门侍郎的子孙。国子监是公族子弟学校。《新唐书·选举志上》载：“文武三品以上子孙若从二品以上曾孙及勋官二品，县公、京官四品带三品勋封之子为之”。太学是中高级官员子弟学校，主要招收五品以上官员子孙，即“五品以上子孙、职事官五品以上期亲若三品曾孙及勋官三品以上有封之子为之”。四门学是下级官员子弟学校。“其五百人以勋官三品以上无封，四品有封及文武七品以上子为之；八百人以庶人之俊异者为之”。可以说中央官学是保证统治阶层的子弟能够受到儒家思想的熏陶。这些人接受了儒家思想，就能保证国家继续在儒家思想的指导下运行。

在地方上，唐代按照各地管辖范围大小和人户多寡，设立了京都学，大、中、下都督府学，上、中、下州学，京县学和上、中、下县学等。《唐六典》规定的州县生员名额为：京都 80 人；大、中都督府和上州各 60 人；下都督府和中州各 50 人；下州 40 人；京县 50 人；畿县和上县各 40 人；中县和中下县各 35 人；下县 20 人。据记载，唐代官学最兴盛的时候，“诸馆及州县学六万三千零七十人”[①]。

唐代的州县学也以儒家经学教育为主体，是为中央官学输送生源的重要基地。唐代地方官学往往与孔庙合为一体。按照唐朝的规定每州、县皆置孔庙，每年春、秋两季都要举行祭祀孔子的典礼。古人视师如父，敬师之道是孝道的衍申，所以祭祀孔子的典礼实际上也是进行儒家孝道教化的重要形式。

乡里官学是地方官学的重要组成部分。乡里学校先秦已经有记载。唐代由于地方州县官学的普及，促进了乡里学校的发展。文献中有时也将州县学称为乡学，但大多数情况下是指乡村学校。武德七年(624)，唐高祖李渊便下诏，让地方设置州县学和乡学。这是唐代乡校在全国范围设置的开始。唐玄宗开元二十六年(738)再次下诏令兴建乡校：“古者乡有序，党有塾，将以弘长儒教，诱进学徒，仕人成俗，率由于是。其天下州县，每乡之内，各里置一学，仍择师资，令其教授”[②]。正是在中央政府三令五申下，促使乡里学校得到普遍设置。从资料来看，唐代乡里学校的经费、师资和学生似乎没有统一的规定，但其教育的主要内容为儒家经学确是确定无疑的。

唐代的中央官学和地方官学的课程主要为儒家经典，其中包括三种：必修课、选修课和专业课。其中必修课为《孝经》和《论语》。《孝经》是儒家的重要经典之一，是孝道思想理论的集中体现。从汉代以来，《孝经》

---

①《新唐书》卷 45《选举志下》。

②《唐会要》卷 35《学校》。

便是统治者“以孝治天下”的理论基础。唐代统治者为了提倡孝道，对《孝经》特别重视，其地位在《论语》之上。天宝时的国子祭酒李齐古在《进御注孝经表》中说：“臣闻《孝经》者，天经地义之极，至德要道之源，在六籍之上，为百行之本”①。《旧唐书·经籍志上》载：“七曰《孝经》，以纪天经地义。八曰《论语》，以纪先圣微言”。这都表明《孝经》在儒家经典中的崇高地位。唐朝规定在校学生“《孝经》《论语》兼习之”②。使得《孝经》成为学校的必修课。唐玄宗为了普及《孝经》教育，不辞辛苦，先后两次亲自为《孝经》作注，并让元行冲为其作疏，还“敕自今已后，宜令天下家藏《孝经》一本，精勤教习。学校之中，倍加传授。州县官长，明申劝课焉”③，这样使得《孝经》成为唐朝每个家庭的必备书籍。唐玄宗令将自己所注《孝经》刻碑以示天下。唐玄宗御注孝经碑现在保存于西安碑林博物馆，被称为《石台孝经》。此碑刻于唐玄宗天宝四年(745)，造型相当精美，碑头上雕刻着灵芝云纹簇拥的双层花冠，高贵典雅；碑身由四块青石相合而成，华丽大方；碑座底下有三层石台，所以被称为《石台孝经》。《孝经》原文由唐玄宗以隶书亲笔抄录，注文由唐玄宗以行书写成，碑头“大唐开元天宝圣文神武皇帝注孝经台”16个字由当时的太子，即后来的唐肃宗李亨以小篆体写成。由此碑可以看出唐代统治者对《孝经》是何等的重视。

唐代石台孝经

唐代帝王到学校视察或参加释奠等大型典礼时，往往要讲论《孝经》。如《旧唐书》卷二《太宗本纪》载：“贞观十四年三月丁丑，太宗幸国子学，亲观释奠。祭酒孔颖达讲《孝经》”；《旧唐书》卷一百〇二《褚无

① 《全唐文》卷377。

② 《旧唐书》卷44《职官三》，

③ 《唐会要》卷36《经籍》。

量传》记载："太极元年，皇太子(唐玄宗)国学亲释奠，令无量讲《孝经》《礼记》，各随端立义，博而且辩，观者叹服焉"。唐文宗开成年间将《孝经》及《诗经》等 12 部儒家经典刊刻成石经，立于国子监内[①]。可见《孝经》在唐代官学教育中具有很高的地位。《论语》是孔子思想的集中体现，其中包含了大量孝道资料，在唐代官方教育中和《孝经》一样列为必修课程。《孝经》和《论语》在唐代教育中的地位实际反映了唐代对孝道教化的高度重视。史书记载，唐穆宗曾问人臣薛放：

"六经所尚不一，志学之士，白首不能尽通，如何得其要？"对曰："《论语》者六经之菁华，《孝经》者人伦之本，穷理执要，真可谓圣人至言。是以汉朝《论语》首列学官，光武令虎贲之士皆习《孝经》，玄宗亲为《孝经》注解，皆使当时大理，四海乂宁。盖人知孝慈，气感和乐之所致也。"上曰："圣人以孝为至德要道，其信然乎"！[②]

以上记载虽有溢美之词，但从中也能反映出孝道教育在唐代教育中地位和作用。

唐代官学教育中的选修课主要是儒家的经典，所谓《诗》《书》《礼》(包括《周礼》《仪礼》《礼记》)《易》《春秋》(包括《春秋左氏传》《春秋谷梁传》《春秋公羊传》)等，这些经典同样是宣扬儒家孝道伦理的重要教材。唐代杜佑曾说："夫孝经、尚书、毛诗、周易、三传，皆父子君臣之要道，十伦五教之宏纲，如日月之下临，天地之大德，百王是式，终古攸遵"[③]。

唐代官学体系的完备，学校教育的发达，又视孝道教育为其最重要的教育内容，因此，可以说官学在唐代的孝道教化上起到了很好的引领作用。需要说明的是这种作用不是一成不变的，而是随着唐朝官学教育的兴衰而变化的，唐朝前期，国力强盛，在国家教育方面投入颇大，官学作为国家教育的主导，在中央和地方都发挥着显著作用，安史之乱后随着唐朝的政治统治的式微，官学逐步衰落，中晚唐时期，国家教育的主导权逐步被民

---

① 现存于西安碑林博物馆。

②《旧唐书》卷 155《薛放传》。

③《旧唐书》卷 147《杜佑传》。

间私学所取代，官学也随之失去了在唐代孝道教育中的引领地位。

二、孝道教育与唐代私学

唐代前期对私学设立有所限制，开元二十一年(733)以后，开始鼓励私学的发展。中唐以后，由于官学的逐步衰落，私学日趋兴盛，在数量和质量上都有压倒官学的趋势。唐代私学的兴办者包括在职官吏、无意仕宦及政治上失意的儒士，也有借此为生的文人。这些人大都精通儒家经学，博晓文史，在地方被尊为名师大儒。唐代的私学大致有以下几种形式：

(1) 私家讲授。有些名流学者在民间创立学馆，聚徒讲学。如“张士衡，仕隋为余杭令，以老还家，大业兵起，诸儒废学，唐兴，士衡复讲教乡里”[①]。又如王恭“每于乡闾教授，弟子自远方至者数百人”[②]。

(2) 隐居山林讲学。隐居山林讲学东汉以来就已存在，一般认为在唐朝中叶以后才开始兴盛起来。虽然隐逸山林讲学，但影响并不小。对此《新唐书·隐逸传》多有记载，如贞观初隐逸在白鹿山的马嘉运，“诸方来受业者千人”；又如“庐鸿庐于嵩山，玄宗征拜谏议大夫，固辞。复下制，许还山……官为营草堂，鸿到山中，广学庐，聚徒至五百人”[③]。唐代隐居山林讲学多在名山，为交通便利，人文繁盛之地，便于名儒聚徒和士子就学。

(3) 私塾教育。在官学教育中，地方的乡校里学属于小学初级教育的性质。私塾与乡校里学的性质类似。唐代国家教育制度规定，品官子弟十四岁入州县学和中央官学读书。私塾教育则在十四岁入学前扮演着重要角色。从唐代大量墓志资料来看，唐人一般在六七岁时开始启蒙教育。私塾教师以教授维持生活，他们或在乡里，受聘于富户大家，或从教于京城，受雇于官僚家中，其教育的活动范围相当广泛。即使是皇家宗室，也为皇子皇孙聘请教师教授学业，如《旧唐书·高宗诸子传》记载：“许王素节，高宗第四子也，……受业于学士徐齐聃，精勤不倦，高宗甚爱之”。虽然徐

---

① 《新唐书》卷198《儒学上》。
② 《旧唐书》卷73《王恭传》。
③ 《新唐书》卷196《隐逸传》。

齐聃是官员，但这种教育方式与私塾性质无异。

（4）寺院讲学。唐代佛教兴盛，许多官员、名儒也都喜欢与僧侣交游，在寺院讲学授徒，一些寺院也设义学，吸引士子就学。如上官仪幼年因避祸藏匿佛寺，学习释典的同时“兼涉猎经史，善属文。贞观初，……举进士”[①]。在寺院学习能够在唐初考中进士，足以说明寺院儒学教育的水平不低。敦煌文书中发现了大量佛寺儒学资料，说明这里的佛寺是开展儒学教育的。据统计，从晚唐到五代敦煌地区共有佛寺 16 所，其中有 11 所招收儒学生[②]。敦煌地处唐朝边陲，寺院儒学教育如此兴盛，可以推测内地寺院儒学教育的兴盛状况。

无论是私家讲授、隐居山林讲学，还是寺院讲学，其施教者主要都是儒家学者，教学主要内容都是儒家思想和儒家经典，目的是把士子培养成国家的官吏。士子求学的目的也是想通过科举考试入仕做官。私学教育的内容与官学是一致的，所以唐代私学同样是孝道教育的重要途径。唐朝前期，官学兴盛，私学在孝道教育上处于补充的地位。中晚唐以后，官学衰落，私学在唐代儒学教育和孝道伦理传承中的作用日趋显著，扮演了重要的角色。

家庭孝道教育也属于私学范畴。孝道是家庭伦理的核心。唐代特别重视家庭孝道教育，其在唐代孝道教育中处于基础地位，影响是最为深刻的。这方面的内容将在孝道文化与唐代家庭一节中详细论述，这里就不赘述了。

三、孝道教育与科举制度

唐代教育制度的一大特点就是教育制度与科举制度的紧密结合。所谓科举考试就是按照不同科目考试选举人才的制度。科举制度出现于隋代，真正成为国家选士制度是在唐代。它与魏晋以来的九品中正制的区别主要是：前者取士重才学，取士权掌控在国家中央的吏部，最终由皇帝所控制；后者重门第，取士权掌握在中正官手中，被豪强士族所垄断。养士属于教

---

①《旧唐书》卷 80《上官仪传》。

② 宋大川《中国教育制度通史》（第二卷），山东教育出版社，2000 年，第 420 页。

育的范畴，取士属于用人的政治之道，二者紧密结合的标志便是科举制度的出现。唐代教育制度和科举制度均以崇儒尊圣的文教政策为指导。学校教育的目标是培养具有儒家价值理念的政府官员。科举考试以儒家政治伦理思想和儒家经典为主要内容，而学校教育在内容和方法上与科举考试保持高度的一致。以唐代科举考试中最为盛行的明经科为例。明经科考试的内容主要是儒家经典，考试分为五经、三经、二经、学究一经、三礼(包括《周礼》《仪礼》和《礼记》)、三传(包括《春秋左氏传》《春秋谷梁传》《春秋公羊传》)等细科。唐代明经科考试把儒家经典分为大、中、小经三类。《礼记》《左传》为大经，《毛诗》《周礼》《仪礼》为中经，《周易》《尚书》《公羊》《谷梁》为小经。凡参加明经考试的，通二经，须通一大经、一小经或二中经；通三经者，须通大、中、小经各一；通五经者，大经须全通，其他经任选。但《论语》《孝经》为共同必考科目，要求参加考试的人都要掌握。而在唐代学校教育中九经是学校教育的主要内容，《孝经》《论语》为必学科目。九经的学习也按照大中小分类确定不同的学习年限，考试方式也是采取贴经和口问经义的方式。

唐代由礼部管理教育，同时也主持科举考试(开始在吏部)，对教育和科举按照统一的文教政策和政治目标进行调节，以确保国家选拔出具有儒家道德伦理的才学之士。可以说唐代的科举制度推动了唐代儒学教育的发展和普及，从而也大大强化了唐代孝道教育的发展和普及。

四、唐代孝道教育的开放性

唐代实行开放的文化教育政策。在孝道教育方面也体现出开放性。唐代教育对少数民族和周边邻国实行开放政策。《旧唐书·儒学上》记载：唐太宗时“俄而高丽及百济、新罗、高昌、吐蕃等诸国酋长，亦遣子弟请入于国学之内”。说明从唐朝初年少数民族和周边邻国就开始派遣子弟到唐朝国学学习。吐蕃子弟入唐学习大概是在文成公主入藏之时。唐中宗神龙元年(705)也曾下诏敕：“吐蕃王及可汗子孙，欲习学经业，宜附国子学读书”[①]。新罗是向唐派遣留学生最多的国家之一，据《三国史记·新罗本纪》记载，早在唐太宗贞观十四年(640)就开始向唐朝派遣留学生。唐高宗时，新罗统一了朝鲜半岛以后，一直与唐朝保持着相对友好的关系。《新唐书·新罗传》记载：“玄宗开元中，数入朝，……又遣子弟入太学，学经术”。新罗学生来唐人数因时而变，唐文宗开成二年(837)竟达到261人之多。日本也是向唐朝派遣留学生最多的国家之一。日本学生来华留学始于隋朝。据史籍记载，在奈良时代，日本朝廷曾先后派遣过19次“遣唐使”[②]，盛唐时期，“遣唐使”的规模相当大，人数多则五六百人，少则二三百人。据史籍记载，依附于唐朝或与唐朝密切交往的少数民族和邻国有数十个，到唐朝留学的积极性都非常高。由于唐朝中央官学生员名额有限，有时不得不进行适当的限制。如《唐会要》卷三十六记载，唐文宗开成二年(837)，渤海国来的16人中只有6人获准入学，另外10人在青州就被退回。但是外国留学生一旦获准入学，则与唐朝学生享受同等待遇，衣食费用均由唐朝政府负担，所受教育也与唐朝学生相同。唐朝教育的指导思想是儒家政治伦理，所学内容主要为儒家经典，孝道教育则是其核心内容。因此，唐朝教育对周边少数民族和邻国的开放，使得儒学教育和孝道教育走出了国门，具有了国际化的色彩。

综上所述，唐代孝道教育是在其崇圣尊儒的文教政策的大背景下展开的，是儒学教育的重要组成部分。唐朝重视学校教育，建立了完备发达的教育体系，学校教育在内容上以孝道为核心。唐代前期官学发达，引领了孝道教育的开展，后期，官学衰落，私学大兴，并在孝道教育方面扮演了重要角色。唐代家庭孝道教育是整个孝道教育的基础。唐代将科举制度与教育制度有机地结合起来，把养士与取士统一起来，推动了儒学教育，也强化了孝道教育。唐代教育的开放性促使孝道教育走出国门，具有了国际

---

① 《唐会要》卷36《修撰》。

② 森克己、木宫泰彦认为共任命19次(森克己《遣唐使》，至文堂，1966年初版，1972年重版；木宫泰彦《日中文化交流史》，商务印书馆，1980年)，王晓秋、大庭修认为任命伊吉博德送唐驻百济镇将刘仁轨所派特使司马法聪至百济那一次不应列入，应为18次(王晓秋、大庭修《中日文化交流史大系(历史卷)》，浙江人民出版社，1996年)。

化的色彩。

第三节　孝道与唐代官吏

官吏是施政的主体，能否将以孝治天下的国策在社会上推行，需要各级官吏的执政实践去实现。孝道能否在政治实践中很好推行，官吏自身的孝意识和孝行起着示范和引导作用。因此考察唐代的孝治状况，很有必要对这些问题加以分析。

一、孝道是唐代选拔官吏的重要标准

为了保证以孝治天下国策的落实，唐代继承了汉代以来以孝道作为官吏选拔的重要标准。中国古代以“孝”作为选拔官员的重要标准，始自西汉的察举孝廉制。至隋唐在选拔官员时，孝依然是重要的品行标准。唐太宗云：“天下一家，凡在朝士，皆功效显著，或忠孝可称，或学艺通博，所以擢用”[①]。他也多次下诏，让天下举荐有孝行的人才。如贞观十五年(641)六月“诏天下诸州，举学综古今及孝悌淳笃、文章秀异者，并以来年二月总集泰山”[②]。十七年(643)五月，“手诏举孝廉茂才异能之士”[③]。不仅唐太宗，唐代大多数帝王都曾下诏让天下举荐孝行卓著之人为官，如唐高宗仪凤元年(676)十二月下《访孝悌德行诏》，唐德宗至德二年(757)正月曾下《访至孝友弟诏》等。诏敕是封建帝王发布的命令，是封建皇权和统治意志的集中体现形式。从这些诏敕中不难看出唐代帝王不仅注重官吏的才能，也非常看重其孝悌等品行。

唐朝不仅通过皇帝颁发诏书不定期选拔有孝行的人才，更重要的是通过科举，将以“孝”作为重要品德标准选拔官员制度化和经常化。唐代规定官学生徒必须学习《孝经》《论语》。唐代科举考试科目众多，在常科中，

① 《旧唐书》卷65《高士廉传》。
② 《旧唐书》卷3《太宗下》。
③ 《旧唐书》卷3《太宗下》。

以明经、进士二科为士人所重。在这两科考试中，又将《孝经》《论语》作为必考内容。高宗仪凤三年(678)三月下敕，将《道德经》《孝经》并为上经，要求贡举皆须兼通。至调露二年(680)后，二科并加帖经《老子》《孝经》。天宝元年(742)，明经停《老子》，但依然试《孝经》《论语》。《孝经》是专门宣扬儒家孝道理论的著作，《论语》中反映了孔子及其门人的崇孝观念。以其作为科举必考内容，可见唐代对官吏孝德的重视。唐朝还专门设立了以“孝悌”为名的考试科目——孝悌廉让与孝悌力田科。其应试者，需要有突出的孝悌品德并受到推荐，才能参加考试。在唐肃宗时期曾一度停止明经、进士、道举等科考试，而只察举孝廉。唐朝在孝悌科的录取方面与其他科有所不同。唐玄宗开元二十六年(738)《停孝弟力田举人考试词策敕》云：“孝弟力田，风化之本，苟有其实，未必求名。比来将此同举人考试词策，便与及第，以为常科。是开侥幸之门，殊乖敦劝之意。自今已后，不得更然。其有孝弟闻于郡邑，力田推于邻里，两事兼著，状迹殊尤者，委所由长官，特以名荐，朕当别有处分。更不须随考试例申送”[①]。从这一诏敕来看，唐代一度将“孝悌”科与进士等常科一样看待，把考试重点放在了词策上，违背了设置此科的本意，所以玄宗下诏敕停止“孝悌”科的词策考试，申明参加这科的举人重在考察其孝行情况，可以不遵照科举考试的常规程序，由地方官员随时举荐。由此可见唐朝在科举选拔官吏上既重视孝道理论的掌握，也非常重视应试者的孝道品行状况。这与汉代偏重孝道品行不同，而是既重视理论又重视孝行的表现，实际上是对官吏的孝道素养提出了更高的要求。

唐王朝通过科举将“以孝治天下”的原则转化成具体行政选拔制度，在这种情况下，孝道无疑会对吏治产生更大影响。

二、唐代要求官吏在行孝上做表率

唐代不仅在选拔官吏时以孝德为重要标准，而且要求官吏在行孝上要为庶民做表率。为了激励官吏遵守和践行孝道，唐代统治者恩威并施，采

① 《全唐文》卷35。

取了一系列举措。

在恩奖方面主要包括政治荣誉、政策支持、加官晋爵等。政治荣誉如中央政府赐带“孝”字的谥号。谥号是中央政府对官僚士大夫一生荣辱的最终评价，也是家族荣辱的标志，所以古代官僚士大夫非常看重父祖的谥号。能获得美谥是许多官僚士大夫的毕生追求。百善孝为先，在古代能获得带“孝”字的谥号更难能可贵。唐代对官吏能否得到“孝”的谥号把握相当严格，所以官吏对此很是重视。《旧唐书·杜暹传》记载：

自(杜)暹高祖至暹，五代同居，暹尤恭谨，事继母以孝闻。……及卒，……太常谥曰“贞肃”。右司员外郎刘同升、都官吏外郎韦廉以暹有忠孝之美，所谥不尽其行，建议驳之。太常博士裴总执曰：“杜尚书往以墨缞受职事，虽云奉国，不得为孝。请依旧为定。”孝友(杜暹子)又诣阙陈诉上闻，而更令所司详定，竟谥曰“贞孝”。

与杜暹相比，皇甫无逸则就没有那么幸运了。皇甫无逸也以孝闻，卒后太常考行，谥曰“孝”。但礼部尚书王珪认为他孝行不够高，最终给他改谥为“良”[①]。由此可见唐代官吏死后谥以“孝”是难得的荣耀。

政治荣誉还有旌表。有旌表其门的，即在其家门上悬挂匾额或门旁竖立双阙，如薛万彻“季弟万备，有孝行，母终，庐于墓侧。太宗降玺书吊慰，仍旌表其门”[②]；有表其门闾的，即在家门与里巷门同时悬匾与竖阙，如唐朝宰相杨炎父祖三代皆以孝著称，朝廷三度“旌其门闾”[③]。

唐代为了鼓励官吏行孝，在政策上也给予一定的支持，如官吏家中有年迈父母需要奉养，一是可以采取辞官就养，二是朝廷可以恩准其到离父母较近的地方任职，以便照顾父母，称为“移官就养”。如果官吏都严格遵守侍亲和丁忧的制度，势必会对国家政务带来一定影响，所以唐朝又规定了“夺情”制度，给予变通。当然为了防止伪滥，对于夺情起复予以严格控制，批准夺情的权力是直接由皇帝和宰相来掌握。官吏家有了丧事，国家要给一定的假期，可以使用一定数量的人力，可以由他人代行公务等。

①《旧唐书》卷62《皇甫无逸传》。

②《旧唐书》卷69《薛万彻传》。

③《旧唐书》卷118《杨炎传》。

如《唐律·职制律》规定“诸监临之官，私役使所监临，及借奴婢、牛马驼骡驴、车船、碾硙、邸店之类，各计庸、赁，以受所监临财物论。若有吉凶，借使所监临者，不得过二十人，人不得过五日。其于亲属，虽过限及受馈、乞贷，皆勿论”。从这一条可以看出官吏在祭享家庙，举办丧葬事宜时可以役使自己所管辖部门或地方一定数量的人力。又如《唐律·职制律》规定：“诸驿使无故，以书寄人行之及受寄者，徒一年。”其《疏议》解释所谓“‘无故’，谓非身患及父母丧者”。也就是说如果遇到父母的丧事，是可以让他人代寄官府文书的。以上这些政策为官吏行孝提供了一定的便利条件。

唐代还通过加官晋爵来鼓励官吏行孝道。如元让以“孝悌殊异”，被唐高宗擢拜太子右内率府长史，后又被武则天召拜太子司议郎。又如归崇敬“遭丧哀毁，以孝闻，调授四门助教”，其子登“雅实弘厚，事继母以孝称。大历七年，举孝廉高第，补四门助教”[①]。加官晋爵是封建时代官吏在政治上的主要诉求，以行孝道而获得晋升的机会这对官吏行孝具有强劲的驱动作用。

唐代官吏如不能认真践行孝道，轻则会受到社会舆论的谴责和监察部门的弹劾，重则要受到法律的惩处。

《旧唐书》卷六十二《郑善果附从兄郑元璹传》记载：“元璹有干略，所在颇著声誉。然其父译事继母失温凊之礼，隋文帝曾赐以《孝经》，至元璹事亲，又不以孝闻，清论鄙之。二十年卒，赠幽州刺史，谥曰简”。《唐会要》卷十九《百官家庙》记载：“侍中王珪通贵渐久而不营私庙，四时烝尝犹祭于寝，贞观六年坐为法司所核，太宗优容之，因为立庙以愧其心”。两唐书本传也都对此作了记载，《旧唐书·王珪传》云：“珪既俭不中礼，时论以是少之”。

官吏不同于普通民众，他们应在孝行上为百姓做出表率，成为尽孝道的“楷模”。所以在尽孝道上对他们的要求除了一般百姓所须遵守的事项之外，唐律对他们尽孝做出了特殊要求。《唐律·名例律》规定：“祖父母、

① 《旧唐书》卷149《归崇敬传》。

父母犯死罪，被囚禁，而作乐及婚娶者：免官。”《唐律·杂律》规定：“诸监临主守，于所监守内奸者(谓犯良人)。加奸罪一等。即居父母及夫丧，若道士、女官奸者，各又加一等”。《唐律·职制律》规定：“诸府号、官称犯父祖名，而冒荣居之；祖父母、父母老疾无侍，委亲之官；即妄增年状，以求入侍及冒哀求仕者：徒一年”。《唐律·诈伪律》规定：“诸父母死应解官，诈言余丧不解者，徒二年半。若诈称祖父母、父母及夫死以求假及有所避者，徒三年；伯叔父母、姑、兄姊，徒一年；余亲，减一等。若先死，诈称始死及患者，各减三等”。有违犯以上规定者，不仅要受到刑罚，而且要免去官职。从上述规定也可以看出，唐代对不履行孝道的官吏在法律上给予严惩，其目的就在于引导官吏模范践行孝道。

唐代官吏不仅自身在孝行上起到表率作用，而且要督导好家人行孝道。武宗时宰臣“李汉以家行不谨，贬汾州司马”[①]。据《东观奏记》卷中载：“贞元、元和以来，士林家礼法严整，以韩皋、柳公绰、柳仲郢为首称。一旦子孙不孝，簪组叹之”。实际上不仅是贞元、元和以后，唐代的官僚士大夫才家礼法严整的，总体上来看，唐代士族官僚都是相当重视家族礼法，对子弟严加教育的，尤其是在孝道方面。本书第五章第二节还要对此专门论述。这里就不赘述。

三、唐代官吏行孝方面的表现

官员能否尽孝，关键是看他能否处理好孝养父母与自己的权位关系，以及孝亲与忠君之间的关系。从处理侍亲与尽忠的关系来看，唐代官员在父母年迈或是疾病需要侍奉时多能尽力选择留在父母身边。他们或者采取移官就养，或者辞官归养，这种情况史书多有记载。如长安四年(704)，姚崇以母老，“表请解职侍养，言甚哀切，则天难违其意，拜相王府长史，罢知政事，俾获其养”[②]。张九龄在被朝廷出为冀州刺史时，

①《旧唐书》卷168《韦温传》。

②《旧唐书》卷96《姚崇传》。

“以母老在乡，而河北道里辽远，上疏固请换江南一州，望得数承母音耗，优制许之，改为洪州都督”①。宪宗时，因犯政治错误，拟贬刘禹锡为播州刺史，“御史中丞裴度以禹锡母老，请移近处，乃改授连州刺史”②。唐德宗时，张荐被“诏授左司御率府兵曹参军。既至阙下，以母老疾，竟不拜命”③。据《文苑英华》卷六百零四《敬让·请致仕侍亲表》记载，唐玄宗天宝中有一个叫拓跋兴宗的官员，三上表请致仕侍亲，不可谓不坚决。

唐代有些官员把做官当成了奉养父母的途径。如唐文宗时官员许康佐“登进士第，又登宏词科。以家贫母老，求为知院官，人或怪之，笑而不答。及母亡，服除，不就侯府之辟，君子始知其不择禄养亲之志也，故名益重”④。许康佐之所以请求当知院官是因为这个官职的薪俸高一些，便于奉养家亲。又如中唐时期的姜公辅先任左拾遗、翰林学士。岁满当改官时，“公辅上书自陈，以母老家贫，以府掾俸给稍优，乃求兼京兆尹户曹参军，特承恩顾”⑤。姜公辅不求清要之官，而求作京兆尹户曹参军其目的也在于以俸养亲。

从两唐书及大量墓志资料来看，唐代官员对父母平时的奉养上大多是尽心竭力的，尤其是在父母生病时，多能尽心侍奉。如名相房玄龄在侍奉父亲疾病时“绵十旬，不解衣”⑥。韦温“侍省父疾，温侍医药，衣不解带，垂二十年”⑦。更有甚者割股奉亲，如有个叫王友贞的官员，“母病，医言得人肉啖良已，友贞刲股以进，母疾愈。”⑧。

在守丧致哀方面，唐代官员最大的考验就是“丁忧”制度。有学者对两唐书和《册府元龟》总录部有关唐代官员的居丧记载作了初步统计，230

---

①《旧唐书》卷99《张九龄传》。

②《旧唐书》卷15《宪宗纪》。

③《旧唐书》卷149《张荐传》。

④《旧唐书》卷189《儒学传下》。

⑤《旧唐书》卷138《姜公辅传》。

⑥《新唐书》卷96《房玄龄传》。

⑦《旧唐书》卷168《韦温传》。

⑧《旧唐书》卷196《隐逸传》。

多位遭父母丧官员中，居丧终制者 103 人，夺情起复者 102 人，丧毁(居丧不胜哀痛而亡)3 人，状况不详者 22 人。服丧终制与夺情起复的比例大致是 1∶1[①]。夺情起复制度是唐朝解决官员行孝与尽忠之间矛盾的一种变通办法，也是朝廷优抚官员的一种特殊礼遇。对此朝廷控制比较严格，一般能够恩准起复的主要是身负要务的朝廷重臣，从戎征战的武官和节度使、刺史等地方大员，对于大多数中下层官员来说是难得享受此殊荣的。而且夺情起复并不意味着，就不居丧致哀了。唐朝规定官员即使是获准夺情起复，也必须遵守居丧礼仪，如丧期未满前，不视乐，不居寝，不参与吊丧、贺喜、宴会等交际活动；受册封时，虽然仪卫照旧，但对鼓乐却只能从而不作；不能着凶服上朝，不能参与大朝会。唐制："凡凶服，不入公门"[②]；不得参加祭祀宗庙的活动；私忌日需尽哀。在严格控制之下。官员大多能做到居丧守礼。武则天时，欧阳通丁母忧，因任中书舍人之职，起复本官。他每次入朝，都是光脚从家里走到皇城门外。即使在中书省值夜班，也是席地而卧，只铺一点藁草。四年居庐不肯释服，得到众人称许。[③]像这样居丧守礼的事例在两唐书中多有记载，而违背礼制的事例却比较少见，可见当时官员们在强大的孝道舆论压力和朝廷的严格管控下，是能够做到居丧守礼的。

四、劝孝是唐代官吏的重要职责

引导督促百姓行孝道，推行孝道教化更是唐代官员的职责之一。《旧唐书》卷四十四《职官三》记载：

京兆、河南、太原牧及都督、刺史掌清肃邦畿，考核官吏，宣布德化，抚和齐人，劝课农桑，敦敷五教。每岁一巡属县，观风俗，问百年，录囚徒，恤鳏寡，阅丁口，务知百姓之疾苦。部内有笃学异能闻于乡闾者，举而进之。有不孝悌，悖礼乱常，不率法令者，纠而绳之。其吏在官公廉正

---

① 罗小红《再论唐代夺情起复制度》，《西北大学学报》，2005 年，第 3 期。

②《旧唐书》卷 43《职官志》。

③《旧唐书》卷 189《儒学传上》。

己，清直守节者，必谨而察之。其贪秽谄谀，求名狥私者，亦谨而察之。皆附于考课，以为褒贬。若善恶殊尤者，随即奏闻。若狱讼疑议，兵甲兴造便宜，符瑞尤异，亦以上闻。其常则申于尚书省而已。若孝子顺孙，义夫节妇，精诚感通，志行闻于乡闾者，亦具以申奏，表其门闾。其孝悌力田，颇有词学者，率与计偕。

又《旧唐书》卷四十八《食货志上》记载：

天宝元年正月一日赦文："如闻百姓之内，有户高丁多，苟为规避，父母见在，乃别籍异居。宜令州县勘会。其一家之中，有十丁已上者，放两丁征行赋役；五丁已上，放一丁。即令同籍共居，以敦风教。其侍丁孝假，免差科"。

从上述记载来看，唐代地方官员对本地方民众要进行孝道教化，对于民众中孝行突出者要表彰和向朝廷举荐，对于不孝者要给予惩处，除此而外还要慰问抚恤老弱，落实朝廷促进孝道的相关政策等，可见地方官员在推进孝道教化中是担负着重要的职责的。

唐代对官员是否推行孝道教化还进行考核和监督。唐代建立了完备的官员考核制度，从上面的文字中就能看出考核的内容中包括"敦敷五教"的以孝道教化为核心的社会教化活动。考核的标准包括德、行两个方面，德主要是对官员的道德品质和修养的考核，这当中自然包括孝道状况。行的考核是按照官员职能的不同分为二十七类，其标准是"二十七最"，其中，"十二曰训导有方，生徒充业，为学官之最""十四曰礼义兴行，肃清所部，为政教之最"直接与孝道教化有关。《旧唐书》卷四十三《职官二》吏部条载："凡叙阶之法，有以封爵，有以亲戚，有以勋庸，有以资荫，有以秀孝，有以劳考，有除免而复叙者，皆循法以申之，无或枉冒"。从中可以知道，官员在考核中可以凭借孝道表现而被提拔。比如高宗时的元让，"弱冠明经擢第。以母疾，遂不求仕，躬亲药膳，承侍致养，不出闾里者数十余年。"母亲死后，"永淳元年(682)，巡察使奏让孝悌殊异，擢拜太子右内率府长史"[①]。唐代御史台还专门设置了对官员推行孝道教化工作监督的官员。《旧

①《旧唐书》卷188《孝友传》。

唐书》卷四十三《职官二》记载:“补阙、拾遗之职,掌供奉讽谏,扈从乘舆。凡发令举事,有不便于时,不合于道,大则廷议,小则上封。若贤良之遗滞于下,忠孝之不闻于上,则条其事状而荐言之”[①]。补阙、拾遗都属于监察官员,他们对于官员劝孝不力,即“忠孝之不闻于上”赋有纠察职责。由此可见,唐代对官员自身的孝行表现和推行孝道教化的监督是相当严格的。

在朝廷的督责下,唐代地方官吏在在督导百姓行孝,推行孝道教化方面发挥了显著的作用。如高士廉在担任益州大都督府长史时,“蜀士俗薄畏鬼而恶疾,父母病有危殆,不躬扶持,杖头挂食,遥以哺之,兄弟异财,罕通假借,(高)士廉随访诱劝,有不悛者,亲率官属,诣其门而谕之,繇是邑里翕然多为孝悌”[②]。又如李德裕在浙西观察使任上时,当地百姓迷信巫术,父母染疠疾,子弃不敢养,李德裕“择长老可语者,谕以孝慈大伦,患难相收不可弃之义,使归相晓敕,违约者显寘以法。数年,恶俗大变”[③]。

唐代地方官吏向中央举荐孝行卓著者的制度得到了很好的执行。《新唐书·孝友传序》云:“唐受命二百八十八年,以孝悌名通朝廷者,多闾巷刺草之民,皆得书于史官”。这些“闾巷刺草之民”,以孝悌名通朝廷,载入史册,正是唐代地方官吏访察推荐的结果。

除了向朝廷推荐孝悌卓越之人外,唐代地方官吏也积极对孝子进行表彰。如《新唐书·孝友传》记载:

宋思礼字过庭,事继母徐为闻孝。补萧县主簿。会大旱,井池涸,母羸疾,非泉水不适口,思礼忧惧且祷,忽有泉出诸庭,味甘寒,日不乏汲。县人异之,尉柳晃为刻石颂其感。

陈饶奴,饶州人。年十二,亲并亡,窭弱居丧,又岁饥,或教其分弟妹可全性命。饶奴流涕,身丐诉相全养。刺史李复异之,给资储,署其门

① 《旧唐书》卷 43《职官二》。

② 《册府元龟》卷 676《牧守部·教化》。

③ 《新唐书》卷 180《李德裕传》。

曰“孝友童子”。

王博武，许州人。会昌中，侍母至广州，及沙涌口，暴风，母溺死，博武自投于水。岭南节度使卢贞俾吏沈罟，获二尸焉，乃葬之，表其墓曰“孝子墓”。

万敬儒，庐州人。三世同居，丧亲庐墓，刺血写浮屠书，断手二指，辄复生。州改所居曰成孝乡广孝聚。

从上述材料中可以看出，地方官吏采取了给资储、署其门、表其墓、改其居名、刊石纪颂等多种方式对孝子进行表彰，其目的皆在于劝导孝悌、推行教化。

推行礼仪制度也是唐代地方官吏进行孝道教化的方式。地方官吏以乡饮酒礼作为尊老劝孝的重要载体。《新唐书·李栖筠传》记载：李栖筠任常州刺史时，“大起学校，堂上画《孝友传》示诸生，为乡饮酒礼，登歌降饮，人人知劝”。

唐代地方官吏还将孝道教化贯彻于司法审判之中，如史载，韦景骏为贵乡令，“县人有母子相讼者，景骏谓之曰：‘吾少孤，每见人养亲，自恨终天无份，汝幸在温清之地，何得如此？锡类不行，令之罪也。’因垂泣呜咽，仍取《孝经》付令习读之，于是母子感悟，各请改悔，遂称慈孝”①。

从以上分析可以看出，唐代地方官吏通过多种方式较好地履行了劝导孝道，推行教化职责，在形成唐代社会崇孝之风，推进社会和谐、美化风俗方面发挥了重要作用。

综上所述，唐代通过科举制度，强化了孝道作为官吏选拔任用的标准，并通过政策法规等措施激励官吏做孝道表率，这在一定程度上提高了唐代官吏的道德素养。唐代官吏大多数还是能够躬行孝道的，竭力克服孝亲与忠君的矛盾，做到奉亲孝养，居丧守礼。唐代将有孝行的人选拔为政府的各级官吏，这不仅对社会各阶层人士实践孝行起到了积极的鼓励和引导作用，更为重要的是通过这些官吏使“以孝治天下”的治国之策得以更好地贯彻，强化整个社会的行孝之风，促进了社会的和谐稳定。

---

①《旧唐书》卷185《良吏传上》。

第四节 唐代的孝行表彰

孝行表彰是推行孝治的重要举措，其在推行孝化上发挥着重要的激励和引导作用。因此，对于唐代孝行表彰的考察，是我们认识唐代政治与孝文化关系的一个重要方面。唐代对孝行的褒扬分为两类，一类是来自政府，一类是来自民间。政府的褒奖又可分为中央和地方两级。

一、中央对孝行的表彰

唐代中央对孝行的褒奖基本上是以皇帝的名义进行，这体现了朝廷对孝的重视程度。唐朝中央政府对孝行褒扬的方式是多种多样。概括起来有以下几种：

其一，旌表。这是给孝行表现好的人的一种荣誉性的表彰方式，具体又可以分为四种形式：① 旌表其门。在孝行表现好的人家门上悬挂匾额或门旁竖立双阙。如薛万彻“季弟万备，有孝行，母终，庐于墓侧。太宗降玺书吊慰，仍旌表其门”[①]。又“元让，雍州武功人。擢明经，以母病不肯调，侍膳不出闾数十年。母终，庐墓次，废栉沐，饭菜饮水。咸亨中，太子监国，下令表阙于门”[②]。② 旌表其闾。“闾”即里巷的大门。“表闾”一般是在里巷大门前竖双阙。如“高崇文，其先自渤海徙幽州，七世不异居，开元中，再表其闾”[③]。③ 表其门闾。即在家门与里巷门同时悬匾与竖阙。如唐朝宰相杨炎父祖三代皆以孝著称，朝廷三度“旌其门闾”[④]。④ 旌表墓闾。林攒是福建莆田人，侍母与居丧皆孝，“(太宗)诏作二阙于母墓前，又表其闾”[⑤]。

---

①《旧唐书》卷 69《薛万彻传》。
②《新唐书》卷 195《孝友传》。
③《新唐书》卷 170《高崇文传》。
④《旧唐书》卷 118《杨炎传》。
⑤《新唐书》卷 195《孝友传》。

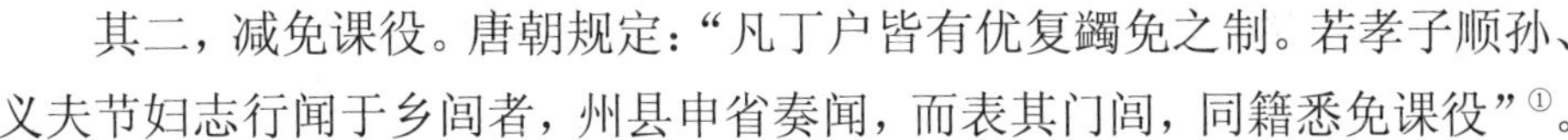

其二，减免课役。唐朝规定："凡丁户皆有优复蠲免之制。若孝子顺孙、义夫节妇志行闻于乡闾者，州县申省奏闻，而表其门闾，同籍悉免课役"[①]。

其三，授官赐封。唐朝为了鼓励孝道，对有能力为官的孝行卓著者则授予官职。如归崇敬"遭丧哀毁，以孝闻，调授四门助教"，其子登"雅实弘厚，事继母以孝称。大历七年，举孝廉高第，补四门助教"[②]。也有对孝女赐封的，如卢甫妻李氏，因请代父死而与其父皆死于贼手。德宗以其孝行，下诏追赠李氏为"孝昌县君"[③]。

其四，赏赐财物。唐代赏赐孝者的物品一般为帛粟，有时单独赏赐，如唐太宗赏赐豫州驱赶猛兽救出父亲的小英雄许坦"帛五十段"[④]，赏赐侍亲纯孝的杨三安妻李氏"帛二百段"[⑤]；有时则帛粟皆赏，如"刘寂妻夏侯，滑州胙城人，字碎金。父长云为盐城丞，丧明。时刘已生二女矣，求与刘绝，归侍父疾。又事后母以孝称。五年父亡，毁不胜丧，被发徒跣，身负土作冢，庐其左，寒不绵、日一食者三年。诏赐物二十段、粟十石，表异门闾。后其女居母丧，亦如母行，官又赐粟帛，表其门"[⑥]。唐朝政府大多数情况下是赏赐个人财物，但有时也对孝义之人集体赏赐。如贞观三年(728)四月，唐太宗"赐孝义之家粟五斛"[⑦]。

其五，赐予谥号。唐朝给孝行显著的官员赐以带"孝"字的谥号，以示表彰。如唐初的温大雅"性至孝"，死后，高祖赐谥曰"孝"[⑧]。又如玄宗朝的岐王府长史，加银青光禄大夫裴子余，"事继母以孝闻"，死后朝廷赐谥号为"孝"[⑨]。

其六，史书立传。唐朝规定，相关部门应将"孝义旌表"按时送交史

---

①《旧唐书》卷43《职官二》。

②《旧唐书》卷149《归崇敬传》。

③《旧唐书》卷193《列女传》。

④《旧唐书》卷188《孝友传》。

⑤《旧唐书》卷193《列女传》。

⑥《新唐书》卷205《列女传》。

⑦《新唐书》卷2《太宗上》。

⑧《旧唐书》卷61《温大雅传》。

⑨《旧唐书》卷188《孝友传》。

馆，以便为其编写传记，昭示后人。如《旧唐书·孝友传》记载：

开元十四年(726)，刺史许景先奏；“(梁)文贞孝行绝伦，泣血庐墓三十余年，请宣付史官。”是岁，御史大夫崔隐甫廷奏：“恒州鹿泉人李处恭、张义贞两家祖父，自国初已来，异姓同居，至今三代，百有余年。又青州北海人吕元简，四代同居，至所畜牛马羊狗，皆异母共乳。请加旌表，仍编入史馆。”制皆许之。

据《新唐书·孝友传》载:“唐受命二百八十八年,以孝悌名通朝廷者……皆得书于史官”。说明将孝悌卓著者编入国史，为其立传昭示后人的制度在唐代执行得相当好。

其七，建祠树碑。唐玄宗在天宝七载(748)五月下令：“忠臣、义士、孝妇、烈女德行弥高者，亦置祠宇致祭”[①]。王博武母被水淹死，博武悲痛不已，投水而殉母，武宗感其事，下诏将其事迹刻于石碑，立于墓前[②]。

其八，下诏褒扬。为了弘扬孝化政策，皇帝有时通过下达褒扬性的诏书，对孝子的事迹进行宣传。如“宋兴贵者，雍州万年人。累世同居，躬耕致养，至兴贵已四从矣。高祖闻而嘉之”，专门撰写诏书并布告天下，予以褒扬[③]。

其九，改赐居地名。《元和郡县志》卷十三《河东道二》载，孝义县原名涪州县，因为这个县出了位孝子叫郭兴，因此唐太宗改其名为孝义县。

其十，皇帝亲见。皇帝有时亲自召见孝行显著者，有时亲自到其家中慰问。如元让因“孝悌卓异”受到武则天亲自召见。郓州人张公艺，九代同居，多次受到朝廷表彰。高宗封禅泰山，路过郓州，亲自到其家中慰问。在封建社会，皇帝亲自到家中慰问对一般百姓而言是一种至高无上的荣耀，对于民众行孝的激励作用自然非同一般。

其十一，法律宽宥。唐朝在对子女犯罪处罚往往考虑到对老人的奉养。如元和十年(814)，刘禹锡因作《游玄都观咏看花君子》一诗，语涉讥刺，被朝廷贬为播州刺史。御史中丞裴度以播州遥远，刘禹锡无法侍奉老母为

---

①《旧唐书》卷9《玄宗下》。

②《新唐书》卷195《孝友传》。

③《旧唐书》卷188《孝友传》。

由向宪宗皇帝求情，朝廷乃改授刘禹锡连州刺史。在“孝”与“法”产生矛盾时，唐王朝往往采取保护孝行的方式，比如：宪宗元和六年(811)九月，富平县人梁悦，为父杀仇人秦果，投县请罪。敕：“复仇杀人，固有彝典。以其申冤请罪，视死如归，自诣公门，发于天性。志在殉节，本无求生之心，宁失不经，特从减死之法。宜决一百，配流循州”[①]。又如：穆宗长庆二年(822)四月，刑部员外郎孙革奏：“京兆府云阳县人张莅，欠羽林官骑康宪钱米。宪徵之，莅承醉拉宪，气息将绝。宪男买得，年十四，将救其父。以莅角抵力人，不敢撝解，遂持木锸击莅之首见血，后三日致死者。……”敕：“康买得尚在童年，能知子道，虽杀人当死，而为父可哀。若从沉命之科，恐失原情之义，宜付法司，减死罪一等”[②]。从这两个事例，可以看出唐朝政府在“孝治”和“法治”的关系方面，把“孝治”作为治国的基本原则，而法治只是“孝治”的重要保障，在二者发生冲突时，站在“孝治”的立场上处理问题更符合唐王朝的统治需要。

二、地方对孝行的表彰

唐代除中央以多种方式对孝行进行表彰外，地方州县也采取多种形式对孝行进行表彰。地方表彰的形式概括起来主要有以下几种：

其一，旌表孝行。唐代州县政府也可以直接旌表孝子，在地方上树立行孝的典型。地方旌表的方式也是多样的。有旌表其门的，如“陈饶奴，饶州人。年十二，亲并亡，窭弱居丧，又岁饥，或教其分弟妹可全性命。饶奴流涕，身丐诉相全养。刺史李复异之，给资储，署其门曰‘孝友童子’”[③]。有旌表其墓的，如“王博武，许州人。会昌中，侍母至广州，及沙涌口，暴风，母溺死，博武自投于水。岭南节度使卢贞俾吏沈罟，获二尸焉，乃葬之，表其墓曰‘孝子墓’”[④]。有改其居地名的，如“万敬儒，

① 《旧唐书》卷 50《刑法志》。

② 《旧唐书》卷 50《刑法志》。

③ 《新唐书》卷 195《孝友传》。

④ 《新唐书》卷 195《孝友传》。

庐州人。三世同居，丧亲庐墓，刺血写浮屠书，断手二指，辄复生。州改所居曰成孝乡广孝聚”[①]。有树碑赞颂的，如“宋思礼字过庭，事继母徐为闻孝。补萧县主簿。会大旱，井池涸，母羸疾，非泉水不适口，思礼忧惧且祷，忽有泉出诸庭，味甘寒，日不乏汲。县人异之，尉柳晃为刻石颂其感”[②]。地方旌表的对象有的与中央政府相同，可能是地方政府旌表的同时又报请中央政府予以表彰，如王博武、万敬儒等皆是如此。

其二，向中央推荐。向中央推荐上报本地方孝行卓异者是唐代地方州县官员的重要职责，也是其政绩的体现。唐朝规定地方州县发现“若孝子顺孙，义夫节妇，精诚感通，志行闻于乡闾者，亦具以申奏，表其门闾。其孝悌力田，颇有词学者，率与计偕”[③]。如果遗漏或隐瞒不报还要受到责罚。因此州县官员都能积极树立和推荐本地的孝子。载入两唐书《孝友传》中的孝子孝妇绝大多数都是经由州县推荐给中央政府而受到表彰的。

其三，征辟为地方佐吏。如“罗让字景宣。……丁父忧，服除，尚衣麻茹菜，不从四方之辟者十余年。李鄘为淮南节度使，就其所居，请为从事”[④]。“从事”是节度府的佐吏。

其四，赐物资予以资助。如夏侯碎金女居母丧以孝闻，“亦如母行，官又赐粟帛，表其门”[⑤]。

其五，为其助办丧祭。如“沈季诠字子平，洪州豫章人。少孤，事母孝，……贞观中，侍母渡江，遇暴风，母溺死，季诠号呼投江中，少许，持母臂浮出水上。都督谢叔方具礼祭而葬之”[⑥]。

三、民间对孝行的褒崇

唐代除了官方大力褒扬孝行外，民间也自发采取多种方式对孝行进行

①《新唐书》卷195《孝友传》。

②《新唐书》卷195《孝友传》。

③《旧唐书》卷44《职官三》。

④《旧唐书》卷188《孝友传》。

⑤《新唐书》卷205《列女传》。

⑥《新唐书》卷195《孝友传》。

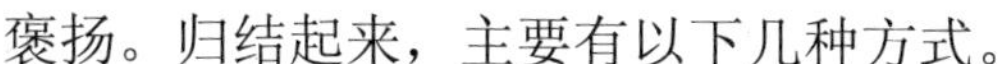

褒扬。归结起来，主要有以下几种方式。

其一，作文辞以颂扬。如寿州安丰李兴孝行卓异，文学家柳宗元为其作“孝门铭”；灵州灵武人侯知道、程俱罗居丧哀毁愈礼，文人李华为其作“二孝赞”表其行；“又有何澄粹者，池州人。亲病日锢，……澄粹剔股肉进，亲疾为瘳。后亲没，伏于墓，哭踊无数，以毁卒，当时号‘青阳孝子’，士为作诔甚众”[①]。

其二，资助行孝。当孝子孝妇因尽孝道而生活上遇到困难，乡亲邻里往往会伸出援助之手，帮助其渡过难关，如“杨含妻萧，父历，为抚州长史，以官卒，母亦亡。萧年十六，与娟皆韶淑，毁貌，载二丧还乡里，贫不能给舟庸，次宣州战鸟山，舟子委柩去。萧结庐水滨，与婢穿圹纳棺成坟，……长老等为立舍，岁时进粟缣”[②]。对于遭遇不幸的孝子，人们也常常做出各种义举，以表示同情和敬仰。如张瑝、张琇兄弟二人因杀死杀父的仇人监察御史杨汪，被朝廷按律处死，但他们的孝行却得到士民的同情和敬仰，史载：“瑝、琇既死，士庶咸伤愍之，为作哀诔，榜于衢路。市人敛钱，于死所造义井，并葬瑝、琇于北邙，又恐万顷家人发之，并作疑冢数所。其为时人所伤如此”[③]。

其三，效法其行。唐代民间褒扬孝行的另一种方式，就是以孝子孝妇为榜样，按照仿效他们的孝行而实践之，推广之。如“李氏妻王阿足，深州鹿城人。早孤，无兄弟。归李氏数岁，夫死无子，以嫠姊高年无供养，乃不忍嫁。昼耕夜织，能办生事，余二十年，姊乃亡，葬送如礼。乡人服其义，争遣女妻往师其风训”[④]。

其四，信赖其德。唐人认为孝子能够孝悌于家人，必然能公信于社会。因此孝子往往能够赢得士民的信任和尊重。即使是乱世的军阀和盗贼也往往因敬其德而不忍加害之。如“李知本，赵州元氏人，……事亲至孝，与弟知隐堪称雍睦。子孙百余口，财物僮仆，纤毫无间，隋末，盗贼过其闾

---

①《新唐书》卷195《孝友传》。

②《新唐书》卷205《列女传》。

③《新唐书》卷195《孝友传》。

④《新唐书》卷205《列女传》。

而不入，因相诫曰：‘无犯义门’。同时避难者五百余家，皆赖而获免。”又如“张志宽，蒲州安邑人。隋末丧父，哀毁骨立，为州里所称。贼帅王君廓屡为寇掠，闻其名，独不犯其闾，邻里赖之而免者百余家”[①]。老百姓不仅赖孝子之德信而获得庇护，甚至连诉讼之事也听从孝子处理。如元让以孝悌殊异而著称，他在乡里时，“乡人有所争讼，不诣州县，皆就让决焉”[②]。充分反映出士民对孝子的信任和崇敬。

从以上分析可以看出，唐代的孝行表彰形成了中央为主导，地方配合，民间自发参与的完备制度体系，在孝行表彰的形式上多种多样，不拘一格，既有政治上的尊崇，也有经济上的激励，甚至皇帝亲自参与其中。就两唐书来看，因孝行受到政府表彰的就有数百人之多，其他各类至孝友悌者则无法胜数，足以说明唐朝在孝行表彰上的力度之大，也反映出孝行表彰在促进社会上行孝之风中的激励和引导作用相当突出。

四、孝行表彰中的流弊

唐朝政府对孝行的表彰在封建社会代表着至高的荣誉，起着特殊的教化和认同作用，官民对孝行的褒扬也强化了行孝、尽孝之风。但同时应当看到，孝行表彰也带来了一些流弊。归纳起来主要有两个方面，一是孝行的极端化。要得到政府的表彰，一般常规的孝行表现是不可能的，而是要有突出的表现。《唐六典》卷三《尚书户部》“户部郎中员外郎”条记载：“若孝子、顺孙、义夫、节妇志行闻于乡閭者，州县申省奏闻，表其门闾，同籍悉免课役：有精诚致应者，则加优赏焉”。敦煌所出《开元户部格残卷》录证圣元年(695)四月九日敕文称：“孝义之家，事须旌表。苟有虚滥，不可褒称。其孝必须生前纯至，色养过人，殁后孝思，哀毁逾礼。神明通感，贤愚共伤。其义必须累代同居，一门邕穆，尊卑有序，财食无私，远近钦永，州闾推伏”。从这些规定可以看出，唐代孝行表彰的标准有三：生前色养过人，或死后哀毁逾礼；神明通感，即有祥瑞、感应；累代同财共居，

①《旧唐书》卷188《孝友传》。
②《旧唐书》卷188《孝友传》。

家庭尊卑有序，和睦融洽。从两唐书孝友传所表彰的孝子孝妇来看，都符合上述标准。符合上述标准的结果就是出现了在色养中割股奉亲的残损肢体的行为，在居丧过程中出现了哀毁致死的惨剧，使孝道由对亲人的爱敬友善扭曲到摧残生命，灭绝人性的极端方向。

二是孝行的虚伪化。祥瑞，感应本身就是迷信，所以有关因孝而出现祥瑞或感应的现象本身就具有欺骗性。更有甚者为了获得褒奖假造祥瑞、感应的现象。据《朝野佥载》卷三记载：

东海孝子郭纯丧母，每哭则群鸟大集，使验有实，旌表门闾。后访乃是孝子每哭，即散饼食于地，群鸟争来食之。后如此，鸟闻哭声以为度，莫不竞凑，非有灵也。

河东孝子王燧家猫犬互乳其子，州县上言，遂蒙旌表。乃是猫犬同时产子，取猫儿置狗窠中，狗子置猫窠内，惯食其乳，遂以为常，殆不可以异论也。自连理木、合欢瓜、麦分歧、禾同穗，触类而长，实繁有徒，并是人作，不足怪也。

这两则故事反映了为得到政府的表彰，从而获得相应的名利，一些人去有意制造孝道假象，使孝行走向了虚伪化。无论是孝道的极端化还是孝道的虚伪化都背离了孝道的以人伦亲情为本的基本含义，其发展不仅不利于孝道的实践，而且会影响人们对孝道真正崇敬。

第五节　唐代的尊老养老措施

尊老养老是中华民族的优良传统，也是中国“孝”文化的重要组成部分。因此，对于唐代尊老养老政策的考察有助于我们认识唐代孝治的推行情况。一些学者对于唐代的尊老养老政策已作了探讨[①]，但还有疏漏之处，有必要作进一步的梳理。和孝行表彰一样，唐代的尊老养老措施也呈现出多层面、体系化的特点。

① 黄修明《孝文化与唐代政治》，广西大学学报，2002 年第 5 期；刘兴云《浅议唐代的乡村养老》，《史学月刊》，2007 年第 8 期。

一、中央的尊老养老措施

与褒扬孝行一样，唐朝中央政府尊老养老的措施往往以皇帝的名义实施，以体现国家的重视程度。中央政府在尊老养老方面的举措主要表现在以下几个方面：

其一，天子示范。《通典•嘉礼》卷六十七《养老》条载：

大唐制，仲秋吉辰，皇帝亲养三老五更于太学。所司先奏定，三师、三公致仕者，用其德行及年高者一人为三老，次一人为五更。设三老座于西楹之东，近北南向。设五更座于西阶上，东向。设国老三人座于三老座西，俱不属焉。设众国老座于堂下西阶之西，东面北上。

通过这样的礼仪形式，皇帝为社会各阶层树立尊老养老的榜样，从而引导社会上形成尊老养老的风气。

其二，赐杖赐封。赐杖尊老的制度始于先秦。《礼记•月令》曰："养衰老，授几杖，行糜粥饮食"。《礼记•曲礼》记载："大夫七十而致事，若不得谢，则必赐之几杖"。可见"杖"在先秦是一种表明身份的器物，帝王所赐几杖一方面有助于老人起居行动，更重要地体现了尊重、关心，还有荣耀。唐玄宗在《赐高年几杖诏》中规定："九十以上，宜赐几杖，八十以上，宜赐鸠杖，所司准式。天下诸州侍老，宜令州县逐稳便设酒食，一准京城赐几杖。其妇人则送几杖于其家"[①]。由此可知，在唐代 80 岁以上的老人都有获得赐杖的殊荣，高龄妇女还有专人到家赐杖的特殊礼遇。

赐予高年老人封号与赐杖一样也是一种身份与荣誉的象征。唐玄宗在《加应道尊号大赦文》中规定："其京城父老，宜各赐物十段，七十已上仍版授本县令，其妻版授县君。六十已上，版授本县丞。天下侍老，百岁已上版授下郡太守，妇人版授郡君。九十已上版授上郡司马，妇人版授县君"[②]。又如唐穆宗出于"敬老可以厚风俗"的目的，长庆三年赐处士李源

① 《全唐文》卷 26。

② 《全唐文》卷 39。

左谏议大夫之职，并赐绯鱼袋[1]。“绯”“紫”是唐朝高级官员和贵族衣服的颜色，所谓“赐绯”实际上是赐以官僚和贵族的服饰，鱼带也是贵族服饰的配件。唐朝在服饰上有着严格的等级，法律上严格禁止僭越。给高龄老者赐章服，反映了唐朝在政治上对老人的尊崇。

其三，皇帝慰问。唐代皇帝经常派专人慰问老人，有时皇帝还亲自前去慰问。如唐高宗“以河南县大女张年百三岁，亲幸其第”[2]。又如郓州人张公艺，九代同居，多次受到朝廷表彰。高宗封禅泰山，路过郓州，亲自到其家中慰问[3]。

其四，赏赐财物。唐代赏赐老者的物品一般为粟帛，如唐太宗颁布《赐孝义高年粟帛诏》，规定：“高年八十以上赐粟两石，九十以上三石，百岁加绢两匹”[4]。也有赐酒食的，如穆宗曾下《优恤将士德音》要求州道政府对所在军将及官健的父母年及九十已上“每至节岁，量与酒面优养”[5]。

其五，减免赋役。免除老人赋役也是尊养老人的体现。这一制度早在先秦时期就已有了，《礼记·王制》篇中就有免除老人赋役的规定：“五十不从力政，六十不与服戎，七十不与宾客之事，八十齐丧之事弗及也”。唐朝前期实行均田制。为了保证老人的生活，唐朝政府规定：老男、笃疾、废疾分给口分田40亩，寡妻妾给30亩；在当户的情况下给永业田20亩。和均田制相适应，唐朝前期的赋役制度主要为租庸调制度。租指田租、调指人头税、庸指劳役。60岁以上的老人可以免除力役。

其六，给予侍丁。唐朝为了保障老人有人奉养照顾，高龄老人可以给予侍丁，留家照顾老人。唐玄宗《改元大赦文》规定：“其一家之中，有十丁已上者，放两丁征行赋役，五丁已上者放一丁，即令同籍共居，以敦风化。天下侍老八十已上者，宜委州县官每加存问，仍量赐粟帛。侍丁者

---

①《旧唐书》卷187《忠义下》。

②《旧唐书》卷4《高宗上》。

③《旧唐书》卷188《孝友传》。

④《唐大诏令集》卷2。

⑤《全唐文》卷67。

令其养老，孝假者矜其在丧”[①]。其后，又在《加天地大宝尊号大赦文》中规定：“其天下百姓丈夫七十五已上，妇人七十已上，宜各给一人充侍，任自拣择。至八十已上，依常式处分”[②]。也就是对于享受侍丁待遇的老人在年龄方面进一步放宽，从而扩大了养老的范围。

其七，给予法律特权。唐朝政府专门颁布了《养老令》，在唐律中对老人的权益作出了具体规定。《唐律·名例律》规定：“诸犯十恶、故杀人、反逆缘坐(本应缘坐，老、疾免者，亦同)”“诸年七十以上、十五以下及废疾，犯流罪以下，收赎。(犯加役流、反逆缘坐流、会赦犹流者，不用此律；至配所，免居作)”。《疏议》对此条的解释云：“依周礼：‘年七十以上及未龄者，并不为奴’。今律：年七十以上、七十九以下，十五以下、十一以上及废疾，为矜老小及疾，故流罪以下收赎”。对于八十以上的老人犯反、逆、杀人的重罪应该处以死刑的，法司可以请示皇帝，将其赦免；如果其犯的是盗窃罪和伤人罪，则可以采取用财物赎买的办法来避免刑罚；犯其罪行“余皆勿论”。对于九十岁以上的老人，虽然犯了死罪“不加刑”。《疏议》解释云：“礼云：‘九十曰耄，七岁曰悼，悼与耄虽有死罪不加刑’。爱幼养老之义也”。《唐律·名例律》还规定：“诸犯罪时虽未老、疾，而事发时老、疾者，依老、疾论。若在徒年限内老、疾，亦如之”。

其八，优待致仕官员。唐制规定：官员年七十以上可以致仕，若齿力未衰，可以继续工作。凡请致仕，五品以上官员直接报请皇帝批准，六品以下由尚书省录奏。唐朝对致仕官员有许多优待政策。唐朝规定：参加朝会时，致仕官员班次位在本品见任之上，一般可以享受在任时的一半禄料，有些甚至能够全额享受，如“太和元年(827)四月，检校右仆射兼太子少傅杨于陵，以左仆射致仕，特恩令全给俸料”[③]。开元五年(717)十月唐玄宗下敕，规定：“致仕官应物，令所由送至宅。三品以上，并听朝朔望”[④]。其年十一月，再次下诏规定：“致仕官子弟无京官者，其在外者，听一人停

① 《全唐文》卷 39。
② 《全唐文》卷 40。
③ 《唐会要》卷 67《致仕官》。
④ 《唐会要》卷 67《致仕官》。

官侍养”[①]。开元六年(718)五月敕规定：曾经任过高品官。不是因为贬责为任卑品官者，致仕身亡的相关待遇按照高品对待。开元二十年(732)正月制规定：曾任担任过五品以上清资官[②]，因为官司解职的，老病无法工作的可以给予致仕的待遇。唐朝官员年老致仕常能获得皇帝的赏赐，如德宗贞元九年(793)八月，“以太子右庶子史馆修撰孔述睿为太子宾客，赐紫金鱼袋，致仕。述睿年未七十，以疾免，累表方许，赐帛五十疋，衣一袭。故事，致仕还乡，不给公乘，上宠儒者，命给公乘遣之”[③]。孔述睿不仅获得丰厚的赏赐，而且获得乘官乘回乡养老的礼遇。到唐朝后期，致仕官员回乡养老，因经济困难可以乘官乘，成为一种制度。《唐会要·致仕官》载：

太和三年(829)四月。右庶子致仕滕珦奏。伏蒙天恩致仕。今欲归家。乡在浙东。道途遥远。官参四品。伏乞特给婺州已来券。庶使衰羸获安。光荣乡里。敕旨。滕珦致仕还乡。家贫路远。宜假公乘。允其所请。自今以后。更有此类。便为定例。

“更有此类。便为定例”说明由对某个退休官员的优待举措而变为对所有类似官员的待遇的制度性安排。

二、地方的尊老养老举措

尊老养老是唐代地方政府的重要职责。唐德宗派遣十一路黜陟使巡察天下，临行前，陆贽向使者传授巡察的内容和方法，即“请以五术省风俗，八计听吏治，三科登俊乂，四赋经财实，六德保罢瘵，五要简官事”[④]。其中，六德指“敬老，慈幼，救疾，恤孤，赈贫穷，任失业”。敬老列在六德之首，从中可以反映出唐代地方政府在养老敬老方面所肩负的重要职责。唐代地方政府官员除在日常工作中督导百姓行孝尊老之外，养老敬老方式

---

① 《唐会要》卷67《致仕官》。

② 魏晋至唐时多由士族担任的清贵官职。《旧唐书·职官志二》云：“凡出身非清流者，不注清资官”。

③ 《唐会要》卷67《致仕官》。

④ 《新唐书》卷157《陆贽传》。

还表现在以下两个方面：

其一，以礼敬老。乡饮酒礼是古代地方和民间敬老尊老的重要礼仪。《礼记·乡饮酒义》云：

乡饮酒之礼，六十者坐，五十者立侍，以听政役，所以明尊长也。六十者三豆，七十者四豆，八十者五豆，九十者六豆，所以明养老也。民知尊长养老，而后乃能入孝弟。民入孝弟，出尊长养老，而后成教，成教而后国可安也。君子之所谓孝者，非家至而日见之也，合诸乡射，教之乡饮酒之礼，而孝弟之行立矣。

从中可以看出，整个礼仪的安排就是要体现孝悌伦理道德内涵的。贞观六年(632)唐太宗下诏，让有关部门抄录《乡饮酒礼》并颁行天下，要求“每年，令州县长官，亲率长幼，齿别有序，递相劝勉，依礼行之。庶乎时识廉耻，人知敬让”[①]。唐隆元年(710)七月，唐中宗再次下诏敦促州县每年要举行乡饮酒礼。开元六年(718)七月，唐玄宗将新修订的《乡饮酒礼》颁于天下，令牧宰每年至十二月行之。唐玄宗时的宣州刺史裴耀卿上疏说：“臣在州之日，率当州所管县，一一与父老百姓，劝遵行礼。奏乐歌至白华华黍南陔由庚等章，言孝子养亲，及群物遂性之义，或有泣者，则人心有感，不可尽诬”[②]。又李栖筠在常州任刺史时“乃大起学校，堂上画孝友传示诸生，为乡饮酒礼，登歌降饮，人人知劝”[③]。从中可以反映出唐代地方政府通过举行乡饮酒礼，引导百姓敬老养老的劝化效果。

其二，慰问老者。慰问老者是唐代地方政府官员尊老敬老的重要方式。唐代中央政府对老者的慰问工作往往由地方政府官员来实施。如“长庆三年(823)四月敕，尚书左丞孔戣，可守礼部尚书，致仕。仍委所在长吏，岁时亲自存问，兼致羊酒。如至都，其刍米什器之类，委河南尹量事供送，务从优礼”[④]。又如武宗《加尊号赦文》云：“养老引年，旌闾表行，冀宏忠厚之俗，以振节义之风。天下百姓年九十已上，委所在长吏量加存问。

①《唐会要》卷26《乡饮酒》。

②《唐会要》卷26《乡饮酒》。

③《新唐书》卷146《李栖筠传》。

④《唐会要》卷67《致仕官》。

孝子顺孙，义夫节妇，旌表门闾，终身勿事。先已旌表者，亦量加优恤”[①]。再如唐宣宗《大中改元南郊赦文》说：“立敬之本，在敦于耆老；劝俗之道，莫先于节义。天下百姓，九十已上各赐绢三匹，八十已上各赐绢两匹，仍委长吏赍帛就家宣赐。孝子顺孙，义夫节妇，旌表门闾，终身勿事。先已旌表者，量加优恤”[②]。

从以上分析来看，唐朝的养老尊老政策也形成了中央主导，地方配合和组织实施的完备体系，在措施上既有政治上的礼遇，经济上的激励，又有法律上的保障，在具体规定上体现出细致性和可操作性的特点。也有人认为唐代养老注意到高龄女性的礼遇，“既体现了唐王朝养老制度的一大特点，也体现了唐朝妇女地位的提高”[③]。可以说唐代使中国古代养老尊老制度得到进一步的发展和完善，也为后世提供了借鉴。宋人洪迈在《容斋随笔》卷九中说：

唐世赦宥，推恩于老人绝优。开元二十三年，耕籍田。侍老百岁以上，版授上州刺史；九十以上，中州刺史；八十以上，上州司马。二十七年，赦。百岁以上，下州刺史，妇人郡君；九十以上，上州司马，妇人县君；八十以上，县令，妇人乡君。天宝七载，京城七十以上本县令，六十以上县丞，天下侍老除官与开元等。国朝之制，百岁者始得初品官封，比唐不侔矣。淳熙三年，以太上皇帝庆寿之故，推恩稍优，遂有增年诡籍以冒荣命者。使如唐日，将如何哉！

由此可见唐代尊老养老政策确实可以称之为封建社会的典范。唐代养老尊老政策的较好实施首先是唐朝统治者的重视，其次是唐代经济繁荣，为养老尊老的政策实施提供了物质保障。第三，优抚对象范围的有限性便于实施。据研究，唐代人的平均寿命不超过60岁，一般要享受优抚政策必须在60岁以上，由于60岁以上的老人人数有限，国家财政负担不会太重，便于政策实施。从这一点我们清楚的可以看出，唐代养老尊老的政策主要目的在于引导社会形成尊老养老的风气，也就是说政治目的十分明确。

---

①《全唐文》卷78。

②《全唐文》卷82。

③ 陈倩《论唐承隋制中的“孝治”政策》，《喀什师范学院学报》，2006年第5期。

第六节　孝文化与唐代礼制

中国古代是以礼治国的。而礼和孝之间有着密切的关系。可以说孝是“礼”的灵魂，而礼是保证孝实施的工具，要实施孝就必须按照礼的规范去操作，所谓“生，事之以礼；死，葬之以礼，祭之以礼”[①]。因此，研究唐代政治与孝文化的关系，离不开对唐代礼制与孝文化的关系的考察。

唐人对于礼与孝之间的关系认识非常清楚。《贞观政要》第二十九《礼乐》云：“礼所以决嫌疑，定犹豫，别同异，明是非者也。非从天下，非从地出，人情而已矣。人道所先，在乎敦睦九族，九族敦睦，由乎亲亲，以近及远”。从中可以看出，唐人制礼的核心任务就在于维护宗法血缘关系基础上的孝道，由此而衍申以达到“决嫌疑，定犹豫，别同异，明是非”的目的。由此唐人非常重视礼仪制度的建设，从唐朝立国起就开始修订礼仪制度，大的修订礼仪活动主要在太宗、高宗和玄宗执政时期，先后修成《贞观礼》《显庆礼》和《开元礼》。《开元礼》是唐礼的集大成之作。且流传至今。唐人在制定礼仪中以孝道为指导，处处体现了孝道伦理的要求，并形成了完备的孝道礼仪规范。

一、孝与唐代吉礼

吉礼主要是有关祭祀方面的礼仪制度，而祭祀是古代社会的重要活动，所谓“国之大事，在祀与戎”[②]。最重要的祭祀礼仪莫过于天地、父母和祖宗。对于帝王而言，祭祀天地与祖先具有同等意义。古代皇帝具有双重身份，一是天地之子，受命于天，代替上天来管理万民，所以必须对天地无比的恭敬，按照天地之道来行事。一是作为祖宗的继承者，依赖祖宗的庇佑，作为祖宗基业的承继人，同样要孝敬祖宗，广大祖宗的基业。所以，

①《论语·为政》。

②《左传·成公十三年》。

对于他们来说，无论是祭祀天地还是祭祀祖宗都是孝道的体现。正因为如此，唐代帝王特别热衷于祭祀天地和宗庙的礼仪活动。从两唐书和《郊祀录》来看，李唐诸帝亲自或指派有司行吉礼以南郊圆丘和宗庙最多，祭祀地祇和明堂次之，历代明圣贤烈再次之。皇帝亲自郊祀见于史书记载的就多达 28 次之多。唐朝皇帝祭祀天帝和地祇时以祖先配祭。太宗《有事南郊诏》云："朕闻上灵之应，疾于影响；茂祉之兴，积于年代。朕嗣膺宝历，君临区宇，凭宗社之介福，……自天之佑，岂惟一人，无疆之福，方覃九土。自非大报泰坛，稽首上帝，则靡申奉天之志，宁副临下之心。"[①]。唐玄宗在《祀南郊制》中云："帝王承天，必崇告类之典；文武尊祖，是遵严训之义。所以克荷成命，昭升前烈，盖王者之子道，乃圣人之神教。……此皆先圣无疆之休，上元启佑之贶，冀因报谒，式展诚敬"[②]。从两个诏书中可以看出，李唐皇帝将天地和祖宗以同样的礼仪祭祀，尽管在祭祀天地时应有那个祖宗来配享，唐人认识不一，做法不同，但对天地和祖宗同样崇敬，即所谓"王者之子道""圣人之神教"。

唐代天坛遗址（今陕西师范大学校内）

①《全唐文》卷 7。

②《全唐文》卷 22。

表 2-1　唐代帝王配祀天地表（以《通典》为参考）

<table>
<tr><th>礼仪名称</th><th>时间</th><th>祭祀神灵</th><th>配祀皇帝</th></tr>
<tr><td rowspan="3">郊天</td><td rowspan="2">武德</td><td>昊天上帝</td><td>景帝</td></tr>
<tr><td>感帝</td><td>元帝</td></tr>
<tr><td>贞观</td><td>昊天上帝</td><td>高祖</td></tr>
<tr><td rowspan="10">郊天</td><td>贞观</td><td>感帝</td><td>元帝</td></tr>
<tr><td rowspan="2">乾封</td><td>昊天上帝</td><td>高祖、太宗</td></tr>
<tr><td>感帝</td><td>高祖、太宗</td></tr>
<tr><td>武后垂拱</td><td>昊天上帝等</td><td>高祖、太宗、高宗</td></tr>
<tr><td>开元十一年</td><td>南郊雩坛行享礼</td><td>睿宗</td></tr>
<tr><td>宝应元年</td><td>郊天地</td><td>景帝</td></tr>
<tr><td rowspan="4">永泰二年</td><td>冬至祀昊天上帝，夏至祀皇地祇景</td><td>皇帝</td></tr>
<tr><td>孟春祈谷祀昊天上帝，孟冬祀神州</td><td>高祖</td></tr>
<tr><td>孟夏雩祀昊天上帝</td><td>太宗</td></tr>
<tr><td>季秋大享明堂祀昊天上帝</td><td>肃宗</td></tr>
<tr><td rowspan="6">大享明堂</td><td>武德初</td><td>季秋祀五方上帝</td><td>元帝</td></tr>
<tr><td>永徽二年</td><td>五天帝、五人帝</td><td>高祖、太宗</td></tr>
<tr><td>总章</td><td>昊天上帝及五天帝</td><td>高祖、太宗</td></tr>
<tr><td>武后垂拱</td><td>昊天上帝及五天帝</td><td>高祖、太宗、高宗</td></tr>
<tr><td>神龙元年</td><td>合祭天地</td><td>高宗</td></tr>
<tr><td>开元二十年</td><td>祀昊天上帝</td><td>睿宗</td></tr>
<tr><td rowspan="6">祭祀地祇（后土、神州）</td><td>初武德</td><td>地祇、后土、神州</td><td>景帝</td></tr>
<tr><td>贞观中</td><td>地祇</td><td>高祖</td></tr>
<tr><td>乾封初</td><td>神州</td><td>高祖</td></tr>
<tr><td>开元二十一年</td><td>地祇</td><td>高祖</td></tr>
<tr><td>开元二十一年</td><td>神州</td><td>太宗</td></tr>
<tr><td>开元二十年</td><td>后土</td><td>睿宗</td></tr>
</table>

封禅之礼也是展示孝文化的重要礼仪。此礼始于秦始皇，从汉光武帝到隋朝，期间帝王因各种原因都未能实行此礼。到唐代，此礼再度受到统治者的重视，唐太宗几度想封禅而未果，高宗李治成为唐代首个亲行封禅之礼的皇帝，他于麟德二年（665）十二月行封禅礼，“封祀以高祖太宗同配，

禅社首以太穆皇后、文德皇后同配”[①]。天册万岁二年(696)腊月，女皇武则天亲行登封嵩山之礼。开元十三年(725)，唐玄宗举行了隆重的封禅大礼，《旧唐书》卷二十三《礼仪志三》对此作了详细记载：

十三年十一月丙戌，至泰山，去山趾五里，西去社首山三里。丁亥，玄宗服衮冕于行宫，致斋于供帐前殿。己丑，日南至，大备法驾，至山下。玄宗御马而登，侍臣从。……于是敕三献于山上行事，其五方帝及诸神座于山下坛行事。……玄宗曰：“朕今此行，皆为苍生祈福，更无秘请。宜将玉牒出示百僚，使知朕意。”其辞曰：“有唐嗣天子臣某，敢昭告于昊天上帝。天启李氏，运兴土德。高祖、太宗，受命立极。高宗升中，六合殷盛。中宗绍复，继体不定。上帝眷祐，锡臣忠武。底绥内难，推戴圣父。恭承大宝，十有三年。敬若天意，四海晏然。封祀岱岳，谢成于天。子孙百禄，苍生受福。”庚寅，祀昊天上帝于山上封台之前坛，高祖神尧皇帝配享焉。邠王守礼亚献，宁王宪终献。皇帝饮福酒。癸巳，……坛东南为燎坛，积柴其上。皇帝就望燎位，火发，群臣称万岁，传呼下山下，声动天地。……辛卯，享皇地祇于社首之泰折坛，睿宗大圣贞皇帝配祀。

从记载可以看出当时礼仪非常隆重，充分展示了唐玄宗对天地祖宗的虔敬，当然也有其向天地祖宗和万民炫耀功业的一面。

庙祭是唐代吉礼中的一项重要内容，也是孝文化在唐礼中的重要体现。杜佑云：“昔者先王感时代谢，思亲立庙，曰宗庙。因新物而荐享，以申孝敬。远祖非一，不可遍追，故亲尽而止”[②]。这是对宗庙礼仪制度内涵的准确概括。

唐代建立了完备的皇室宗庙制度。唐高祖武德元年(618)始立四庙，即为宣简公李熙、懿王李天赐、景皇帝李虎、元皇帝李昞的神主立庙。贞观九年(635)，又为高祖李渊和弘农府君李重耳立了庙，变为六庙之制。中宗时改为七庙之制。开元十年(722)，唐玄宗诏复祔宣皇帝和中宗于正室，形成九庙之制。武宗死后，由于敬宗、文宗、武宗为一代，皆祔太庙，形成

---

①《旧唐书》卷23《礼仪三》。

②《通典》卷47《礼七》。

九庙十一室之制，成为唐朝后期的定制。在武则天之前，唐东都洛阳无太庙，武则天改唐为周后，在东都洛阳立周七庙以祭祀武氏先祖，改唐西京长安太庙为享德庙。中宗复位后，迁武氏庙于西京长安，名为崇尊庙，而以东都武氏庙为唐太庙，由此形成唐东、西两都皆有太庙。唐代对宗庙祭祀礼仪作了详细规定。《旧唐书》卷二十五《礼仪志五》载：

唐礼：四时各以孟月享太庙，每室用太牢。季冬蜡祭之后，以辰日腊享于太庙，用牲如时祭。三年一祫，以孟冬。五年一禘，以孟夏。又时享之日，修七祀于太庙西门内之道南：司命、户以春，灶以夏，门、厉以秋，行以冬，中霤则于季夏迎气日祀之。若品物时新堪进御者，所司先送太常，与尚食相知，简择精好者，以滋味与新物相宜者配之。太常卿奉荐于太庙，不出神主。仲春荐冰，亦如之。

从这段记载中可以看出，唐代宗庙祭祀不仅有四时祭祀、季冬蜡祭、辰日腊享，还有合祭祖先的“三年一祫”“五年一禘”，而且在牺牲和荐献的物品选择上颇是用心，从中也反映出对宗庙祭祀的重视。

在宗庙礼制上唐人与隋以前王朝的一个明显区别是无帝不宗。从两唐书《唐会要》《通典》的记载来看，唐人对于宗庙主之祧迁制度讨论颇多，反映了唐人对祖先祭祀的重视。唐人不仅认真实行了古礼关于“三年一祫、五年一禘”的制度，而且在实践中解决了因祫禘各自以年，不相通数而造成禘祫并在一岁的问题[①]。

唐代帝王在祭祀祖先方面遵循“宗庙致享，务在丰洁。礼经沿革，必本人情[②]”的原则，竭其所有荐献祭品，以表达崇敬追思之情。睿宗时，大臣崔沔在上书中说：“我国家由礼立训，……。清庙时享，礼馔毕陈，用周制也而古式存焉；园寝上食，时膳具设，遵汉法也而珍味极焉。职贡来祭，致远物也；有新必荐，顺时令也。苑囿之内，躬穑所收，搜狩之时，亲发所中，莫不割鲜择美，荐而后食，尽诚敬也”[③]。天宝五载（746），唐玄宗下诏云：“祭神如在，传诸古训，以多为贵，著自礼经。膟膋之仪，盖昔贤

①《旧唐书》卷26《礼仪六》，《通典》卷50。

②《通典》卷47《礼七》。

③《通典》卷47《礼七》。

之尚质；甘旨之品，亦孝子之尽诚。既切因心，方资变礼。其以后享太庙，宜料外每室加常食一牙盘。仍令所司，务尽丰洁”[①]。从上述文献我们清楚地可以看到唐代人在祭祀祖先的祭品上是何等用心，之所以如此用心，就在于表达孝子之诚敬。除此而外，唐朝还建立了朝拜陵寝和陵寝荐食制度。这些礼仪制度都充分地体现了事死如生的孝道理念。

李唐皇帝为了抬高自己的宗族地位，攀附老子为其始祖，唐玄宗封老子为玄元皇帝，改玄元庙为太清宫。唐朝后期对太清宫的祭祀与宗庙、南郊祭祀一样重视，甚至抬高至首位。史载：“玄宗既已定开元礼，天宝元年，遂合祭天地于南郊。是时，神仙道家之说兴，陈王府参军田同秀言：‘玄元皇帝降丹凤门。’乃建玄元庙。二月辛卯，亲享玄元皇帝庙；甲午，亲享太庙；丙申，有事于南郊。其后遂以为故事，终唐之世，莫能改也”[②]。将老子太清宫的祭祀置于首位，从表面上看似乎是出于对道教的尊崇，实际上是儒家孝道学说“慎终追远”的体现，因为李唐皇帝自认为是老子的后裔，宗庙中的列祖也就是老子的后裔，对他们的祭祀自然要放在老子之后，先祖先，次天地，也正是儒家孝道所谓“亲亲由近及远”原则的体现。

老子像

除了唐王室建立了严格的宗庙制度外，唐朝还在官僚士大夫中建立了系统的家庙制度和礼仪，这是唐代以前所未有的。台湾学者甘怀真专著《唐代家庙礼制研究》、章群著《唐代祠祭论稿》上篇第二部分对唐代家庙制度论述颇为详尽，本书不在赘述。需要说明的是，在唐代对家庙礼制的遵守要求十分严格，不遵守家庙礼制，是要受到舆论谴责的。《唐会要》卷十九《百官家庙》记载：“侍中王珪通贵渐久而不营私庙，四时烝尝犹祭于寝，贞观六年坐为法司所核，太宗优容之，因为立庙以愧其心”。两唐

① 《通典》卷 47《礼七》。

② 《新唐书》》卷 13《礼乐三》。

书本传也都对此作了记载，《旧唐书•王珪传》云“珪既俭不中礼，时论以是少之”。孟子云：“不以天下俭其亲”。唐人或许正是从这一角度来看待违反家庙制度的行为的。士大夫犯罪，也会殃及家庙，如元载犯罪，唐代宗“遣中官于万年县界黄台乡毁载祖及父母坟墓，斲棺弃柩，及私庙木主”[①]。由此可见唐代对于士大夫家庙制度的执行是相当严格的。

从上述可以看出，郊祀之礼和宗庙之仪皆是孝文化的重要体现，无论是李唐皇室，还是官僚士大夫都对郊祀和宗庙祭祀给予高度的重视，对其礼仪严格贯彻和执行，体现了实践孝道伦理的自觉性。

二、孝与唐代凶礼

葬之以礼也是孝道的体现和要求，所谓“丧祭之礼立，则孝慈著”。据《新唐书》卷二十《礼乐十》记载：“周礼五礼，二曰凶礼。唐初，徙其次第五，而李义府、许敬宗以为凶事非臣子所宜言，遂去其国恤一篇，由是天子凶礼阙焉。至国有大故，则皆临时采掇附比以从事，事已，则讳而不传，故后世无考焉”。正因为如此，无论是《显庆礼》《开元礼》，还是《开元后礼》均无天子凶礼仪注。这为研究唐代帝王葬礼制造了困难。幸而在《唐大诏令集》和《全唐文》中保留了唐代帝王的遗诏、遗诰，在《唐会要》中留下了唐代帝王陵墓的记载，尤其是《颜鲁公文集》中保留下来的《元陵仪注》，使我们得以看到唐代帝王葬礼的风貌。陈戍国先生研究认为：“从李唐诸帝遗诏遗诰可以判断，其时皇帝丧事制度当以明皇为界，其前殆全依汉制(略采晋之心丧制)。明皇立制，而后应一以明皇之制为准”[②]。唐代帝王丧礼的详细情况在颜真卿所撰的《元陵仪注》中得到充分反映。从《元陵仪注》来看，唐代帝王葬仪非常繁琐和隆重，正如黄本骥所云“历朝国恤莫详于此，经世文字莫大于此”[③]。李唐皇太后与皇帝

① 《旧唐书》卷118《元载传》。

② 陈戍国《隋唐礼制史》，长沙：湖南教育出版社1998年，第138-139页。

③ 《颜鲁公文集》卷3《元陵仪注》末附案语。

的葬礼一样隆重，皇后稍逊色一些[①]。唐代对官僚士大夫的丧葬礼仪有严格的规定，基本上是按照官爵品级高低来确定礼仪规格。具体的规定却是在不同时期有所变化。

表 2-2　唐代官僚士大夫及庶人的丧葬礼仪规定情况表[②]

时　　间	丧葬礼仪规定
唐玄宗开元二十九年之前	铭旌，三品以上长九尺，五品以上长八尺，六品以下七尺，皆书云某官封姓名之柩。旧制：凡诏丧，大臣一品则鸿胪卿护其丧事，二品则少卿，三品丞，人往皆命司仪示以制。旧制：应给卤簿，职事四品以上，散官二品以上，及京官职事五品以上，本身婚葬皆给之。旧制：碑碣之制，五品以上立碑，螭首龟趺，上高不过九尺；七品以上立碑，圭首方趺，趺上不过四尺；若隐沦道素，孝义著闻，虽不仕亦立碣。凡石人石兽之类，三品以上用六，五品以上用四
唐玄宗开元二十九年	三品以上明器，先是九十事，请减至七十事。五品以上先是七十事，请减至四十事。九品以上先是四十事，请减至二十事。庶人先无文，请限十五事。皆以素瓦为之，不得用木及金银铜锡。其衣不得用罗锦绣画。其下帐不得有珍禽奇兽，鱼龙化生。其园宅不得广作院宇，多列侍从。其辆车不得用金银花，结彩为龙凤，及垂流苏，画云气。其别敕优厚官供者。准本品数十分加三等，不得别为华饰。其墓田，一品茔地，先方九十步，今减至七十步。坟先高一丈八尺，减至一丈六尺。二品先方八十步，减至六十步，坟先高一丈六尺，减至一丈四尺。三品墓田，先方七十步，减至五十步，坟先高一丈四尺，减至一丈二尺。其四品墓田，先方六十步，减至四十步，坟高一丈二尺，减至一丈一尺。五品墓田先方五十步。减至三十步，坟先高一丈，减至九尺。六品以下墓田，先方二十步，减至十五步，坟高八尺，减至七尺。其庶人先无步数，请方七步，坟四尺。其送葬祭盘，不得作假花果及楼阁，数不得过一牙盘
唐代宗大历五年	应准敕供百官丧葬人夫幔幕等，三品以上，给夫一百人，四品五品，五十人，六品以下，三十人。应给夫须和雇，价直委中书门下文计处置。其幔幕，鸿胪卫尉等供者，须所载幔幕张设人，并合本司自备。如特有处分，定人夫数，不在此限

① “李唐皇太后（母后）丧事制度与皇帝基本相同，皇后丧事不可能或者说不完全可能与皇帝一致，……。”陈成国《隋唐礼制史》，湖南教育出版社，1998 年，第 148 页。

② 此表中的内容依据《唐会要》卷 38《葬》，其中唐宪宗元和三年的规定因为当时厚葬成风的习俗已久，没有能够实行。

续表

时　　间	丧葬礼仪规定
唐宪宗元和三年	王公士庶丧葬节制。一品二品三品为一等。四品五品为一等。六品至九品为一等。凡命妇各准本品。如夫子官高。听从夫子。其无邑号者。准夫子品。荫子孙未有官者。降损有差。其凶器悉以瓦木为之
唐宪宗元和六年	三品以上，明器九十事，四神十二时在内园宅，方五尺，下帐高方三尺，共置五十舁，挽三十六人。輀车用开辙车，油幰，朱丝网络，两厢画龙，幰竿末请用流苏四，披六，铎左右各八。……五品以上，明器六十事，四神十二时，在内园宅，方四尺，下帐高方二尺，共置三十舁，减志石车，幰竿减四尺，流苏减二十道，带减一重，披引铎翣各减二，挽歌一十六人。……九品以上，明器四十事，四神十二时，在内园宅，方三尺，下帐高方一尺，共置一十舁，减輴车輀车，幰竿减三尺，流苏减一十五道，披引铎翣各减二，带减一重，挽歌十人。……庶人明器一十五事，共置三舁，丧车用合辙车，幰竿减三尺，流苏减十道，带减一重，帏额魌头车魂车准前，挽歌铎翣四神十二时各仪不置
唐武宗会昌元年	三品以上，輀用阔辙车、方相魂车、志石车，并须合辙，油幰流苏等，任准令式。挽歌三十六人，六铎六翣明器，并用木为之，不得过一百事。数内四神，不得过一尺五寸，余人物等，不得过一尺，舁止七十舁。内外官同。五品以上，輀车及方相魂车等，同三品，不得置志石车，其油幰等，任准令式。挽歌十六人。四铎四翣明器，不得过七十事。数内四神，不得过一尺二寸，余人物不得过八寸，舁止五十舁。内外官同。九品以上，輀车魂车等并同合辙车，其方相魌头，并不得用楯车及志石车。其輀车除油幰流苏等，各准令式外，不得用缯彩结络兼银器装饰。挽歌一十人。一铎二翣，明器不得过五十事。四神不得过一尺，余人物不得过七寸，舁止三十舁。内外官同。……工商百姓诸色人吏无官者、诸军人无职掌者，丧车魌头同用合辙车，丧车不用油幰流苏等饰，兼不得以缯彩结络，及金银饰。挽歌铎翣，并不得置。丧车之前，不得以鞍马为仪。其明器任以瓦木为之，不得过二十五事，四神十二时，并在内，每事不得过七寸，舁十舁

从上表的材料可以看出唐人对丧葬制度规定相当细密，等级划分非常清晰，而且不断对其规定进行补充和完善，反映出唐人对于丧葬礼仪的重视程度之高。从材料中也可以看出唐代丧葬礼制尽管规定很严，统治者提倡节俭，但实际上厚葬之风盛行，逾越礼制的现象屡禁不止，朝廷一再下诏重申规定既反映了唐朝统治者对礼制的维护，也反映了逾越礼制现象屡

禁不止的社会风气。不可否认，这种风尚有张扬孝道的一面，但也体现借此抬高自己的社会等级地位的诉求。

丧服制度也是维护孝道的重要礼制。在唐代普遍实行三年丧制，皇帝皇后虽可以采取以日易月的方式，但还需要服心丧三年。李唐王朝在对传统丧服制度继承的基础上，进行了较多改革和创新。如果将开元礼与礼经加以比较，情况就可看得很清楚。

表 2-3　唐人对丧服制度改革情况表

开元礼规定	礼经规定
父在子为母齐衰三年	父亡则为母齐衰三年
为祖后者祖亡要为祖母齐衰三年	经文无此规定。《礼记·丧服小记》有此条
父卒而母嫁者为母服齐衰杖期	父在为母齐衰期
为祖后者祖在为祖母服齐衰杖期	无此规定
为姑姊妹女子子在室服齐衰不杖期	无此规定
舅姑为嫡妇服齐衰不杖期	无此规定
为曾祖父母服齐衰五月，“女子子在室及嫁者亦如之”	无此规定
出母为女子子适人者报以大功	无此规定
妇人为庶妇服大功	妇人为庶妇服小功
为从祖祖姑在室者和从祖姑姊妹在室者服小功，从祖祖姑在室者和从祖姑姊妹在室者报之	无此规定
嫂叔报（服小功）	嫂叔无服
为同母异父之兄弟姊妹服小功	无此规定
为人后者为姑适人者报（服小功）	无此规定
甥舅报（服小功）	甥舅报（服缌）
为玄孙，为昆弟之曾孙，为甥妇，为从父昆弟之孙，妇人为夫之舅、从母，为夫昆弟之曾孙，为夫从父昆弟之孙，为夫从祖昆弟之子，女子为姊妹之子妇，为人后者为其外祖父母，皆服缌	无此规定
为庶母服缌	士为庶母服缌，传云：“大夫以上为庶母无服”

唐人对丧服制度的改革实出于缘情度礼，使礼制更加恰当地反映了亲情和孝道。唐太宗君臣在讨论丧服礼制改革中充分体现了缘情度礼的思想。

《旧唐书》卷二十七《礼乐志七》记载：

贞观十四年(640)，太宗因修礼官奏事之次，言及丧服，太宗曰："同爨尚有缌麻之恩，而嫂叔无服。又舅之与姨，亲疏相似，而服纪有殊，理未为得。

同在一个屋檐下生活，同在一个锅里吃饭的嫂子和小叔子之间不可能没有一点情谊，却彼此不服丧，视同陌路。舅舅和姨姨都是母亲的同胞，在情感上没有轻重之别，而在服丧上有差异。唐太宗看出了这些丧服制度规定违背人们之间的真实情感的不合理性，所以提出对此进行修改。武则天提出的"父在为母终三年之服"的改革也体现了这一礼制思想。《旧唐书》卷二十七《礼乐志七》记载：

上元元年(674)，天后上表曰："至如父在为母服止一期，虽心丧三年，服由尊降。窃谓子之于母，慈爱特深，非母不生，非母不育。推燥居湿，咽苦吐甘，生养劳瘁，恩斯极矣！所以禽兽之情，犹知其母，三年在怀，理宜崇报。若父在为母服止一期，尊父之敬虽周，报母之慈有阙。且齐斩之制，足为差减，更令周以一期，恐伤人子之志。今请父在为母终三年之服。"高宗下诏，依议行焉。

武后的建议虽有抬高妇女地位的意味，但其请不仅合母子之亲情、崇报之礼义，而且符合了服不二斩的规定。由此可见，唐代对丧礼的改革使得其更加真实地体现亲情之爱，更为全面地反映亲属之间的伦理关系。

三、孝与唐代军礼

唐代军礼中也有体现孝道的规定，比如，皇帝亲征之前，有祭祀上帝、社稷和先祖之仪，所谓类于上帝，宜于社，造于祖。派遣将帅出征，有关部门要到太庙祭祀[1]。军事活动是国家大事，战争的胜负影响着国家的和平，甚至是政权的兴亡。古人相信天人感应和灵魂不灭之说。因此在军事行动前祭祀天地和祖先，一方面是对天地神灵和先祖的尊重，另一方面是寻求天地神灵和祖先灵魂的庇佑，以获取战争的胜利。唐代军礼规定凯旋回来

---

① 《旧唐书》卷27《礼乐七》。

亦要行告庙之仪和献俘之仪，实际是向祖先汇报战果，献俘以答谢祖先的恩德。唐代还有献俘于陵园的制度，据《唐会要》卷十四《禘祫》记载：

显庆三年(658)十一月，苏定方俘贺鲁到京师。上谓侍臣曰："贺鲁背恩。今欲先献俘于昭陵，可乎？"许敬宗对曰："古者出师凯还，则饮至策勋于庙。若诸侯以王命讨不庭，亦献俘于天子。近代将军征伐克捷，亦用斯礼。未闻献俘于陵所也。伏以园陵严敬，义同清庙，陛下孝思所发，在礼无违，亦可行也"。十五日，还献于昭陵，十七日，告于太庙。……

长庆元年(821)四月，中书门下奏："伏以太宗平突厥，高宗平高丽，皆告陵庙。盖以高祖尝蓄愤于北虏，太宗挫锐气于东夷，武功未终，后圣继志，亦既平荡，所宜启告。伏以镇冀一道，幽蓟八州，不劳干戈，尽复区宇，礼宜献俘函首，布告清庙，下礼官择日撰仪，荐告太庙"。从之。

这里记载，显庆三年(658)，许敬宗说陵庙献俘他从来都没有听说过，而长庆元年(821)的奏疏却说太宗时就曾举行过陵庙献俘之礼。显然是矛盾的说法。但不管如何唐代还是开创了献俘于陵园的先例。

唐代田狩礼中也体现着孝道的要求。《唐会要》卷二十八《蒐猎》载：

其年(武德八年)十二月，高祖谓侍臣曰："搜狩以供宗庙，朕当躬其事，以申孝享之诚"。于是狩于鸣犊泉之野。……

至(贞观十一年)十一月十五日，狩于济源之陵山。上(太宗)曰："古者先驱以供宗庙，今所获鹿，宜令所司造脯醢，以充荐享"。

古人将举行田狩礼看作是供应宗庙祭祀和习练军旅的重要方式，在宗庙祭祀和习练军旅两者中更为重视宗庙祭祀，所以唐高祖和唐太宗才要亲自参加狩猎活动，以体现对祖宗的诚意。唐人不仅将田狩所获猎物用于祭祀去世的祖先，而且也作为孝心的表达献给在世的亲人，如："(贞观四年)甲辰，(太宗)校猎于鱼龙川，自射鹿，献于大安宫。……五年(631)春正月癸酉，大蒐于昆明池，蕃夷君长咸从。丙子，亲献禽于大安宫"[①]。当时唐高祖李渊为太上皇，住在大安宫，所谓"献于大安宫"，也就是唐太宗李世民献给其父太上皇李渊，这正是皇帝以孝道昭示天下的体现。

---

①《旧唐书》卷3《太宗下》。

四、孝与唐代嘉礼

嘉礼是饮宴婚冠、节庆活动等方面的礼节仪式，其显著作用在于协调人际关系、沟通、联络感情。在唐代嘉礼中，就如何侍奉父母姑舅有详细周密的礼仪规范。《通典》卷六十八《天子诸侯大夫士之子事亲仪(妇事舅姑附)》规定：

子事父母，鸡初鸣，咸盥漱，栉，縰，笄，总，拂髦，冠，緌，缨，端，韠，绅，搢笏。左佩纷帨，刀，砺，小觿，金燧，右佩玦，捍，管，遰，大觿，木燧，偪，屦，著綦。

妇事舅姑，如事父母，鸡初鸣，咸盥漱，栉，縰，笄，总，衣绅，左佩纷帨，刀，砺，小觿，金燧，右佩箴，管，线，纩，施縏袠，大觿，木燧，衿缨，綦屦，以适父母舅姑之所。及所，下气怡声，问衣燠寒，疾痛疴痒，而敬抑搔之。出入则或先或后，而敬扶持之。进盥，少者奉槃，长者奉水，请沃盥，盥卒，授巾。问所欲而敬进之，柔色以温之。

男女未冠笄者，鸡初鸣，咸盥漱，栉，縰，拂髦，总角，衿缨，皆佩容臭。昧爽而朝，问何食饮矣。若已食，则退；若未食，则佐长者视具。孺子蚤寝宴起，惟所欲，食无时。

父母舅姑之衣、衾、簟、席、枕、几，不传；杖、屦，祗敬之，勿敢近。父殁母存，冢子御食，群子妇左馂如初。旨甘柔滑，孺子馂之。在父母舅姑之所，不敢哕噫、嚏咳、欠伸、跛倚、睇视，不敢唾洟，寒不敢袭，痒不敢搔。

男不言内，女不言外。非祭非丧，不相授器。其相授，则女受以篚；其无篚，则皆坐奠之，而后取之。男子入内，不啸不指，夜行以烛，无烛则止。女子出门，必拥蔽其面，夜行以烛，无烛则止。道路，男子由右，女子由左。

若饮食之，虽不嗜，必尝而待。加之衣服，虽不欲，必服而待。子妇未孝未敬，勿庸疾怨，姑教之；若不可教，而后怒之；不可怒，子放妇出，而不表礼焉。

父母有过，下气怡色，柔声以谏，谏若不入，起敬起孝，说则复谏。

不说，与其得罪于乡党州闾，宁孰谏。三谏而不听，则号泣而随之。父母怒，不说，而挞之流血，不敢疾怨，起敬起孝。父母有婢子，若庶子庶孙，甚爱之，虽父母没，没身敬之不衰。

舅没则姑老，冢妇所祭祀、宾客，每事必请于姑。凡妇不命适私室，不敢退。妇将有事，大小必请于舅姑。子妇无私货，无私畜，无私器，不敢私假，不敢私与。妇或赐之饮食、衣服、布帛、佩帨、茝兰，则受而献诸舅姑。舅姑受之，则喜，如新受赐。若反赐之，则辞；不得命，如更受赐，藏以待乏。妇若有私亲兄弟，将与之，则必复请其故赐，而后与之。

凡为人子之礼，冬温而夏凊，昏定而晨省，出必告，反必面。所游必有常，所习必有业。恒言不称老。居不主奥，坐不中席，行不中道，立不中门。听于无声，视于无形。不登高，不临深，不苟呰，不苟笑，不服闇，不登危，惧辱亲也。父命呼，唯而不诺，手执业则投之，食在口则吐之，走而不趋。亲老，出不易方，复不过时。不有私财。为人子者，父母存，冠衣不纯素；孤子当室，冠衣不纯采。父母有疾，冠者不栉，行不翔，言不惰，琴瑟不御，食肉不至变味，饮酒不至变貌，笑不至矧，怒不至詈。疾止复故。故州闾乡党称其孝，兄弟亲戚称其慈，僚友称其弟，执友称其仁，交游称其信，此孝子之行也。

从上引述的材料看，唐代的侍亲礼仪从衣食起居到坐立行走，从财物管理到晨省昏定等各个方面，对子女包括子妇的行为制定了准则，作出了细致、严密的规范。通过这些规定把孝道观念变成了可操作性的行为规范，便于孝子孝妇去实践孝道。最终使孝意识和孝实践融为了一体。

孝道在唐代天子巡守朝会礼仪中也有体现。唐代帝王外出巡守，出发前和返回后都要行告庙之仪，据《通典》记载，“驾将发，告圜丘宗庙社稷，皆如别仪。”“归格于宗祢，用特”[①]。这正是“出必告，反必面”的孝道要求的体现。皇帝巡守中的一项活动为“存问高年”，如唐玄宗开元十一年（723）正月，“己巳，北都巡狩，敕所至处存问高年、鳏寡茕独、征人之家”[②]。

①《通典》卷 118。

②《旧唐书》卷 8《玄宗上》。

这一尊老活动正是鼓励天下人弘扬孝道，敬养老人的体现。

朝会之礼即地方诸侯朝觐会同之礼，是帝王权力的象征，唐代帝王在行使这一权力时同样忘不了对孝道的维护，体现之一就是在遇到丧祭时，皇帝不受朝贺。如唐高宗“(永徽)四年(653)春正月癸丑朔，上临轩，不受朝，以濮王泰在殡故也”①。唐睿宗“(景云)二年(711)春正月丁未朔，以山陵日近，不受朝贺”②。因为时间临近睿宗的哥哥中宗的葬日所以不受朝贺。唐玄宗开元“五年(717)春正月壬寅朔，上以丧制不受朝贺”③。当时玄宗正在为睿宗皇帝服丧，不受朝贺实际上是对亡者表达追思的方式。

在朝会中，唐朝在礼仪上对年老体衰的大臣给予照顾，如“乾封初，以(许)敬宗年老，不能行步，特令与司空李勣每朝日各乘小马入禁门至内省”④。又如元和五年(810)三月“丁卯，宰相于頔请依杜佑例一月三朝，从之”⑤。说明这种礼遇在唐朝已经形成了制度。

唐代亦奉行尊老养老之礼仪，《开元礼》卷一百四，《通典》卷六十七《养老》、卷一百二十四《开元礼纂类》十九、《新唐书·礼乐志九》等文献都对唐代的养老礼仪记载甚详。如《通典》卷六十七《养老》详细记载了皇帝亲自养老的礼仪规范：

大唐制，仲秋吉辰，皇帝亲养三老五更于太学。所司先奏定，三师、三公致仕者，用其德行及年高者一人为三老，次一人为五更。设三老座于西楹之东，近北南向。设五更座于西阶上，东向。设国老三人座于三老座西，俱不属焉。设众国老座于堂下西阶之西，东面北上。

皇帝亲自举行养老的礼仪，这种形式意在通过皇帝的示范来劝导天下百姓都来尊老敬老。地方长官尊敬老人的礼仪为乡饮酒礼。儒家认为，“乡饮酒之礼，所以明长幼之序也”“乡饮酒之礼废，则长幼之序失”。据《开元礼》记载，在唐代，州行乡饮酒礼，县行正齿位礼，其实两者具有相同

①《旧唐书》卷4《高宗上》。
②《旧唐书》卷7《睿宗纪》。
③《旧唐书》卷8《玄宗上》。
④《旧唐书》卷82《许敬宗传》。
⑤《旧唐书》卷14《宪宗纪》。

的性质。唐朝非常重视乡饮酒礼劝导百姓尽孝和维护良好社会风气的作用，贞观六年(632)，唐太宗为了革除社会“弊俗”，下诏：“可先录乡饮酒礼一卷，颁示天下，每年令州县长官，亲率长幼，依礼行之。庶乎时识廉耻，人知敬让”①。

古语有“一日为师，终身为父”之说，从这个意义上说，尊师是孝道的一种延伸。唐太宗贞观二年(628)九月的诏书中说：“尚齿重旧，先王以之垂范；还章解组，朝臣于是克终。释菜合乐之仪，东胶西序之制，养老之义，遗文可睹”②。从这一诏书可以看出，唐朝将敬老与尊师之礼的意义等而同之。唐代奉行尊师重教之文教政策，所以在尊师之礼仪方面非常重视。唐人多行释奠(又称释菜)礼于国学太学③，又有所谓齿胄之礼。有关皇帝亲临国学太学参加释奠礼仪活动，皇太子到国学、太学亲行释奠释菜礼和齿胄之礼的记载在两唐书中到处可见，《通典》对此做了专门记述。州县乡里之学亦行尊师之礼。唐玄宗开元十一年(723)九月的诏令中说：“春秋二时释奠，诸州宜依旧用牲牢，其属县用酒脯而已”④。这里是对州县释奠礼仪的祭品的重申，可见州县一直在行此礼。唐太宗为了保证皇太子对老师的尊重，于贞观十七年(643)令大臣撰写《三师仪注》，专门制订了皇太子尊师的仪范。除此而外，唐代还施行皇子束脩之礼。在皇子束脩之礼仪中要求皇子对老师要无比的敬重，如皇子要向博士行跪拜之礼，与向自己的父母(皇帝皇后)行礼无差。可见唐人对老师之尊重。

古人认为婚礼的根本意义在于传宗接代。《礼记·昏义》云：“昏礼者，将合二姓之好，上以事宗庙，下以继后世也，故君子重之。共牢而食，合卺而酳，所以合体同尊卑而亲之也。成男女之别，立夫妇之义，而后父子亲，君臣正，故曰婚礼者，礼之本也”。即婚礼的意义在于建立血缘关系，传宗接代、生儿育女，夫妻关系是为孝亲忠君而服务的。在唐代婚礼中，婚娶的决定权在父母尊长。皇帝纳后，有告天地宗庙、朝皇太后和皇后庙

①《通典》卷73《乡饮酒》。
②《旧唐书》卷2《太宗纪》。
③ 释奠(释菜)之礼属于吉礼的范围，为了方便与尊师及其他礼仪一起在此论述。
④《旧唐书》卷8《玄宗上》。

见之仪。皇太子纳妃亦有告庙、朝见舅姑之仪。公主下嫁，也必须向舅姑行拜见之仪。官僚士庶婚礼中照例少不了向舅姑长辈行拜见之仪和祭祀祖先之仪。如果姑舅都去世了，新妇有三月奠菜之仪。这些礼仪都体现了婚礼的实质在于传宗接代，以延续父母祖先生物性生命的孝道理念。

五、孝与唐代礼仪制度的世俗化

在古代，礼是对贵族行为约束的规范，也是贵族身份的象征。唐代随着门阀士族的衰落，科举制度的推行，在礼仪制度方面逐渐开始打破“刑不上大夫，礼不下庶人”的士庶界限，礼仪规范逐步向世俗化发展，孝道礼仪规范也随之向民间延伸。在唐朝官修的《开元礼》和杜佑《通典》的《开元礼纂类》中都出现了有关庶人的礼仪规范，如《开元礼》卷四十八“诸侯士大夫宗庙”条标出“庶人祭寝”，《开元礼纂类》“亲王冠”条、“亲王纳妃”条、“三品以上丧”条等都附有庶人的礼仪规范，而这些都是体现孝文化的礼仪制度。

唐代丧葬礼仪制度最能体现孝道礼仪制度世俗化趋势。《唐会要》卷三十八有关唐代丧葬礼仪制度的规定中，官员的葬仪制度是按照品级的不同作出不同的规定，而不是按照士庶门第等级来确定。在立碑的规定中特许“孝义著闻”的“不仕”者(也就是一般百姓)去世也可以立碣。同时对于庶人的丧葬规格也作出了规定。开元二十九年(741)正月十五日敕规定庶人的墓地“方七步，坟四尺。其送葬祭盘，不得作假花果及楼阁，数不得过一牙盘”[①]。元和六年(810)十二月规定：“庶人明器一十五事，共置三舁，丧车用合辙车，幰竿减三尺，流苏减十道，带减一重，帏额魌头车魂车准前，挽歌铎翣四神十二时各仪，请不置”[②]。会昌元年(846)十一月进一步规定“工商百姓诸色人吏无官者、诸军人无职掌者，丧车魌头同用合辙车，丧车不用油幰流苏等饰，兼不得以缯彩结络，及金银饰。挽歌铎翣，并不得置。丧车之前，不得以鞍马为仪。其明器任以瓦木为之，不得过二十五

①《唐会要》卷38《葬》。

②《唐会要》卷38《葬》。

事，四神十二时，并在内，每事不得过七寸，舁十舁”[①]。可以看出对于庶民百姓的丧葬礼仪制度在逐步地完善，也说明老百姓在丧葬方面对礼仪化越来越重视。

《新唐书·礼乐志一》记载，元和十三年(818)，太常博士王彦威撰《曲台新礼》三十卷，又采元和以来王公士民婚祭丧葬之礼撰成《续曲台礼》三十卷。说明唐代官方礼仪制度与民间礼俗规范趋于融合，反映出唐代孝行礼仪规范开始不断向世俗化发展。孝道礼仪制度的世俗化发展也正是孝文化不断向普通民众生活渗透的体现。

以上只是对孝文化与唐代礼制之间的关系的粗略论述，从广义上说，唐代礼仪中绝大部都与孝文化有关。《开元礼》35 卷中与孝文化密切相关的吉礼、嘉礼、凶礼加起来为 29 卷，占 80%以上的篇幅。这些礼仪主要针对祭祀、冠冕(衣服)、婚嫁、亲族、丧葬而设置，而这些恰恰是中国古代除了吃饭问题外，人们的主要社会活动，其核心是以血缘亲情为纽带的人际关系的协调，而这种关系的道德伦理基础是孝道，由此可见唐人制礼的目的所在。因此可以说唐代礼仪制度的完善对规范和促进孝道实践，强化社会的孝道伦理意识发挥了积极的作用。

第七节　孝文化与唐代法律

礼和法都是封建统治者用来治国理民的重要工具。因此，讨论唐代政治与孝文化的关系，不能不涉及到孝文化与唐代法律的关系。关于唐代法律在维护孝道的作用上，学者还存在着一些认识上的差异。杨廷福在《唐律的特色》一文中指出，唐律的特色之一就是“为伦常立法的礼教法律观，其核心则为尊尊、亲亲、贵贵，即尊君、孝亲、崇官”[②]，牛志平先生认为“对于不孝子孙的处罚，唐代也远不像别的朝代那么严厉”，从唐人对子复父仇的区别情况，酌情处理的立场和态度来看，“唐代显然更重视法律

①《唐会要》卷 38《葬》。

② 中国唐史研究会《唐史研究会论文集》，陕西人民出版社，1983 年，第 353 页。

而轻孝道”[①]。究竟如何看待唐律与孝文化之间的关系，有必要作进一步的分析。我个人认为，认识唐律和孝道之间的关系不能单从个别条文去把握，而应该从整体上去把握唐律的立法原则，这样才能全面的去认识唐代法律与孝道之间的关系。此外，需从处理孝与法冲突的实际情况来认识唐代法律与孝道的关系。

一、唐律对家族宗法制度的维护

唐律对唐代家族的宗法结构作了明确的规定。从唐律来看，唐代家族的亲属关系包括“血亲”和“义亲”两类。血亲即是通过天然血缘关系结合在一起的亲属，如父子、兄弟关系等。义亲是通过婚姻或契约关系结合起来的亲属，夫妻、养父子关系等。从父权家长制角度出发，唐代又将亲属分为父宗内亲和母宗外亲，内亲亲而外亲疏。内亲范围为上至高祖下至玄孙的所谓九族，外亲的范围只有母之父母、兄弟姊妹和侄甥三世。唐律按照亲属的亲疏程度将亲属划分成五个等级，即“斩衰亲”（指整个直系亲属）、“期亲”（指整个直系亲属和旁系血亲中之姑、姊妹等）、“大功亲”（指旁系血亲中祖父系亲属之从父兄弟姊妹）、“小功亲”（指祖之兄弟、父之从兄弟、身之再从兄弟）、“缌麻亲”（指曾祖兄弟、祖从兄弟、父再从兄弟、身之三从兄弟）。亲属中以辈分高、年龄长者为尊，而尊长之中，首尊直系尊长，尤其是父和夫，所谓“父为子天”“夫为妻天”。这种以血缘亲情为基础的家族宗法制度成为唐律立法的基石。

唐律按照是否有亲属关系来确定法律实施的原则和程序。在诉讼上唐律遵循了儒家孝道理论提倡的“亲属相容隐”原则。《唐律·名例律》规定：

诸同居，若大功以上亲及外祖父母、外孙，若孙之妇、夫之兄弟及兄弟妻，有罪相为隐；部曲、奴婢为主隐：皆勿论，即漏露其事及擿语消息亦不坐。其小功以下相隐，减凡人三等。若犯谋叛以上者，不用此律。

就是说凡是同居亲属，或非同居大功以上亲属，或非同居小功以下但

① 牛志平《试论唐代的孝道》，《晋阳学刊》，1991年第1期。

情重的亲属，如果犯有谋反、逆、叛以外的常罪，可以互相包庇隐瞒，法律不予追究。甚至在官府追查时为罪人通风报信，都不予追究。凡非同居小功以下，又非情重的亲属，虽然相隐有罪，但可以比照常人相隐罪减三等处置。上述应相容隐的亲属，犯有谋反、逆、叛以外的常罪，不得相互告发，如果互相告发，被告者依自首法免于处分，告者则科告亲属之罪，其处罚轻重视所告亲属之亲疏尊卑而有所不同，告亲者尊者一般从重处罚。如“诸告祖父母、父母者，绞”①。官府也不得令应该容隐的亲属相互为证，违犯者要“杖八十”②。基于这种亲属一体的原则，亲属对于犯罪有包庇的责任，没有告发的义务，这正是维护“亲亲”的孝道伦理的需要。唐律的容隐原则是在不危害封建统治根本的前提下，求得作为封建社会细胞的家族的和谐稳定，进而换来整个社会的长治久安。

在定罪方面，唐律从维护孝道出发，对亲属相犯制定了许多特殊罪名，不以凡人定罪。如唐律将奸淫“小功以上亲”行为，不定为奸罪，而定为“内乱，科处十恶”。《唐律·名例律·十恶》：“十曰内乱，（谓奸小功以上亲、父祖妾及与和者）”。《疏议》云：“《左传》云：‘女有家，男有室，无相渎，易此则乱。’若有禽兽其行，朋淫于家，紊乱礼经，故曰内乱”。又如谋杀或略卖“缌麻以上亲”的行为不定为谋杀罪或略卖罪，而定为“不睦，科处十恶”。《疏议》对“不睦”的解释为：“《礼》云：‘讲信修睦’。《孝经》云：‘民用和睦。’睦者亲也。此条之内皆是亲族相犯，为九族不相叶睦，故曰不睦”③。再如杀伯叔父母等期以上亲，或殴祖父母、父母，不定为杀人罪或殴人罪，而定为“恶逆”，同样科处“十恶”。《疏议》对“恶逆”罪这样解释：“父母之恩，昊天罔极。嗣续妣祖，承奉不轻。枭镜其心，爱敬同尽，五服至亲，自相屠戮，穷恶尽

①《唐律疏议》卷23《斗讼》。

②《唐律疏议》卷29《断狱》据众证定罪条：议曰：“其于律得相容隐”，谓同居，若大功以上亲及外祖父母、外孙，若孙之妇、夫之兄弟及兄弟妻，及部曲、奴婢得为主隐；其八十以上，十岁以下及笃疾，以其不堪加刑：故并不许为证。若违律遣证，“减罪人罪三等”，谓遣证徒一年，所司合杖八十之类。

③《唐律疏议》卷1《名例》。

逆，绝弃人理，故曰‘恶逆’”[①]。这些规定都体现了对不孝罪的从重处罚原则。

在执行方面，唐律有侍亲缓刑和侍亲易刑的制度。《唐律·名例律》规定“诸犯死罪非十恶，而祖父母、父母老疾应侍，家无期亲成丁者，上请。犯流罪者，权留养亲。”《疏议》解云：

谓非“谋反”以下、“内乱”以上死罪，而祖父母、父母，通曾、高祖以来，年八十以上及笃疾，据令应侍，户内无期亲年二十一以上、五十九以下者，皆申刑部，具状上请，听敕处分。若敕许充侍，家有期亲进丁及亲终，更奏；如元奉进止者，不奏。家无期亲成丁者，律意属在老疾人期亲，其曾、高与曾、玄非期亲，纵有，亦合上请。若有曾、玄数人，其中有一人犯死罪，则不上请。……犯流罪者，虽是五流及十恶，亦得权留养亲。会赦犹流者，不在权留之例。其权留者，省司判听，不须上请。

《唐律·名例律》还规定：“诸犯徒应役而家无兼丁者，徒一年，加杖一百二十，不居作；一等加二十。若徒年限内无兼丁者，总计应役日及应加杖数，准折决放。盗及伤人者，不用此律(亲老疾合侍者，仍从加杖之法)”。也就是说，为了照顾罪犯奉养父母，可以采取改变刑罚的方式来给予方便。以上这两条规定的设立并不在于对罪犯宽宥，而目的在于维护“孝道”。

丧服制度是反映孝道伦理的重要礼制。唐律遵循礼的“定亲疏、决嫌疑”的精神，以五服制度作为科罪的标准。首先表现在根据血缘关系的亲疏和孝道义务等次确定刑罚的差别，如亲属相告，所告者为缌麻尊长，则定为一般告亲罪；如所告者为大功以上尊长、小功尊属，便以“不睦”定罪；如所告者为祖父母、父母等直系尊亲，则要定为“不孝”之大罪。其次根据五服制度在量刑的轻重上有所差别。大体有三种情况：一种是区分尊卑，卑者犯尊者由疏至亲逐级加重，尊者犯卑者由疏至亲逐级减轻，如亲属相告罪，唐律规定：“诸告期亲尊长、外祖父母、夫、夫之祖父母，虽得实，徒二年；其告事重者，减所告罪一等；所犯虽不合论，告之者犹

① 《唐律疏议》卷1《名例》。

坐。即诬告重者，加所诬罪三等。告大功尊长，各减一等；小功、缌麻，减二等；诬告重者，各加所诬罪一等”[①]。亲属相殴、相杀等罪行的处理也是如此。

另一种是无论尊卑，由疏至亲逐级加重，如亲属相奸罪，唐律规定：“诸奸缌麻以上亲及缌麻以上亲之妻，若妻前夫之女及同母异父姊妹者，徒三年；强者，流二千里；折伤者，绞。妾，减一等”[②]“诸奸从祖祖母姑、从祖伯叔母姑、从父姊妹、从母及兄弟妻、兄弟子妻者，流二千里；强者，绞”[③]“诸奸父祖妾、伯叔母、姑、姊妹、子孙之妇、兄弟之女者，绞。即奸父祖所幸婢，减二等”[④]。可以看出，在亲属相奸罪的量刑上由关系疏远的旁系亲属到关系密切的直系亲属在逐级加重。

还有一种是无论尊卑，由疏至亲逐级减轻，如亲属相盗罪，唐律规定：“诸盗缌麻、小功亲财物者，减凡人一等；大功，减二等；期亲，减三等”[⑤]“诸同居卑幼，将人盗已家财物者，以私辄用财物论加二等；他人，减常盗罪一等”[⑥]。

以上依据五服制度量刑，之所以轻重不同，正是孝道伦理关系的要求所在。

在科罪方面，唐律还以亲属关系为基准，设立了“缘坐制”。所谓“缘坐制”，就是某些特定罪名的科刑要株连罪犯的亲属，罪行越重，其株连的范围越广，而亲属关系越近，株连的可能性就越大。一个人犯罪就可能对整个家族构成威胁，可谓一荣俱荣，一损俱损。如此以来为了家族的安危，家族内部每个成员都不敢轻易违法，而每个成员会出于自身和家族利益的维护去提醒和监督其他成员遵守法纪。可以说“缘坐法”从一个独特的角度促进了家族对法律的遵守，也促进了家族的团结。

---

①《唐律疏议》卷 24《斗讼》。
②《唐律疏议》卷 26《杂律》。
③《唐律疏议》卷 26《杂律》。
④《唐律疏议》卷 26《杂律》。
⑤《唐律疏议》卷 20《贼盗》。
⑥《唐律疏议》卷 20《贼盗》。

二、唐律对父权家长制的维护

唐律对父权家长制给予坚定的维护。封建社会的孝道的核心是父权，即维护以父祖为代表的尊长对于以子孙为代表的卑幼的优越权。其主要特权有：

（1）家庭财产的支配权。《唐律·户婚律》规定："诸祖父母、父母在，而子孙别籍、异财者，徒三年"。唐律规定，家庭财产权属于尊长，尊长在，卑幼别立户籍，分异财产则被视为不孝，唐律将其列入"十恶"，给予严厉惩处。《唐律·名例律》十恶条的疏议云："祖父母、父母在，子孙就养无方，出告反面，无自专之道。而有异财、别籍，情无至孝之心，名义以之俱沦，情节于兹并弃，稽之典礼，罪恶难容。二事既不相须，违者并当十恶"。就是父母已经亡故，子孙在服丧期间仍不得分异财产，违者要治罪。《唐律·户婚律》规定："诸居父母丧，生子及兄弟别籍、异财者，徒一年"。由于财产权属于家族尊长，所以卑幼不得私自使用家庭财产，违者也也要受到法律的惩治。《唐律·户婚律》规定："诸同居卑幼，私辄用财者，十疋笞十，十疋加一等，罪止杖一百"。其《疏议》解释云："凡是同居之内，必有尊长。尊长既在，子孙无所自专。若卑幼不由尊长，私辄用当家财物者，十疋笞十，十疋加一等，罪止杖一百"。

（2）管教权。唐律规定，尊长对卑幼有教诲责罚的权力，卑幼一般不得违抗尊长的教令，如果"可从而违"，将要受到法律的惩治。《唐律·斗讼律》规定："诸子孙违犯教令及供养有阙者，徒二年"。对于祖父母、父母在责罚子孙时致死或致伤则给予宽容："诸詈祖父母、父母者，绞；殴者，斩；过失杀者，流三千里；伤者，徒三年。若子孙违犯教令，而祖父母、父母殴杀者，徒一年半；以刃杀者，徒二年；故杀者，各加一等。即嫡、继、慈、养杀者，又加一等。过失杀者，各勿论"[①]。相比子孙殴伤父祖，对于父祖殴伤子孙的处罚则轻得多，过失杀者，还免于处罚。子孙违犯教令和有不孝的行为，父祖可以向官府告发。《唐律·斗讼律》云"须

①《唐律疏议》卷22《斗讼》。

祖父母父母告，乃坐”。唐律原本遵循“亲属相容隐”的原则，对于告发亲属是要治告者的罪的。但它却为祖父母父母告发子孙违犯教令和有不孝的行为开了绿灯，不仅不治罪，反而法司必须受理父祖的指控。这充分体现了唐律维护封建孝道伦理的立法用意。

(3) 主婚权。唐律规定，尊长有权决定卑幼的婚姻，卑幼不得违抗。即使卑幼身居外地，远离尊长，自行订婚，只要未成婚，必须改而服从尊长的决定。《唐律·户婚律》规定：“诸卑幼在外，尊长后为定婚，而卑幼自娶妻，已成者，婚如法；未成者，从尊长。违者，杖一百”。其《疏议》解释云：“‘卑幼’，谓子、孙、弟、侄等。‘在外’，谓公私行诣之处。因自娶妻，其尊长后为定婚，若卑幼所娶妻已成者，婚如法；未成者，从尊长所定。违者，杖一百。‘尊长’，谓祖父母、父母及伯叔父母、姑、兄姊”。为卑幼主婚的不是所有尊长，而是祖父母、父母等直系尊亲。婚姻关系的解除也必须遵从尊长的意志。《唐律·户婚律》规定：“诸妻无七出及义绝之状，而出之者，徒一年半；虽犯七出，有三不去，而出之者，杖一百。追还合”。其《疏议》解释云：

伉俪之道，义期同穴，一与之齐，终身不改。故妻无七出及义绝之状，不合出之。七出者，依令：“一无子，二淫泆，三不事舅姑，四口舌，五盗窃，六妒忌，七恶疾。”义绝，谓“殴妻之祖父母、父母及杀妻外祖父母、伯叔父母、兄弟、姑、姊妹，若夫妻祖父母、父母、外祖父母、伯叔父母、兄弟、姑、姊妹自相杀及妻殴詈夫之祖父母、父母，杀伤夫外祖父母、伯叔父母、兄弟、姑、姊妹及与夫之缌麻以上亲、若妻母奸及欲害夫者，虽会赦，皆为义绝。”妻虽未入门，亦从此令。若无此七出及义绝之状，辄出之者，徒一年半。“虽犯七出，有三不去”，三不去者，谓：一，经持舅姑之丧；二，娶时贱后贵；三，有所受无所归。而出之者，杖一百。并追还合。

从疏议的解释来看，无论是“七出”“义绝”的解除婚姻关系的条件，还是“三不去”的不得解除婚姻关系的条件，大多与尊长有关，取决于尊长的态度和意愿。

(4) 代表权。唐律规定，尊长具有家族的代表权，享受封建国家所赋予的各种特权，同时也承担封建国家赋予家族的一切义务，包括户口、赋役、婚姻、财产等。如《唐律·户婚律》规定："诸脱户者，家长徒三年"；"诸嫁娶违律，祖父母、父母主婚者，独坐主婚；若期亲尊长主婚者，主婚为首，男女为从"；输课税物违期"户主不充者，笞四十"。家族成员犯罪，家长要承担连带责任。《唐律·名例律》规定："若家人共犯，止坐尊长(于法不坐者，归罪于其次尊长。尊长，谓男夫)"。尊长具有对家族的管理权，也就同时拥有了对卑幼的管制特权。

唐律在对尊长管理卑幼的权力作出规定的同时，实际上也就对卑幼孝敬尊长的义务作出了规定。首先，卑幼必须赡养尊长。《唐律·斗讼律》规定"诸子孙违犯教令及供养有阙者，徒二年"。《疏议》解释云：

祖父母、父母有所教令，于事合宜，即须奉以周旋，子孙不得违犯；'及供养有阙者'，礼云"七十，二膳；八十，常珍"之类，家道堪供，而故有阙者：各徒二年。故注云"谓可从而违，堪供而阙者"。

从唐律的规定来看，子女不仅要力所能及地"供养"父母尊长，还须对父母尊长的教令"奉以周旋""不得违犯'，恭恭敬敬地善待父母尊长，即就是父母尊长犯了罪，成为阶下囚，也必须礼遇他们。《唐律·户婚律》"诸祖父母、父母被囚禁而嫁娶者，死罪，徒一年半；流罪，减一等；徒罪，杖一百"。其《疏议》解云："祖父母、父母既被囚禁，固身囹圄，子孙嫁娶，名教不容"。作为子女卑幼一旦不履行义务或做出对父母尊长不孝的行为，则要受到法律的严惩。《唐律·斗讼律》规定："诸詈祖父母、父母者，绞；殴者，斩；过失杀者，流三千里；伤者，徒三年"。"诸告祖父母、父母者，绞"。律注云："谓非缘坐之罪及谋叛以上而故告者"。其《疏议》解释云："父为子天，有隐无犯。如有违失，理须谏诤，起敬起孝，无令陷罪。若有忘情弃礼而故告者，绞"。可见法律是如何严惩不孝行为的。

其次，要履行对父母尊长丧葬的义务。"生，事之以礼"是子女卑幼对父母尊长的义务，同样，"死，葬之以礼，祭之以礼"也是子女对父母尊长应尽的职责。唐律对违反居丧礼仪作出了处罚规定。《唐律·职制律》规定："诸闻父母若夫之丧，匿不举哀者，流二千里；丧制未终，释服从吉，若忘哀作乐(自作、遣人等)。徒三年；杂戏，徒一年；即遇乐而听及参预吉席者，各杖一百”。同时规定：“闻期亲尊长丧，匿不举哀徒一年；丧制未终，释服从吉，杖一百。大功以下尊长，各递减二等。卑幼，各减一等”。唐律规定，居父母丧不得嫁娶。《唐律·户婚律》规定：“诸居父母及夫丧而嫁娶者，徒三年；妾减三等。各离之”；“若居期丧而嫁娶者杖一百，卑幼减二等”。居父母丧不仅自己不得嫁娶，而且不得与他人主婚。《唐律·户婚律》规定：“诸居父母丧，与应嫁娶人主婚者，杖一百”。其《疏议》进一步作了补充：“其父母丧内，为应嫁娶人媒合，从‘不应为重’，杖八十”。居父母丧也不得生子，兄弟不得别籍、异财。《唐律·户婚律》规定：“诸居父母丧，生子及兄弟别籍、异财者，徒一年”。这些措施虽不能保证子女卑幼从内心深处对去世的父母尊长哀思的确实保有，但起码可以从形式上保证对去世的父母尊长的尊敬和礼待。

三、唐律对贵族官员尽孝的规定

唐律对官员尽孝作出了特殊的规定，如果违反，将受到惩处。官员不同于普通民众，他们应在孝行上为百姓做出表率，成为尽孝道的“楷模”。所以在尽孝道上对他们的要求除了一般百姓所须遵守的事项之外，唐律对他们尽孝作出了特殊规定。主要有以下几个方面：一是要模范敬养父母尊长；二是所任职的地名或任职部门要避父祖之讳；三是要带头执行侍亲制度；四是要严格执行丁忧制度。《唐律·名例律》规定：“祖父母、父母犯死罪，被囚禁，而作乐及婚娶者：免官”。《唐律·杂律》规定：“诸监临主守，于所监守内奸者(谓犯良人)。加奸罪一等。即居父母及夫丧，若道士、女官奸者，各又加一等”。《唐律·职制律》规定：“诸府号、官称犯父祖名，而冒荣居之；祖父母、父母老疾无侍，委亲之官；即妄增年状，以求入侍及冒哀求仕者；徒一年。(注云：谓父母丧，禫制未除及在心丧内者)”。《唐律·诈伪律》规定：“诸父母死应解官，诈言余丧不解者，徒二年半。若诈称祖父母、父母及夫死以求假及有所避者，徒三年；伯叔父母、姑、兄姊，徒一年；余亲，减一等。若先死，诈称始死及患者，各减三等”。有违犯以上规定者，不仅要受到刑罚，而且要免去官职。当然，如果官员都严格遵守侍亲和丁忧的制度，势必会对国家政务带来一定影响，所以唐律又规定了“夺情”制度，给予变通。为了防止伪滥，对于夺情起复予以严格控制，批准夺情的权力是直接由皇帝和宰相来掌握。为了保障官员尽孝，唐政府还给予官员一些便利政策，如果官员家有了丧事，国家要给一定的假期，可以使用一定数量的人力，可以由他人代行公务等。这些也在法律上给予明确。如《唐律·职制律》规定“诸监临之官，私役使所监临，及借奴婢、牛马驼骡驴、车船、碾硙、邸店之类，各计庸、赁，以受所监临财物论。若有吉凶，借使所监临者，不得过二十人，人不得过五日。其于亲属，虽过限及受馈、乞贷，皆勿论”。从这一条可以看出官员在祭享家庙，举办丧葬事宜时可以役使自己所管辖部门或地方一定数量的人力。又如《唐律·职制律》规定：“诸驿使无故，以书寄人行之及受寄者，徒一年。”其《疏议》解释所谓“‘无故’，谓非身患及父母丧者”。也就是说如果遇到父母的丧事，是可以让他人代寄官府文书的。

在科罪方面，唐律从“亲亲”关系出发，有所谓“荫亲制”。“荫亲制”就是贵族和官吏的亲属可以分享贵族和官吏享有的一部分法律特权，分享的程度要视所亲的贵族和官吏的品级高低，以及亲属关系的远近程度。官品越高其荫庇的亲属范围越广，亲属关系越近，其分享的权利越多。

四、唐律对尊老养老的体现

唐律对尊老也作出了规定。唐律从人道和孝道出发，对老人犯罪在刑罚上作出从轻或免于处罚的规定。所谓老人，按照唐律规定指的是男子七十岁以上，妇人六十岁以上。《唐律·名例律》规定：“诸年七十以上、十五以下及废疾，犯流罪以下，收赎。(犯加役流、反逆缘坐流、会赦犹流者，不用此律；至配所，免居作)”。《疏议》对此条的解释云：“依周礼：‘年七十以上及未龄者，并不为奴。’今律：年七十以上、七十九以下，十五以下、十一以上及废疾，为矜老小及疾，故流罪以下收赎”。即对于七十岁至七十九岁的老人，在犯了应处流刑以下的罪行时可以采取赎买的方式来免于处罚。即使是重罪一定要服流刑，到了流放地，也可以免除劳

役。对于八十以上的老人犯谋反、谋逆、杀人的重罪应该处以死刑的，法司可以请示皇帝，将其赦免；如果其犯的是盗窃罪和伤人罪，则可以采取用财物赎买的办法来避免刑罚；犯其他罪行“余皆勿论”，不予追究。官府在查办案件时也不能让80以上的老人去做证人。对于90岁以上的老人，虽然犯了死罪“不加刑”。《疏议》解释云：“礼云：‘九十曰耄，七岁曰悼，悼与耄虽有死罪不加刑’。爱幼养老之义也”。《疏议》明确说明了“不加刑”是体现养老的思想。《唐律·名例律》还规定：“诸犯罪时虽未老、疾，而事发时老、疾者，依老、疾论。若在徒年限内老、疾，亦如之”。就是说这些规定在犯罪时不算“老人”而发现后已是“老人”，或服刑开始时不算“老人”而在服刑期间达到“老人”的年龄规定，都可以适应上述宽免的规定，由此可见唐律在养老方面考虑的是相当周到的。

从以上四个方面的分析可以看出，唐代法律充分体现了以孝道伦理为指导而立法的原则，并且把这一原则细致全面地贯彻到了法律的具体条文中，唐律将不孝罪列为“十恶”中的第七条，坚持了不孝为重罪的儒家立法原则。不仅如此，唐律还对各种不孝罪行和不孝行为，以及量刑的轻重程度，法律诉讼的程序等作了详细的规定。由此可见，唐朝统治者在以法维护孝道方面是非常用心的，至于个别条文的量刑轻重并不妨碍唐律为孝道伦理立法的总体原则。

五、唐代的因孝屈法

由于将孝道作为立法的原则和法律维护的准则。因此当法律和孝道之间发生冲突和矛盾时，唐代因孝屈法的现象是时有发生。如《旧唐书·刘禹锡传》记载，元和十年(814)，刘禹锡因作《游玄都观咏看花君子》一诗，语涉讥刺，被朝廷贬为播州刺史。御史中丞裴度以播州遥远，刘禹锡无法侍奉老母为由向宪宗皇帝求情，朝廷乃改授刘禹锡连州刺史。《旧唐书》卷一百五十九《崔群传》记载，盐铁福建院官权长孺坐赃应处决，宪宗愍其有老母需要孝养而“免死长流”。《新唐书》卷一百四十八《张茂和传》记载，张茂和因违犯军令当处以斩刑，唐宪宗以其“家忠且孝”而赦免了他。这样的例子还有不少，说明因孝屈法在唐代是比较普遍的。孝与法的冲突集中体现在子女复仇杀人的案件审理上。《旧唐书》卷五十《刑法志》记载，元和六年(810)九月，富平县人梁悦，为父杀仇人秦果，投县请罪。唐宪宗感其孝心，下诏敕："特从减死之法。宜决一百，配流循州"。时任职方员外郎的韩愈献议说：

复仇，据礼经则义不同天，徵法令则杀人者死。礼法二事，皆王教之端，……盖以为不许复仇，则伤孝子之心，而乖先王之训；许复仇，则人将倚法专杀，无以禁止其端矣。……臣愚以为复仇之名虽同，而其事各异。……具其事由，下尚书省集议奏闻。酌其宜而处之，则经律无失其指矣[①]。

在这段记载中，韩愈充分阐明了复仇杀人所导致司法与孝道冲突之所在，面对这种矛盾他并未能提出解决问题的最终办法。他提出的"酌其宜而处之"办法在一定程度上等于维持了矛盾的现状，虽然唐朝在子女复仇杀人案件的处理上采取区别情况，"酌其宜而处之"态度，但从两唐书的记载来看，大多数情况下唐朝统治者对复仇杀人者在刑罚上给予了宽宥[②]，甚至是给予了褒奖。如绛州孝女卫无忌为父报仇以砖击杀乡人卫长，"太宗嘉其孝烈，特令免罪，给传乘徙于雍州，并给田宅，仍令州县以礼嫁之"[③]。莱州即墨人王君操为父报仇刃杀李君，"州司据法处死，列上其状，太宗特诏原免"[④]。高宗时，绛州人赵师举"手杀仇人，诣官自陈，帝原之"[⑤]。唐朝当时的社会舆论对复仇杀人者普遍表示支持和理解。《旧唐书》卷一百八十八《孝友传》载：

周智寿者，雍州同官人。其父永徽初被族人安吉所害。智寿及弟智爽乃候安吉于途，击杀之。兄弟相率归罪于县，争为谋首，官司经数年不能

---

①《旧唐书》卷50《刑法志》。

② 谭思健在《论唐代行孝与崇孝之风》中说："以新、旧《唐书》记载的结果统计，犯这类罪者约有三分之二被赦免，有的还得到妥善的安排"。见《江西教育学院学报》2001年第5期。

③《旧唐书》卷193《列女传》。

④《旧唐书》卷188《孝友传》。

⑤《新唐书》卷195《孝友传》。

决。乡人或证智爽先谋，竟伏诛。临刑神色自若，顾谓市人曰："父仇已报，死亦何恨。"智寿顿绝衢路，流血遍体。又收智爽尸，舐取智爽血，食之皆尽，见者莫不伤焉。

"莫不伤焉"反映了大众对复仇者的同情和理解。又开元时人张琇、张瑝杀死杀父仇人于都城，后被官府收捕。"时都城士女，皆矜琇等幼稚孝烈，能复父仇，多言其合矜恕者。中书令张九龄又欲活之。"最终被处死。"瑝、琇既死，士庶咸伤愍之，为作哀诔，榜于衢路。市人敛钱，于死所造义井，并葬瑝、琇于北邙，又恐万顷家人发之，并作疑冢数所。其为时人所伤如此"①。虽然周智寿、周智爽兄弟和张瑝、张琇兄弟因报父仇被官府以法处死，但却得到社会舆论的普遍同情和支持。这恐怕是孝道高于司法的社会思想基础所在。

当然因孝屈法是有限度的，尤其是不能危及封建皇权统治。唐律对此有明确的界限。唐律虽遵从了"亲属相容隐"，在一般情况下，除尊长告子孙不孝外，亲属之间不得相互告发犯罪行为，若告发则要受到法律的处罚，但是如果是犯了谋反、谋逆这种危及皇权统治的罪行则必须告发，如不告发则要受到法律的严惩。就是说在不危及皇权统治情况下，孝道可以凌驾于法律之上，一旦危及皇权统治，在孝道必须服从法律的约束。由此可见，孝道和法律都是为皇权统治而服务的。因此从总体上看，在法与孝上唐代是更偏重于孝道，这是因为唐代的皇权统治是以家族宗法制和父权家长制为基础的，孝道是维护这一基础的关键所在。

---

① 《旧唐书》卷188《孝友传》。

第三章　孝文化与唐代经济

唐代社会经济状况是唐代孝文化的基础，为孝文化的发展提供着物质条件，孝文化作为上层建筑，又会影响到经济的发展。因此，在探讨了唐代政治与孝文化的关系之后，应当对唐代经济与孝文化的关系加以考察。中国古代史学重视政治史，对于经济方面的记载比较粗略，有关唐代经济与孝文化的相关资料记载的很不全面，因而研究起来相当困难，作者从唐代小农经济、促进孝道的经济政策、唐代家庭财产管理、唐代财政支出与孝文化的关系入手，对唐代经济与孝文化的关系进行具体分析，以此来揭示孝文化与唐代经济之间的关系。

第一节　孝文化与唐代小农经济

经济基础决定上层建筑。“一切已往的道德论归根到底都是当时的社会经济状况的产物”[①]。唐代之所以奉行以孝治天下的政治原则，是由其特定的社会物质基础——小农经济结构以及建立在小农经济基础上的社会组织结构决定的。“中国长期古代社会中，自然经济的小农业和家庭手工业的统一形成了生产方式的广阔基础”[②]。唐代虽然达到了中国古代封建社会的鼎盛，但是小农经济依然是其社会主要的经济形式，个体家庭依然是社会生产的直接承担者和劳动力的主要来源。个体家庭的稳定和繁衍是小农生产顺利进行的保障。小家庭为单位的农业和手工业相结合的农耕经济是

① (德)马克思，恩格斯《马克思恩格斯选集》第三卷，人民出版社，1972 年，第 134 页。
② 马克思《资本论》第三卷，人民出版社，1953 年，第 372 页。

唐王朝的封建政权建立的基础，小农家庭经济的兴衰直接决定着唐王朝的命运，也就是说农业是国家的根本，农业生产有保障则国家就稳定安宁。而农业生产的承担着是小农家庭，国家的财政、税收、赋役主要从小农家庭获取。

男耕女织

“仓廪者国之本，粮食者人之命。固其本则邦宁，重其命则人富。”[①]

“一夫不耕，必有饥者，三时之务，安可夺焉？”[②]

“且一夫一女，不耕不织，则天下有受其饥寒者。”[③]

“终日劝农，犹恐其饥，终日劝桑，犹恐其寒。”[④]

从上述材料可见，唐代统治阶层清楚地认识到了国家的根本在农业，农业的根本在小农户的辛勤耕织，小农家庭安则国安，小农家庭衰则国衰。就儒家孝道伦理而言，家庭是其中心，夫妇是其起点，提倡夫义妇顺、父慈子孝、兄友弟恭，家族邻里和睦，对小农家庭的稳定和团结起着积极的维护作用，从而也成为小农经济发展的有力推手。

孝道伦理与小农经济的结合孕育了中国古代“家国同构”的社会组织模式。儒家孝道伦理维护的是血缘宗法基础上的父权家长制。中国由父系家长制向文明社会过渡的途径比较特殊，希腊的古典奴隶制是建立在氏族

---

①《全唐文》卷 889，李道安《上灾异疏》。

②《全唐文》卷 268，宋务光《谏开拓圣善寺表》。

③《全唐文》卷 253，苏颋《禁断锦绣珠玉制》。

④《全唐文》卷 804，刘允章《直谏书》。

血缘关系瓦解的基础上的，而中国的宗法奴隶制是利用原始的氏族组织建立起来的，就是所谓的“家国同构”，不仅没有冲破血缘关系，而且宗法血缘关系成为社会和国家组织机构的基础。西周时期，所谓国家实际上是由一个个宗法家族组成的，担任天子的是统治家族的嫡长子，担任所属封国君主的是天子的兄弟、子弟或亲属。照此类推，兄弟的子弟、天子子弟的子弟及亲属的子弟又组成一个个封国内的家族，这样一来，天子与诸侯在血缘宗法上是父子、兄弟等关系，他们在政治上又是君臣关系。秦朝提倡小家庭制，以此发展经济生产，对宗法制形成了一定程度上的冲击，但并没有伤及血缘家族的根本，汉代血缘家族进一步得到发展，魏晋南北朝更是出现了世家大族把持社会的局面。唐代门阀士族虽有所削弱，但“家国同构”的社会结构并没有改变。在唐代小农经济条件下，人们分散居住在广阔的土地上，在孝道伦理的指导下，小农家庭往往是聚族而居，因而形成一个个家族，唐朝政府虽然设有中央和地方的各级行政机构，但在社会基层的管理上实际上是依靠这些家族和家庭来进行的。如赋税的缴纳、徭役的摊派都是由家长来负责的。每个血缘家族、家庭就是一个自给自足的自然经济单位和社会单位，其稳定和发展有利于社会的长治久安。这客观上需要在家族、家庭内部强化孝道，维护家族、家庭内部尊卑有等的等级秩序，在唐律中就特别明确了家长尊长对家庭的管理权不可侵犯。唐代提倡以孝治天下，强调君父一体，“移孝作忠”，使国与家统一，君权与父权统一，孝道伦理与政治伦理统一，从而使孝道伦理把小农经济与国家政治有机地结合起来了，成为国家长治久安的重要保障。

中国传统社会的小农经济生产规模狭小，生产工具简单，生产技术落后，主要是利用自然条件和根据气候变化来进行农业生产，经验的传承在组织农业生产中发挥着主要作用。尽管唐代在农业生产技术上有所改进，但仍然停留在以男耕女织为特征的个体农业经济状态上。农业生产技术主要是靠父子、兄弟相互传授，如柳宗元《龙城录》[1]卷下《老叟讲明种艺之

① 学界多认为《龙城录》非柳宗元所作，系伪书。据学者研究，认为此书作于五代后期至宋前期，参见薛洪勣《〈龙城录〉考辨》，《社会科学战线》，2005 年第 5 期。由于时间上紧接唐代，所以我认为其书虽伪，其内容能够反映唐代社会历史的情况。

言》中记述了一位老农教子种庄稼的故事，故事中的老农给儿子说，要想粮食丰收，就要深耕土地，及时播种，及时浇灌，防止牲畜踩踏禾苗，除去虫害侵扰，用粪土施肥，除此而外，还要加上老天爷能风调雨顺。可以看出所讲的种植技艺都是长期的农业生产经验的积累。这则故事真实反映了农业知识和技术的传承是靠家庭中父兄长辈来完成的。

在唐代，养蚕纺织是绝大多数女子必须掌握的生产技术，也是一般家庭缴纳赋税、维持家用的主要手段。宋若华姐妹的《女论语·学作章》：

凡为女子，须学女工。纫麻缉苎，粗细不同。车机纺织，切勿匆匆。看蚕煮茧，晓夜相从。采桑摘拓，看雨占风。滓湿即替，寒冷须烘。取叶饲食，必得其中。取丝经纬，丈疋成工。轻纱下轴，细布入筒。绸绢苎葛，织造重重。亦可货卖，亦可自缝。

这里讲述了蚕种的养护、饲养，桑树的种植、采摘，煮茧取丝，布匹丝绸的纺织、保存等一整套的知识和技能。这些技能无疑是在家庭中母女相传、姐妹相教中学会的。

其他手工技艺的传习也是如此，如《太平广记》卷三十六《李清》记载了隋末青州染工李清的故事。故事中说他家世代以染业为生，他的染技精湛，但只在家族内部及亲近的亲属中传授。

儒家孝道伦理提倡尊老敬老，着力维护家长在家庭中的地位，要求子孙继承父业，这实际上有利于生产技能在家庭中的传授。

中国古代传统小农经济生产主要靠人力，劳动力的多少在很大程度上决定着小农经济的发展。在古代，人口生产和经济的生产同样重要。唐代对地方官员的考核中人口的增加和土地的垦殖都被看作是重要的指标。儒家孝道伦理强调传宗接代，重视生育。婚姻是生育的前提和基础。从儒家孝道伦理的角度来看，婚姻不是我们今天理解的爱情的结合，而是为了“合二姓之好，上以事宗庙，下以继后代也”。古人认识到近亲婚育，影响后代的健康，所以禁止同姓为婚，这是优生优育观念在古代的体现。孝道伦理把不能生育视为最大的不孝，所谓“不孝有三，无后为大”。这里的“后”是指男子，之所以以男子为家庭事业的继承者，这与男子一般在家庭中为主要的劳动力，是家庭的经济支柱有关。

唐代法律明确规定女子结婚后无子，丈夫就可以与之离婚。唐代诗人张籍的《离妇》中就形象地勾画了一位农家妇女因无子被弃的情景：“十载来夫家，闺门无瑕疵。薄俞不生子，古制有分离。……昔日初为妇，当君贫贱时，昼夜寒与饥。洛阳买大宅，一身上车归。有生未必荣，无子坐生悲”。

为了能够生子，在唐代，老百姓想尽了各种办法，如“闻乐”求子法：“行叹恨，坐悲愁，怀胎十月抵千秋；心中不醉长如醉，意内无忧恰似忧。闻语乐时无意听，见歌欢处不台头；专希母子身安乐，念佛焚香百种求”[①]。许多人供奉送子观音求子，也有农村家庭还流行戴“宜男草”的习俗，李贺《二月》诗云“二月饮酒采桑津，宜男草生兰笑人”[②]。还有“作伏熊枕以为宜男”[③]的习俗，这些求子的方法反映出了在孝道伦理的指导下唐代家庭希望生子的迫切愿望。

《周礼》地官小司徒关于土地班给制度：“上地家得七口”“中地家得六口”“下地家得五口”。其基准是 7 至 5 口。唐代人的理想是生育五男二女。王梵志的诗中就有：“夫妇生五男，并有一双女”[④]。唐代书仪中也以五男二女作为对新婚夫妇的祝福[⑤]。张国刚先生对唐代墓志中记载的 661 户家庭生育的情况进行了研究，“全部 661 户中共生有孩子 2974 名，其中男孩 1607 名，女孩 1371 名。男性与女性小孩的比例是 117.21：100，即男性孩子高于女性孩子 17%左右”[⑥]。尽管统计中男孩与女孩之和与总数有小的出入，但并不影响唐代男孩出生多于女孩的事实。唐代家庭子女实际上未达到五男二女的理想，据张国刚先生研究，“唐代家庭生育数平均不足 5 个”[⑦]。张国刚先生还指出：“尽管历代户口统计以 5 口左右比较典型，但是，唐代平均 6 口的家庭规模却是很符合儒家经典中的理想模式。尽管中国历代的实际家庭人口平均数并没有太大的变化，但是唐代户口统

① 《敦煌变文集》卷 5《父母恩重经讲经文》。

② 《全唐诗》卷 26。

③ 《朝野佥载》卷 5。

④ 张锡厚《王梵志诗校辑》，中华书局，1983 年，第 160 页。

⑤ 谭蝉雪《敦煌婚姻文化》，甘肃人民出版社，1993 年，第 15 页。

⑥ 张国刚《中国家庭史》第二卷(隋唐五代时期)，广东人民出版社，2007 年，第 16 页。

⑦ 《中国家庭史》第二卷(隋唐五代时期)，第 16 页。

计中家庭人口规模略高也是不容忽视的现实”[①]。也就是说，唐代的人口发展在历史上是比较快的，这既与唐代政府的人口政策有关，也应与唐代提倡孝道伦理密不可分。

第二节　唐代促进孝道的经济政策

唐朝统治者通过多种经济政策来推进社会行孝道。归纳起来主要有以下几个方面：

一、土地分配政策

在自给自足的小农经济条件下，土地是最为重要的资源，是人们赖以生存的最基本条件。唐代前期在土地政策上推行“均田制”。据《通典》卷二《田制下》记载：

丁男给永业田二十亩，口分田八十亩，其中男年十八以上亦依丁男给，老男、笃疾、废疾各给口分田四十亩，寡妻妾各给口分田三十亩，先永业者，通充口分之数。黄、小、中、丁男女及老男、笃疾、废疾、寡妻妾当户者，各给永业田二十亩，口分田二十亩。

从上述规定中可以看出，均田制不仅给丁男分配土地，而且给老男，以及寡妻妾当户者也分配一定数量的土地，尽管比丁男少，但毕竟为老人的生活和养老提供了最为基础的保障。按照唐朝的规定，永业田是可以继承的。子孙如果孝养老人，则可以顺利继承老人的部分田产。从这方面来看，对子孙行孝也具有激励作用。

唐代均田制对土地的买卖有所限制，如果违反规定买卖土地要受到法律的严惩，但在五种情况下是允许买卖土地的，其中之一就是：“诸庶人有身死家贫无以供葬者，听卖永业田”[②]。丧葬是“慎终追远”的要求，是

---

①《中国家庭史》第二卷(隋唐五代时期)，第17页。

②《通典》卷2《田制下》。

儒家所倡导的“死孝”的重要体现方式。允许“身死家贫无以供葬者”变卖土地来为亲人办理丧葬事宜，体现的正是对“慎终追远”的孝道伦理的维护。土地是老百姓赖以生存的根本，允许百姓变卖土地来营办丧事，可见社会上对“死孝”的重视程度之高。

二、赋役减免政策

唐代在赋役政策方面对孝文化也给予鼓励。在封建社会，赋役是国家财政的支柱，政权的命脉，为了保证国家赋役的征收，政府往往对逃避赋役的课户给予法律的严惩。唐代也不例外。《唐律疏议》卷二十八《捕亡律》规定：“诸丁夫、杂匠在役及工、乐、杂户亡者，一日笞三十，十日加一等，罪止徒三年。主司不觉亡者，一人笞二十，五人加一等，罪止杖一百；故纵者，各与同罪。即人有课役，全户亡者，亦如之；……其里正及监临主司故纵户口亡者，各与同罪”。《唐律疏议》卷十二《户婚律》还规定：“脱口及增减年状，以免课役者，一口徒一年，二口加一等，罪止徒三年。……诸里正及官司，妄脱漏增减以出入课役，一口徒一年，二口加一等。赃重，入己者以枉法论，至死者加役流；入官者坐赃论”。从这些规定可以看出，唐代不仅对通过逃亡、增减户口、篡改年龄等方式逃避课役的家庭及人员都要给予法律的惩处，而且对于里正和监管的官吏也要追究法律责任。其处罚的刑罚力度也是比较重的，可见其对征收赋役的重视程度。尽管唐代对于赋役征收非常严格，但为了鼓励孝道，尊老养老，唐朝政府还是出台了一些特殊政策。

(1) 老人无课役。根据唐代户籍制度规定，一般60岁以上者皆为老，对于老人政府免除赋役。唐朝规定：18岁到20岁为中男，21岁到59岁为丁男，60岁以上为老男。唐代均田制规定：中男和丁男每人授田100亩，丁男须每年向国家交纳粟两石，纳绢二丈、绵三两或布二丈五尺、麻三斤，需服徭役20天，如果不服役，可按照每天交纳绢三尺或布三尺七寸五分的标准，交足20天的数额以代役。而60岁以上的老男授田40亩(永业田、口分田各为20亩)，只授田而不需承担赋役、兵役的征收和征发任务。唐中宗时，曾把入老年龄提前到 58 岁。唐代宗广德元年(763)“诏一户三丁者免一丁，凡亩税二升，男子二十五为成丁，五十五为老，以优民”[①]。代宗将老提前到了 55 岁，也就是给予老人在赋役上更大的优惠。

⑵ 侍丁孝假免役。唐代为了提倡孝道，针对高寿老人建立了“侍丁”制度，以保证老人的养老。《唐六典》卷三《尚书户部》记载：“凡庶人年八十及笃疾，给侍丁一人；九十，给二人；百岁，三人”。《通典》卷七《食货·丁中》记载：

“按开元二十五年户令云：……诸年八十及笃疾，给侍丁一人，九十二人，百岁三人，皆先尽子孙，次取近亲，皆先轻色。无近亲外取白丁者，人取家内中男者，并听”。通典不仅说明了享受侍丁的年龄要求及给予侍丁的人数，而且说明了侍丁人选确定的原则。享受侍丁政策的年龄也曾有所放宽。《新唐书》卷五十一《食货志》记载：“(天宝)五载，诏贫不能自济者，每乡免三十丁租庸。男子七十五以上、妇人七十以上，中男一人为侍；八十以上以令式从事”。其将享受侍丁政策的年龄提前到了男子七十五岁以上，女子七十岁以上。

唐朝还建立了“孝假”制度，即居父母丧者，给予一定期限的孝假来治丧。对于有孝假者和侍丁国家都免除其差役。《通典》卷六《食货·税赋下》记载，天宝元年正月赦文规定：“其侍丁、孝假者，免差科”。《唐会要》卷八十二《休假》载：

天宝四载六月十四日敕：顷以乡闾侍丁，优给孝假，官吏等仍科杂役。天宝初，已遣优矜。如闻比来乃差征镇，岂有舍其轻而不恤其重，放其役而更苦其身。眷言及此，良用恤然。自今后，将侍丁孝假，不须差行。

这份敕书实际上是对天宝元年的敕文的规定进行了重申，旨在督促侍丁孝假者免除差役这项规定的落实。

⑶ 对同籍共居的大家庭适当减免赋役。唐朝为了提倡孝道，鼓励同籍共居，对父母在而子孙别籍异财者予以禁止。但唐代赋役征收又以户等高低为标准，这样户大丁多的人家一般户等就高，承担的赋役也就重。形

①《新唐书》卷 51《食货一》。

成了同籍共居与国家赋税政策之间的矛盾。老百姓为了降低赋税负担，不得不采取别籍异居的办法来规避。唐朝政府为了解决这个矛盾，采取了减免部分赋役以鼓励同籍共居。《通典》卷六《食货·税赋下》记载：

天宝元年正月赦文："如闻百姓之内，有户高丁多，苟为规避，父母见在，乃别籍异居，宜令州县勘会。一家之中，有十丁以上者，放两丁征行赋役；五丁以上者，放一丁。即令同籍共居，以敦风教。

这份赦文说明了根据大家庭的人丁的多少来确实减免赋役的人数，明确是为了劝进孝道而确立的制度。

(4) 孝子免赋役。《旧唐书》卷五十一《食货志一》记载："自王公以下，皆有永业田。太皇太后、皇太后、皇后缌麻以上亲，内命妇一品以上亲，郡王及五品以上祖父兄弟，职事、勋官三品以上有封者若县男父子，国子、太学、四门学生、俊士，孝子、顺孙、义夫、节妇同籍者，皆免课役"。就是说孝子顺孙可以享受与贵族官员一样免征赋役的待遇。《旧唐书》卷一百八十八《孝友传》记载："宋兴贵者，雍州万年人。累世同居，躬耕致养，至兴贵已四从矣。高祖闻而嘉之，……可表其门闾，蠲免课役"。就是说这项政策从唐朝初年就开始实施了，后来只是将其上升到制度的层面。

三、物质奖助政策

唐朝政府为了鼓励孝道，对于孝子孝妇给予一定的物质奖励，以示褒奖和激励。据《旧唐书·孝友传》记载，张志宽因孝行卓著获得朝廷"赐物四十段"，因张公艺九代同居朝廷"赐以缣帛"，许坦以少年救父于猛兽之口获得朝廷"赐帛五十段"，赵弘智以孝道劝谏高宗获得"彩绢二百匹、名马一匹"的赏赐，裴敬彝以至孝，在母亲去世时，朝廷"赠以缣帛、仍官造灵舆"。

唐代为了鼓励孝养，政府经常赐给高寿老人一定数量的粟帛。如《旧唐书》卷三《太宗纪》记载，贞观五年(631)，"十二月壬寅，幸温汤。癸卯，猎于骊山。丙午，赐新丰高年帛有差"。贞观十二年(638)，"冬十月己卯，狩于始平，赐高年粟帛有差”。贞观二十二年(648)二月，“乙亥，幸玉华宫，乙卯，赐所经高年笃疾粟帛有差”。《旧唐书》卷四《高宗纪》载，贞观二十三年(649)高宗即位，“诸年八十以上赉以粟帛”。总章二年(669)，“九月己亥，发自九成宫。……乙巳，至岐州。高祖初仕隋为扶风太守，故曲赦岐州管内。高祖时胥徒随材擢用，赐高年衣物粟帛各有差”。《唐大诏令集》卷四《改元天宝赦》：“天下侍老，八十以上者宜委州县官每加存问，仍量赐粟帛”。《唐大诏令集》卷九《天宝八载册尊号赦》：“大下侍老，并量赐酒面”。《全唐文》卷四十载：“天宝十载，天下侍老，百岁已上赐绵帛，粟五硕。八十已上，绵帛三段，粟三石。丈夫七十五已上，妇人七十已上，绵帛二段，粟二石”。

唐朝政府不仅给高寿老人以物质资助，而且对百姓的孝行进行资助，如“陈饶奴，饶州人。年十二，亲并亡，窭弱居丧，又岁饥，或教其分弟妹可全性命。饶奴流涕，身丐诉相全养。刺史李复异之，给资储，署其门曰‘孝友童子’”[①]。又如卢钧任岭南节度使时“贞元后流放衣冠，其子姓穷弱不能自还者，为营棺槥还葬，有疾若丧则经给医药、殡敛，孤女稚儿，为立夫家，以奉禀资助，凡数百家”[②]。

从以上措施来看，唐代在促进孝行的经济政策方面建立了比较完备的制度体系。尤其是相关的土地政策和赋役政策对促进孝道应该比较显著。在农业社会，土地是小农家庭赖以生存的最基本的条件，而赋役是小农家庭最主要的经济负担。唐代政府通过分配给老人一定的土地，减免老人及行孝者一定的赋役负担，直接与家庭的经济利害相关，一般老百姓对这种奖励不可能不动心。皮日休在《鄙孝议下》中对老百姓在父母丧葬上庐墓而居，哀毁逾礼之风进行了批评，认为他们获取孝名目的在于“奸者凭之以避征徭，伪者扇之以收名誉”[③]。任何政策总有漏洞可钻，为了获取经济利益而在行孝上作假的现象不可避免，但从中也反映出唐代以经济手段促进行孝之风的效果是明显的。

---

①《新唐书》卷195《孝友传》。

②《新唐书》卷182《卢钧传》。

③《全唐文》卷798《鄙孝议下》。

第三节 孝文化与唐代家庭财产管理

家庭财产是实施孝道的物质基础，家庭财产管理的方式在很大程度上决定着孝道在家庭内的实现。唐代在家庭财产管理方式上突出体现了孝道的要求，成为孝道在家庭内部实现的重要保障。

一、唐代家庭实行同居共财制

儒家孝道伦理主张聚族而居，成员之间相互帮助，共同维护家庭的和睦和家族的兴盛，在经济上要求财产共有，实行同居共财制。《仪礼·丧服》云："父子一体也，夫妇一体也，昆弟一体也。……故有东宫、有西宫、有北宫，异居而同财，有余则归之宗，不足则资之宗"。家庭成员个人不允许有私人财产，不得将家庭财产私自赠予或借给别人。这种家庭财产共有制是唐代，乃至中国古代家庭经济生活的突出特征。

唐朝政府为了维护孝道，在社会实践中大力提倡累世同居，反对别籍异财。朝廷通过旌表、慰问、赐物、免税等多种方式对累世同居的家庭进行褒扬，以引导家庭效仿。在唐朝政府的倡导下，唐代涌现出了许多累世同居共财的大家庭。如"张公艺九世同居，高宗有事泰山，临幸其居……赐帛而去"[①]。崔玄暐"三世不异居，家人怡怡如也。贫寓郊墅，群从皆自远会食，无它爨，与昇尤友爱"[②]。裴宽"兄弟八人，皆擢明经，任台、省、州刺史。雅性友爱，于东都治第，八院相对，甥侄亦有名称，常击鼓会饭"[③]。郭子仪"家人三千，相出入者不知其居"[④]。这些同居共财几代、十几代的大家庭，在唐代社会发挥了导向性、示范性的作用。

唐朝不仅从伦理道德上要求家庭成员同居共财，而且将这一要求上升

①《新唐书》卷195《孝友传》。
②《新唐书》卷120《崔玄暐传》。
③《新唐书》卷130《裴漼传附裴子宽传》。
④《旧唐书》卷120《郭子仪传》。

到法制的高度。唐代法律明确规定家庭实现同居共财制。《唐律疏议·名例律》规定："诸祖父母、父母在，而子孙别籍、异财者，徒三年。若祖父母、父母令别籍及以子孙妄继人后者，徒二年；子孙不坐。诸居父母丧，生子及兄弟别籍、异财者，徒一年"。家庭成员必须实行共财制度，禁止家庭成员拥有个人私产。如果不遵守家庭同居共财的原则，属于违犯礼法行为，不仅要受到家庭内部的惩罚，甚至要受到法律制裁。《唐律》将"异财"行为定为"十恶"中的"不孝"重罪，并处徒刑三年，是徒刑中最重的等级了。

唐代家庭所有财产都纳入共有的范围，既包括土地、房产等不动产，也包括生活资料；既包含金银财宝、家畜，又包括奴裨、僮仆；既包括祖传家产，又包括非祖传家产，如家庭成员做官的薪俸、经商的收入等都在其中，所谓"门内斗粟尺帛无计私"[①]。《旧唐书》卷七十《岑文本传》记载："文本既久在枢揆，当涂仕事，赏锡稠叠，凡有财物出入，皆委季弟文昭，一无所问。"作为宰相的岑文本的所有俸禄、赏赐财物一律都交给家弟管理，从中可以反映出唐代家庭财产共有的实际情况。财产的普遍共有，增强了家庭内部的凝聚力，为家庭成员共同享受家庭财产提供了条件，也为家长统一支配财产提供了保障。

二、唐代家庭财产实行家长制管理

为了维护家长在家庭中的地位，保证子女晚辈对家长的孝顺，唐代社会实行财产家长制管理，家庭财产归家长全权支配，其他成员如果私自动用，或析家分产，即属非法行为。唐律对子孙侵犯家长家庭财产的支配权严格禁止。《唐律疏议·户婚律》规定："凡是同居之内，必有尊长，尊长既在，子孙无所自专"。"同居卑幼私辄用财者，十匹笞十，十匹加一等，罪止杖一百"。即按照私自使用财产的多少来给予相应的处罚。《唐令》规定："家长在，子孙弟侄等不得辄以奴婢、田宅及余财物私自质举及卖田宅。其有质举卖者皆得本司文牒，然后所之。违者辄与及卖者，物

① 《新唐书》卷195《孝友传》。

即还主，钱没不追”[①]。即法律不承认子孙私自典卖家产的行为。《唐令》还规定，晚辈向官府和私人借钱，必须要有尊长一同在文契上签字，如果没有让尊长签字，钱主及保人先决二十[②]。

与卑幼相反，家长可以任意支配、处理家庭财产，家长是馈赠，或转卖，还是自己消费，对此家里的卑幼是无权干涉的，所谓皆“非子弟所宜言”[③]。“唐律规定，同产亲属不得擅自处分家产，旁系亲属尊长若违背卑幼利益，分异或处分家庭财产时，卑幼则可向官府控告。但卑幼不得控告父、祖等直系亲属尊长”[④]。

唐代家长对于死后的遗产也有处理和分配的权力，家长对遗产的分配是通过遗嘱的方式来确定的。唐朝名相姚崇在去世前“先分其田园，令诸子侄各守其分，仍为遗令以诫子孙”[⑤]。《旧唐书》也记载了关于另一位官员刘弘基遗嘱：“弘基遗令给诸子奴婢各十五人，良田五顷……余财悉以散施”[⑥]。唐代《丧葬令》户绝条云：“诸身葬户绝者，所有部曲客女奴婢店宅资财，并令近亲(亲以本服，不以出降)转易货卖。将营葬事及量功德之外，余财与女(户虽同，资财先别者亦准此)。无女均入以次近亲，无亲戚者官为检校。若亡人在日，自有遗嘱处分，证验分明者，不用此令”[⑦]。由此可见，家长不仅生前对家产具有专管的权力，而且对死后的遗产也具有分配和处置的权力。只有在家长遗嘱不存在的情况下，家产才能采取平均分配的原则分配给家庭中的子弟。

三、女性在家庭财产管理中的权力

唐代女性在家庭财产管理中拥有一定的权力，主要表现在以下三点：

---

① (日)仁井田陞：《唐令拾遗》第33《杂令》，长春出版社，1989年，第853页。

②《宋刑统》卷26《唐元和五年敕》。

③《新唐书》卷147《卢群传》。

④ 王志胜《唐代家财的管理制度》，《齐鲁学刊》2004年第4期。

⑤《旧唐书》卷96《姚崇传》。

⑥《旧唐书》卷58《刘弘基传》。

⑦《唐令拾遗》第32《丧葬令》第770页。

（1）掌管管钥之权。唐代家庭主妇在家财管理中有掌管管钥的权力。在唐代家庭中一般由家长的妻子掌管账簿和仓库（箱柜）的钥匙。如果父亲和兄长皆亡而由儿子或兄弟管理家产的，其母亲或嫂子也是可以充当主妇来掌管管钥的。《李光进传》就反映了这种情况："光颜先娶妻，其母委以家事。母卒，光进始娶，光颜使其妻奉管钥、家籍、财物，归于其姒"[①]。《册府元龟》记载，"李渭，越州萧山县人。……奉寡嫂孤侄二十余年，衣食无偏。庄田租税，渭自主办。资财筦钥，寡嫂掌之"[②]。唐代家庭主妇掌管管钥表明其在家庭财产中有一定的发言权。

（2）处理陪嫁资财之权。唐代女子出嫁，一般都有嫁资，嫁资虽然夫妻共用，但它不等同于夫家财产，不在分家之列，属于妻子的私有财产，由妻子保存、管理、使用，公婆无权干涉，法律也对此加以保护。《唐律疏议·户婚律》"同居卑幼私辄用财"条引《户令》云；'应分田宅及财物者，兄弟均分。妻家所得之财（嫁妆）不在分限"。如果离婚了，妻子也可以带走自己的嫁资。

（3）财产继承之权。唐代女性可以从夫家获得继承家产的权利。按唐律规定，丈夫死后，在没有子嗣的情况下，其妻获得财产继承权，如《开元·户令》中规定："诸应分田宅及财物者……无男者，承夫分"[③]。唐代女性还可继承娘家财产。《唐律》规定，在室女可依法律规定获得未婚兄弟聘财的一半。如果父母去世，在室女也可以继承部分财产。这分两种情况：如果家里有儿子，儿子可得财产的三分之二，在室女可分三分之一；如果家里没有子嗣承继门户的，除去为父母治办丧事所需费用以外的全部遗产都由在室女继承。据《丧葬令》规定："诸身丧户绝者，所有部曲、客女、奴婢、店宅、资财，并令近亲转易货卖，将营葬事及量营功德之外，余财并与女"[④]。

唐代妇女在家庭财产中拥有一定的管理权，这对于赢得家庭成员对女

---

①《旧唐书》卷161《李光进传》。

②《册府元龟》卷757《总录部·孝感》。

③《唐令拾遗》第9　《户令》，第155页。

④《唐令拾遗》第32《丧葬令》，第770页。

性的尊重，保证卑幼对女性尊长的孝养，及维护妇女在家庭中的地位和权益可以起一定的作用。

综上所述，唐代家庭实行同财共居，而且财产由家长专管，这为家长实施家庭管理奠定了坚实的物质基础，不仅保证了家长包括家庭其他长辈在家庭财产上的优先享用权，而且巩固了家长在家庭中至高无上的地位。卑幼在经济上对家庭和家长的依赖确保了其对家长的顺从，从而保证了其对家长的敬重。唐代女性在家庭财产中拥有一定的权力，对于赢得卑幼对女性尊长的敬重和顺从也可起到积极的强化作用。

第四节　孝文化与唐代的财政支出

作为唐代社会生活的重要组成部分的孝文化，其实践离不开物质财富的支持。唐代财政支出中有多项内容与孝文化有关，且这些支出成为唐代财政的重要开支之一，对唐代经济发展产生着深刻的影响。

一、有关孝文化的支出项目

由于孝文化在唐代政治生活中的广泛实践性，有关孝文化的财政支出项目是比较多的，概括起来主要有以下内容：

(1) 祭祀开支。祭祀活动在唐代政治生活中具有极其重要的地位，它体现着皇权的神圣性与合法性。唐代的祭祀活动众多，与孝文化有关的祭祀活动主要包括祭祀天地和祖先的活动，而这些活动也是唐朝祭祀活动中最为重要和最为隆重的。据统计，唐代帝王亲自奉行的郊祀典礼就有 28 次之多[①]。因为重要和隆重，费用支出也自然很大。用于祭祀活动的费用主要包括：① 祭祀场所的建设费用。如祭天的圆丘，祭地的方丘，祭祀天地和祖先的明堂，祭祀祖先的太庙，祭祀李唐所谓始祖的老子庙，等等。唐朝统治者非常重视这些祭祀场所的建设，花费也是颇多的，如武则天时修造

①《旧唐书》卷 22《礼仪二》。

的明堂："凡高二百九十四尺，东西南北各三百尺。有三层：下层象四时，各随方色；中层法十二辰，圆盖，盖上盘九龙捧之；……亭中有巨木十围，上下通贯，……亘之以铁索。盖为鸑鷟，黄金饰之，势若飞翥。刻木为瓦，夹纻漆之。明堂之下施铁渠，以为辟雍之象。号万象神宫"①。由此可见其极为豪华壮丽。这样一座豪华壮丽的建筑不幸被证圣元年(695)正月的一场大火付之一炬。武则天下令重修，于天册万岁二年(696)三月按照原来的规模重新修成了明堂。其耗费可见一斑。② 活动自身的费用。包括活动所需的人力，祭祀礼器、礼品，礼仪服装、仪仗、参与人员的食宿接待等等。以唐高宗封禅活动为例，史载：

麟德二年(665)十月丁卯，帝发东都，赴东岳(泰山)。从驾文武兵士，及仪仗法物，相继数百里，列营置幕，弥亘郊原。突厥、于阗、波斯、天竺国、罽宾、乌苌、昆仑、倭国，及新罗、百济、高丽等诸蕃酋长，各率其属扈从。穹庐毡帐，及牛羊驼马，填候道路。是时频岁丰稔，斗米至五钱，豆麦不列于市，议者以为古来帝王封禅，未有若斯之盛者也。……

乾封元年(666)，封泰山。为圆坛山南四里，如圜丘，三壝、坛上饰以青，四方如其色，号封祀坛。玉策三，以玉为简，长一尺二寸，广一寸二分，厚三分，刻以金文。玉匮一，长一尺三寸，以藏上帝之册。金匮二，以藏配帝之册，缠以金绳五周。金泥玉玺，玺方一寸二分，文如受命玺。石𥓓以方石再累，皆方五尺，厚一尺，刻方其中，以容玉匮。𥓓旁施检刻，深三寸三分，阔一尺，当绳刻深三分，阔一寸五分，石检十枚，以检石𥓓，皆长三尺，阔一尺，厚七分。印齿三道，皆深四寸。当玺方五寸，当绳阔一寸五分。检立于𥓓旁，南方北方皆三，东方西方皆二，去𥓓隅皆一尺。𥓓缠以金绳五周，封以石泥，距石十二，分距𥓓隅，皆再累，皆阔二尺，长一丈，斜刻其首，令与𥓓隅相应。又为坛于山上，广五丈。高九尺，四出陛。一壝，号登封坛。玉检，玉牒，石𥓓，石距，玉匮，石检，皆如之。为降禅坛于社首山上，八隅，一成八阶，加方丘三壝。上饰以黄，四方如其色。其余皆如登封。其议略定，而天子诏曰："古今之制，文质不同。

①《旧唐书》卷22《礼仪二》。

今封禅以玉牒金绳，而瓦尊匏爵秸席，宜改从文。”于是昊天上帝褥以苍，地祇褥以黄，配褥皆以紫，而尊爵亦更焉。是岁正月，天子祀昊天上帝于山下之封祀坛，以高祖、太宗配，如圜丘之礼。亲封玉册，置石鐾，聚五色土封之。径一丈二尺，高九尺。已事，升山。明日，又封玉册于登封坛。又明日，祀皇地祇于社首山之降禅坛，如方丘之礼，以太穆皇后、文德皇后配，而以皇后武氏为亚献，越国太妃燕氏为终献。率六宫以登，其帷帟皆锦绣，群臣瞻望，多窃笑之。又明日，御朝觐坛，以朝群臣，如元日之礼[①]。

从上述记载来看，长安到泰山，路途千里之遥，“从驾文武兵士，及仪仗法物，相继数百里，列营置幕，弥亘郊原”。封禅活动本身所费的人力之广，物力之众，财力之厚是难以想象的，更不用说沿途地方难以估算的接待费用。③ 祭祀结束时的赏赐费用。一般大型的祭祀活动结束时，皇帝都要进行封赏。如开元十一年(723)，“十一月戊寅，(玄宗)亲祀南郊，大赦天下，见禁囚徒死罪至徒流以下免除之。昇坛行事及供奉官三品已上赐爵一级，四品转一阶。武德以来实封功臣、知政宰辅沦屈者，所司具以状闻。赐酺三日，京城五日”[②]。又长庆元年(821)正月己亥朔，“上(穆宗)亲荐献太清宫、太庙。是日，法驾赴南郊。日抱珥，宰臣贺于前。辛丑，祀昊天上帝于圆丘，即日还宫，御丹凤楼，大赦天下。改元长庆。内外文武及致仕官三品以上赐爵一级，四品以下加一阶，陪位白身人赐勋两转，应缘大礼移仗宿卫御楼兵仗将士，普恩之外，赐勋爵有差。仍准旧例，赐钱物二十万四千九百六十端匹”[③]。可见祭祀活动后赏赐的面是比较大的，赏赐的财物也是很多的。

(2) 丧葬开支。唐代社会深受儒家“慎终追远”“事死如生”孝道伦理观念的影响，盛行厚葬久丧之风，丧葬费用在唐代财政开支中数目可观。丧葬开支主要体现在以下几个方面：① 陵寝建设费用。这项费用开支巨大。汉代盛行厚葬，帝王皇族陵墓规模宏大，史称其“三分天下贡赋，以一分

①《唐会要》卷7《封禅》。
②《旧唐书》卷8《玄宗上》。
③《旧唐书》卷16《穆宗本纪》。

入山陵”。而唐代帝王皇族之陵墓规模与汉代相比有过之而无不及。即使是标榜丧葬节俭的唐太宗昭陵也是“宫室制度闳丽，不异人间”。据《崔损传》记载：贞元十四年(798)，昭陵旧宫为野火所焚，德宗命崔损为八陵修奉使，“于是献、昭、乾、定、泰五陵造屋五百七十间，桥陵一百四十间，元陵三十间，唯建陵仍旧，但修葺而已。所缘陵寝中床褥帷幄一事以上，帝亲自阅视，然后授损，送于陵所”[①]。旧陵建筑修葺一下工程就如此浩大，花费颇多，营建新陵的费用之大就可想而知了。唐恭陵是高宗第五子李弘的陵墓，因为李弘曾为太子，死后谥为孝敬皇帝，其恭陵制度一准天子之礼。史载，修筑恭陵时“功费钜亿，万姓厌役，呼嗟满道，遂乱投砖瓦而散”[②]。恭陵修建完工后，高宗嫌“玄宫狭小，不容送终之具”，专门派司农卿韦机扩修工程。韦机“于埏之左右为便房四所，又造宿羽、高山、上阳等宫，莫不壮丽”[③]。一个皇太子的陵墓花费“功费钜亿”还嫌狭小，其帝王陵墓的花费之大就可想而知了。唐代帝王、官僚贵族陵墓不计其数，其所花费的财物则是难以估算的。② 随葬品费用。出于“事死如生”的观念，唐代帝王陵墓随葬品颇丰，所谓“珍宝具物，以厚其亲。”史书记载：“温韬在镇七年，唐诸陵在其境内者，悉发掘之，取其所藏金宝，而昭陵最固，韬从埏道下，见宫室制度闳丽，不异人间，中为正寝，东西厢列石床，床上石函中为铁匣，悉藏前世图书，钟、王笔迹，纸墨如新，韬悉取之，遂传人间，惟乾陵风雨不可发”[④]。其随葬珍宝之丰由此可见一斑。③ 丧葬礼仪活动的费用。唐代丧葬礼仪可称得上是繁文缛节。唐代帝王丧葬活动的具体状况史书记载的比较少，从《通典》所载《元陵仪注》对代宗丧葬仪式的记述，《顺宗实录》对顺宗丧葬仪式的记述，可以推知唐代帝王皇族的丧仪活动仪轨复杂，时间长，规模场面宏大，也可以从唐代官吏的丧葬场面推测唐代帝王皇族的丧葬活动规模。如李义府改葬其祖父，竟然役使八个县的丁夫车牛，为其载土作坟，昼夜不息，就连县令也

① 《旧唐书》卷 136《崔损传》。

② 《旧唐书》卷 86《高宗诸子传》。

③ 《旧唐书》卷 89《狄仁杰传》。

④ 《新五代史》卷 40《温韬传》。

"不堪其劳，死于作所。"送葬之时，羽仪导从，车马供帐，"自灞桥属于三原，七十里间，相继不绝"。一个三品宰相办理丧事如此耗费，作为皇帝，举一国之力来为其办理的丧事之隆重，花费之多就可想而知了。④ 政府给有关人员提供丧葬费用。唐朝规定，政府给逝去的皇室亲眷、百官、宫女及为国捐躯的将士提供丧葬费用。《新唐书·百官一》云："礼部郎中、员外郎，掌礼乐、学校、衣冠、符印、表疏、图书、册命、祥瑞、铺设，及百官、宫人丧葬赠赙之数"①。"皇亲三等以上丧，举哀，有司帐具给食"②。《新唐书·百官三》云：司仪署"掌凶礼丧葬之具。京官职事三品以上、散官二品以上祖父母、父母丧，职事散官五品以上、都督、刺史卒于京师，及五品死王事者，将葬，祭以少牢，率斋郎执俎豆以往。三品以上赠以束帛，黑一、纁二，一品加乘马；既引，遣使赠于郭门之外，皆有束帛，一品加璧。五品以上葬，给营墓夫"③。在某种特殊情况下"左降官及流人先有官者，如已亡殁，各还本官"或"流贬人所在身亡""任其亲故收以归葬，仍仰州县量给棺椟，优当发遣"④。兵士为国捐躯者"令军使为造棺，递送本贯，委州县府助其埋殡。……祭以酒脯，高大筑坟，使久远标识"⑤。宫女们的丧葬费用由奚官局按照其生前的品级提供，"无品者，敛以松棺五钉，葬以犊车"⑥。⑤ 护陵费用，唐朝给每个陵墓都配备了守护陵园的官吏和陵户，《旧唐书·职官三》云："诸陵署：令一人(从五品上)，录事一人，府二人，史四人，主衣四人，主辇四人，主药四人，

① 《通典》卷86对官员的赙赠有具体规定："诸职事官薨卒，文武一品赙物二百段，粟二百石；二品物一百五十段，粟一百五十石；三品物百段，粟百石；正四品物七十段，粟七十石；从四品物六十段，粟六十石；正五品物五十段，粟五十石；从五品物四十段，粟四十石；正六品物三十段，从六品物二十六段，正七品物二十二段，从七品物十八段，正八品物十六段，从八品物十四段，正九品物十二段，从九品物十段(行者守从高)。王及二王后，若散官及以理去官三品以上，全给，五品以上半给。若身没王事，并依职事品给。其别敕赐物者，不在折限"。

②《新唐书》卷46《百官一》。

③《新唐书》卷48《百官三》。

④《全唐文》卷68，敬宗《南郊赦文》。

⑤《全唐文》卷29《赐兵士葬祭诏》。

⑥《新唐书》卷47《百官二》。

典事三人，掌固二人。陵户，乾、桥、昭四百人，献、定、恭三百人。陵令掌先帝山陵，率户守卫之。丞为之贰。凡朔望、元正、冬至，皆修享于诸陵。……诸太子陵令各一人(从八品下)，丞一人”[①]。设置陵署机构当给其相应的运行费用，其官吏也要给予相应的薪俸，而陵户是要免除徭役的。除了护陵的官吏和陵户外，为了陵墓的安全，唐朝专门派遣军队予以守卫[②]。守陵的部队当然需要军费开支的。

乾陵

(3) 与孝文化有关的宗教活动开支。唐代佛教与道教在发展中大力吸收儒家孝道理念，经常举办与孝文化相关的宗教活动。唐朝政府支持佛教和道教的发展，也借助宗教活动来宣扬孝道。主要表现在：① 出资建造佛寺、道观等宗教场所来为逝去的亲人追福尽孝，如“高宗在东宫，为文德太后追福，造慈恩寺及翻经院，内出大幡，敕九部乐及京城诸寺幡盖众伎，送玄奘及所翻经像、诸高僧等入住慈恩寺”[③]。显庆元年(656)三月，唐高宗又为唐太宗追福，将自己的故宅改建为昊天观，并亲自为道观题名[④]。② 由政府出面组织开展相关宗教活动。如盂兰盆法会是佛教宣扬孝道的重要方式。唐高宗效法梁武帝在皇家寺庙立送盆之仪：“国家大寺，如似长

---

①《旧唐书》卷 44《职官三》。

② 王双怀《荒冢残阳——唐代帝陵研究》，陕西人民教育出版社，2000 年，第 163 页。

③《旧唐书》卷 191《方伎传》。

④《唐会要》卷 50《观》。

安西明、慈恩等寺……每年送盆，献供种种杂物，及舆盆、音乐人等，并有送盆官人，来着非一”[①]。武则天在宫廷举办的盆斋法会规模盛大，杨炯专门作《盂兰盆赋》以颂之。③ 赐物于寺观来为亲人追福。如武则天曾出大瑞锦造佛像为其母杨氏追福[②]，遣其侄武三思携金绢去嵩山少林寺为其父母做功德[③]。④ 请僧道作法事来为逝去的亲人追福，《唐六典》云：“斋有七名：……其二曰黄录斋(并为一切拔度先祖)”[④]。在《太平广记》中就记载了尼姑、女道士参与唐懿宗的女儿同昌公主送葬的活动[⑤]。

(4) 表彰孝行的开支。唐朝政府为了提倡孝道，实行了许多奖励孝行的政策，其中许多措施都是需要经济开支的，如蠲免赋役，赐官赐封，赏赐财物，立祠建碑等，这些都由政府财政来支出。

(5) 尊老养老的开支。尊老养老也是孝道的体现方式。唐朝政府为了倡导尊老养老的社会风尚，采取了举行养老礼仪活动，赏赐老人几杖、财物，赐爵封，慰问，减免赋役，优待致仕官员等一系列措施，这些措施的实行都需要政府相应的财政支持。

有关孝文化的开支当不止上述内容，这里只是就其比较突出的加以罗列。

二、有关孝文化的支出对社会经济的影响

上述孝文化相关的开支项目具体的数目难以确算。就其比重而言，用于祭祀、丧葬、宗教活动的费用开支远远大于表彰孝行和尊老养老的费用。在唐代社会孝行卓著者毕竟是极少数。据估算，唐代人的平均寿命不会超过 60 岁左右[⑥]。按照国家规定，60 岁一般为老人，80 岁以上的老人一般才

① 《法苑珠林》卷 62《祭祠篇》。

② 《旧唐书》卷 183《外戚武承嗣传》。

③ 《全唐文》卷，97 高宗武皇后《赐少林寺僧书》。

④ 《唐六典》卷 4《尚书礼部》。

⑤ 《太平广记》卷 237。

⑥ 张国刚先生依据对 5100 余方墓志的统计，唐人平均死亡年龄为 59.25 岁。张国刚《中国家庭史》第二卷(隋唐五代时期)，广东人民出版社，2007 年，第 19 页。

能享受侍丁、赐爵、赐服、赐财物的政策，个别时候 75 岁以上的男子和 70 岁以上的妇女也能享受到相关政策，即就如此，获得经济资助的老人毕竟还是极少数，而且所赐财物也是非常有限的，无非就是一些粟帛酒肉之类，因此这部分开支在国家财政支出中所占的比重并不大，对于唐代的财政影响也甚微。但这部分支出在当时的社会影响确是积极的，对于促进孝道实践，提升尊老养老的社会风尚发挥了导向性和示范性作用。

用于与孝文化有关的祭祀、丧葬、宗教等活动的开支虽不能确切估算，但就其所建设的工程之浩大，所费物资之丰厚，投入人力之众多，活动场面之宏大等特点来看，其花费是巨大的，应该是国家财政的沉重负担，也影响到了国家社会经济的稳定。这从当时一些有识之士的谏言中可以窥见一般。如唐太宗欲封禅，魏徵谏言说："诸夏虽安，未足以供事；远夷慕义，无以供其求；符瑞虽臻，罻罗犹密；积岁丰稔，仓廪尚虚，……且陛下东封，万国咸萃，要荒之外，莫不奔走。……竭财以赏，未厌远人之望；重加给复，不偿百姓之劳。或遇水旱之灾，风雨之变，庸夫横议，悔不可追"[①]。从魏征的谏言中可以看出一次封禅大典耗费人力、物力、财力巨大，足以影响到国家经济发展和社会之稳定。太极元年(712)，左司郎中唐绍上疏批评厚葬之风说："近者王公百官，竞为厚葬，偶人像马，雕饰如生，徒以炫耀路人，本不因心致礼。更相扇慕，破产倾资，风俗流行，遂下兼士庶"[②]。唐朝后期宰相李德裕在《论丧葬踰制疏》中批评厚葬之风说："应百姓厚葬，及于道途盛陈祭奠，兼设音乐等。闾里编甿，罕知教义，生无孝养可纪，没以厚葬相矜，器仗僭差，祭奠奢靡，仍以音乐，荣其送终，或结社相资，或息利自办，生产储蓄，为之皆空，习以为常，不敢自废，人户贫破，抑此之由"[③]。王公百官、士庶百姓在丧葬上竞为奢华，到了破产倾资的程度，其对社会经济发展之影响是何等之巨。正因为对国家财政和经济发展，社会稳定带来巨大冲击，所以有识之士才大声疾呼，批评厚葬，而唐朝政府也不得不多次下诏禁止厚葬，尽管收效甚微。

①《旧唐书》卷 71《魏征传》。

②《旧唐书》卷 45《舆服志》。

③《全唐文》卷 701，李德裕《论丧葬踰制疏》。

第四章　孝文化与唐代文化

孝文化是唐代文化的重要组成部分。孝文化在唐代文化中处于什么样的地位？它与唐代其他文化形态之间有着怎么样的关系？这是研究唐代孝文化不可回避的问题。学界对于唐代文化与孝文化关系的研究有所涉及，从研究的情况来看，一是比较零散，二是不够全面。笔者将从唐代宗教、文学、史学、艺术、医学等多个方面对唐代文化与孝文化的关系加以全面具体地考察。

第一节　孝文化与唐代宗教

唐代在文化上实行开放政策，对于儒学和释道二教采取并重的政策，对于其他宗教的发展也持扶持态度。儒学在唐代政治和社会上处于统治地位，儒学对于释道的发展起着限制引导的作用，而儒家孝道伦理对其制约最大，为了能够获得自身的发展，释道二教和其他宗教不得不积极吸收儒家的孝文化，这种吸收促进了孝文化的发展，同时也使这些宗教自身发展发生了变化。

一、孝文化与唐代道教

道教是中国土生土长的一种宗教，它来源于远古时代的巫术，吸收神仙学说，奉道家学派的创始人老子为教主，宣扬炼丹服食，乘鸾驾鹤，长生久视之说，追求虚无缥缈的神仙世界。汉代以来，统治者奉儒家思想为治国的指导思想。道教创建于东汉末年，从创建起就面临着与儒家思想的冲突，为了生存与发展，道教不得不吸收和借助儒家思想来发展自身。在道教早期的经典之作《太平经》中就明显表现出这一倾向。如《易传》中有“积善之家必有余庆，积不善之家必有余殃”的思想，而《太平经》亦云：“善者致善，恶者致恶，正者致正，邪者致邪，此自然之术”[①]。由于孝道伦理思想是儒家思想的根基，并被社会所广泛认同和维护，因而道教在发展过程中积极向这一伦理思想靠拢，东晋的道教代表人物葛洪就积极地借助儒家孝道伦理来广大道教。他说：“欲求仙者，要当以忠孝和顺仁信为本，若德行不修而但务方术，皆不得长生也”[②]。北魏的著名道士寇谦之则对早期道教的教义和制度进行了全面的改革，吸取儒家五常(父义，母慈，兄友，弟恭，子孝)观念，吸融儒释的礼仪规诫，建立了比较完整的道教教理教义和斋戒仪式。唐代奉行儒、释、道并重的政策，尽管道教被李唐奉为国教，但实际上在政治和社会生活中儒家思想依然居于主导地位。道教的发展依然要走与儒家孝道伦理结合的路径。

（一）老子敬奉的孝道化

道教为了自身的发展，在唐朝立国之际，假托老子显圣，以李唐皇室之祖先来保佑其获得政权，以此来获取李唐王朝政治上的支持[③]。这种做法就是借用了儒家孝道文化的模式。李唐皇帝也为了抬高自己家族的地位，体现其统治的神圣性和合法性，视老子为其先祖，按照儒家尊祖的方式来对待老子。其一，不断加高封号。乾封元年(666)，唐高宗追尊老子为“太上玄元皇帝”，[④]文明元年(684)，又追尊老子之妻为“先天太后”[⑤]。唐玄宗天宝二年(743)，加太上玄元皇帝号为“大圣祖元元皇帝”。天宝八载(749)，太清宫、太微宫圣祖像前立文宣王孔子像，与庄子、列子、文子和庚桑子四真人列侍老子左右，并加其尊号为“大圣祖大道元

① 《太平经合校》卷 180。

② 《抱朴子内篇校释》卷 3《对俗》。

③ 《唐会要》卷 50《尊崇道教》。

④ 《新唐书》卷 3《高宗纪》。

⑤ 《唐会要》卷 50《杂记》,《新唐书》卷 4《则天皇后传》云：光宅元年(684)九月，“追尊老子母为先天太后”。

元皇帝”，天宝十三载(754)，再上尊号为“大圣祖高上大道金阙元元皇帝”[①]。其二，立庙致祭。开元二十九年(741)，唐玄宗下诏让在西京长安、东都洛阳及天下诸州置玄元皇帝庙一所。天宝二年(742)，长安玄元皇帝庙改称太清宫，东都洛阳玄元皇帝庙改称太微宫，天下诸郡玄元皇帝庙改称紫极宫，谯郡紫极宫准西京为太清宫[②]。先天太皇及太后庙也改称宫。把庙升格为宫，是为了抬高对老子的祭祀礼仪规格。其后，唐玄宗又设太清宫使，由宰相兼领，玄宗之后的诸帝遵守此制。从唐玄宗开始，唐朝皇帝对太清宫的祭祀与宗庙祭祖、南郊祭祀天地一样重视，对老子的祭祀甚至提高到了首位，祭祀的次序一般为先太清宫、次宗庙、再南郊。在道教那里老子是被神格化，是教主，而在李唐皇帝这里老子被人格化，是祖先。李唐皇帝崇敬老子的目的在于提高老子作为其先祖的社会威望。遵从的完全是儒家孝文化的方式。这实际上是将道教纳入了儒家孝道伦理体系之中，使得道教步入世俗化的发展轨道，从而成为了儒家伦理思想的服务者。

（二）以孝传道的方式

唐代道教以宣扬孝道为名，采取多种方式来发展自身。

(1) 斋醮。斋醮是道教祭祀和修行的法事活动，也称为做道场，通过斋醮神之法，祈祷免灾获福，实质是其传道的重要方式。在斋醮的内容中就包含着为父母亲人祈福长寿和拔度先祖的目的。《唐六典》云：“斋有七名：……其二曰黄录斋(并为一切拔度先祖)”[③]。唐末五代著名道士杜光庭在修定斋醮科仪过程中，将《太上黄录斋仪》的“十二愿”排序为“愿家多孝悌”“愿国富才贤”“愿圣人万寿”“愿学道成仙”[④]。从中可以看出“孝悌”被放在了最为突出的位置来加以宣扬。

---

①《唐会要》卷 50《尊崇道教》,《古今图书集成》《神异典》卷 214《道教部》云：“大圣祖高上大道金阙元元皇帝”。《资治通鉴》卷 217 云：“大圣祖高上大道金阙玄元大皇太帝。”

②《册府元龟》卷 54《帝王部・尚黄老》。

③《唐六典》卷 4《尚书礼部》。

④《道藏》第 9 册《太上黄录斋仪》。

(2) 参与丧葬活动。在亲人逝去的丧葬活动中可以请道士来做法事为亲人追福。如《杜阳杂编》中就记载了女道士参与唐懿宗的女儿同昌公主送葬的活动。

(3) 倡导出家为道可以为父母追福。如武则天在其母杨氏去世后将自己的爱女太平公主度为女道士，“以幸冥福”[①]。

(4) 修建道观以为亲人追福。显庆元年(658)三月，唐高宗为唐太宗追福，将自己的故宅改建为昊天观，并亲自为道观题名[②]。咸亨元年(670)九月，武则天为其母杨氏追福，将长安颁政坊的杨士达故宅改建为太清观，不久移于大业坊，垂拱二年(686)，遂改为魏国观。载初元年(689)，再改为崇福观。开元二十七(739)年，为昭成皇后追福，改为昭成观[③]。

(5) 抄写道教经典的方式为逝去的亲人追福。如开元十四年(726)，唐玄宗的弟弟李范去世，玄宗十分哀痛，“为之追福，手写《老子经》”[④]。

(6) 还有通过铸造道教神仙塑像及所用器物等方式来祈求神灵保佑在世亲人，以及为去世的亲人追福。如垂拱三年(687)，武威(今甘肃武威)女道士张妙端为天皇及现存父母并一切众生造天尊像和仙童、玉女一区，愿一切众生离苦解脱[⑤]。神龙元年(705)，蒙阴颜文达等，为“共成胜业，载结良缘”，替皇帝、师僧、父母敬造老子三尊一铺[⑥]。开元七年(719)，安邑道观观主赵思礼为开元神武皇帝、皇后，下为七祖三师，见存家眷及一切群生，修造常阳天尊一铺[⑦]。

道教广泛地在其宗教活动中赋予孝道的内涵，其目的在于吸引信众，发展自身。但就其过程而言也是孝道文化传播的过程和孝行方式宗教化、神秘化的过程。

---

①《新唐书》卷83《诸帝公主传》。

②《唐会要》卷50《尊崇道教·观》。

③《唐会要》卷50《尊崇道教·观》。

④《旧唐书》卷95《睿宗诸子传》。

⑤ 陈垣《道家金石略》，文物出版社，1988年，第74页。

⑥《道家金石略》，第96页。

⑦《道家金石略》第108页。

（三）道家人物孝行化塑造

唐代道教为了让世俗更容易接受自己，把其代表人物塑造成孝子和传孝的天神，以此博得大众的信奉。净明道是唐代以后道教的一个重要教派，此教派的鲜明特点就是与儒家思想紧密融合，在思想上主张"以忠孝为本"。这一教派创立于宋代，而孕育于唐代，净明道是以许逊信仰为发端的。许逊是晋代的道士，被唐代人塑造成了一位以孝道著称的道教领袖。艺文类聚卷二十一引《许逊别传》记载：

逊年七岁，无父。躬耕负薪以养母，尽孝敬之道。与寡嫂共田桑，推让好者，自取荒者，不菅荣利，母常谴之："如此，当乞食，无处居。"逊笑应母曰："但愿母老寿尔"①。

《艺文类聚》成书于唐初，"别传"体裁流行于六朝。这则材料应当是早期反映许逊个人情况的史料。从这则材料来看，许逊当是一个早年父兄皆亡，靠自力躬耕以尽养母孝道的下层贫苦民众，没有过多神秘色彩。到了唐代就不同了。活跃于高宗武后时期的唐代著名道士胡慧超对许逊法术和孝道事迹做了整理和加工，使其形象进一步神圣化。据《新唐书·艺文志》记载："道士胡慧超：《神仙内传》一卷；《晋洪州西山十二真君内传》一卷；……道士胡法超：《许逊修行传》一卷"②。有学者认为"胡法超"当是"胡慧超"之别名③。上述传记已失传。有些内容被《太平广记》所征引。胡慧超在扩大许逊的道术神力的同时，着力渲染了许逊的"孝行"崇拜，据《太平广记》卷十四《许真君》条载："真君弱冠，师大洞君吴猛，传三清法要"。④吴猛何许人也？据《晋书·吴猛传》载：

吴猛，豫章人也。少有孝行，夏日常手不驱蚊，惧其去己而噬亲也。年四十，邑人丁义始授其神方。因还豫章，江波甚急，猛不假舟楫，以白羽扇画水而渡，观者异之。庾亮为江州刺史，尝遇疾，闻猛神异，乃迎之，问己疾何如。猛辞以算尽，请具棺服。旬日而死，形状如生。未及大敛，

① 《艺文类聚》卷21。
② 《新唐书》卷59《艺文志》。
③ 黄小石《净明道研究》，巴蜀书社，1999年，第22页。
④ 《太平广记》卷14《许真君》。

遂失其尸。识者以为亮不祥之徵。亮疾果不起。

胡慧超为许逊找了一个孝行卓著且道术高深的师傅。不仅如此，他还将许逊塑造成为传承孝道的“众仙之长”[①]。到了唐代中后期，许逊及孝道崇拜得到进一步发展。据《孝道吴、许二真君传》[②]记载：

兰公受孝悌王旨令，将铜符铁券送达黄堂观，乃谌母所居之宅。谌母即吴中一贞母也，不显其姓讳，以道德为事焉。……吴君猛与许君逊闻之，遂往黄堂拜谒谌母，请其孝道之法，谌母乃授与铜符铁券，券中征许氏阳一门，无猛名字，猛乃却拜许君为师。许君因传其妙法，授与周、彭、陈、时、盱、甘、曾、钟、施、黄、吴、刘、沈等十二真君。

这时，许逊不仅得到孝悌王之真传，且摇身一变，由吴猛的徒弟变成了吴猛的师傅，并且将孝悌妙法传授给十二大弟子，形成了一个传承孝悌思想的神仙群体，而许逊则成为这个群体的宗主。这为唐以后净明道以忠孝为本思想休系奠定了基础，也为净明道的创立奠定了基础。

净明道以忠孝为修道根基，视孝道为妙法，这种做法增强了孝道伦理的神圣性，进一步提高了孝道在人们心目中和社会生活中的地位，同时由于对儒家忠孝思想的认同，拉近了与世俗社会的距离，从而也促进了其自身的发展。据《孝道吴、许二真君传》记载：

至唐元和十四年，递代相承，四乡百姓聚会于观(指唐代所修的游帷观)。……其观中，每至正月、五月、八月并以十五日，朝礼建斋，诵赞行道，为国王、大臣、人民消灾祈福，至今相承不绝。

（四）唐末五代道教对孝道伦理的进一步吸收

唐末五代道教对儒家孝道伦理的吸收进一步得到发展。这从唐末五代时期地道士和道教著作中明确地反映出来。如在唐末五代人沈汾所撰的《续仙传》中收集了36人的飞升或隐化的故事，在宣传神仙实有，神仙可致的同时，多宣扬他们孝亲，济世的事迹。在《续仙传》中描写最为详细的故

---

①《太平广记》卷15《兰公》条载：“后晋代尝有真仙许逊，传吴孝道之宗，是为众仙之长”。

② 黄小石据内容估计《孝道吴、许二真君传》撰于唐后期(819)，黄小石《净明道研究》，巴蜀书社，1999年，第29页。

事则就是有关聂师道孝亲成仙的故事。书中描写聂师道的母亲这样认识孝道与道教的关系："汝以孝养，我以道资，亦幸为汝母矣。此盖宿庆之及也。"孝就是道，道就是孝，两者是合一的关系，所以当聂师道精勤慕道，遇到谢通修真人求住下来"师学之"的时候，遭到了真人的拒绝，真人说："尔有亲老，虽有兄能养，若欲更南游，此未可言住"[①]。这里反映出的是孝亲重于修道，也就是说将孝亲临驾于道教修炼之上。

杜光庭(850—933)是唐末五代道教的重要代表，少年时习儒学，博通经、子。唐咸通(860—874)年间应九经试，不中，于是入天台山学道。唐僖宗慕其名，召入宫廷，赐以紫袍，充麟德殿文章应制，为内供奉。中和元年(881)，随僖宗入蜀，留蜀不返。王建建立前蜀，任为光禄大夫尚书户部侍郎上柱国蔡国公，赐号"广成先生"。王衍继位后，亲在苑中受道箓，以杜光庭为"传真天师"、崇真馆大学士。晚年在青城山白云溪潜心修道。杜光庭对道教教义、斋醮科范、修道方术等多方面作了研究和整理，对后世道教影响很大。他在理论上主张以道教为基点，儒释道三教融通。他说："凡学仙之士，若悟真理，则不以西竺、东土为名分别。六合之内，天上地下，道化一也。若悟解之者，亦不以至道为尊，亦不以象教为异，亦不以儒宗为别也"。他积极主张打破宗派门户之见，强调说："三教圣人，所说各异，其理一也"[②]。在政治和伦理上，他调和儒、道二家的思想，吸收儒家修齐治平的观念，积极倡导"经国理身"。为了调和道教出世修道的人生态度与儒家修齐治平积极入世的思想观念之间的矛盾，他特意突出"忠孝"观念，认为老子的思想主旨，"非谓绝仁、义、圣、智，在乎抑浇诈聪明，将使君君、臣臣、父父、子子，见素抱朴，泯和于太和，体道复元，自臻于忠孝"[③]。他甚至对儒家的"孝悌"思想作了有利于道教的发挥，他说儒家的孝亲是独亲其亲，是片面的，因为"六亲不和，则孝慈之名偏立。天下有道，则淳朴之化复行。淳素既行，人皆慈孝，可谓无私亲矣。斯则

①《道藏》第5册《续仙传》卷下。
②《道藏》第17册《太上老君说常清静经注》。
③《道藏》第14册《道德真经广圣义》卷17。

绝名迹之仁义，复玄同之孝慈，无私亲者，是不独亲其亲也。”[①]“这也就在客观上协调了儒家建立在孝亲之上的伦理观和修齐治平的入世观与道教不为仁义所缚，不为功名所累的出世观之间的矛盾，建立起了即世而超越的人生观和出世不离人世的社会理想”[②]。杜光庭还积极借鉴儒家重视礼教的传统，修订了大量的道教斋醮科仪。在这些斋醮科仪当中他同样吸收了儒家礼教的思想，突出了忠孝伦理的要求。

二、孝文化与唐代佛教

佛教从两汉之际传入中国之后，就开始了中国化的历程。经过魏晋南北朝数百年的发展演变，到唐代基本实现中国化。佛教本是印度文化的代表，其中国化实际上是与华夏文化相融合后体现出华夏文化特征的佛教文化。因此汉传佛教实际已经是中国传统文化的重要组成部分。佛教从异域文化转变成中国传统文化的重要组成部分并不是一帆风顺的，而是经历了与华夏本土文化的碰撞、斗争、调整、融合而最终完成的。在这个过程中面临的最大挑战是形成于中国古代宗法社会基础上的儒家文化。中国儒家文化是以家庭(族)为中心的，其伦理道德的核心是“孝”，强调的是对父母亲人尽孝，维护家庭和谐，由此引申为对国尽忠，维护社会稳定。而佛教主张出家无家，彻底与世俗社会决裂，这与中国传统文化是完全对立的，因此佛教一进入中土就遭到儒家的猛烈抨击，直到唐代这种抨击声依然不绝于耳，如傅弈在上书唐高祖禁毁佛教时说：“礼，始事亲，终事君。而佛逃父出家，以匹夫抗天子，以继体悖所亲”[③]。在《破邪论》中斥责佛教徒是“不忠不孝”[④]。不仅儒者士大夫指责佛教背亲离国，封建帝王也从维护其统治的角度出发，要求佛教徒要遵循孝道伦理。魏晋南北朝以来，许多帝王都动用世俗权力，敦劝佛教徒致拜君亲，奉行孝道。唐代更是如此。

---

①《道藏》第14册《道德真经广圣义》卷17。

② 孙亦平《论杜光庭的三教融合思想及其影响》《中国哲学史》，2006年第4期。

③《新唐书》卷107《傅奕传》。

④《大藏经》第52册《破邪论》。

唐高宗龙朔二年(662)，下敕“令道士、女冠、僧尼，于君皇后及皇太子其父母所致拜”[①]。开元二年(714)，唐玄宗诏令：“自是已后，道士女冠僧尼等，并令拜父母。其有丧祀轻重及尊属礼数，一准常仪”[②]。也就是说，唐代帝王通过世俗权力把佛教纳入到了孝亲忠君的轨道上来了，汉魏以来僧尼不拜君亲的局面一去不复返了。面对儒家的抨击，佛教为了自身的发展，在传教的过程中，对儒家孝道观念进行吸收和改造，并积极进行宣扬和实践。

(1) 佛教对儒家孝道理论的吸收与改造。在面对儒家“不孝”的指责和挑战，佛教作出了积极的回应，魏晋南北朝以来，佛教学者在传教的过程中，就有意地吸收儒家的孝亲观念，并在此基础上对孝作出新的解释，形成带有佛教色彩的孝道观念。东晋的孙绰在《喻道论》中说：“孝之为贵，贵能立身行道，永光厥亲”[③]。慧远认为出家人虽然在形式上与世俗的孝亲礼仪不同，实质上是一样的，“内乖天属之重，而不违其孝；外阙奉主之恭，而不失其敬”[④]。不仅如此，出家修道是更高层次上的尽孝道，所谓“道洽六亲，泽流天下”。刘勰认为“佛教之孝所包盖远，理由乎心无系于发，若爱发弃心何取于孝”[⑤]。认为不能把僧尼出家看作不孝，他们出家修行能使父母在精神上得到更大的慰藉，应是真正的孝，是更高层次上的孝道。

唐代佛教界继承了魏晋以来宣扬孝道的传统，在对佛教孝道伦理作了进一步阐发。法琳也认为佛教的孝道是真正的“大孝”，比儒道二家的层次要高，“故教之以孝，所以敬天下之为人父也。教之以忠，敬天下之为人君也”[⑥]。他们认为佛教是更高层次的忠孝之道，如李师正说：“佛之为教也，劝臣以忠，劝子以孝，劝国以治，劝家以和”，“其为忠孝，不亦多乎！”[⑦]这里所用的伦理概念全都出自儒家。

---

① (清)董诰《全唐文》卷14，高宗《命有司议沙门等致拜君亲》。

② (宋)王溥《唐会要》卷47《议释教上》。

③《大藏经》第52册《弘明集》。

④《大藏经》第52册《沙门不敬王者论》。

⑤《大藏经》第52册《弘明集》。

⑥ 《大藏经》第52册《辨正论》。

⑦ 《大藏经》第52册《内德论》。

唐代佛教界突出宣扬父母恩重，突出行孝必有果报的思想。形成于唐初的《父母恩重经》是佛教徒专门编造的一部用来宣扬孝道的经书，在书中宣扬父母之恩比天高，着重强调要报答父母之恩，就是要请佛礼拜，写经烧香，饭食众僧，供养三宝，为父母造福。道世在其所编的《法苑珠林》中推举出中国民间一些传说的孝子，作为僧俗两界的榜样，大力宣扬父母恩重难报，为人忠孝者必得善果的思想。善导以佛教的因缘学说宣扬孝道，他说“因缘和合，故有此身，以斯义，故父母恩重。……及其长大爱妇亲子，于父母处反生憎疾，不行恩孝者即与畜生无异也”①。道宣也极力宣扬出家为僧尼并非不孝，而是大孝，并主张“从令听比丘尽心供养父母，不者得重罪”②。他主张所有世俗供养，都是为了报答父母孕育之恩。禅宗大师慧能也宣扬孝道，他说“恩则孝养父母，义则上下相怜，让则尊卑和睦，忍则众恶无諠”③。他的门徒们更是把他塑造成了一个大孝子的形象。

总之，相比与魏晋，唐代佛教界对于孝道理论的阐发上运用儒家伦理术语越来越多，说明其对儒家孝道伦理的吸收更为深入，其世俗化色彩也就进一步加重，另一方面，突出颂扬父母对子女的恩德，以及在孝行上的因果报应思想，对于强化人们的孝德意识具有促进作用。

有关唐代佛教界宣扬孝道思想的措施和手法孙修身将其概括为四种：“一是把佛教中与孝道相关的经典，如《观无量寿经》拿来加以大肆宣扬”“二是集中编辑佛经中的有关故事成为新经”“三是由中国佛教徒，根据中国传统思想意识和文化编辑新的、专讲孝道的经典，其中以敦煌藏经洞发现的《佛说父母恩重经》为代表”“四是佛教徒为自身传播和发展需要，他们采用多种多样的宣传形式，对于这方面的内容加大宣传，大有超越儒者之势”④。

(2) 唐代佛教界积极践行孝道。佛教界积极宣扬孝道的目的在于借助孝道来传播和发展佛教。但事物总是难逃辩证法的法则。由于佛教宣扬孝

---

①《大藏经》第 37 册《观无量寿经经疏》。

②《大藏经》第 40 册《四分律删繁补阙行事钞》。

③《大藏经》第 48 册《坛经》。

④ 孙修身《儒释孝道说的比较研究》，《敦煌研究》，1998 年第 4 期。

道，鼓励僧俗奉行孝道，佛教僧尼为了行孝道，佛教所主张的出家无家的教规限制因此被打破，出家的僧尼与世俗家庭之间的关系日益紧密，僧尼践行孝道的自觉性进一步提高。

在唐代，僧尼积极通过各种佛事活动来表达自己的孝心。有通过写经的方式来为父母追福的。仪凤三年(678)七月十五日，僧人超生及其师兄弟等人，“为亡考妣敬造石经一条”①。天授二年(691)，敦煌灵修寺僧人善信，“减三衣之余”，为亡母写妙法莲花经一部，希望亡母“乘斯福业，上品上生”②。有通过造佛像来为亲人祈福的。贞观二十一年(647)，僧人明幹造弥勒佛像一龛，为其亡父母兄弟祈福，希望“籍兹胜缘，过去亡考，生□兜率天，见弥勒佛”③。开元三年(715)，僧人真性在龙门石窟敬造阿弥陀佛像，为父母、七世父母以及一切众生得解脱而祈福④。有通过造塔的方式为父母祈福的。女尼真空在神龙元年(705)，“痛慈颜之不待，恨结终天，悲报德之无由，诚依福地，于是竭精进之志，穷清净之财，于先亡茔侧，敬为考妣造石浮屠一所”⑤。敦煌莫高窟中的许多题记中也能反映出这样的现象⑥。

唐代僧尼奉行孝道突出的体现在办理父母家人的丧事上。作为出家人本应该断绝俗世情缘，但因为感怀父母恩育，虽人在空门，也难以割舍亲情，他们“崇空而不失其孝，割爱而不亡其哀”⑦。当父母、亲人去世时，不仅会返回家中，而且会按照儒家的世俗礼仪规范安葬亲人，以尽孝道。修明寺明悟在其母亲潘氏去世后，与兄妹“追号殒绝，卜兆松茔，启护尊

① 陕西省古籍整理办公室《全唐文补遗》(第七辑)，三秦出版社，2000年，第448页。

② 王重民《敦煌遗书总目索引》，中华书局，1983年，第152页。

③ (清)陆增祥《八琼室金石补正》，文物出版社，1985年，第228页。碑文中残缺一字以“□”代之。

④ 《八琼室金石补正》，第214页。

⑤《八琼室金石补正》，第326页。

⑥ 张国刚先生在《佛学与隋唐社会》中说：“出家的僧尼，我们在房山石经和敦煌文书中发现，他们也通过写经造像活动表达对父母的孝顺，出家僧尼与父母家人也仍然存在密切的社会联系”。河北人民出版社，2002年，第311页。

⑦《唐代墓志汇编》开元105《唐故处士王君之碣》。

灵，吉辰迁厝”[①]，将母亲与先前亡故的父亲埋葬在一起。唐善寺僧惠晖在其母亲、二兄管仲去世后，与其兄弟隐林将其母亲、二兄，与先前去世的父亲和长兄“同葬于屯留县东北廿五里南崔蒙村东北一里平原”[②]。古人由于各种原因未能很好安葬父母亲人的，为了尽孝道，等一旦有了条件，就想方设法重新为其选择墓地，举行葬礼。唐代佛教界对此也加以推崇。如唐代高僧玄奘从印度取经回国之后，便积极访寻故去的父母的墓地，为其改葬，以表孝道。《大唐三藏大遍觉法师塔铭并序》记载：“法师早丧所天，因扈从还访故里，得张氏姊，问茔垄已平矣，乃奉遗柩，改葬于西原，高宗敕所司公给，备葬礼，尽饰终之道，洛下道俗赴者万余人，释氏荣之”[③]。

由于唐代佛教界提倡孝道，认同家庭伦理，所以出现了许多僧尼出家而不离开家，长期住在俗家家里，参与家族或家庭事务，甚至当家理事。如《张君夫人樊氏墓志铭并序》记载，樊氏长女出家为宁刹寺大德，法号义性，樊氏死后留下三子五女，其中三子和小女皆未成人，所以由义性在家主持家政，其“戒律贞明，操行高洁，弟妹幼稚，主家而严”[④]。实际上义性是在通过操持家务，抚养幼弟幼妹来报答父母养育之恩。女尼三乘贞元四年(788)出家于昭成寺，但她却住在家里，参与家庭事务，对儿孙进行教导，元和元年(805)在家中去世，其子孙“皆奉承严训，克孝克终”[⑤]。有些僧尼虽然出家住在寺院，但依然与俗家保持着密切的联系，如东都麟趾寺法华院幼觉，出家后念念不忘本家，依然“敦骨肉而孝极”[⑥]。唐代社会也允许出家僧尼在俗家中灭寂，这也被看作是弘扬孝道的体现，如大慈禅师出家于崇敬寺，“天宝五载(746)十月二十九日，化灭于静恭里第”，撰写墓志的人云：“今终于第不终于僧房者，盖在俗有子曰收，致其

---

① 河南省洛阳地区文管处《千堂志斋藏志》，北京，文物出版社，1984年，第973页。

②《唐代墓志汇编》大历045《唐故崔君墓志铭并序》。

③《八琼室金石补正》第506页。

④《唐代墓志汇编》永贞003《张君夫人樊氏墓志铭并序》。

⑤《唐代墓志汇编》元和010《昭成寺尼大德三乘墓志铭》。

⑥《唐代墓志汇编》贞元117《唐故东都麟趾寺法华院律大师墓志铭》。

忧也”[①]。

按照佛教习俗，出家僧尼亡故后一般要火化，然后起塔安葬，所谓“释氏道教，则崇乎宝塔”[②]。但从唐代墓志资料来看，有许多出家僧尼是按照儒家传统葬仪来安葬的。如凤光寺僧常俊亡故后，“以其月廿二六日迁柩于常州无锡县太平乡卞东村一里官河西八十步张宗祖墓中”[③]。他是归葬于宗族墓地。陇西郡李氏出家于崇敬寺为尼，大历三年(768)亡故于太原顺天寺，十年之后归葬其夫家辛云京家族墓地，“永窆于万年杜陵之南原，礼也”[④]。这里所说的合乎礼仪当指的是儒家的孝道之礼。

从以上分析我们不难看出，唐代佛教僧徒归一佛门之后，并没有影响他们践行孝道的热情和积极性。这是佛教吸收儒家孝道伦理的必然结果。

(3) 唐代佛教孝道理论和实践对世俗社会的影响。唐代佛教无论是在理论上还是实践上都表现出对孝道的积极吸纳和弘扬。并且创造出了具有佛教色彩的孝道理论和孝行方式，这些理论和方式不仅为佛教徒所接受和实行，而且也被唐代世俗社会所普遍接受和认同，成为唐代孝道观念和行为的重要组成部分。

唐代，有些僧尼出家就是因遵从父母之命，或者是为亡故的父母追福而出家的，此种行为被看作是孝道的体现。如法云寺尼辩慧禅师是为了亡故的祖父母追福而承遵父母之命出家的。太原处士王方彻有两个儿子，他让长子元亮学习儒学，让次子庆章学习佛教，庆章因此成为僧人，两人“咸知名”[⑤]。唐人王智言死后，他的妻子“精心释门，使一子出家，家如梵宇”[⑥]。僧人恒月，其父亲本是一名盐商，在西江遇到盗贼劫掠溺水而死，“母又再行，乃决志出家求报恩育”[⑦]。

---

①《唐代墓志汇编》天宝 132《唐故大慈禅师墓志铭》。

②《唐代墓志汇编》开元 114《大龙兴寺崇福法师塔铭并序》。

③《唐代墓志汇编》会昌 002《唐故凤光寺俊禅和上之墓铭并序》。

④《唐代墓志汇编》大历 069《河东节度使检校尚书左仆射同中书门下平章事金城郡王辛公妻陇西郡夫人赠肃国夫人李氏墓志铭并序》。

⑤《唐代墓志汇编》会昌 007《唐故太原处士王公墓志铭并序》。

⑥ 河南省洛阳地区文管处《千唐志斋藏志》文物出版社，1984 年，第 781 页。

⑦ (宋)赞宁，范祥雍点校《宋高僧传》中华书局，1987 年，第 237 页。

对于佛教而言，鼓励信众抄写经书主要的目的在于宣扬佛教理论和思想。对于信众而言，抄写佛经的主要目的则在于获取功德，除灾免祸。其中相当一部分人的目的在于为在世或亡故的亲人祈福，实际上变写经为行孝的一种手段。如唐虔州刺史韦绶“少有至性，父丧，刺血写佛经”[①]。由于佛教宣扬写经所持的态度不一，获得的功德福报就不同，写经者越是虔诚专一，其获得的功德福报也就越多。为求福报，写经者在抄写前需戒酒禁荤，不得歌舞，斋戒沐浴，清净身心，以表达对佛法的敬重，如《冥报记》记载河东练行尼“访工书者一人，数倍酬直，特为净室，令写此经，一起一浴，燃香熏衣，仍于写经之室，凿壁通外，加一竹筒，令写经人，每欲出息，辄遣含竹筒，吐气壁外。写经一卷，八年乃毕。供养严重，尽其恭敬”[②]。写经的虔诚实际上强化了行孝的虔诚与神圣性，如闫硕兄弟为了给其死去的父母和七世先祖追福，“敬造《维摩经》一部，《华严十恶经》一卷。弟子烧香，远请经生朱令辨，用心斋戒，香汤洗浴，身着净衣，在于净室，六时行道”[③]。

有些人通过虔诚礼佛来表达孝道，在敦煌文书中保存的信众为逝去父母礼佛追福的祭文中充分反映了这种方式，如：

窃闻大圣法王，运一乘而化物；大雄利见，越三界以居尊。……妙觉巍巍，理绝名言者矣！然今即席捧炉，虔跪所为意者，斋虽一会，意有二端：一为亡考忌晨(辰)之所设也。惟亡考英誉早闻，芳猷素远；……至孝等自惟薄福，上延亡考，望得久居高堂，当堪孝养。何亏殃卒，掩(奄)就崩亡！……故于是日，延请圣凡；就此家庭，奉资灵诚。于是施罗百味，远晓影于天厨；炉焚海岸之香，供列天厨之味。惟愿以斯设斋功德，一一念颂胜因，总用资薰亡考所生魂路，惟愿坐莲台而居上品，乘般若而往西方；餐法味而会无生，超一乘而登彼岸。目睹诸佛，心悟无生；神游五净之宫，逍遥六天之境。然后合家长幼，都宗清净之因；内外枝

---

① 《旧唐书》卷162《韦绶传》。

② 《卍续藏经》第150册，台湾新文丰影印本，1975年，第5页。

③ 池田温《中国古代写本识语集录》，大藏出版株式会社，1990年，第179页。

罗，并寿(受)无疆之益。先亡远代，悉得上生；人及非人，咸登觉道。摩诃般若[①]。

可以看出这篇祭文是作者在其父亲祭日举办的斋会上所作的，之所以虔心礼敬法王，举办斋会其目的就是为其亡父追福，以此表达自己对亡父的一片孝心。

另一篇《亡妣文》则反映了作者举办斋会，虔诚礼佛为其亡母追福的情况，其文云：

……然今至孝即席捧炉虔跪所为意者，奉为亡妣初七功德之所设也。……故于是日，延请圣凡，就此家庭，奉资灵诚。于是庭罗宝座，请三佛于十方；严办珍馐，屈六和于五众。……惟愿以兹设斋功德，焚香念诵胜因，总用资薰亡考所生神路，惟愿入总持之惠(慧)苑，游无漏之法林；证解脱之空门，到菩萨之彼岸；泛智舟于法海，登般若之高山；离变易之无常，会真空之法界[②]。

有些信众通过造佛像来获取功德，以致孝其亲人。唐睿宗的第七个女儿鄎国长公主为睿宗追福，"手写金字梵经三部，躬绣彩线佛像二铺"[③]。鲁山令元德委在母亲去世丁忧时，"刺血画佛像、写经，以不赀之身，申罔极之报"[④]。

有些信众通过修建佛堂佛寺来为父母亲人追福尽孝。贞观八年(634)，太宗为其母太穆皇后追福，建造了宏福寺[⑤]。唐高宗作皇太子时，为其母文德太后追福，造慈恩寺及翻经院。大历二年(768)，鱼朝恩献通化门外赐庄为寺，以资章敬太后冥福，仍请以章敬为名，复加兴造，穷极壮丽[⑥]。

除此而外，信众还通过施舍僧尼，供养佛像、参加佛教宗教活动等方式来为父母亲人祈福或追福，以尽孝道。

---

① S.5957 号，B.3765 号。

② S.5957 号，B.3765 号。

③《全唐文》卷 230，张说《鄎国长公主神道碑铭》。

④《全唐文》卷 320，李华《元鲁山墓碣铭》。

⑤《唐会要》卷 48《议释教下·寺》。

⑥《旧唐书》卷 184《宦官传》。

从以上分析可以看出，在儒家的抨击下，佛教为了自身的发展积极吸收和改造儒家的孝道思想，并加以宣扬和实践，以促进自身的传播与发展，其结果是佛教徒冲破出家无家的教规，在思想和行动上又回归到了儒家孝道的轨道上来了。而佛教徒所宣扬的孝道理念与采取的行孝方式又反过来被唐代世俗社会所接受，为唐代孝文化注入了新的因子，从而丰富了唐代孝文化的内容，促进了孝文化的发展。

二、孝文化与唐代其他外来宗教

唐代的外来宗教还有景教、摩尼教、祆教和伊斯兰教等，前三教被称为唐代的“三夷教”。祆教是古波斯的琐罗亚斯德教传入中国后，中土人对其的称谓。在唐代祆教信仰基本上局限于来华的波斯人和西域商人，中国本土很少有人信仰，信仰伊斯兰教的情况也类似，因此与儒家思想文化没有多大联系。摩尼教与祆教相类似，唐朝前期主要在北方境外游牧民族中流传，八世纪中叶成为回纥族的国教。因回纥与唐朝的密切关系而得以在唐朝内地传播，但唐朝政府对其一直态度比较冷淡，其汉译经典很少见，且主要吸收的是佛教的思想。因此它与儒家思想文化也没有什么深入的交流。正因为这些外来宗教不能积极吸收儒家道德伦理思想，所以不能广泛融入唐代社会，因此不能广泛传播。由于缺乏根基，所以唐朝宗教政策一改变，就难以生存。

景教原系基督教之异端的一支，在西方称为聂斯托里派，传入中国后称为景教。景教传入唐朝时得到了唐太宗的大力支持，直到武宗灭佛前，除武则天时期一度受挫外，唐朝政府对其基本上持扶持的态度。景教在唐代流行了 200 余年。作为一种与中国固有思想文化体系完全不同的宗教派别，其在传教中则采取了对儒释道都积极吸收的原则，在对儒家思想吸收上突出了忠孝思想。景教宣扬孝亲忠君的思想集中体现在其经典《序听迷诗所(诃)经》中，其经云：

众生若怕天尊，亦合怕惧圣上。圣上前身福私(利)。天尊补任，亦无自乃天尊耶！属自作圣上，一切众生，皆取圣上进止。如有人不取圣上驱使，不伏其人，在于众生，即是返(叛)逆。偿(倘)若有人，受圣上进止，即成人中解事，并伏驱使，及[作]好人，并谏他人作好，及自不作恶，此人即成受戒之所。如有人受戒，即不怕天尊，此人即一依佛法，不成受戒之所，即是返(叛)逆之人。第三须怕父母，秖承父母，将比天尊，及圣帝。以若人先事天尊，及圣上，及事父母不阙，此人于天尊得福，不多。此三事：一种先事天尊，第二事圣上，第三事父母。为此普天在地，并是(事)父母行，据此圣上皆是神生，今世虽有父母见存，众生有智计，合怕天尊及圣上，并怕父母，好受天尊法教，不合破戒。

……天尊说云：所有众生，返(叛)逆诸恶等，返(叛)逆于[天]尊亦不是孝；第二愿者，若孝父母并恭给，所有众生，孝养父母，恭承不阙，临命终之时，乃得天道为舍宅；[第三愿者，所以众生]，为事父母，如众生无父母，何人处生①。

从上边这段经文不难看出，景教徒将尊奉上帝与尊崇皇帝及奉养父母统一起来，对忠君孝亲思想进行了大力宣扬。《序经》是景教徒为唐代朝廷和士大夫了解其教义而写的。按照儒家尊君的观念，皇帝被看作是天子，具有神和人的双重属性。唐太宗被尊奉为“天可汗”，显示出当时皇帝和皇权在人们心目中的至高地位。景教恰逢这时传入中国，不得不接受儒家这种尊君忠君思想的影响，宣称“圣上皆是神生”，在“事天尊”之下，即要求信徒要“事圣上”。孝亲是中国传统伦理的核心，是忠君的基础，景教要在中国传播，不适应孝道伦理的要求，是无法立足的。所以景教徒将本来在基督教十诫中排在第五位的孝敬父母提升到第三位，并对其内容按照儒家的思想进行扩充，可见其用心之良苦。唐代帝王很可能是看到景教有利于治国理家，才对其大加扶持。唐太宗在建造大秦寺的诏书中说景教“济物利人，宜行天下”②。天宝初年，唐玄宗命高力士将高祖、太宗、高宗、中宗、睿宗的画像供奉到长安城的大秦寺。这一做法的目的很可能是通过景教仪式来为五帝追福，祈求唐朝统治稳固，其中包含着孝道伦理。对此景教徒欣然接受，并视为荣耀，称“龙髯虽远，弓剑可攀。日角生光，天

① 翁绍军《汉语景教文典诠释》，三联书社，1996年，第93-95页。

②《汉语景教文典诠释》，第54页。

颜咫尺”。从中反映出景教和佛教一样，也通过其宗教活动来宣扬孝道。在颂词中赞扬唐代宗云：“代宗孝义，德合天地。开贷生成，物资美利。香以报功，仁以作施”[①]。关于景教借助儒家忠孝思想来传教是学术界比较一致的看法[②]，但对于景教在唐代的衰亡的原因认识不一。朱谦之先生在其《中国景教》一书中总结学者的看法说：“由上所说，当然都不能全面的科学分析，只是片面的陈旧历史观点，尽管如此，合并来看似乎初步认识到在以经济为首的原因外，更有政治与文化的其他原因”[③]。也就是说原因应该是多方面的。以笔者来看，景教在唐代衰亡有其文化上的深层次原因。为了传教之便，景教在思想上提倡忠孝二道，有向儒家思想靠近的一面，但他贯彻的并不彻底，据学者对唐代汉译景教经典研究，其前期的经典对儒家忠孝观念提倡比较突出，受玄宗崇道教的影响，玄宗以后的经典主要转向宣扬道教思想了[④]。由于景教不能坚持向居于统治地位的儒家道德伦理靠拢，所以它在唐代社会也很难扎根。有学者指出，景教在传教上只走上层路线，不注重在民间传播[⑤]。儒家孝道伦理思想在民间社会处于统治地位，与其说景教不注重在民间传播，还不如说它不能积极吸收儒家孝道观念而无法深入民间社会。

基于以上分析，可以看出，作为本土宗教的道教在其发展过程中，需要吸收儒家的孝道观念来传教。作为外来宗教的佛教在其本体化的过程中也主动吸收儒家孝道思想，以求发展。景教在传播中一度采取了迎合儒家孝道观念而得到唐朝统治者的积极扶持。祆教、摩尼教、伊斯兰教等其他外来宗教虽在唐朝的宗教宽松政策下得以传播，但其传播对象局限于外国人或少数民族，尤其是在思想上不能与儒家思想文化相融合，因而不能扎根于唐代社会之中。由此可见无论是本土宗教，还是外来宗教，如果期望

---

①《汉语景教文典诠释》，第 59 页。

② 朱谦之先生在《中国景教》一书中说：“景教不仅采取道家习用的词汇，模仿佛教经典的形式，更且强调儒家思想之忠孝二道以为其传教张目”。人民出版社，1992 年，第 143 页。

③ 朱谦之《中国景教》，人民出版社，1992 年，第 209 页。

④ 翁绍军《汉语景教文典诠释》，三联书社，1996 年。

⑤ 江文汉《景教》，收入《中国古代基督教及开封犹太人》，知识出版社，1982 年。

在民间社会广泛传播，就必须积极吸收儒家伦理道德的积极因素，尤其是在儒家孝道伦理上必须持有鲜明的拥护态度，否则，在中国就不能广泛而持久的传播。宗教和孝道同属于意识形态范畴，而道教、佛教对孝道的服膺也反映出了孝文化在意识形态中的引领作用。

第二节　孝文化与唐代文学

唐代文学十分发达，在中国文学史上写下了辉煌灿烂的一页。唐代人把文学的地位看得很重很高。魏征在《隋书·文学》中说：

然则文之为用，其大矣哉！上所以敷德教于下，下所以达情志于上，大则经纬天地，作训垂范，次则风谣歌颂，匡主和民。或离谗放逐之臣，涂穷后门之士，道坎坷而未遇，志郁抑而不申，愤激委约之中，飞文魏阙之下，奋迅泥滓，自致青云，振沉溺于一朝，流风声于千载，往往而有。是以凡百君子，莫不用心焉。

在魏征看来，文学的作用极大，上可以“敷德教”，下可以“达情志”；既可以“经纬天地，作训垂范”，又可以“风谣歌颂，匡主和民”。其实质就是说对于治国理政，安民济世是大有益处的。主张文学为政治服务代表了唐代人对文学的基本看法。正是从政治需要出发，唐人才高度重视文学和有文学才能的人，大力推行以文才取士的政策。文学服务政治，在思想上自然要接受主流意识形态的指导。在唐代政治上占据统治地位的是儒家思想。它对知识阶层的影响作用和知识阶层对它的服膺程度是佛道二教所无法比拟的。儒家的社会政治伦理思想的基础和根本是孝道。因此文学成为反映孝文化的重要载体，而对孝道弘扬的需要也促进了唐代文学的繁荣。

一、唐诗中的孝文化

“唐代是一个诗的时代，全社会上上下下都诗化了，都被诗陶醉了，

诗歌成为最普及最受欢迎的文学形式”[①]。唐诗的内容丰富多彩，其中一个重要的主题就是歌颂亲情，倡导孝道。

孝道最基本的内容就是要“善事父母”，即要求子女给父母尽其可能的提供物质生活条件，关心照顾好父母的日常生活，在父母生病期间照顾好父母。不仅如此，还要让父母在精神上获得愉悦。白居易以诗歌的形式充分体现出了这一要求。其《十二时行孝文》云：

平旦寅，早起堂前参二亲。处分家中送疏水，莫教父母唤频声。
日出卯，立身之本须行孝。甘饨盘中莫使空，时时奉上知饥饱。
食时辰，居家治务最须勤。无事等闲莫外宿，归来劳费父嫌憎。
隅中巳，终孝之心不合二。竭力勤酬乳哺恩，自得名高上史记。
正南午，侍奉尊亲莫辞诉。回乾就湿长成人，如今去合论辛苦。
日昳未，在家行孝兼行义。莫取妻言兄弟疏，却教父母流双泪。
晡时申，父母堂前莫动尘。纵有些些不称意，向前小语善谘闻。
日入酉，但原父母得长寿。身如松柏色坚政，莫学愚人多饮酒。
黄昏戌，下帘拂床早交毕。安置父母卧高堂，睡定然乃抽身出。
人定亥，父母年高须保爱。但能行孝向尊亲，总得扬名于后世。
夜半子，孝养父母存终始。百年恩爱暂时间，莫学愚人不喜欢。
鸡鸣丑，高楼大宅得安久。常劝父母发慈心，孝得题名终不朽。[②]

这首诗以十二时辰为次序，对子女的孝行作出了细致的安排，诗中既要求子女为父母提供充足舒适的物质生活条件，细心照顾好父母的日常生活，又要求子女要关心父母的精神需要，顺从父母的意志，更要求子女诚心诚意地孝敬父母，显亲扬名，使父母获得荣耀。这首诗其实全面细致地诠释了《孝经·纪孝行》“孝子之事亲也，居则致其敬，养则致其乐，病则致其忧”的要求。《孝经·庶人》云：“用天之道，分地之利，谨身节用，以养父母，此庶人之孝也”。即对于一般老百姓的孝道要求就是通过躬耕劳作以奉养其父母。唐诗《邻相反行》正反映出了这样的主题。诗中描写了

① 李斌城《唐代文化(上)》，中国社会科学出版社，2002版，2007年重印，第145页。
② 陈尚君辑校《全唐诗补编》卷28《全唐诗续拾》。

两个邻居，一个让儿子耕田种地以养亲，另一个让儿子苦读经书以取功名而显亲，诗人对躬耕养亲的东家表示赞许，对苦读经书以求功名的西家则给予了讥讽。其诗云：

东家自云虽苦辛，躬耕早暮及所亲。男舂女炊二十载，堂上未为衰老人。朝机暮织还充体，余者到兄还及弟。春秋伏腊长在家，不许妻奴暂违礼。尔今二十方读书，十年取第三十余。往来途路长离别，几人便得升公车。纵令得官身须老，衔恤终天向谁道？百年骨肉归下泉，万里枌榆长秋草。我今躬耕奉所天，耘锄刈获当少年。面上笑添今日喜，肩头薪续厨中烟。纵使此身头雪白，又有儿孙还稼穑。家藏一卷古孝经，世世相传皆得力。为报西家知不知，何须谩笑东家儿。生前不得供甘滑，殁后扬名徒尔为[①]。

杜甫笔下的孟氏兄弟也是靠辛勤劳动来孝养父母，训育儿女的。其诗云：

孟氏好兄弟，养亲唯小园。承颜胝手足，坐客强盘飧。负米力葵外，读书秋树根。卜邻惭近舍，训子学谁门[②]。

对于孝子的一个要求就是父母在，不远游，因为远游就无法孝养父母，还要父母担心。在唐诗中充分展示了游子离别父母的眷恋、担心和愧疚的心情。孟郊的《游子吟》写道：

慈母手中线，游子身上衣。
临行密密缝，意恐迟迟归。
谁言寸草心，报得三春晖[③]。

这首诗把一个漂泊在外的游子对母亲的思念之情表达得淋漓尽致。王维的《观别者》生动地刻画了游子即将离别亲人的情景，诗中写道：

青青杨柳陌，陌上别离人。爱子游燕赵，高堂有老亲。不行无可养，行去百忧新。切切委兄弟，依依向四邻。都门帐饮毕，从此谢亲宾。挥涕逐前侣，含凄动征轮。车徒望不见，时见起行尘。吾亦辞家久，看之泪满巾[①]。

①《全唐诗》卷584。
②《全唐诗》卷230。
③《全唐诗》卷23。

杜荀鹤《行次荥阳却寄诸弟》“难把归书说远情，奉亲多阙拙为兄。早知寸禄荣家晚，悔不深山共汝耕”[②]。此诗道出了远游在外不能奉亲尽孝的愧疚之情。王泠然《淮南寄舍弟》“归情春伴雁，愁泣夜随猿。愧见高堂上，朝朝独倚门”[③]，孟郊《远游》“慈乌不远飞，孝子念先归。而我独何事，四时心有违”[④]，同样表达出了旅居他乡，不能奉养年迈父母的愧疚和思念之情。

孝道的另一要求就是要做到慎终追远，安葬好父母并按时以礼祭祀。《礼记·祭统》云“孝子之事亲也，有三道焉：生则养，没则丧，丧毕则祭。养则观其顺也；丧则观其哀也；祭则观其敬而时也。尽此三道，孝之行也”。唐诗中有许多作品刻画在父母去世后痛苦不已的孝子形象。如刘湾《虹县严孝子墓》：

至性教不及，因心天所资。礼闻三年丧，尔独终身期。下由骨肉恩，上报父母慈。礼闻哭有卒，汝独哀无时。前有松柏林，荆蓁结朦胧。墓门白日闭，泣血黄泉中。草服蔽枯骨，垢容戴飞蓬。举声哭苍天，万木皆悲风[⑤]。

这里作者塑造了一个在父母去世后痛不欲生，终身守丧，哀毁逾礼的严孝子形象。

耿湋《题孝子陵》：

荒坟秋陌上，霜露正霏霏。松柏自成拱，苫庐长不归。浮埃积蓬鬓，流血在麻衣。何必曾参传，千年至行稀[⑥]。

这首诗也刻画出了一个披麻戴孝、蓬头垢面、泣血守庐的孝子形象。

李商隐《过姚孝子庐偶书》：

拱木临周道，荒庐积古苔。鱼因感姜出，鹤为吊陶来。两鬓蓬常乱，

① 《全唐诗》卷125。
② 《全唐诗》卷682。
③ 《全唐诗》卷115。
④ 《全唐诗》卷374。
⑤ 《全唐诗》卷196。
⑥ 《全唐诗》卷268。

双眸血不开。圣朝敦尔类，非独路人哀[①]。

这首诗不仅反映出了孝感动天的思想，而且反映出了唐朝上至朝廷下至普通民众对孝子的褒扬和崇敬。

有些唐诗对丧祭的情景进行了生动的描写，从中也能反映出唐人对逝去亲人的哀悼和追思之情，王建和张籍的《北邙行》皆反映了当时的情景。王建的诗句为：

北邙山头少闲土，尽是洛阳人旧墓。旧墓人家归葬多，堆著黄金无买处。天涯悠悠葬日促，冈坂崎岖不停毂。高张素幕绕铭旌，夜唱挽歌山下宿。洛阳城北复城东，魂车祖马长相逢。车辙广若长安路，蒿草少于松柏树。涧底盘陀石渐稀，尽向坟前作羊虎。谁家石碑文字灭，后人重取书年月。朝朝车马送葬回，还起大宅与高台[②]。

张籍的诗为：

洛阳北门北邙道，丧车辚辚入秋草。车前齐唱薤露歌，高坟新起白峨峨。朝朝暮暮人送葬，洛阳城中人更多。千金立碑高百尺，终作谁家柱下石。山头松柏半无主，地下白骨多于土。寒食家家送纸钱，乌鸢作窠衔上树。人居朝市未解愁，请君暂向北邙游[③]。

在唐代，洛阳近郊的北邙山被看作是葬埋亲人的风水宝地，许多人都将亲人和家族的墓地选在这里，所以就有了朝朝暮暮、丧车辚辚、哀乐声声、高坟峨峨、碑碣森森的情景。更有那寒食节家家烧纸钱祭奠亲人，表达哀思的情景。

唐诗中不仅有反映世俗社会孝道情况的作品，也有反映出家人行孝道的诗句，如姚合《送僧默然》“出家侍母前，至孝自通禅”[④]。正是许多唐代出家僧尼出家不忘家，依然恪守孝道的生动反映。又如《赠韩家郎君在家修行》：

崇真起善立玄堂，谨奉朝昏两炷香。内侍孀亲行孝道，外持贞正合三

---

①《全唐诗》卷540。

②《全唐诗》卷298。

③《全唐诗》卷382。

④《全唐诗》卷496。

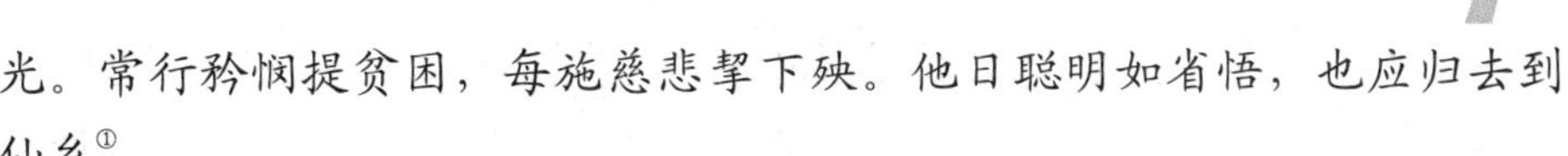

光。常行矜悯提贫困，每施慈悲挈下殃。他日聪明如省悟，也应归去到仙乡[①]。

这首诗反映的则是道教信徒将修道与行孝结合的状况。唐诗中既有从正面对孝道褒扬的诗句，也有对不孝行为批判的诗句。贯休的《行路难五首》(其五)便是其中的代表之作：

君不见道傍树有寄生枝，青青郁郁同荣衰。无情之物尚如此，为人不及还堪悲。父归坟兮未朝夕，已分黄金争田宅。高堂老母头似霜，心作数支泪常滴。我闻忽如负芒刺，不独为君空叹息。古人尺布犹可缝，浔阳义犬令人忆。寄言世上为人子，孝义团圆莫如此。若如此，不遄死兮更何俟[②]。

这首诗描写了不孝子在父亲去世后争分财物田产，而不顾年迈老母的不孝行径，并把他们与“道傍树有寄生枝”“古人尺布犹可缝，浔阳义犬令人忆”等所谓无情之物作对比，以“不遄死兮更何俟”对这些不孝子孙进行严厉批判。

孝既是家庭伦理，又是政治伦理。唐代统治者在政治上推行以孝治天下的政策，孝被作为治国之大道而被重视和应用，这在唐诗中也有体现。如李义府《宣正殿芝草》中的“明王敦孝感，宝殿秀灵芝”[③]。他用天人感应之说来解释宣正殿前生出灵芝的原因在于皇帝英明，敦劝天下行孝，上天才降下祥瑞以褒奖。张说《东都酺宴四首并序》其一有“政成天子孝，俗返上皇初”[④]的诗句，赞扬玄宗的美政得益于其带头奉行孝道。杜甫《送许八拾遗归江宁觐省》“诏许辞中禁，慈颜赴北堂。圣朝新孝理，祖席倍辉光”[⑤]，权德舆《仲秋朝拜昭陵》“吾皇弘孝理，率土蒙景福”[⑥]，也都表达出对以孝治天下的拥护和赞赏。

孝与政治伦理的结合便是忠。唐人提倡移孝作忠，更追求忠孝两全。

---

①《全唐诗补编》卷56《全唐诗续拾》。

②《全唐诗》卷25。

③《全唐诗》卷35。

④《全唐诗》卷87。

⑤《全唐诗》卷225。

⑥《全唐诗》卷325。

这种观念在唐诗中也有体现。在唐诗中有大量赞扬忠孝的诗句。如陈陶《圣帝击壤歌四十声》："鹰鹯飞接翼，忠孝住连墙"①。其以比喻的方式形象地揭示出中一句"其间忠孝字，万古光不灭"②将忠孝伦理奉为光照万古的真理。张九龄《和苏侍郎小园夕霁寄诸弟》中的"人伦用忠孝，帝德已光辉"③也将忠孝视作经纬人伦、治家理国之大道。周昙《章子》"在家能子必能臣，齐将功成以孝闻。改葬义无欺死父，临戎安肯背生君"④，杜甫《暮春江陵送马大卿公恩命追赴阙下》"自古求忠孝，名家信有之"⑤。这些诗句则反映的是唐人欲求忠臣必于孝子之门的观念。崔融《哭蒋詹事俨》"养亲光孝道，事主竭忠规"⑥，韦元甫《木兰歌》"世有臣子心，能如木兰节。忠孝两不渝，千古之名焉可灭"⑦，戴叔伦《奉天酬别郑谏议云逵、卢拾遗景亮见别之作》"郑君间世贤，忠孝乃双全"⑧等，都是表达对忠孝之人士的敬仰与赞扬之作。储光羲《同张侍御鼎和京兆萧兵曹华岁晚南园》"阙下忠贞志，人间孝友心"⑨，孟浩然《仲夏归汉南园，寄京邑耆旧》"忠欲事明主，孝思侍老亲"⑩则是反映了作者想成为忠孝双全之人的理想和抱负。有学者认为唐诗体现出了忠重于于孝的忠君观念⑪，从以上唐人关于忠孝方面的诗句来看，唐人对忠孝皆是一并歌颂，并没有表现出轻重高低之分的思想，而且唐代官僚士大夫在实际中处理忠孝冲突时也没有表现出君先于亲，死事一君为主流的观念⑫。因此说唐诗中体现了忠重于孝的思想值得商榷。

---

①《全唐诗》卷 746。
②《全唐诗》卷 617。
③《全唐诗》卷 49。
④《全唐诗》卷 728。
⑤《全唐诗》卷 232。
⑥《全唐诗》卷 68。
⑦《全唐诗》卷 272。
⑧《全唐诗》卷 273。
⑨《全唐诗》卷 139。
⑩《全唐诗》卷 159。
⑪ 赵小华《唐人的孝亲观念与孝亲诗》，《华南师范大学学报》2006 年第 4 期。
⑫ 朱海《唐代忠孝问题探讨——以官僚士大夫阶层为中心》，《武汉大学学报》2000 年第 3 期。

从以上分析可见，唐诗从各个角度对孝道伦理进行了诠释和讴歌。由于唐诗是唐代最为流行和普及的文学形式，像白居易等不少唐代诗人的诗作家喻户晓，妇孺能颂。因此，唐诗宣扬孝道对于强化社会的孝道意识和促进孝行风气产生了积极的影响。

二、唐文中的孝文化

唐代文章成就非同一般，形式多样，内容丰富。唐人提倡“文以载道”。因此唐代文章的价值取向同样受到儒家思想的指导，在孝道观念的宣扬上不遗余力。唐代文章从文体上总体上讲包括散文(唐人称为古文)、骈文(唐人称为今文)和赋；从应用性来区分，唐代流行的实用文体种类很多，主要有诏敕、制诰、策问、表、判、笺、状、书、疏、序、论，颂、赞、箴、铭、碑、志、祭文等。由于孝道是家庭的基本伦理，政治的基本准则，所以几乎唐代所有文章体裁中都有宣扬孝道的主题，而所有文体都能够为弘扬孝道而服务。

在唐代流行的文体当中与孝文化关系最密切的是碑志。墓志包括立于地面的墓碑的碑文和埋于墓中的铭文。虽有地下和地上的不同，但其格式和功能是相同的。碑志所述内容主要包括死者的姓名、籍贯、世系、行治(生平业绩)、卒葬(墓地所在、去世及下葬时间)等。这种内容选择充分体现了孝文化的特征。籍贯和世系体现的是孝的第一层次的内涵——传宗接代以延续祖先和父母的生物性生命。中国传统意识之所以强调“不孝有三，无后为大”，原因在于没有后代不仅意味着自己生命延续的中断，也意味着父母生命延续的结束，更意味着祖先乃至整个家族延续的终结，因此对于父母和祖先而言的确是不孝之极。如果儿孙满堂，父母和祖先的生命就会延续下去，就有人永远去追忆和纪念父母和祖先，这样实现了父母和祖先生物性生命的延续。因此碑志中无不写明死者的世系。唐以来的墓志不仅要述明世系，甚至还要附述子孙、妻女等。因为在古人看来，婚姻是合两姓之好，具有延续家族血脉的功能，而妻子在这当中的重要作用是不可替代的，所以在墓志中也就为其留下一笔。行治是对死者和祖先功业的称颂，体现的是对父母和祖先精神生命的延续，即所谓扬名显亲、光宗耀祖。儒家提出“立德、立功、立言”的三不朽观念，成为中国古代知识分子追求死后不朽，超越有限的个体生命，以实现生命的永恒价值的独特方式。卒葬和铭文则体现了儒家孝文化的宗族群居理念。中国古代居住方式是由原始血亲部族转变而来的宗族群居。生前在一起享受亲情和天伦之乐，死后也不能分离，也要按照血缘宗族关系埋葬在一起，即就是死后也要像生前一样侍奉父母祖先，所以碑志一般都要写明死者的籍贯、去世及安葬的时间和墓地所在。这样一方面可以保证后辈找到祖先父母葬埋之地，便于祭祀追思，另一方面便于客死他乡的人，在去世后也能归葬于祖坟，以达到与逝去的祖先和亲人团聚的目的。这实际上是儒家孝文化所倡导的认祖归宗观念的体现。因为有这种认祖归宗的强烈孝道意识，所以古人才会想方设法将客死他乡的亲人归葬于祖坟，并视其为孝道之举。唐代安史之乱中许多人为躲避兵乱而客死他乡，乱后亲人纷纷寻其尸骨，将其迁葬归祖坟，如唐衢州司士参军李涛在安史之乱中“避地江表”，乾元二年客死于扬州，大历九年，也就是他死后十二年由其从弟李涵和其四个儿子将其迁葬于“洛阳先使君夫人宅兆之侧”，为其撰写墓志的独孤及认为“凡今孝乎惟孝友于兄弟者，于此乎观礼”[①]。铭文是碑志文最后的一个部分，一般为四字一句的韵文，其内容是对死者的颂扬，抒发亲友的哀思之情，在碑志中是进一步对孝思想的凝练和提升。兹将独孤及所撰的《唐故衢州司士参军李府君墓志铭》录于下，以使读者对其文体及表达的思想有一个直观的认识。

公讳涛，皇唐太祖景皇帝六代孙也。曾祖道立，尝典陕、济、陈三州刺史，封高平郡王。祖景淑，毕国公。父仲康，官至尚书主客郎中、楚州刺史。世秉懿德，为公族领袖，语在皇室谱。公纯孝忠厚，贞信廉让。直而逊，明而晦，朴而不固，静而应物。克己复礼，时然后言，策名居官，清畏人知。弱岁好学，笃志经术，专《戴氏礼》。晚节耽《太史公书》，酌百代之典故，以辅儒道。以经明行修，宗正寺举第一。初仕许州临颍县主簿，历宋州宋城县尉，皆以恭宽信惠，闻于千室。议黜陟幽明者，谓公

① 《全唐文》卷391，独孤及《唐故衢州司士参军李府君墓志铭》。

文行吏事，宜登三台。会河朔军兴，避地江表，相国崔涣，承诏署衢州司士参军。于时五府辟召之权，移于兵间，务苟进者，多由径而致显位。公俭德正志，安贞俟时，未尝以得丧夷险、芥蒂方寸，视荣辱晏如也，论者高之。乾元二年某月日，寝疾终于扬州，春秋若干。某月日，权窆于衢州。呜呼！仁可以师表缙绅，而无贵仕；礼可以轨范风俗，而不遐寿。冲用休绩，卷而未形，溘焉化往，使善人相吊。呜呼哀哉！公殁后十有二载，从父弟涵，以宗室柱石为御史大夫，按节江东。痛仁兄生不登公侯卿大夫之位，殁不备踰月外姻至之礼，遂茹哀筮日，减月俸以庀丧具。由是大历九年夏四月二十七日，公长子居介及居佐、居敬、居易，奉公之輤柩归葬于洛阳先使君夫人宅兆之侧。凡今孝乎惟孝友于兄弟者，于此乎观礼。及谓知公者宜莫若懿亲，今将以无愧之词，申报幽路，故作铭以刊之于石。其词曰：

天地方否，君子安卑。世道既夷，隙驹莫追。仁而不寿，才既无施。积善必庆，天何余欺？襜襜裳帷，泝江绝淮。苍苍故山，玉树斯理。死丧之威，兄弟孔怀。令德家风，与天壤偕。

唐代碑志文在唐文中占有相当的分量，《全唐文》中就收录了大量的碑志文，当代学者周绍良先生编辑的《唐代墓志汇编》和《唐代墓志汇编续集》中收录的墓志录文就多达5174篇。唐代许多作家都有碑志作品传世，有的作家就因为善写碑志而获取大名，且得到丰厚酬报，如李邕、韩愈、柳公权等。

祭文也是主要为孝文化服务的重要文体之一。祭文中所涉及的对象包括死去的亲人、山岳河海之神灵，有的还包括动物等，如韩愈的《祭鳄鱼文》[①]，其中大部分是祭祀逝去亲人的。《全唐文》《唐文拾遗》和《唐文续拾》中就收录了484篇祭文，陈子昂、张说、张九龄、王维、独孤及、权德舆、梁肃、韩愈、柳宗元、元稹、白居易、李商隐、黄滔等唐代著名文学家都是写祭文的高手，可见当时祭文在唐人生活中的重要地位，不然何以这么多的文学之士愿将精力和心思花在写祭文上？唐代祭文有基本固

①《全唐文》卷568，韩愈《祭鳄鱼文》。

定的格式，一般以“维年月日，某人谨以某物，敬祭某之灵”为篇首，具体写明时间、主祭人、祭品、祭祀的对象，结尾以悲号语“呜呼哀哉”和祈求语“尚飨”。如权德舆的《祭海陵李少府元易文》：“维建中三年岁次壬戌某月朔日，试右金吾卫兵曹参军权德舆，谨以清酌庶羞之奠，敬祭于故海陵县尉李君元易之灵。……幽显此殊，呜呼元易。尚飨”[①]！韦贯之的《祭李吉甫文》：“维元和九年月日，某官谨遣某，以清酌之奠，敬祭于故中书侍郎同中书门下平章事赠司空赵国公李公之灵。……呜呼哀哉！尚飨”[②]。与这种一般格式不同，在敦煌出土的一部分祭文中融入了佛教的因素，主祭者为佛教信徒，通过举办佛教法事，获取功德，使逝去的父母亲人脱离轮回苦难，而进入极乐世界为孝道之追求，故在祭文的开始先颂扬佛法的伟大，如“常闻细寻大教，皆崇孝理之因；力考前修，并是宝光之礼。非神道不可以追荐，非法力不可以清升”[③]“……惟夫大觉世尊，独步三千之城；至真调御，孤游八万之门。随言不测其始终，视听莫知其来去。巍巍汤汤(荡荡)，可略而言”[④]。接着说明为谁举行佛教法事获取功德来追福，如“时即有持炉至孝等奉为亡考七念诵(之)福会也”[⑤]。主体部分与一般祭文一样，是对父母亲人的功业事迹颂扬，最后一部分是愿词，希望父母亲人脱离轮回苦海，步入佛教所宣扬的极乐世界：“愿陵涉室于萨云若海，悟神照于般若身田；高升解脱之律(津)，永谢轮之苦”[⑥]。同时进一步希望这种福佑推广自己全家和亲友，甚至一切众生：“人(又)持是福，庄严斋主合门居眷，表里亲因(姻)，惟愿汤(荡)千灾，增万福；善业长，道涯闻。同种智而圆明，等法身坚固”[⑦]。

基于以上分析，我们可以说，唐代的文章为孝道的宣扬作出了积极的贡献，而为了宣扬孝道，也促进了唐代文章从内容到文体的发展。

---

①《全唐文》卷508，权德舆《祭海陵李少府元易文》。

②《全唐文》卷531，韦贯之《祭李吉甫文》。

③ B.2226号。

④ B.2341号。

⑤ S.5957号，B.3765号。

⑥ B.2226号。

⑦ B.2226号。

三、唐代小说中的孝文化

小说文体在唐代得到了空前的发展。“唐人的小说创作使中国古典小说结束了依附于子、史的状态，从此走上了自己的正史时代”①。在唐代小说中也有许多体现孝文化的内容。唐代小说大致包括两类，一是传统形态的志怪小说。志怪小说在唐代依然相当发达，许多志怪小说集就产生于这个时代，如初唐的《冥报记》(唐临)、盛唐的《命定录》(赵自勤)、中唐的《灵怪录》(张荐)、晚唐的《宣室志》(张读)、《独异志》(李冗)等。这些小说基本上是讲述鬼神谶验、因果报应的，其中也有通过鬼神故事、因果报应思想来宣扬孝道的。如《冥报记》中有一则故事，讲述的是隋大业年间，有一个河南的妇人不孝养婆婆。婆婆双目失明，妇人将蚯蚓做成羹给婆婆吃，结果遭到报应，其头变成了白狗的头，嘴里一直自言自语：“不孝于姑，为天神所罚。”落得个被丈夫休弃，“乞食于道”的下场②。《独异志》记载：“淄川有女曰颜文姜，事姑孝谨，樵薪之外，复汲山泉以供姑饮。一旦，缉笼之下，忽涌一泉，清泠可爱。时人谓之‘颜娘泉’，至今利物”③。又有：“晋颜含有孝行。兄几服药过多，死于家。含遂开棺，复生。母妻家人尽勤倦，含弃绝人事，侍兄疾十三年，曾无劳怠”④。可以看出，这些故事的共同之处在于宣扬行孝会得到好的果报，不行孝则会招致天谴，得到惩罚。

唐代小说另一种类型则是传奇。传奇是唐人在传统志怪小说的基础上的新发展。与传统志怪小说相比，传奇不再拘泥于笔录传闻，而是多体现出作家精心刻意的创作，具有志怪小说所没有的曲折动人情节、引人入胜的戏剧冲突、生动细腻的人物刻画，以及通俗性的语言倾向，使得其比志怪小说的感染力显著增强，也就是说其对孝道的宣扬能力也大大增强。李

① 李斌城主编《唐代文化(上)》，中国社会科学出版社，2002 年版，2007 年重印，第 174 页。

②《太平广记》卷 162。

③《独异志》卷中。

④《独异志》卷中。

公佐的《谢小娥传》[①]是唐代传奇的代表作之一，故事大致为：谢小娥一家以水上经商为生，在一次经商中，遇见水盗，父、夫不幸遇害，谢小娥也身负重伤，落入江中。小娥脱险后，父、夫冤魂托梦，用谜语形式向小娥指示凶手姓名。小娥牢记在心，广求智者辨析，始终不得结果。一天，小娥偶遇李公佐，李公佐思考再三，获得谜底，指出杀人凶手是申兰、申春。此后小娥便女扮男装，往返于江面上，查访仇家。终于有一天，谢小娥找到了仇人。她伪装受雇仇家，接近仇人，骗取了仇人的信任，把她当作知己。她不露声色，耐心等待。一天夜里，仇家摆酒，她灌醉了仇人，果断报官，终于将凶手一网打尽。复仇事毕，谢小娥出家为尼。这篇传奇文字多达1500余字，生动细致地刻画了一个既孝且贞的女子形象。《新唐书》曾将此事采入《烈女传》，唐代的其他作家如牛僧儒、李复言也分别在《玄怪录》《续玄怪录》等笔记中写有此事。这反映出这一传奇故事的影响之大。白行简的《李娃传》是唐代传奇的又一代表之作，讲述了名妓李娃与赴京应试的荥阳公子相爱，这件事被公子的父亲得知，将公子几乎鞭挞至死。后公子流落街头，得到李娃救护督促，发奋用功，应试得中。其父回心转意，认李娃为儿媳。白氏出于对娼门女子的同情，编造了一个富有理想色彩的故事，他在《传》末写道："娃既备礼，岁时伏腊，妇道甚修，治家严整，极为亲所眷尚。后数岁，生父母偕殁，持孝甚至。有灵芝产于倚庐，一穗三秀，本道上闻。又有白燕数十，巢其层甍。天子异之，宠锡加等。终制，累迁清显之任。十年间，至数郡。娃封汧国夫人，有四子，皆为大官，其卑者犹为太原尹"[②]。可以看出他竭力将李娃塑造成一个封建社会义孝双全，相夫教子、孝养公婆的贤妻良母形象。这一传奇在唐代广为流传，后世多改编为戏曲。

四、唐代民间文学中的孝文化

民间文学是唐代文学的基础，它产生于唐人的世俗生活的基础上，往

① 《太平广记》卷491。

② 袁闾琨等编《唐宋传奇总集》，河南人民出版社，2001年，第188页。

往通俗易懂，在民间流传广泛，对唐人生活的影响也最为广泛。孝道作为唐人社会生活中最为基本的伦理思想，其在民间文学中有着广泛的反映。唐代的通俗诗作中有大量的以孝为主题的作品，具有代表性的是王梵志的诗。王梵志是唐初的通俗诗人，其诗歌以说理为主，重视惩恶劝善之功能。在其诗作中有相当多的篇目是以孝为主题的，如《你若是好儿》：

你若是好儿，孝心看父母。五更床前立，即问安稳不。天明汝好心，钱财横入户。王祥敬母恩，冬竹抽笋与。孝是韩伯俞，董永孤养母[①]。

这首诗要求子女孝养父母要晨省昏定，钱财都要交由父母管理，要向古代的孝子虚心学习。王梵志从佛教的因缘学说出发，认为孝是前生的缘分：

孝是前身缘，不由相放(仿)习。儿行不忆母，母恒行坐泣。儿行母亦征，项月追连脑急。闻道贼出来，母愁空有骨。儿回见母面，颜色肥没忽[②]。

王梵志这首诗中充分反映了母子之间的浓浓亲情，尤其是母亲对儿子的慈爱之情，并认为这种感情是与生俱来的。王梵志也赞扬父子亲情的可贵，“父子相怜爱，千金不肯博”[③]。王梵志将孝道看作是立身的根本：“立身行孝道，省事莫为愆。但使长无过，耶娘高枕眠”[④]。他提倡对父母要绝对顺从，即使是父母行事不得当也不能违抗：“耶娘行不正，万事任依从。打骂但知默，无应即是能”[⑤]。侍奉年迈的父母更要尽心尽力，“耶娘年七十，不得远东西。出后倾危起”[⑥]“耶娘绝年迈，不得离傍边。晓夜专看侍，仍须省睡眠”[⑦]。他不仅提倡子女孝敬父母，而且倡导兄弟之间要友爱，“兄弟须和顺，叔侄莫轻欺。财物同箱柜，房中莫畜私”[⑧]“兄弟相怜爱，同生

---

① 张锡厚《王梵志诗校辑》，中华书局，1983 年，第 37 页。

② 《王梵志诗校辑》，第 39-40 页。

③《王梵志诗校辑》，第 93 页。

④《王梵志诗校辑》，第 110 页。

⑤《王梵志诗校辑》，第 110 页。

⑥《王梵志诗校辑》，第 112 页。

⑦《王梵志诗校辑》，第 112 页。

⑧《王梵志诗校辑》，第 105 页。

莫异居”[①]“兄弟宝难得，他人不可嗔”[②]。他在兄弟友爱的基础上提倡长幼之间要互敬，“长幼同钦敬，知尊莫不遵。但能行礼乐，乡里自称仁”[③]。这充分反映了儒家孝道伦理由近及远，推及整个社会的思想。

王梵志的诗歌在对孝道宣扬的同时，也对不孝的忤逆行为进行了严厉的批判。如：

你孝我亦孝，不绝孝门户。只见母怜儿，不见儿怜母。长大取得妻，却嫌父母丑。耶娘不采括，专心听妇语。生时不恭养，死后祭泥土。如此倒见贼，打煞无人护[④]。

这首诗对成年儿子爱妻而嫌弃父母，父母在时不好好孝养，去世后却专心祭祀的社会现象进行了严厉批判。再如：

兄弟义居活，一种有男女。儿小教读书，女小孝(教)针补。儿大与娶妻，女大须嫁去。当房作私产，共语觅嗔处。好贪竞盛吃，无心奉父母。外姓能蛆蛄，啾唧由女妇。一日三场斗，自分不由父[⑤]。

这首诗是对兄弟之间只顾妻子，不仅不奉养父母，而且天天吵闹分家的不孝行为的讽刺与批判。又如：

父母生男女，没娑可怜许。逢着好饮食，纸裹将来与。心恒忆不忘，入家觅男女。养大长成人，角睛难共语。五逆前后事，我死即到汝[⑥]。

这首诗则采用了父母的口气对不孝的忤逆之子进行声讨。

王梵志诗在唐代相当盛行，敦煌发现的《王梵志诗集序》云：“王梵志之贵文，习丁郭之要义。不守经典，皆陈俗语。非但智士回意，实易愚夫改容。远近传闻，劝惩令善。……纵使大德讲说，不及读此善文。逆子定省翻成孝，懒妇晨夕事姑嫜。查郎躬孳生惭愧，诸州游客忆家乡。……

①《王梵志诗校辑》，第106页。
②《王梵志诗校辑》，第109页。
③《王梵志诗校辑》，第122页。
④《王梵志诗校辑》，第38页。
⑤《王梵志诗校辑》，第58页。
⑥《王梵志诗校辑》，第39页。

但令读此篇章熟，顽愚暗蠢悉贤良”[①]。通过序文，我们可以得知王梵志的诗歌在唐代孝道弘扬上发挥了积极的作用。

《咏〈孝经〉十八章》是另一流行性的通俗诗作，其以诗歌的形式对《孝经》中的孝道观念进行诠释，便于普通民众和儿童对学习理解。关于这一作品在劝孝方面的功能和作用，有学者已经进行了专门研究[②]，这里就不再赘述。

唐代民间文学还有一个很重要的方面，就是方便佛教流传的讲唱之作。唐代佛教大盛，佛教徒为了向群众宣扬佛教教义，采取通俗化的语言对佛经加以解说，并以演唱的方式来宣讲。这样就出现了一种新的文学样式——变文，也叫“经变”。敦煌文献中发现的讲经文和变文中有许多是以宣扬孝道为主题的，如《佛说父母恩重经讲经文》《大目乾连冥间救母变文》[③]《目连缘起》《目连变文》《舜子变文》《舜子至孝变文》《故圆鉴大师二十四孝押座文》《佛说阿弥陀经讲经文》《维摩诘经讲经文》《盂兰盆经讲经文》等，这些变文借助佛陀之口，宣扬孝道，与儒家经典相比，文字更加通俗、细腻、生动，感情更加充沛，具有更强的感染力和说服力。在变文中不仅有佛经变文，而且有讲述中国历史故事的变文，被称为“俗讲”。“俗讲”也同样把宣扬孝道作为重要主题，像敦煌遗书中的《董永变文》就是专门讲述董永的孝行故事的。俗讲活动在唐代颇为发达，不仅“愚夫冶妇，乐闻其说”[④]，连皇帝都成为活动的参与者[⑤]。由于俗讲深受社会各界的欢迎，其在宣扬孝道的作用之大可想而知。

综上所述，唐代文学与唐代孝文化紧密结合，作为儒家政治伦理思想根基的孝道成为文学表达的重要主题，无论是唐诗、唐文，还是唐代的小

---

①《王梵志诗校辑》，第 1 页。

② 赵楠《论〈咏孝经十八章〉》，《西南民族大学学报》，2004 年第 5 期。

③ 在敦煌遗书中这一故事有多个版本，如《大目乾连冥间救母变文并图一卷并序》(s.2014，p.3107)，《大目犍连变文》(s.2614，北京藏盈字 76 号)，《大目乾连冥间救母变文》(p.2319)，《大目犍连变文》(p.2319)《大目乾连冥间救母变文》(p.3485)。

④《因话录》卷 4。

⑤《资治通鉴》卷 243，敬宗宝历二年(826)下记载，唐敬宗“幸兴福寺，观沙门文溆俗讲”。

说，以及民间文学，无不成为宣扬孝道思想和典范的载体。唐代的碑志体、祭文等文体因其在体现孝文化方面的独特功能而在唐代得到空前的发展。

第三节 孝文化与唐代史学

唐代史学是唐代思想文化中的一颗璀璨明珠，无论是史学理论、史学制度、史学体裁，还是修史的质量与数量方面，都可以说在中国史学发展史上形成了一座高峰，在中国古代史学发展上起着承前启后的重要作用。唐代孝文化与唐代史学的创新与发展紧密结合。众所周知，中国古代史学总体上属于鉴戒史学，即把历史上的事和人作为镜子对后人进行劝诫，以此作为史学研究目的的史学。治史的目的在于存史、教化、资政。所谓“所贵乎史者，述往以为来者师也“[①]。“取古人宗社之安危，代为之忧患，而己之去危以即安者在矣；取古昔民情之利病，代为之斟酌，而今之兴利以除害者在矣。得可资，失亦可资也；同可资，异亦可资也。故治之所资，惟在一心，而史特其鉴也”[②]。唐代史家也秉承了以史为鉴，“长悬楷则，以贻劝诫”的宗旨来修史和论史，在其史学著作和理论中，以孝立身、齐家、治国的历史经验，是其资以当世，劝昭后人的重要内容。这里选取唐代具有代表性的史学著作作以分析。

一、“唐八史”中的孝文化

从唐太宗贞观三年(629)，到唐高宗显庆四年(659)，历时30年，唐朝政府专设史馆，挑选史官修成了六部纪传体前代“正史”，即《梁书》《陈书》《北齐书》《周书》《隋书》《晋书》。加上私家修撰而后得到官方认可的《南史》、《北史》，称为“唐八史”。这八部史书大都是在唐太宗的要求下修撰的。唐太宗非常注意总结历史经验教训，以从中探寻治国之道。他让

① (清)王夫之《读通鉴论》卷6《光武》。
②《读通鉴论》卷末《叙论四》。

史官修史的目的就在于“鉴前代成败事，以为元龟”①。他在嘉奖梁、陈、齐、周、隋五代史诏中说：“将欲览前王之得失，为在身之龟镜。公辈以数年之间，勒成五代之史，深副朕怀，极可嘉尚”②。从中更加明确地反映出他修史的宗旨。参与修史的魏征、房玄龄、令狐德棻、姚思廉等人都积极贯彻了唐太宗的“以史为鉴”的修史宗旨。

以史为鉴离不开对历史人物和事件的分析和评价。唐代以儒家政治伦理思想作为治国的指导思想。指挥修撰“正史”的是大兴儒教的唐太宗，主持和参与修史的基本上是以魏征、颜师古、孔颖达等为代表的一批儒学名士，所以对历史人物和历史事件的分析和评价自然以儒家政治伦理思想为圭臬。孝道作为儒家政治伦理思想的基石，作为唐代统治者维护社会稳定的良方，受到史家的高度推崇。仅从各史的孝友传序文就可以看出。《隋书》卷七十二《孝义传》序云：

然则孝之为德至矣，其为道远矣，其化人深矣。故圣帝明王行之于四海，则与天地合其德，与日月齐其明。诸侯卿大夫行之于国家，则永保其宗社，长守其禄位。匹夫匹妇行之于闾阎，则播徽烈于当年，扬休名于千载。此皆资纯至以感物，故圣哲之所重。

《晋书》卷八十八《孝友传》序云：

大矣哉，孝之为德也。分浑元而立体，道贯三灵；资品汇以顺名，功苞万象。用之于国，动天地而降休徵；行之于家，感鬼神而昭景福。

《梁书》卷四十七《孝行传》序云：

经云：“夫孝，德之本也。”此生民之为大，有国之所先欤！高祖创业开基，饬躬化俗，浇弊之风以革，孝治之术斯著。

《陈书》卷三十二《孝行传》序云：

孔子曰：“夫圣人之德，何以加于孝乎！”孝者百行之本，人伦之至极也。凡在性灵，孰不由此。

《周书》卷四十六《孝义传》序云：

---

①《贞观政要》第23《杜谗邪》。

②《册府元龟》卷554《恩奖》。

夫塞天地而横四海者，其唯孝乎；奉大功而立显名者，其唯义乎。何则？孝始事亲，惟后资于致治；义在合宜，惟人赖以成德。上智禀自然之性，中庸有企及之美。其大也，则隆家光国，盛烈与河海争流；授命灭亲，峻节与竹柏俱茂。其小也，则温枕扇席，无替于晨昏；损己利物，有助于名教。是以尧舜汤武居帝王之位，垂至德以敦其风；孔墨荀孟禀圣贤之资，弘正道以励其俗。观其所由，在此而已矣。

《南史》卷七十三《孝义传》序云：

易曰："立人之道，曰仁与义。"夫仁义者，合君亲之至理，实忠孝之所资。虽义发因心，情非外感，然企及之旨，圣哲贻言。

《北史》卷八十四《孝行传》序云：

然则孝之为德至矣，其为道远矣，其化人深矣。故圣帝明王行之于四海，则与天地合其德，与日月齐其明；诸侯卿大夫行之于国家，则永保其宗社，长守其禄位；匹夫匹妇行之于闾阎，则播徽烈于当年，扬休名于千载。是以尧、舜、汤、武居帝王之位，垂至德以敦其风；孔、墨、荀、孟禀圣贤之资，弘正道以励其俗。观其所由，在此而已矣。

从以上各史《孝义传》（《孝行传》或《孝友传》）序可以清楚地看出，孝道在唐代史家的眼中被看作是"至德""要道"，是立身、齐家、治国之根本。所以唐代正史的作者把孝作为重要的价值标准，用其来褒贬历史人物和品评历史事件，不仅如此，还专门为著名孝子立传，以褒扬孝道，宣扬孝道，以达到"化人""隆家光国"之目的。在唐以前就有人专门撰写《孝子传》，据《隋书》卷三十三《经籍志二》记载，在隋代流传的就有：王韶之所撰《孝子传赞》三卷，晋辅国将军萧广济所撰的《孝子传》十五卷，宋员外郎郑缉之所撰的《孝子传》十卷，师觉授所撰的《孝子传》八卷，宋躬所撰的《孝子传》二十卷，梁元帝所撰的《孝德传》三十卷；此外还有不知何人所撰的《孝子传略》二卷，《孝友传》八卷。但在唐代之前所修的纪传体"正史"中并未专门设立孝子传。在正史中专门设立孝子传始于唐代。这充分说明唐人对孝道的重视和推崇。唐代建立了史馆制度和史料报送制度。唐代规定，地方州府必须及时将孝行卓著者的事迹及时上报朝廷，一是用于表彰，一是送交史馆，为其立传褒扬[①]。

历史是对客观事实的记载，是对人们实践经验的总结，通过了解历史使人能够明辨是非，汲取生活的经验和教训。因此通过历史来宣扬孝道比之空洞的理论说教更加具有说服力，鉴戒和教化作用更加显著。唐太宗对此有深刻理解。这从唐太宗对五代史修成的褒奖中我们就可以看出，他下令修《晋书》的良苦用心更能体现出这一点。

贞观十七年(643)，太子承乾因谋反被废除，这件事对唐太宗打击很大。一则儿子的背叛让他很是伤心，担心“子不肖则家亡”；二则围绕太子废立大臣之间明争暗斗，担心臣子专权欺主而乱国。魏晋以来政权更替频繁，大臣篡逆夺权，皇子争位内乱而倾国的历史现象时有发生。在唐太宗看来这都是忠孝阙失的结果，他在分析西晋“海内版荡，宗庙迁播”的原因时说：

子不肖则家亡，臣不忠则国乱。国乱不可以安也，家亡不可以全也。是以君子防其始，圣人闲其端。而世祖惑荀勖之奸谋，迷王浑之伪策，心屡移于众口，事不定于己图。元海当除而不除，卒令扰乱区夏；惠帝可废而不废，终使倾覆洪基。夫全一人者德之轻，拯天下者功之重，弃一子者忍之小，安社稷者孝之大；况乎资三世而成业，延二孽以丧之，所谓取轻德而舍重功，畏小忍而忘大孝。圣贤之道，岂若斯乎！虽则善始于初，而乖令终于末，所以殷勤史策，不能无慊慨焉[②]。

由此可见，唐太宗下令新修和“御撰”《晋书》的主要目的在于宣扬忠孝之道，以劝诫皇子和大臣。修撰《晋书》的史官领会到了唐太宗的意图，在《晋书》中突出了孝道，并将孝道扩大到忠君，移孝作忠，把忠孝融为一体。在《晋书》中专立《孝友传》和《忠义传》，并将这二传放在类传的前列，除了《孝友传》中的“至孝”典型外，其他列传中也多宣扬孝道。如为卧冰求鱼以孝其亲的王祥专门立传，其被后世列入“二十四孝”中。《晋书》不仅正面宣扬忠孝，而且对不孝不忠者进行批判。如《晋书》中立有争夺皇权的“八王”之传，正是因为“西晋之政乱朝危，虽由时主，

①《唐会要》卷63《诸司应送史馆事例》。

②《晋书》卷3《武帝纪》。

然而煽其风，速其祸者，咎在八王”，对他们的批判在于告诫唐朝的皇子要以忠孝为本，不可重蹈覆辙。

实际上，在唐代八部“正史”的本纪和列传中随处可见某某“仁孝”，某某“幼以孝闻”，某某“性至孝”，某某“纯孝”，某某“孝友纯至”……应该说宣扬孝道是这八部正史的共同特点，只是《晋书》更加突出而已。

二、《史通》中的孝文化

刘知几的《史通》是中国古代第一部史学理论和方法的专著，是唐代史学理论的代表作。刘知几(661—721)，字子玄，生于唐代名门，因家学渊源，自幼博览群书，攻读史学，推崇儒家政治伦理学说，以孔子后继自诩。他在《史通·内篇·自叙》中说：

昔仲尼以睿圣明哲，天纵多能，睹史籍之繁文，惧览者之不一。删《诗》为三百篇，约史记以修《春秋》，赞《易》道以黜八索，述《职方》以除九丘，讨论坟、典，断自唐、虞，以迄于周。其文不刊，为后王法。自兹厥后，史籍逾多，苟非命世大才，孰能刊正其失？嗟予小子，敢当此任！其于史传也，尝欲自班、马已降，讫于姚、李、令狐、颜、孔诸书，莫不因其旧义，普加厘革。但以无夫子之名，而辄行夫子之事，将恐致俗，取咎时人，徒有其劳，而莫之见赏。所以每握管叹息，迟回者久之。非欲之而不能，实能之而不敢也。

可以看出他以孔子为楷模，欲效仿孔子修《春秋》、赞《易》、述《职方》来修史，并认为是自己的责任所在，大有孟子舍我其谁的味道。

刘知几从崇圣尊儒的立场出发，要求史家以儒家政治伦理学说解释历史的变迁，将史学的宗旨和目的总结为以儒家的伦理道德为现实社会树立政治统治和社会秩序的标准和规范，史学的方法要自觉为宣扬名教而服务。他在《史通·内篇·自叙》中这样说：

若《史通》之为书也，盖伤当时载笔之士，其义不纯。思欲辨其指归，殚其体统。夫其书虽以史为主，而余波所及，上穷王道，下掞人伦，总括万殊，包吞千有。……

夫其为义也，有与夺焉，有褒贬焉，有鉴诫焉，有讽刺焉。其为贯穿者深矣，其为网罗者密矣，其所商略者远矣，其所发明者多矣。

刘知几明确告诉世人其撰写《史通》在于解决各史“其道不纯”的问题，欲“辨其指归，殚其体统”，以使史学达到“上穷王道，下掞人伦”的目的。刘知几认为，“史之为务，申以劝诫，树之风声”，对于“贼臣逆子，淫君乱主”，要“直书其事，不掩其瑕”，使其“秽迹彰于一朝，恶名被于千载”[①]。关于史官，刘知几认为应以“激扬名教”“以劝事君”为职责。他说：“史官之责也。夫能申藻镜，别流品，使小人君子，臭味得朋，上智中庸，等差有叙，则惩恶劝善，永肃将来，激浊扬清，郁为不朽者矣”[②]。关于史书，刘知几认为“正名”是“君子所急”。他推崇孔子修《春秋》，吴、楚虽称王，“仍旧曰子。此则褒贬之大体，为前修之楷式也”。他批评司马迁撰《史记》，“项羽僭盗而纪之曰王，此则真伪莫分，为后来所惑者乎”。他认为：“当汉氏云亡，天下鼎峙，论王道则曹逆而刘顺，语国祚则魏促而吴长。但以地处函夏，人传正朔，度长絜大，魏实居多。……逮作者之书事也，乃没吴、蜀号谥，呼权、备姓名；方于魏邦，悬隔顿尔，惩恶劝善，其义安归”[③]。也就是说刘知几在《史通》当中确立了以儒家纲常名教为准则的品评史家、论定史书的指导思想。儒家政治伦理的基石是孝亲和由孝亲而延伸的忠君思想，刘知几所要激扬的名教核心也在于此。他在《史通·内篇·曲笔》中说：

肇有人伦，是称家国。父父子子，君君臣臣，亲疏既辨，等差有别。盖“子为父隐，直在其中”，《论语》之顺也；略外别内，掩恶扬善，《春秋》之义也。自兹已降，率由旧章。史氏有事涉君亲，必言多隐讳，虽直道不足，而名教存焉。

这里明确指出史家要以春秋大义为准绳，捍卫儒家的“父父子子，君君臣臣”的道德伦理纲常。刘知几在《史通》中倡导的另一史学思想是“实录直书”，但他要求“实录直书”必须服务于以孝亲忠君为核心的儒家纲

---

①《史通·内篇·直书》。

②《史通·内篇·品藻》。

③《史通·内篇·称谓》。

常名教。他在《史通·内篇·序传》中说：

自叙之为义也，苟能隐己之短，称其所长，斯言不谬，即为实录。而相如自序，记其容游临邛，窃妻卓氏，以《春秋》所讳，持为美谈。虽事或非虚，而理无可取。载之于传，不其愧乎！又王充《论衡》之《自纪》也，述其父祖不肖，为州闾所鄙，而己答以瞽顽舜神，鲧恶禹圣。夫自叙而言家世，固当以扬名显亲为主，苟无其人，阙之可也。至若盛矜于己，而厚辱其先，此何异证父攘羊，学子名母？必责以名教，实三千之罪人也。

可以说刘知几从理论的高度对魏晋以来史家以儒家政治伦理为标准和规范撰写史书给予了总结和肯定，并且指导史家更加自觉的按照“激扬名教”的宗旨修撰史书，已达到惩恶扬善，维护封建社会秩序的目的。

三、《通典》中的孝文化

杜佑的《通典》是我国第一部，也是成就最高的一部典章制度专史。杜佑(735—812)，20岁左右步入仕途，40岁以后任中央高级官员和岭南、淮南等地的长官，近70岁时任宰相，78岁因病致仕。杜佑有很高的文化修养，又有丰富的政治经验。和刘知几一样，杜佑也是儒家政治伦理思想的忠实信奉者，他在《进通典表》中这样写道：”夫孝经、尚书、毛诗、周易、三传，皆父子君臣之要道，十伦五教之宏纲，如日月之下临，天地之大德，百王是式，终古攸遵”[①]。

他将儒家以孝亲忠君为核心的政治伦理思想看作治国理家之“要道”，天经地义之“大德”，封建帝王治国理政之永恒规范，可见他对儒家思想的推崇。杜佑之所以修撰《通典》在于儒家经典“多记言，罕存法制”“略观历代众贤著论，多陈紊失之弊，或阙匡拯之方”[②]。他实际是想弥补儒家经典的不足，意在从社会制度变迁的角度探寻儒家政治伦理思想在封建社会统治的中具体运用的规律，为唐朝统治者提供借鉴，即“至于往昔是非，可为来今龟镜”。在撰写《通典》时，杜佑提出了一条将儒家政治伦理思

① 《旧唐书》卷147《杜佑传》。

② 《旧唐书》卷147《杜佑传》。

想具体化的治国方略，他说：

夫理道之先在乎行教化，教化之本在乎足衣食。易称聚人曰财。洪范八政，一曰食，二曰货。管子曰："仓廪实知礼节，衣食足知荣辱。"夫子曰："既富而教。"斯之谓矣。夫行教化在乎设职官，设职官在乎审官才，审官才在乎精选举，制礼以端其俗，立乐以和其心，此先哲王致治之大方也。故职官设然后兴礼乐焉，教化隳然后用刑罚焉，列州郡俾分领焉，置边防遏戎敌焉。是以食货为之首(十二卷)，选举次之(六卷)，职官又次之(二十二卷)，礼又次之(百卷)，乐又次之(七卷)，刑又次之，大刑用甲兵(十五卷)，其次五刑(八卷)，州郡又次之(十四卷)，边防末之(十六卷)，或览之者庶知篇第之旨也①。

《通典》中制度门类编排的次序正透射出了杜佑的政治主张。杜佑继承了儒家把教化作为治家理国的前提和基础的主张。同时发扬了孔孟"既富而教"的思想，强调把经济民生作为教化的基础。选贤任能，先礼乐教化，后刑罚约束。这完全是儒家奉行的政治思想路线。

在《通典》当中，杜佑用了大量的文字来记述礼制的发展演变。《通典》共计200卷，其中礼制方面的内容就占了100卷，即历代沿革65卷(目录1卷、吉礼14卷、嘉礼18卷、宾礼2卷、军礼3卷、凶礼27卷)，开元礼35卷(序例3卷、吉礼13卷、嘉礼9卷、宾礼1卷、军礼2卷、凶礼7卷)。杜佑在《通典》卷四十一《礼序》中说：

夫礼必本于太一。分而为天地，转而为阴阳，变而为四时，列而为鬼神。其降曰令，其居仁曰义。孔子曰："夫礼，先王以承天之道，以理人之情，失之者死，得之者生"。故圣人以礼示之，天下国家可得而正也②。

正因为在中国古代社会礼被看作是立身、治家、处事、治国所必须遵循的规范，是儒家政治伦理思想的重要体现，杜佑才对礼给予了特别的关注。吉礼主要是祭祀天地之礼和祭祀祖先之礼，嘉礼主要包括冠冕、婚嫁以及亲族之间相处和交往的礼仪，宾礼主要记朝聘之礼、宾主之仪，军礼

---

①《通典》卷1。

②《通典》卷41《礼序》。

主要指命将出师之礼，凶礼主要包括丧祭制度、亲族丧服制度等。对于礼仪，杜佑并不是等同待之的，而是有所侧重。在历代礼仪沿革的65卷中，仅凶礼就达27卷，占到了40%以上的篇幅，吉礼、嘉礼、凶礼加起来占了59卷，占到90%的篇幅，开元礼35卷中吉礼、嘉礼、凶礼加起来为29卷，占80%以上的篇幅。在中国古代，除了吃饭问题外，人们的社会活动主要围绕着祭祀、冠冕(衣服)、婚嫁、亲族、丧葬而展开。其核心是以血缘亲情为纽带的人际关系和谐，维护这种关系的道德基础是孝道，其表现方式则是礼仪规范。也就是说杜佑以礼仪制度的方式揭示了忠孝之道是立身之本，治国之“要道”、天地之“大德”、百王之恒“式”。长期以来众多学者视杜佑用一半的篇幅来记述礼仪沿革为《通典》之缺陷，实际上是没有理解杜佑的良苦用心，没有认识到礼仪制度在中国古代社会生活中的重要价值。

四、《贞观政要》中的孝文化

杂史在唐代大量出现。据《新唐书·艺文志》记载，唐代的杂史约有180多部，其中唐人记述唐代史事的占到整个著录的三分之一。《隋书·经籍志》解释，杂史是博达之士“各记闻见，以备遗忘”，或“抄撮旧史，自为一书”，内容“大抵皆帝王之事”。吴兢的《贞观政要》是其中具有代表性的著作之一。吴兢(669—749)于唐玄宗开元年间修撰成《贞观政要》，其书10卷40目，主要记述的是唐太宗时的君臣问对，包括当时大臣的一些谏议和奏疏等，是一本集政论与史论于一体的史学著作。吴兢撰写这部史学著作的目的非常明确，他在《贞观政要·序》中说：

太宗时，政化良足可观，振古而来，未之有也。至于垂世立教之美，宏谟谏奏之词，可以弘阐大猷，曾崇至道者，爰命不才，备加甄录，体制大略，咸发成规。于是缀集所闻，参详旧史，撮其指要，举其宏纲，词兼质文，义在惩劝，人伦之纪备矣，军国之政存焉。……庶乎有国有家者克遵前规，择善而从，则可久之业益彰矣，可大之功尤著矣，岂必假祖述尧舜、宪章文武而已哉！

从上述文字可以看出，吴兢撰写《贞观政要》的目的就在于给唐玄宗提供治国理政之鉴戒，给士大夫提供治家的启示。吴兢在《贞观政要》中列举了40个方面可以借鉴的内容，其核心思想是宣扬儒家的忠孝之道。其中第十四和第十五为忠义和孝友，专章记载贞观时期君臣有关忠义和孝友的讨论。除专章记述有关孝友的事例和论述外，在《择官》《太子诸王定分》《尊敬师傅》《教戒太子诸王》《规谏太子》《仁义》《俭约》《杜谗邪》《礼乐》《慎终》等篇目中都有关于孝亲之道的记述和褒扬。如《择官》中记载，魏征向唐太宗建议选官要重品行，他说："知人之事，自古为难，故考绩黜陟，察其善恶。今欲求人，必须审访其行。若知其善，然后用之，设令此人不能济事，只是才力不及，不为大害。误用恶人，假令强干，为害极多。但乱世惟求其才，不顾其行。太平之时，必须才行俱兼，始可任用"[①]。他提出"必藉忠良作弼，俊乂在官"[②]，也就是说在择官要用具有儒家忠孝仁义品行的人。《太子诸王定分》记载唐太宗和大臣讨论确立太子和诸皇子的名分地位的言论，其言论中反映出的思想是要积极维护宗法关系的嫡庶之分，确立皇位的嫡子继承制度。《尊敬师傅》记载皇帝和太子及诸皇子如何尊敬师傅，如何挑选德高望重之人做太子和诸皇子的师傅，如何教授太子和诸皇子忠孝仁义之道的言行。反映的思想是要尊师重教，而作为老师则要以儒家忠孝之道来教导皇太子和诸皇子，如其所记：

贞观十一年，以礼部尚书王珪兼为魏王师。太宗谓尚书左仆射房玄龄曰："古来帝子，生于深宫，及其成人，无不骄逸，是以倾覆相踵，少能自济。我今严教子弟，欲皆得安全。王珪，我久驱使，甚知刚直，志存忠孝，选为子师。卿宜语泰，每对王珪，如见我面，宜加尊敬，不得懈怠。"珪亦以师道自处，时议善之也[③]。

《教戒太子诸王》《规谏太子》也多记述太宗和大臣如何劝诫太子和诸皇子遵守儒家忠孝之道。《规谏太子》中记载：

贞观中，太子承乾数亏礼度，侈纵日甚，太子左庶子于志宁撰《谏苑》

① 《贞观政要》第七《择官》。

② 《贞观政要》第七《择官》。

③ 《贞观政要》第10《尊敬师傅》。

二十卷讽之。是时太子右庶子孔颖达每犯颜进谏。承乾乳母遂安夫人谓颖达曰："太子长成，何宜屡得面折？"对曰："蒙国厚恩，死无所恨。"谏诤愈切。承乾令撰《孝经义疏》，颖达又因文见意，愈广规谏之道。太宗并嘉纳之，二人各赐帛五百匹，黄金一斤，以励承乾之意[①]。

从以上所选内容可以看出，吴兢在史料的选择上是儒家政治伦理思想为标准的，儒家忠孝观则是其核心思想，是给有国有家的提供的治国之"至道"，齐家之"宏纲"。

综上所述，唐代史家对孝文化无不推崇备至，自觉地以孝道作为价值标准来分析历史事件，评价历史人物，无论是所谓的纪传体正史，或是杂史，或是新出现的典章制度史，都以宣扬孝道为己任，纪传体正史中专门创立孝友类传，充分反映了唐代史学家对孝道的推崇。刘知几的《史通》从理论上对以孝道为史学价值观进行了阐释，使史学与孝文化的结合更加深入。

第四节　孝文化与唐代艺术

孝文化在唐代作为一种社会广泛认同的文化形式，除了与宗教、史学、文学有着密切的关系，它的发展得到了唐代宗教、文学、史学的支持与滋养，同时，唐代宗教、文学、史学在与其互动中也得到了丰富和发展。这种密切的关系广泛地体现在孝文化与其他文化门类之间。

一、孝文化与唐代音乐舞蹈

在古代音乐的地位如同礼一样重要，其功能之大不可想象。《礼记·乐记》云："故礼以道其志，乐以和其声，政以一其行，刑以防其奸，礼乐刑政，其极一也，所以同民心而出治道也"。也就是说礼乐政刑都是治国理民的大道。《乐记》又云："礼乐之极乎天而蟠乎地，行乎阴阳而通乎鬼

①《贞观政要》第11《规谏太子》。

神，穷高极远而测深厚”。古人认为音乐可以动彻天地，贯通阴阳，交通鬼神，达到高远深厚不可及的地步。《乐记》还说：“乐也者圣人之所乐也，而可以善民心，其感人深，其移风易俗，故先王著其教焉”。乐可以使民心向善，起到“移风易俗”的作用。正是对音乐的这种认识才使得统治者对音乐给予高度的重视。古代音乐有雅俗之分，只有雅乐才能与天地鬼神相通，才能使民心向善，“移风易俗，天下皆宁”。雅乐则主要用于祭祀天地神灵和祖先，表达对天地神灵的崇敬和对祖先的追思，以获取天地神灵和祖先的庇佑。也就是说雅乐所表达的核心思想是孝道。唐朝统治者相当重视音乐的建设。唐朝建立之初，沿用隋乐。不久便由祖孝孙等人来编订音乐。祖孝孙以“大乐与天地和者”“制十二和，以法天之成数，号大唐雅乐”[①]。这“十二和”分别是：“豫和”“顺和”“永和”“肃和”“雍和”“寿和”“太和”“舒和”“昭和”“休和”“正和”“承和”。这“十二和”“用于郊庙、朝廷，以和人神”[②]。祖孝孙死了之后，张文收、吕才等人又对“十二和”之乐进行了完善。唐高宗以后，对曲名稍作了变更。唐玄宗修《开元礼》时将“十二和”编入礼典，并复用祖孝孙所定之曲名。这些乐曲不是同时使用，而是根据具体的祭祀和朝会活动来选用，如何选用，如下表。

表 4-1　唐代雅乐功能及演奏方式情况表[③]

乐名	功能及演奏方式
豫和	以降天神。冬至祀圆丘，上辛祈谷，孟夏雩，季秋享明堂，朝日，夕月，巡狩告于圆丘，燔柴告至，封祀太山，类于上帝，皆以圜钟为宫，三奏；黄钟为角，太簇为徵，姑洗为羽，各一奏，文舞六成。五郊迎气，黄帝以黄钟为宫，赤帝以函钟为徵，白帝以太簇为商，黑帝以南吕为羽，青帝以姑洗为角，皆文舞六成
顺和	以降地祇。夏至祭方丘，孟冬祭神州地祇，春秋社，巡狩告社，宜于社，禅社首，皆以函钟为宫，太簇为角，姑洗为徵，南吕为羽，各三奏，文舞八成。望于山川，以蕤宾为宫，三奏

① 《新唐书》卷 21《礼乐十一》。

② 《新唐书》卷 21《礼乐十一》。

③ 此表依据的是《新唐书》卷 21《礼乐十一》的记载。

续表

乐名	功能及演奏方式
永和	以降人鬼。时享、禘祫，有事而告谒于庙，皆以黄钟为宫，三奏；大吕为角，太簇为徵，应钟为羽，各二奏。文舞九成。祀先农，皇太子释奠，皆以姑洗为宫，文舞三成；送神，各以其曲一成。蜡兼天地人，以黄钟奏豫和，蕤宾、姑洗、太簇奏顺和，无射、夷则奏永和，六均皆一成以降神，而送神以豫和
肃和	登歌以奠玉帛。于天神，以大吕为宫；于地祇，以应钟为宫；于宗庙，以圜钟为宫；祀先农、释奠，以南吕为宫；望于山川，以函钟为宫
雍和	凡祭祀以入俎。天神之俎，以黄钟为宫；地祇之俎，以太簇为宫；人鬼之俎，以无射为宫。又以彻豆。凡祭祀，俎入之后，接神之曲亦如之
寿和	以酌献、饮福。以黄钟为宫
太和	以为行节。亦以黄钟为宫。凡祭祀，天子入门而即位，与其升降，至于还次，行则作，止则止。其在朝廷，天子将自内出，撞黄钟之钟，右五钟应，乃奏之。其礼毕，兴而入，撞蕤宾之钟，左五钟应，乃奏之。皆以黄钟为宫
舒和	以出入二舞，及皇太子、王公、群后、国老若皇后之妾御、皇太子之宫臣，出入门则奏之。皆以太簇之商
昭和	皇帝、皇太子以举酒
休和	皇帝以饭，以肃拜三老，皇太子亦以饭。皆以其月之律均
正和	皇后受册以行
承和	皇太子在其宫，有会以行。若驾出，则撞黄钟，奏太和。出太极门而奏采茨，至于嘉德门而止。其还也亦然

从表中可以看出，这些音乐大多用于祭祀天地、神灵和祖先，其功能在于弘扬孝道教化。

古人所说的音乐与今天我们所说的“音乐”不同，包括音乐、舞蹈和诗歌，非今天仅指音乐而言。因此在祭祀朝会时不仅要奏乐，还有舞蹈表演。隋朝的祭祀、朝会舞蹈分为文舞和武舞，唐初沿用。祖孝孙定乐时，将文舞改为“治康”，武舞改为“凯安”，按照天子“八佾”的规格，舞蹈队由64人组成。《新唐书》记载：

文舞：左籥右翟，与执纛而引者二人，皆委貌冠，黑素，绛领，广袖，白绔，革带，乌皮履。武舞：左干右戚，执旌居前者二人，执鼗执铎皆二人，金錞二，舆者四人，奏者二人，执铙二人，执相在左，执雅在右，皆二人夹导，服平冕，余同文舞。朝会则武弁，平巾帻，广袖，金甲，豹文绔，乌皮鞾。执干戚夹导，皆同郊庙。凡初献，作文舞之舞；亚献、终献，作武舞之舞。太庙降神以文舞，每室酌献，各用其庙之舞。禘祫迁庙之主合食，则舞亦如之[①]。

文舞展现的是帝王的“文治”，武舞反映的是帝王的“武功”，两者从不同的角度彰显了帝王的美德懿范和丰功伟绩。仪凤二年(677)，太常卿韦万石对“凯安舞”进行了改编，形成六种舞蹈队列组合变化：“一变象龙兴参墟；二变象克定关中；三变象东夏宾服；四变象江淮平；五变象猃狁伏从；六变复位以崇，象兵还振旅”[②]。这种变化进一步彰显了唐代帝王的丰功伟业。

唐人自编的三大乐舞——《破阵乐》《庆善乐》和《上元乐》也一度被作为雅乐用于祭祀和朝会。《破阵乐》又名《七德舞》，是人们为了歌颂李世民统一国家的卓越武功而编制的。《庆善乐》则是为了宣扬李世民的文德而编制的。贞观六年(632)十二月，唐太宗带领群臣回到他的诞生地——庆善宫，大宴群臣，并赏赐故居附近的民众，乘兴作诗数首，由吕才配上乐曲，舞蹈由 64 名儿童来表演，表现出一种和平、安详的气氛。唐高宗麟德二年(665)下诏：“郊庙、享宴奏文舞，用功成庆善乐……武舞用神功破阵乐……其宴乐二舞仍别设焉”[③]。《上元乐》是唐高宗改年号为上元(674)时所作，当时，“大祠享皆用之”[④]。至上元三年(676)，《上元乐》只在圆丘、方泽、太庙祭祀时用。武则天改唐为周后，《破阵乐》《庆善乐》和《上元乐》就不在被作为雅乐来使用，之后逐渐发展成为了表演性的乐舞了。

唐朝帝王为了在祭祀祖先时充分表达追思之情，褒扬每位祖先所作出的功业，从弘农府君到唐昭宗，每位祖先和帝王的庙祭都编制了专门的舞蹈，除唐宣宗、懿宗、僖宗三位皇帝的庙祭舞蹈名称失传外，其他人的在两唐书中均有记载，“十二和”，文舞、武舞，以及李唐先祖和各位帝王

①《新唐书》卷 21《礼乐十一》。
②《新唐书》卷 21《礼乐十一》。
③《新唐书》卷 21《礼乐十一》。
④《新唐书》卷 21《礼乐十一》。

的庙祭乐舞的曲调和舞蹈形式没有保留下来，在《旧唐书》中却保留了与这些乐舞配合的歌词，从歌词的内容来看，都是在于歌颂祖先功德，向祖先尽孝和企求祖先神灵庇佑。兹录几首如下：

《享太庙乐章》十三首中的《迎神用永和词》：

于穆烈祖，弘此丕基。永言配命，子孙保之。百神既洽，万国在兹。是用孝享，神其格思[①]。

《享太庙乐章》十三首中的《迎俎用雍和词》：

崇兹享祀，诚敬兼至。乐以感灵，礼以昭事。粢盛咸洁，牲牷孔备。永言孝思，庶几不匮[②]。

《送文舞出迎武舞入用舒和词》：

圣敬通神光七庙，灵心荐祚和万方。严禋克配鸿基远，明德惟馨凤历昌[③]。

《皇祖宣简公酌献用长发词》：

浚哲惟唐，长发其祥。帝命斯祐，王业克昌。配天载德，就日重光。本枝百代，申锡无疆[④]。

《高祖大武皇帝酌献用大明词》：

五纪更运，三正递昇。勋华既没，禹汤勃兴。神武命代，灵眷是膺。望云彰德，察纬告徵。上纽天维，下安地轴。徵师涿野，万国咸服。偃伯灵台，九官允穆。殊域委赆，怀生介福。大礼既饰，大乐已和。黑章扰囿，赤字浮河。功宣载籍，德被咏歌。克昌厥后，百禄是荷[⑤]。

这些歌词充分说明了这些雅乐的功能所在：一是向天地神灵及祖先转达统治者的崇敬之意，寻求天地神灵及祖先的庇佑；二是引导民众向善尽孝，以达到移风易俗的教化目的。

晚唐出现的“悲舞”也有表现悼亡追思的作品，具有代表性的就是《叹

---

①《旧唐书》卷31《音乐四》。
②《旧唐书》卷31《音乐四》。
③《旧唐书》卷31《音乐四》。
④《旧唐书》卷31《音乐四》。
⑤《旧唐书》卷31《音乐四》。

百年》。为了悼念同昌公主，李可及于公元 870 年创作了一个大型女子悲舞——《叹百年队》（又称《叹百年》），该舞舞者数百人(或作数千人)，服饰布景极为奢华，舞者满戴珠翠饰品，一曲舞罢，珠翠满地。表演时，地上铺着数百匹鱼龙花纹的丝织品，以表现舞者在水中飘舞。据说词语凄婉，音乐甚为感人，“闻者涕流”①。“声词哀怨，听之莫不泪下”②。也就是说尽管奢华，但却表现出了悼念追思的深切情感。

二、孝文化与唐代绘画雕塑艺术

在绘画艺术当中与孝文化最为密切的当属唐代的墓葬壁画。唐代墓室盛行绘制壁画。从已经发掘的唐代帝王官僚贵族的墓葬来看大都有壁画，即使是在地处西北边陲的新疆吐鲁番阿斯塔纳地区的唐墓中也常有壁画发现。墓葬壁画的题材多反映死者生前的地位和生活状况。以葬于唐太宗贞观四年(630)的淮安郡王李寿的墓葬壁画为例③。李寿，字神通，是唐高祖李渊的从弟，死后葬于今陕西省三原县焦村。1973 年 3 月对该墓进行了发掘。李寿墓由墓道、过洞、天井、小龛、甬道、墓室所组成，全长 44.4 米，壁画分绘于各部。墓道东西壁中间比较宽的红色带分为上下两层，上层为狩猎图，下层为声势浩大的骑马出行图。在第 1、2、3、4 过洞南壁绘有重楼建筑，东西壁绘步行仪仗队。第 3 天井绘牛车、牛耕、播种、中耕、牛栏、饲养家禽、推磨、担水、膳食等。第 4 天井东西壁各绘一戟架。甬道南段东西壁上部绘飞天，下部绘武吏和文吏，中部绘侍女和内侍，北段东壁绘寺院，西壁绘道观。顶部有 4 组花纹图案，东西绘 3 个飞人。墓室的北壁绘贵族庭院 1 座，西壁绘马厩及草料库，南壁绘侍女图 2 幅。可以说整个壁画布局以列戟为分界，列戟以前的画面反映的是死者出行游玩打猎的场景，列戟以后的场景反映的是死者宏伟的家宅以及奢华的家居生活场景。这样全方位的展现死者的生活场景，其表达的正是“事死如生”的孝

① 《旧唐书》卷 177《曹确传》。

② 《太平广记》卷 237《同昌公主》。

③ 陕西省博物馆、文管会《唐李寿墓发掘简报》，《文物》，1974 年第 9 期。

道观念。不管唐代墓葬壁画的艺术风格和题材怎么变化，“事死如生”的孝道观念始终贯穿其中。

李寿墓壁画（部分）

直接反映孝道主题的唐代绘画艺术主要体现在佛教壁画和造像中。唐代佛教为了获得自身的发展，积极吸收儒家孝道伦理思想，并形成了具有佛教特征的孝道观念。佛教徒通过壁画和造像的形式来对这一思想进行宣传。在敦煌壁画中有许多《报恩经变》题材。这些题材主要依据《大方便佛报恩经》中的《序品》《孝养品》《议论品》《恶友品》和《近亲品》等内容绘制，如《序品》绘制的是一沙门与一肩挑老母乞食的婆罗门子对话论孝的场景，《孝养品》绘制的是须阇提太子割肉济父的本生故事。在盛唐的148窟，中唐的31、112、231、236，晚唐的12、85、141、145、147、156等窟中都有报恩经变的题材[①]。在四川大足和安岳也发现了类似的壁画题材[②]。在四川大足发现的后唐景福年间刻绘的《父母恩重经变相》群雕，共有11龛，包括《佛前祈嗣》《怀胎守护恩》《临产受苦恩》《生子忘忧恩》《吐苦吐甘恩》《推干就湿恩》《哺乳养育恩》《洗濯不净恩》《为造恶业恩》《远行忆念恩》《究竟怜悯恩》。安岳摩崖石刻第59窟的“佛说父母恩重经”的

① 李永宁《报恩经和敦煌壁画中的报恩经变相》，载敦煌文物研究所编：《敦煌研究文集》，甘肃人民出版社，1982年，第189-219页。

② 四川美术学院雕塑系《大足石刻》，朝花美术出版社，1962年；中国美术家协会四川石刻考察团《大足石刻》，文物出版社，1959年。胡文和，李官智《安岳卧佛沟唐代石经》，《四川文物》，1986年第6期。

绘刻内容与大足的类似。这些绘刻主要宣扬父母养育之恩的重要，子女应该尽心竭力的孝养父母，并使父母脱离轮回之苦，死后入登极乐世界，其孝道伦理具有鲜明的佛教色彩。

敦煌壁画报恩经变图(部分)

唐代也将孝子的形象绘制成图，用以开展孝道教育，如李栖筠为常州刺史时，“大起学校，堂上画孝友传示诸生，为乡饮酒礼，登歌降饮，人人知劝”[①]。

唐代雕塑除了墓葬区域的石刻和壁画一样体现着“事死如生”的孝道理念外，和孝道相关的还有随葬品——墓俑。从唐墓中出土了大量的墓俑，说明唐代盛行随葬墓俑。唐代的墓俑中最绚丽多彩和具有时代特色的是著名的唐三彩。唐三彩是在东汉以来绿釉和黄釉陶的基础上，引进波斯蓝釉创烧而成的一种低温铅釉陶。在唐代，三彩陶主要被用作明器和俑，其造型包括人物、建筑、家具、日用品、牲畜等，以其多姿多彩的造型反映出了唐代社会生活的各个方面。或许正是由于它能够多方面反映唐代的社会生活才被用来制作明器和墓俑。一方面，作为随葬品它充分地表达了唐人“慎终追远”“事

唐三彩骆驼

① 《新唐书》卷146《李栖筠传》。

死如生”的理念，另一方面，也正是对这种理念的寻求，促进了唐三彩在那个时代的发展和流行。

三、孝文化与唐代建筑艺术

中国古代建筑中有许多是适应孝文化的需要而产生和发展的，如专门用于祭祀天地的郊坛，祭祀祖宗的宗庙，祭天享祖的明堂，埋葬祖先亲人的陵墓建筑等。在家庭建筑方式上同样也反映了孝文化的要求。唐代在这方面有鲜明的体现。祭祀天地祖宗对于帝王而言是头等大事，反映在建筑上，便有了“凡帝王徙都立邑，皆先定天地社稷之位，敬恭以奉之。将营宫室，则宗庙为先，厩库为次，居室为后”的说法[①]。

唐代以长安和洛阳为两京，所以祭祀天地祖宗的建筑便有两套。祭天所造之圆丘，长安城的建在明德门外东南二里，洛阳城的建在定鼎门外午桥南二里，圆丘祭祀的对象主要是昊天上帝，祭祀时唐代皇帝配享，配帝随时有所变化。唐初以景皇帝配；贞观时期，改以唐高祖配；高宗乾封二年(667)改以高祖、太宗二帝合配；武则天垂拱元年(685)，又改以高祖、太宗、高宗三祖并配；唐玄宗开元二十一年(733)，又改以高祖配；玄宗天宝二年(743)，最终改以太祖景皇帝配。无论怎么变化，但有一点是可以肯定的，那就是崇尚孝道的精神是始终不变的。

唐代圆丘建筑依据古礼而建，《旧唐书》记载：“坛制四成，各高八尺一寸，下成广二十丈，再成广十五丈，三成广十丈，四成广五丈”[②]。《新唐书》对《旧唐书》的记载做了补充，称圆丘“十有二陛”[③]，考古发掘证实了两唐书的记载[④]。唐代长安城方丘建于宫城之北十四里，洛阳方丘建于徽安门外道东一里，《新唐书》记载方丘的形制为：“八觚三成，成高四尺，上广十有六步，设八陛，上陛广八尺，中陛一丈，下陛丈有二尺者，方丘

① 《三国志》卷25《魏书·高堂隆传》。

② 《旧唐书》卷21《礼仪一》。

③ 《新唐书》卷12《礼乐二》。

④ 中国科学院考古研究所西安唐城工作队《陕西西安唐长安城圆丘遗址的发掘》，《考古》，2000年第7期。

也”[①]。方丘祭祀的对象为皇地祇，以景皇帝配。

唐代的太庙建设经历了前后两个时期，多有变化，唐玄宗之前，由最初的四庙演变为七庙，从唐玄宗起确定为九庙之制，唐宣宗时改建为九庙十一室。唐代长安城太庙位于皇城安上门内道东，其形制为：“宫垣四面各依方色，面各一屋三门，每门各列二十四戟。华饰连以浮思焉。其庙三分宫之一，近北面南，九庙皆同殿异室。其制一十九间，四柱。东西夹室各一，前后面各三阶，东西各二侧阶”[②]。唐代东都洛阳太庙位于左掖门街道东，其形制当与长安太庙相同。

李唐皇室以老子后裔自居，因而对老子推崇之，尊其为“大圣祖高上大道金阙玄元天王大帝”（简称“玄元皇帝”）。唐玄宗开元二十九年（741），下诏两京及诸州各置玄元皇帝庙，又称太清宫，以太庙之礼奉之。唐长安城太清宫在太（宁）平坊，洛阳在积善坊，庙宇建筑规格与太庙同。武则天为了获取皇位和巩固皇位，她也曾借助宗庙祭祀制度来提升自己的地位。早在仪凤三年（678）为其父武士彟在并州建太原君王庙，至光宅元年（684）为武氏五祖立庙[③]。垂拱四年（688）于长安立武氏崇先庙。天授元年（690），改唐为周，立武氏七庙于神都洛阳，以取代唐七庙。天授二年（691），将西京长安的唐太庙改为享德庙，改长安崇先庙为崇尊庙。中宗复位后，宗庙祭祀皆如以前故事，先是迁周庙七主于西京崇尊庙，立唐太庙于东都。后又改崇尊庙为崇恩庙，武则天去世后，废武氏崇恩庙。此后，武氏宗庙和陵寝屡有兴复，至唐玄宗先天年间最终被废。

唐代的明堂也是在武则天时期修建的，前后共修过两次，第一次是在垂拱三年至四年间（683—684），所修的明堂即万象神宫在证圣元年（695）正月焚毁，不久，武则天下令重修，次年（天册万岁二年，改元后为万岁登封元年）完工。武则天所修建的明堂为上、中、下三层，下层为方行，中上两层为圆形，合乎古人天圆地方的理念，明堂之外环绕施“铁渠”，为辟雍

① 《新唐书》卷12《礼乐二》。

② 《大唐郊祀录》卷9“荐飨太庙”条。

③ 《新唐书》卷67《则天武皇后传》载则天追赠五世祖后，“太后遣册武成殿使者告五世庙室”；同书卷4《则天皇后·中宗本纪》载此事在光宅元年九月。

之象，也就是说明堂与辟雍是合二为一的。明堂建有上下贯通的中心大柱，这是唐人的发明，古代明堂制度是没有这个结构的。武则天所建明堂与古制不同之处还在于其位于洛阳宫城之中央，而不是城南丙巳之地[①]。之所以不建在丙巳之地，按照武则天的说法是因为“……去宫室遥远，每月所居，因时飨祭，常备文物，动有烦劳”[②]。就是说主要是为了离皇宫近而随时祭祀方便。明堂上层为“严配之所”，下层为“布政之居”。在每年的正月元日武则天举行“大享明堂”的祭祀礼仪。武则天享明堂时合祭天地，以三祖同配，以帝后从配，所不同的是，以周代唐前，以唐高祖、太宗、高宗同配，武士彟从配；以周代唐后，皆以武氏先祖先妣配享。至唐玄宗开元二十五年(737)，将武则天所修明堂改为含元殿，明堂的使命至此结束。

唐洛阳明堂(万像神宫)复原图

唐朝也非常重视官僚士大夫的家庙建造，并对家庙的建造规格做出了规定：

庙之制，三品以上九架，厦两旁。三庙者五间，中为三室，左右厦一间，前后虚之，无重栱、藻井。室皆为石室一，于西墉三之一近南，距地四尺，容二主。庙垣周之，为南门、东门，门屋三室，而上间以庙，增建神厨于庙东之少南，斋院于东门之外少北，制勿逾于庙[③]。

① 中国社会科学院考古研究所洛阳唐城队1986年对武则天所修明堂遗址进行了发掘，《唐东都武则天明堂遗址发掘简报》载于《考古》1989年第5期。

②《旧唐书》卷22《礼仪二》。

③《新唐书》卷13《礼乐三》。

当时官僚士大夫一般都修建家庙。如果不修建的话要受到社会舆论的谴责，甚至皇帝有时也要出面干涉。

陵墓建筑也是出于“事死如生”“慎终追远”的孝道理念的物化体现。唐代陵墓大兴，实为中国古代陵墓建设的又一高潮。唐代墓葬当中，以帝王陵墓建筑最为宏伟。唐朝共有21位皇帝(包括女皇武则天)，除昭宗、哀帝葬于豫之外，其余集中在陕西关中，故有“关中十八陵”之称。唐代帝陵大部分遵循魏晋南北朝流行的“阴葬不起坟”的观念和做法，采取“依山为陵”，整体布局上继承了秦汉的传统，又在规模上有超越秦汉之势。唐代陵园的布局以陵山为中心，四周建方形围墙，四面正中建门，设门楼，依方位各名青龙、白虎、朱雀、玄武，四角建角台角楼，各门外有一对土阙，土阙和门之间列石狮一对。南门朱雀门与陵山之间建献殿，这就是所谓的“内城”。朱雀门外正南向为长约三四公里的“御道”，即所谓的“神道”。自第一对土阙至第二道土阙之间的御道两侧陈列诸多石刻。阙间又设一门，自此向南二三公里再设一重门和一对土阙，以最外一重门为界，东西延伸出去，北至第二重门的广大区域内，列布着许多皇亲、勋贵的陪葬墓。这种布局与唐朝的都城长安非常相似，整个陵区相当于都城，陪葬墓相当于设在里坊区，第二道门相当于都城的皇城城门，御道两侧的石刻文臣武将犹如朝堂上的文武百官。陵山及内城相当于宫城，献殿如同正殿。不难看出，唐代陵墓布局建设充分体现了“事死如生”“慎终追远”的孝道理念，死去的帝王也要像活着时一样享受皇权的尊崇和子孙的敬仰。

唐代贵族官僚的坟墓形制以冢型大致可以分为覆斗冢和圆冢，一般覆斗冢的墓主人比圆冢的墓主人地位要高。覆斗冢平面方形，作四棱台状，四周建方形围墙，四角有土墩，南面正中开口处接建土阙一对，阙外神道左右立石刻，自南而北，一般是华表一对、石人两对、石狮一对。这种墓主人如果身份特别尊贵，冢丘可为两层覆斗，如“号墓为陵”的懿德太子墓，号为惠陵的李宪墓，号为顺陵的武则天母亲杨氏之墓等，均为两层覆斗。一般的太子、公主如章怀太子墓则为单层覆斗，围墙范围也比双层覆斗的墓小，石刻中有石羊。作为陪葬墓的圆冢多没有围墙和石刻，冢体也不太大。不是陪葬墓的圆冢有的也有围墙[①]。

从已发掘的唐代大型墓葬来看，无论是覆斗冢还是圆冢，两者地下形制相仿，而且旨在体现“事死如生”和“慎终追远”的要求。如唐懿德、永泰、章怀等大墓[②]，墓道都是南北向，由平地向北斜下，露天开挖，接着斜下穿过一串砖砌筒卷顶的过洞，过洞之间有 2 至 7 个天井，天井的东西壁上在墓道的位置各挖壁龛一个，在靠后的某一过洞内放置石墓志。墓道后接水平甬道，通前、后二室。后甬道都是砖砌筒拱顶、均设门一道，石椁坐西朝东置于后室，石椁由石板刻成，组装成面阔三间，进深两间的庑殿顶殿堂形象。在墓道、过洞、天井、甬道和墓室中绘有壁画，内容为宫室建筑、人物生活、天体和图案等。这样的墓葬地下布局显然是按照墓主人生前的居住和生活来设的。最南第一个过洞相当于宫室或邸宅的大门，诸多的天井象征着层层的院落，向后二室寓意着前堂与后寝，壁画展示着其生前的生活场景，也就是说，墓葬的总体布局体现了生者希望死者在地下依然像活着的时候那样享受生活。

唐代住宅也体现了孝道的要求。唐代住宅属于院落式的群体组合形式。“贵族宅第的大门有些采用乌头门形式。宅内有在两座主要房屋之间用具有直棂窗的回廊连接为四合院，但也有房屋位置不完全对称的，可是用回廊组成庭院则仍然一致。至于乡村住宅见于《展子虔游春图》中，不用回廊而以房屋围绕，构成平面狭长的四合院；此外，还有木篱茅屋的简单三合院，布局比较紧凑，与上述廊院式住宅形成鲜明的对比。值得注意的是，这些图画所描写的住宅多数具有明显的中轴线和左右对称的平面布局，无疑地，这是当时住宅建筑中比较普遍的布局方法”[③]。这种建筑方式适应了唐代以家庭和家族为单位居住的要求，在这样的住宅中，人们是按照血缘

① 敦煌唐代壁画所画圆冢就建有围墙和角台。

② 参见陕西省博物馆，乾县文教局唐墓发掘组：《唐懿德太子墓发掘简报》及《唐章怀太子墓发掘简报》，《文物》1972 年第 7 期；陕西省文物管理委员会：《唐永泰公主墓发掘简报》，《文物》1959 年第 8 期。

③ 刘敦桢《中国古代建筑史》第五章《隋唐五代时期的建筑》第三节《住宅》，中国建筑工业出版社，1980 年，第 125 页。

关系和长幼尊卑的次序来居住，“一般长者尊者居住在位于中轴线的主体建筑物内，晚辈则居住在两侧较小的屋内”[①]，体现了家长在家庭中的地位，为晚辈尽孝提供了方便。

陶院落，1964 年山西省长治唐墓出土

四、孝文化与唐代书法艺术

唐代是一个高度重视书法艺术的时代，文化传播的需要，教育制度的完善和科举选士的要求，在促进书法艺术的发展方面起到了重要的作用。孝文化也成为唐代书法艺术发展的推手之一。

唐代盛行为死去的亲人树碑立传，以此记述宗族(家族)的发展历程，颂扬死者的品德和功绩，表达生者的不尽哀思。由于碑石不会腐朽，可以长期保存，这样家族和死者的事迹也能因此而传之久远，确实能够起到“慎终追远”的目的。碑传能否广为流传，光靠碑石的坚固是不够的，文采和书法也非常重要，孔子云：“言之无文，行而不远”[②]。如果碑传缺乏文采，也很难引起观者的思想共鸣；如果碑文的书法拙劣，同样很难引起观者的兴趣。正因为如此，唐人不惜花重金请文学大家，书法名流为自己逝去的亲人撰写碑文和墓志，如李邕、韩愈等人因为他人撰写碑文而获得丰厚的

① 雷巧玲《唐人的居住方式与孝悌之道》，《陕西师范大学学报》1993 年第 3 期。

②《左传·襄公二十五年》。

酬劳。书法家们也同样受到追捧。《旧唐书》卷一百六十五《柳公权传》记载："公权初学王书，遍阅近代笔法，体势劲媚，自成一家。当时公卿大臣家碑板，不得公权手笔者，人以为不孝"。

柳公权书法

唐代大书法家的碑志流传至今的颇多，如欧阳询的《房彦谦碑》(631，山东章丘)、《虞恭公温彦博碑》(637，昭陵)和《皇甫诞碑》(643，西安碑林)等，虞世南的《汝南公主墓志铭并序》(636，上海博物馆)，褚遂良的《房玄龄碑》(652，昭陵)、薛稷的《信行禅师碑》(706，原石已佚)，颜真卿的《郭虚已墓志》(750，偃师)、《王琳墓志》(741，洛阳)《颜勤礼碑》(779，西安碑林)等，柳公权的《李晟碑》(829，陕西高陵)、《刘沔碑》(848)和《高无裕碑》等，人称"李北海"的文学家和书法家李邕，以行楷撰写碑文，一生达 800 方之多，代表作如《叶有道碑》(717)、《李思训碑》(720，桥陵)。现在发现的唐代碑文墓志成千上万，仅《唐代墓志汇编》中收录墓志拓本就多达 5000 余方，这些墓志的撰写者遍及各地，有名流大家，也有民间书手。可以说唐人借助书法传播了孝道文化，同时撰写墓志碑文的需要也推动了唐代书法的发展，更为我们今天保留下了大批的书法艺术珍宝。

第五节　孝文化与唐代医学

孝文化在唐代医学中也有体现，代表性的反映在孙思邈的医学思想中。

孙思邈是隋唐时期医学家的杰出代表，被后世尊为“药王”，他从小好学，“七岁就学，日诵千余言。弱冠，善谈庄、老及百家之说，兼好释典”[①]。孙思邈虽然广学博识，但在道德伦理上仍以儒家思想为宗。他认为要成为“大医”，首先是要注意道德操守的修养，提倡读五经，知“仁义之道”。他所言的仁义之道实际是对儒家伦理思想的总体概括。

陕西耀县孙思邈墓前塑像

孙思邈提倡养性与医疗相结合。他以儒家的“性善论”为依据，认为修德养性是治病之根本，他说：

夫养性者，欲所习以成性。性自为善，不习无不利也。性既自善，内外百病皆悉不生，祸乱灾害亦无由作，此养性之大经也。善养性者则治未病之病，是其义也。故养性者，不但饵药飡霞，其在兼于百行。百行周备，虽绝药饵足以遐年；德行不克，纵服玉液金丹未能延寿。故夫子曰：“善摄生者，陆行不遇虎兕。”此则道德之祜也，岂假服饵而祈遐年哉！[②]

只要道德修为做好了，操守行为都合乎规范了，就不会滋生疾病了，不用服用丹药就可以健康长寿了。虽然说得有些过头，但其对道德伦理修养的重视可见一斑。

正是把道德修养看得比就医吃药还重要，孙思邈认为对胎儿施以儒家的仁义、忠孝伦理教育，会对其后天的道德秉性产生显著的影响，《备急千

①《旧唐书》卷191《方伎传》。

②《备急千金要方》卷27《养性》。

金要方》卷二《妇人方上》云：

论曰：旧说凡受胎三月，逐物变化，禀质未定。故妊娠三月，欲得观犀象猛兽珠玉宝物，欲得见贤人君子盛德大师，观礼乐钟鼓俎豆军旅陈设，焚烧名香，口诵诗书，古今箴诫，居处简静，割不正不食，席不正不坐，弹琴瑟，调心神，和情性，节嗜欲，庶事清净，生子皆良，长寿忠孝，仁义聪惠，无疾，斯盖文王胎教者也[①]。

孙思邈认为对胎儿实施了儒家的道德礼仪的教育，不仅生下的孩子善良、聪明，具有忠孝仁义的品质，而且还会健康长寿。将这一理论附会为文王所创立，旨在于提高理论的神圣地位，这是古人常用的宣扬自己理论学说的方法。孙思邈不仅认为实施儒家的道德伦理教育对胎儿很重要，而且在孕前也要注意修养。孙思邈说：

御女之法，交会者，当避丙丁日，及弦望晦朔，大风大雨大雾大寒大暑雷电霹雳，天地晦冥，日月薄蚀，虹蜺地动。若御女者则损人神不吉，损男百倍，令女得病，有子必颠痴顽愚喑痖聋聩挛跛盲眇多病短寿不孝不仁。又避日月星辰，火光之下，神庙佛寺之中，井灶圊厕之侧，冢墓尸柩之傍，皆悉不可。夫交合如法，则有福德，大智善人降托胎中，仍令性行调顺，所作和合，家道日隆，祥瑞竞集；若不如法，则有薄福愚痴恶人来托胎中，仍令父母性行凶险，所作不成，家道日否，殃咎屡至，虽生成长，家国灭亡[②]。

交会如法，则生子聪明健康仁孝长寿，家道兴隆，否则就会生子愚笨残疾不仁不孝又短命，且祸及父母，家道衰落。孙氏的胎教理论对中国古代的胎教理论影响深远，后世多因袭之。

孙思邈非常重视孝道，他认为晚辈对长辈尽孝应尽心竭力，他说：

论曰：人年五十以上，阳气日衰，损与日至，心力渐退，忘前失后，兴居怠惰，计授皆不称心，视听不稳，多退少进，日月不等，万事零落，心无聊赖，健忘瞋怒，情性变异，食饮无味，寝处不安。子孙不能识其情。惟云大人老来恶性不可咨谏。是以为孝之道，常须慎护其事。每起速称其

①《备急千金要方》卷2《妇人古方》。

②《备急千金要方》卷27《养性》。

所须，不得令其意负不快。故曰：“为人子者，不植见落之木”。淮南子曰：“木叶落，长年悲。”夫栽植卉木，尚有避忌，况俯仰之间安得轻脱乎！[①]

也就是说，子女要关注和理解父母因年龄增大而产生的身心变化，尽力让父母身心愉悦。他指出：“安身之本必须于食，救疾之道惟在于药。”作为子女要知道这两个方面的特性，“是故君父有疾，期先命食以疗之，食疗不愈，然后命药”[②]。他对子女如何给年老的长辈准备饮食提出了详细的指导意见，他说：

论曰：人子养老之道，虽有水陆百品珍羞，每食必忌于杂，杂则五味相挠，食之不已，为人作患。是以食啖鲜肴，务令简少。饮食当令节俭，若贪味伤多，老人肠胃皮薄，多则不消，彭亨短气，必致霍乱。夏至已后，秋分已前，勿进肥浓羹臛酥油酪等，则无他矣。夫老人所以多疾者，皆由少时春夏取凉过多，饮食太冷，故其鱼脍、生菜、生肉、腥冷物多损于人，宜常断之。惟乳酪酥蜜，常宜温而食之，此大利益老年。虽然，卒多食之，亦令人腹胀泄痢，渐渐食之[③]。

由此可见，孙思邈从医学的角度对孝道提出了一些新的要求，是对古代孝道文化的丰富和发展。

第六节　孝文化与唐代文人的品格

从上述分析来看，孝文化作为意识形态渗透到唐代文化生活的各个领域，其与唐代宗教、文学、史学、艺术(包括音乐舞蹈、绘画雕塑、建筑、书法等)、医学等都有一定的关系。孝文化促进了唐代各个文化因子的发展，而各种文化因子的创新反过来又丰富了唐代孝文化的内容，强化了社会的孝道意识。

---

①《千金翼方》卷12《养性》。

②《千金翼方》卷12《养性》。

③《千金翼方》卷12《养性》。

孝文化之所以能够在唐代文化中发挥引领作用，其中一个重要原因在于孝对文人的人格塑造。文人是唐代孝文化创造的主体。儒家思想在唐代居于统治地位，作为儒家社会政治思想基础的孝道伦理，无论是在家庭还是社会上，都被广泛认同和提倡。唐代文人从小就接受孝道伦理的教育和熏陶，尊孝行孝在大多数情况下成为其思想和行动的自觉体现。许多文人成为唐代的知名孝子。杨炯在《王勃集序》中称赞王勃“孝本乎未名，人应乎初识”①。与王勃早年齐名的刘允济，“少孤，事母甚谨。”②李峤“早孤，事母以孝闻”③。元德秀年少时孤贫，“事母以孝闻。开元中，从乡赋，岁游京师，不忍离亲，每行则自负板舆，与母诣长安。登第后，母亡，庐于墓所，食无盐酪，藉无茵席，刺血画像写佛经”④。张说“丁母忧去职，起复授黄门侍郎，累表固辞，言甚切至，优诏方许之。是时风教颓紊，多以起复为荣，而说固节恳辞，竟终其丧制，大为识者所称”⑤。张九龄被任命为冀州刺史，“以母老在乡，而河北道里辽远，上疏固请换江南一州，望得数承母音耗，优制许之，改为洪州都督”⑥。大诗人杜甫被后世誉为“醇儒”。王维侍奉母亲以孝著称，“居母丧，柴毁骨立，殆不胜丧”⑦。杨炎不仅“文藻雄丽，”且“孝著三代，门树六阙”⑧。权德舆“生四岁，能属诗；七岁居父丧，以孝闻”⑨。王仲舒“少孤贫，事母以孝闻”⑩。白居易为奉养母亲，在升迁之际，请求宪宗皇帝授其一个俸禄优厚一点的官职，“于是，除京兆府户曹参军”⑪。狄仁杰“孝友绝人”⑫，被后世列入二十

①《全唐文》卷191，杨炯《王勃集序》。
②《旧唐书》卷190中《文苑中》。
③《旧唐书》卷94《李峤传》。
④《旧唐书》卷190下《文苑下》。
⑤《旧唐书》卷97《张说传》。
⑥《旧唐书》卷99《张九龄传》。
⑦《旧唐书》卷190下《文苑下》。
⑧《旧唐书》卷118《杨炎传》。
⑨《旧唐书》卷148《权德舆传》。
⑩《旧唐书》卷190下《文苑下》。
⑪《旧唐书》卷166《白居易传》。
⑫《旧唐书》卷89《狄仁杰传》。

四孝之中。唐代信佛道者，以多受孝文化的影响而宣扬孝道，像王维、白居易、柳宗元等就是其中的代表。有论者对唐代知识分子的孝行进行了分析，得出了唐代知识分子重孝的结论①。正是由于这些文人视孝道为立身之根本，所以才能自觉地、理直气壮地去宣扬孝道，尽管在唐代有些文士有“疑儒”的倾向，但就儒家社会政治伦理思想的根基——孝道，几乎是找不到质疑的声音。可以说孝道理念浸透了他们的骨髓血肉，成为了他们一切言行和创作的内在圭臬。至于那些凭借孝道和文才跻身于官场或想步入仕途的文人，当他们吟诗作文，奉命代草王言，或是上书谏诤的时候，不仅不能违背儒家政治伦理思想，而且还必须以积极的态度，准确地表达出儒家政治伦理思想的内涵。归根到底，唐代文人不可能跳出以孝道为核心的儒家政治伦理思想的藩篱。

① 蔡榕津《唐代知识分子的孝及其原因探析》，《重庆科技学院学报》，2007 年第 6 期。

第五章　孝文化与唐代社会生活

孝文化根植于社会生活，其对古人的家庭及社会生活产生着深刻的影响。要认识唐代孝文化的全貌，不能不对唐代社会生活与孝文化的关系进行考察。衣食住行是人类社会生活的基本内容，家庭生活是社会生活的基础，节日习俗和社会风气是社会生活的综合反映。下面就从这四个方面入手，对唐代社会生活与孝文化的关系作以具体分析。

第一节　孝文化与唐人的衣食住行

衣食住行是人类社会生活的基本内容。衣食住行的方式反映着政治经济政策的制定与执行，体现着社会的风气和文化的风貌。《新唐书》的作者认为："凡民之事，莫不一出于礼。由之以教其民为孝慈、友悌、忠信、仁义者，常不出于居处、动作、衣服、饮食之间。盖其朝夕从事者，无非乎此也"①。也就是说孝文化贯穿于衣食住行之中。

一、孝与唐人的饮食方式

儒家所言孝道的最基本要求就是尽心竭力地为父母供给充足的食物，以赡养父母。不仅在饮食上要尽量去满足父母的需求，而且要做到恭敬。《通典》卷六十八《天子诸侯大夫士之子事亲仪(妇事舅姑附)》中规定："妇事舅姑，如事父母"，伺候父母用餐时要"问所欲而敬进之，柔色以

①《新唐书》卷11《礼乐一》。

温之”。具体的情形是什么样的呢？《礼记·内则》对此说的更加明确：所谓“饘、酏、酒、醴、芼、羹、菽、麦、蕡、稻、黍、梁、秫，唯所欲。枣、栗、饴、蜜，以甘之。堇、荁、枌、榆、免、薧、滫、瀡，以滑之。脂、膏，以膏之。父母舅姑，必尝之而后退”。酒肉菜肴主食水果等种类齐全，并征求公婆意见，由公婆根据自己的喜好去选择，在给公婆进奉饮食的过程中必须保持恭敬和顺的态度和遵守相应的礼仪。当然对于贵族官僚士大夫而言，每餐提供这样丰盛的饮食或许可以做到，而对于一般家庭来说是难以做到的，只能做到竭尽所能罢了。

在唐代，珍贵的食物要与父母分享，这被看作是孝道的体现，如《册府元龟》记载：

唐高祖武德八年(625)七月，群臣食于御前。果有蒲桃，侍中陈叔达执而不食，帝问其故，对曰：“臣母患口乾(干)，永不能治，欲归以遗母。”帝曰：“卿有母可遗乎？”遂流涕呜咽，久之乃止。赐物百段。帝性至孝，初葬元贞太后时遇祁寒，跣行二十余里，足皆流血，毁顿之极，哀感行路。言及二亲，未尝不流涕。有得时珍及诸方异膳，必先荐享而已方食[1]。

蒲桃当是今天所说的葡萄的别称，当时算是比较珍贵的水果。陈叔达不忍食御宴上皇帝赐的葡萄，而将其带回家给母亲吃，正是饮食上尽心孝养父母的体现，所以得到了唐高祖的嘉奖。

唐人不仅要竭尽所能在饮食上去供养父母长辈，而且还应考虑饮食与健康的关系，提倡针对老人的身体状况去合理搭配饮食，孙思邈在《千金翼方》中指出：

论曰：人子养老之道，虽有水陆百品珍羞，每食必忌于杂，杂则五味相挠，食之不已，为人作患。是以食啖鲜肴，务令简少。饮食当令节俭，若贪味伤多，老人肠胃皮薄，多则不消，彭亨短气，必致霍乱。夏至已后，秋分已前，勿进肥浓羹臛酥油酪等，则无他矣。夫老人所以多疾者，皆由少时春夏取凉过多，饮食太冷，故其鱼脍、生菜、生肉、腥冷物多损于人，宜常断之。惟乳酪酥蜜，常宜温而食之，此大利益老年。虽然，卒多食之，

①《册府元龟》卷27《帝王部·孝德》。

亦令人腹胀泄痢，渐渐食之[①]。

也就是说，侍奉老人的饮食不能过杂，不能过于油腻，注意冷热，应根据时令节气，合理搭配饮食结构，这样才能减少老人生病，健康长寿。提倡健康饮食应该说是唐人对于饮食孝养的新发展。

唐人在享用饮食的次序上也是尊长优先，从《天子诸侯大夫士之子事亲仪(妇事舅姑附)》可以看出，成年子女一般是在侍奉父母用餐完毕后才自己进餐，未成年的子女也是如此："男女未冠笄者，……昧爽而朝，问何食饮矣，若已食则退，若未食，则佐长者视具"[②]。在家庭成员范围以外聚食饮酒也遵循这样的原则，比如唐代地方上举行的乡饮酒礼，凸显的就是长幼的次序。

唐代社会提倡子孙与父祖同居同爨，即一家人同吃同住，这样可以增进家庭的和睦，方便孝敬和照顾老人。史载，裴宽性友爱，"弟兄多宦达，子侄亦有名称，于东京立第同居，八院相对，甥侄皆有休憩所，击鼓而食，……当世荣之"[③]。高霞寓五代同爨，"乡里美称其事"[④]。在丧服制度中同爨被作为衡量服制轻重的标准。唐太宗认为"服重由乎同爨，恩轻在乎异居"[⑤]。唐人从这一观念出发，对古代丧服制度进行了多项变革，如规定：为姑姊妹女子子在室服齐衰不杖期，为从祖祖姑在室者和从祖姑姊妹在室者服小功，从祖祖姑在室者和从祖姑姊妹在室者报之。嫂叔报(服小功)，女子子在室为曾祖父母服齐衰五月等等，这些都比《礼经》的规定相应重一些，都是基于同爨共居的考虑。

由于唐代提倡同居共爨，所以家宴十分盛行。举行家宴多与孝亲睦族有关，家宴在于促进孝悌之道，所以不能和孝道相冲突。如唐西平王李晟有一次过生日举行家庭宴会，他出嫁的女儿置生病的婆婆于不顾，前往参加宴会祝贺。李晟得知后，掷筯大怒说："我不幸有此女，大奇事！汝为人

---

①《千金翼方》卷12《养性》。

②《通典》卷68。

③《旧唐书》卷100《裴宽传》。

④《旧唐书》卷162《高霞寓传》。

⑤《贞观政要》第29《礼乐》。

妇，岂有阿家体候不安，不检校汤药，而与父作生日，吾有此女，何用作生日为？”让女儿立刻回家，随后，他本人亲自到女儿家探问女儿婆婆的病情，并以自己没有教育好女儿而向亲家致歉[①]。

皇帝在发生大的天灾时减少饮食是尽孝道的一种体现。古人相信君权神授，天人感应的观念，帝王自视为天子，与天帝之间形成了所谓的父子关系，出于对上天的孝道，天子要按照所谓上天的意志来治国理民，如果违背了上天的意愿，上天便以灾异的形式表达对皇帝的训诫，帝王则要采取相应的措施来表达自己悔过自新，以示对上天的敬畏，减少饮食就是其中的一项措施。如贞观十二年(638)冬天一直到十三年(639)的五月久旱不雨，唐太宗认为是上天在惩罚自己，所以“减膳罢役”[②]。永徽四年(653)四月因旱灾，唐高宗也采取减膳以自省[③]。景龙二年(708)十二月，唐中宗因京师亢旱而减膳[④]。

天子面对天灾减少饮食是孝行，而民众在父母生病期间减少饮食也是孝道的体现，如段秀实性至孝，“六岁，母疾，水浆不入口七日，疾有间，然后饮食”[⑤]。遭逢父母亡故，“水浆不入口”更是孝行的体现。裴倩居父丧“水浆不入于口，孺慕殆于灭性，宗门忧其死于孝”[⑥]。清源莆田邑人林瓒的母亲去世，他每一痛至，“水浆不入口，或三日，或五日，内外羸惫，殆至殒灭”[⑦]。欧阳詹专门为其作《甘露述》一文以表彰其孝德。

唐人遵循事死如生的孝道要求，在祭祀祖先父母的亡灵时，在敬献的饮食方面也是按照生前的原则，尽其所能的予以敬奉。天宝五载(748)，唐玄宗下诏云：“祭神如在，传诸古训，以多为贵，著自礼经。膟膋之仪，盖昔贤之尚质；甘旨之品，亦孝子之尽诚。既切因心，方资变礼。其以后

① (唐)赵璘：《因话录》卷3《商部下》。

②《旧唐书》卷3《太宗下》。

③《旧唐书》卷4《高宗上》。

④《旧唐书》卷7《中宗本纪》。

⑤《旧唐书》卷128《段秀实传》。

⑥《全唐文》卷500，权德舆《唐尚书度支郎中赠尚书左仆射正平节公裴公神道碑铭》。

⑦《全唐文》卷598，欧阳詹《甘露述》。

享太庙，宜料外每室加常食一牙盘。仍令所司，务尽丰洁”[①]。由此可见唐人在祭祀父母祖先的饮食上所花的心思。

由此可见孝文化不仅对唐人的日常饮食方式产生了深刻的影响，而且对礼仪活动的饮食方式也产生了深刻影响。

二、孝与唐人的服饰

古代服饰的功能远比现代丰富，除保暖遮体外还具有明贵贱、弘教化、尊祭祀、慎丧仪、禁奇异等作用。从孝道要求出发，在穿衣上优先考虑父母长辈的需要。孟子说：“五亩之宅，树之以桑，五十者可以衣帛矣”[②]。在古代一般只有贵族官僚才能穿着丝绸做的衣服，这里提出老人可以穿丝绸做的衣服，正是尊老养老精神的体现，唐代政府也是这样贯彻的。

在唐代，对于高年老人唐朝政府经常要赏赐粟、帛、绵、米、酒、肉等物品，还有赐章服的殊荣，如太极元年(712)，唐睿宗改元大赦，“特赐老人九十已上绯衫牙笏，八十已上绿衫木笏”[③]。兴元元年(784)秋七月丙子，唐德宗“车驾次凤翔府。诏放管内今年秋税；耆寿侍老八十已上，各与版授刺史，赐紫，其余版授上佐，赐绯”[④]。章服是官僚贵族服饰的专利，是其等级身份的体现。唐代对此有明确的规定。唐初即规定“三品已上服紫，四品五品已上服绯，六品七品以绿，八品九品以青，妇人从夫之色，仍通服黄”[⑤]。咸亨五年五月敕：“如闻在外官人百姓，有不依令式，遂于袍衫之内，著朱紫青绿等色短衫袄子，或于闾野，公然露服，贵贱莫辨，有斁彝伦。自今以后，衣服下上，各依品秩，上得通下，下不得僭上。仍令有司严加禁断”[⑥]。开元十九年(731)敕：“流外及庶人。不得著绸绫罗

①《通典》卷 47《礼七》。
②《孟子》卷 1《梁惠王章句上》。
③《旧唐书》卷 7《睿宗本纪》。
④《旧唐书》卷 12《德宗本纪》。
⑤《唐会要》卷 31《章服品第》。
⑥《唐会要》卷 31《章服品第》。

縠。五色线靴履”[①]。官僚贵族服饰的颜色为紫、绯、青、绿、碧，百姓的服饰颜色为黄、白、黑等颜色，绫罗绸缎是统治阶级服饰的专用质料，老百姓一般只能服麻布、葛布等。对于违反服饰规定的唐政府将给予法律的严惩。唐政府能够特赐高年老人绫罗绸缎及章服，这是尊老养老的又一体现，其目的也在于引导老百姓在父母的穿衣上要尽心侍奉。

作为子女不仅要将最好的衣服留给父母穿，而且对父母的衣物要像尊敬父母一样礼遇。《天子诸侯大夫士之子事亲仪(妇事舅姑附)》规定：“父母舅姑之衣、衾、簟、席、枕、几，不传；杖、屦，祇敬之，勿敢近”[②]。子女晚辈穿着整齐是对父母长辈孝敬的体现。《天子诸侯大夫士之子事亲仪(妇事舅姑附)》规定：“子事父母，鸡初鸣，咸盥漱，栉，縰，笄，总，拂髦，冠，緌，缨，端，鞸，绅，搢笏。……妇事舅姑，如事父母，鸡初鸣，咸盥漱，栉，縰，笄，总，衣绅，……以适父母舅姑之所”。就是说儿子媳妇早上起来洗漱干净、穿着整齐才能到父母公婆的住处。《北梦琐言》卷十二记载：

柳玭出官泸州郡，洎牵复，沿路染疾，至东川通泉县求医，幕中有昆弟之子省之，亚台回面，且云“不识”。家人曰：“是某院郎君。”坚云：“不识，莫喻尊旨。”良久，老仆忖之：得非郎君幞头脚乎固宜见怪。但垂之而入，必不见阻。比郎君垂下翘翘之尾，果接抚之。

柳玭的子弟辈的亲戚仅仅因为帽子没有戴端正而遭到柳氏的拒绝接见，由此可见唐人对子弟在长辈面前衣着穿戴的严格要求。

从孝道出发，对于子女着装的细节上也有要求。《天子诸侯大夫士之子事亲仪(妇事舅姑附)》规定：“孤子当室，冠衣不纯采。父母有疾，冠者不栉”。

“冠衣不纯采”的规定应该源自古礼。《礼记·曲礼》云：“为人子者，父母存，冠衣不纯素”。为什么这样规定，郑玄解释说“为有其丧象也”。按照《礼记·深衣》的规定：“具父母、大父母，衣纯以缋。具父

---

①《唐会要》卷31《章服品第》。

②《通典》卷68。

母，衣纯以青。如孤子，衣纯以素。纯袂、缘、纯边，广各寸半”。孔颖达疏对此解释云：

“具父母、大父母，衣纯以缋”者，所尊俱在，故“衣纯以缋”。言“具父母”，则父母俱在也，“大父母”则亦然也。若其不具，一在一亡，不必纯以缋也。“具父母，衣纯以青”者，唯有父母，而无祖父母者，以为吉不具，故节少，而深衣领缘用青纯，降于缋也。若父母无，唯祖父母在，亦当纯以青[①]。

即父母、祖父母都健在者，穿的深衣用彩色花纹来滚边。只有父母健在而祖父母去世者，其深衣用青色来滚边。未满 30 岁，父母亲去世而祖父母在者，其深衣也用青色滚边，若祖父母也不在了，其深衣用白色来滚边，袖口、裳的下摆及裳边的滚边都是一寸半宽。采用衣服滚边的颜色表面上反映父母及祖父母生存的情况，实际上反映的是作为人子对父母祖父母的情感状况，父母、祖父母都健在，作为人子，从心里感到高兴，所以用彩色滚边；父母、祖父母去世，作为人子感到伤心，所以衣服要用青、白色来滚边。“父母有疾，冠者不栉”的要求也是孝子心情的体现。作为人子，因担心父母的身体健康，忙于照顾生病的父母而顾不上梳洗打扮，正是反映了其对父母的一片孝心。

在服饰上最具孝道意义的是丧服。古代丧服按照宗法血缘关系的亲疏关系分为五个等级，称为“五服”，即“斩衰”“齐衰”“大功”“小功”“缌麻”。具体的服饰情况如表 5-1[②]所示，丧服与对应的亲属关系如表 5-2[③]所示。

据学者研究，唐代的丧服服饰与古代的规格基本一致，没有太大的变化，在丧服制度上作出了适应唐代社会结构和家庭关系的改造，着力提升

---

① 《十三经注疏 · 礼记正义》卷 59。

② 表 5-1 参考《礼记 · 间传》补充部分内容。引自赵澜：《唐代丧服制度研究》，福建师范大学，2008 年。

③ 表 5-2 根据《仪礼 · 丧服》经文中关于丧服与家庭亲属关系的内容而绘，参考了章景明《先秦丧服制度考》中的丧服表，经文中有关宗法贵族的政治和宗族关系部分丧服制度没有列入。

和增补了女子或女党的服序等级[①]。

表 5-1　《仪礼・丧服》所示五服服饰示意简表

<table>
<tr><th colspan="2"></th><th>衰裳</th><th>冠</th><th>绖带</th><th>屦</th><th>杖</th></tr>
<tr><td colspan="2">斩衰三年</td><td>三升，斩边不缉</td><td>六升，绳缨</td><td>苴绖，绞带</td><td>菅屦</td><td>苴杖</td></tr>
<tr><td rowspan="4">齐衰</td><td>三年</td><td rowspan="4">四升，缉边</td><td rowspan="4">七升，布缨</td><td rowspan="4">牡麻绖，布带</td><td rowspan="2">疏屦</td><td>削杖</td></tr>
<tr><td>期杖</td><td>削杖</td></tr>
<tr><td>期不杖</td><td rowspan="2">麻屦</td><td>不杖</td></tr>
<tr><td>三月</td><td>不杖</td></tr>
<tr><td colspan="2">大功九月</td><td>九升</td><td>十升，缨绖</td><td>牡麻绖，布带</td><td>绳屦</td><td>不杖</td></tr>
<tr><td colspan="2">小功五月</td><td>十一升</td><td>与衰同</td><td>牡麻绖</td><td>吉屦无絇</td><td>不杖</td></tr>
<tr><td colspan="2">缌麻三月</td><td>十五升抽其半</td><td>与衰同，澡缨</td><td>澡麻带绖</td><td>吉屦无絇</td><td>不杖</td></tr>
</table>

表 5-2　根据《仪礼・丧服》所绘丧服与相应亲属表

<table>
<tr><th>行辈
丧服</th><th>曾祖行</th><th>祖行</th><th>父行</th><th>己行</th><th>子行</th><th>孙行</th><th>曾孙行</th></tr>
<tr><td rowspan="2">斩衰三年</td><td rowspan="2"></td><td rowspan="2">父卒然后为祖后者为祖</td><td>父(女子、子在室为父、子嫁反在父之室为父与男子同</td><td>妻为夫</td><td rowspan="2">父为长子</td><td rowspan="2"></td><td rowspan="2"></td></tr>
<tr><td>为人后者为所后之父</td><td>妾为君</td></tr>
<tr><td rowspan="3">齐衰三年</td><td rowspan="3"></td><td rowspan="3"></td><td>父卒为母</td><td rowspan="3">母为长子</td><td rowspan="3"></td><td rowspan="3"></td><td rowspan="3"></td></tr>
<tr><td>继母如母</td></tr>
<tr><td>慈母如母</td></tr>
<tr><td rowspan="3">齐衰杖期</td><td rowspan="3"></td><td rowspan="3"></td><td>父在为母</td><td rowspan="3">妻</td><td rowspan="3"></td><td rowspan="3"></td><td rowspan="3"></td></tr>
<tr><td>出妻之子为母</td></tr>
<tr><td>继母嫁从为之服(报)</td></tr>
</table>

① 陈成国《中国礼制史(隋唐五代卷)》，湖南教育出版社，2011 年版；丁凌华《中国丧服制度史》，上海人民出版社，2000 年版；任爽《唐代礼制研究》，东北师大出版社，1999 年版；甘怀真《“旧君”的经典诠释——汉唐间的丧服礼与政治秩序》，《新史学》(台北)，第 13 卷第 2 期。

续表

行辈 丧服	曾祖行	祖行	父行	己行	子行	孙行	曾孙行
齐衰不杖期		祖父母（女子子嫁者、未嫁者与男子同）	世父母、叔父母	昆弟	众子（女子子在室者同）		
			为人后者为其本生父母	女子子适人者为其昆弟之为父后者	昆弟之子		
			女子子适人者为其父母	姊妹适人无主者（姊妹报）	女子子适人无主者		
			继父同居者	妾为女君	夫之昆弟之子（报）		
			妇为舅姑				
			姑适人无主者（姑报）				
齐衰三月	曾祖父母（女子子之嫁者、未嫁者与男子同）		继父不同居者				
大功九月		夫之祖父母	姑之适人者	姊妹适人者	女子子适人者	庶孙	
			夫之世父母、叔父母	从父昆弟	侄（男女皆报）		
				为人后者为其昆弟	嫡妇		
				女子子适人者为其众昆弟	夫之昆弟之妇人子适人者		

续表

<table>
<tr><th>行辈
丧服</th><th>曾祖行</th><th>祖行</th><th>父行</th><th>己行</th><th>子行</th><th>孙行</th><th>曾孙行</th></tr>
<tr><td rowspan="5">小功五月</td><td rowspan="5"></td><td>从祖祖父母(报)</td><td>从叔父母(报)</td><td>从祖昆弟</td><td rowspan="5">庶妇</td><td rowspan="5">孙适人者</td><td rowspan="5"></td></tr>
<tr><td rowspan="4">外祖父母</td><td>从母(丈夫妇人报)</td><td>从父姊妹适人者</td></tr>
<tr><td>夫之姑(报)</td><td>为人后者为其姊妹适人者</td></tr>
<tr><td rowspan="2">妾子为从母</td><td>夫之姊妹(报)</td></tr>
<tr><td>娣姒妇</td></tr>
<tr><td rowspan="9">缌麻三月</td><td rowspan="9">族曾祖父母</td><td>族祖父母</td><td>族父母</td><td>族昆弟</td><td>从族祖昆弟之子</td><td>庶孙</td><td rowspan="9">曾孙</td></tr>
<tr><td rowspan="8">父之姑</td><td>从祖姑适人者(报)</td><td>从祖姊妹适人者(报)</td><td>甥</td><td rowspan="8">外孙</td></tr>
<tr><td>庶子为父后者为其母</td><td>从母昆弟</td><td rowspan="7">婿</td></tr>
<tr><td>庶母</td><td>姑之子</td></tr>
<tr><td>乳母</td><td>舅之子</td></tr>
<tr><td>妻之父母</td><td>为夫之从父昆弟之妻</td></tr>
<tr><td>舅</td><td rowspan="3"></td></tr>
<tr><td>夫之诸父母(报)</td></tr>
<tr><td>君母之昆弟</td></tr>
</table>

从上述表中我们可以看出，亲属关系越密切，其服丧的等级越高，而其丧服的质地就越粗劣，缝纫工艺越陋，其哀痛之情也就越深切。丧服制度一方面反映了人们对逝去亲人的追思之情，另一方面充分反映了古代宗族和家族中复杂的亲疏有别的宗法关系。

按照上述的规定，如果一个人严格遵守的话，就意味着一生中有十多年的时间都是穿着丧服生活的。据有人研究推测，唐代人的平均寿命不超过 60 岁，那就意味着一生将近四分之一左右的时间都是穿着丧服生活的。

唐代皇室从便于统治的角度出发，继承汉魏的传统，实行以日易月的短丧制度，对于官僚士大夫则有夺丧起复的变通制度，但从总体上来看，丧服制度的执行还是比较严格的。《旧唐书》卷一百六十五《柳公绰传》记载，“公绰天资仁孝，初丁母崔夫人之丧，三年不沐浴”。元让丁母忧也是“废栉沐，饭菜饮水”[①]。三年不洗澡，就更不用说换衣服了。

唐人在祭祀逝去的父母祖先时还按照时节敬献衣服。《新唐书》记载：“天宝二年(743)，始以九月朔荐衣于诸陵。又常以寒食荐饧粥、鸡球、雷车，五月荐衣、扇”[②]。这同样体现着“慎终追远”的孝道观念。

三、孝与唐人的居住形态

唐代社会提倡父母与子女，以及祖父母，甚至是曾祖父母共同居住生活，并将这种居住生活方式法制化。《唐律》规定：如果祖父母、父母在世而子孙别籍、异财的要判处三年徒刑；如果高祖父母、曾祖父母健在而子孙分家异财的同样是要判处三年徒刑的。这项规定也纳入了十恶重罪的范围之内。

在以法约束的同时，政府大力表彰和奖励“累世同居”的家族。如高崇文“其先自渤海徙幽州，七世不异居，开元中，再表其闾”[③]“(裴)宽兄弟八人，皆擢明经，任台、省、州刺史。雅性友爱，于东都治第，八院相对，甥侄亦有名称，常击鼓会饭。……天宝间称旧德，以宽为首”[④]“刘君良，瀛州饶阳人也。累代义居，兄弟虽至四从，皆如同气，尺布斗粟，人无私焉。……武德七年(624)，深州别驾杨弘业造其第，见有六院，唯一饲，子弟数十人，皆有礼节，咨嗟而去。贞观六年，诏加旌表”[⑤]。《新唐书·孝友传》记载了36位受到朝廷表彰的累世同居者，“天子皆旌表门闾，赐粟

①《新唐书》卷195《孝友传》。
②《新唐书》卷14《礼乐四》。
③《新唐书》卷170《高崇文传》。
④《新唐书》卷130《裴宽传》。
⑤《旧唐书》卷188。

帛，州县存问，复赋税；有授以官者”[①]。由于统治者的提倡和法律的约束，使得累世同居成为唐朝的社会风尚。雷巧玲女士在对敦煌吐鲁番地区的同居情况的研究基础上，推测“估计当时中原同居者可能接近一半”[②]。

“研究居住生活离不开建筑。各种不同的建筑形式不仅造就了人们居住活动的空间，而且影响着居住生活的面貌或习俗”[③]。唐代住宅格局为同居生活创造了条件。

从文物资料和记载情况来看，隋唐五代的住宅基本格局都差不多，即采用有明显中轴线和左右对称的平面布局，四合院是最为常见的住宅建筑结构。这种格局适应了家庭(家族)共同生活的方式，有利于家庭和宗族的团结，便于子孙孝养父母长辈。

同居既便于子孙照顾长辈，尽孝道，也有利于增进手足之情，促进悌道，如襄城公主下嫁给萧锐时，唐太宗让有司给他们另建宅第，公主再三辞让说：“妇人事舅姑如事父母，若居处不同，则定省多阙”[④]。杜佑的儿子杜式方“性孝友，兄弟尤睦。季弟从郁少多疾病，式方每躬自煎调药，膳水饮非经式方之手不入于口”[⑤]。赵弘智“事兄弘安同于事父，所得禄俸未尝入于私室”，其兄去世后，他“事寡嫂甚谨，抚孤侄以慈爱称”[⑥]。

守丧居庐或庐墓则是唐人对去世的父母长辈尽孝时在居住方式上的体现。《礼记·三年问》规定，为父母服丧要居倚庐。所谓倚庐就是在自己的宅第建造简陋狭小的屋子居住来守丧，庐墓则是在父母的墓侧造庐居住来守丧。唐代许多官僚士大夫都能按照仪礼的要求居庐守丧，如欧阳询之

① 他们是：万年宋兴贵，奉先张郛，澧阳张仁兴，栎阳董思宠，湖城阎旻，高平雍仙高，湖城阎酆，正平周思艺、张子英，曲沃张君密、秦德方、马玄操、李君则，太平赵德俨，陇西陈嗣，北海吕元简，经城宋洸之，单父刘九江，无棣徐文亮，乐陵吴正表，河间刘宣、董永，安邑任君义、卫开，龙门梁神义、贺见涉、张奇异，郑县王元绪、寇元童，舒城徐行周，睦州方良琨，桐庐戴元益，高安宋练，泾县万晏，弋阳李植，繁昌王丕。

② 雷巧玲《唐人的居住方式与孝悌之道》，《陕西师大学报》(哲社版)，1993年第3期。

③ 黄正建《唐代衣食住行研究》，首都师范大学出版社，1998年，第107页。

④《旧唐书》卷63《萧锐传》。

⑤《册府元龟》卷852《总录部·友悌》。

⑥《册府元龟》卷852《总录部·友悌》。

子欧阳通“丁母忧，居丧过礼。……年凶未葬，四年居庐不释服，家人冬月密以毡絮置所眠席下，通觉，大怒，遽令彻之”[①]。路敬淳以“孝友笃敬”而著称，“遭丧，三年不出庐寝。服免，方号恸入见其妻，形容羸毁，妻不之识也”[②]。

庐于墓侧在唐代巍然成风。在坟墓旁边搭一个简陋屋子来守丧并非礼仪的规定，但在唐代社会各个阶层都很是流行。官僚贵族阶层的有之，如宰相杨炎“丁忧，庐于墓前，号泣不绝声”[③]史学家姚思廉“丁继母忧，庐于墓侧，毁瘠加人”[④]。元让“母终，庐于墓侧，蓬发不栉沐，菜食饮水而已”[⑤]。作为武将的薛万备“有孝行，母终，庐于墓侧”[⑥]；乡里隐居的处士有之，如窦群“隐居毗陵，以节操闻。及母卒，啮一指置棺中，因庐墓次终丧”[⑦]；普通百姓有之，如张志宽丁母忧，“负土成坟，庐于墓侧，手植松柏千余株”[⑧]。梁文贞少从征役，等回家后父母皆亡，因其未能终养父母，“乃穿圹为门，磴道出入，晨夕洒扫其中。结庐墓侧，未尝暂离。自是不言三十年，家人有所问，但画字以对”[⑨]；工匠有之，如安金藏，“初为太常工人。神龙初丧母，寓葬于都南阙口之北，庐于墓侧，躬造石坟石塔，昼夜不息”[⑩]；列女贞妇有之，如杨绍宗的妻子王氏，在其两岁时母亲去世，后由继母鞠养。十五岁时，父亲死在辽东战场，继母不久也去世。“王乃收所生及继母尸柩，并立父形像，招魂迁葬讫，庐于墓侧，陪其祖父母及父母坟”[⑪]。刘寂妻子夏侯氏，因其父疾丧明，“乃求离其夫，以终侍养。经十五年，兼事后母，以至孝闻。及父卒，毁瘠殆不胜丧，被发徒

---

①《旧唐书》卷 189《儒学上》。

②《旧唐书》卷 189《儒学下》。

③《旧唐书》卷 118《杨炎传》。

④《旧唐书》卷 73《姚思廉传》。

⑤《旧唐书》卷 188《孝友传》。

⑥《旧唐书》卷 69《薛万彻传》。

⑦《旧唐书》卷 155《窦群传》。

⑧《旧唐书》卷 188《孝友传》。

⑨《旧唐书》卷 188《孝友传》。

⑩《旧唐书》卷 187《忠义传》。

⑪《旧唐书》卷 193《列女传》。

跣，负土成坟，庐于墓侧，每日一食，如此者积年”[①]。

虽然庐于墓侧不合礼法，但却得到社会的普遍崇尚。唐朝政府对于庐于墓侧的守丧者给予大力表彰，上述所列的庐墓者皆得到朝廷的表彰。民间也对这种行为大为赞赏，如张志宽的孝行“为州里所称。贼帅王君廓屡为寇掠，闻其名，独不犯其闾，邻里赖之而免者百余家”[②]。梁文贞的孝行“远近莫不钦叹”[③]。陈集原父亲去世后，他“呕血数升，即茔作庐”“里人高之”[④]。

与官员百姓不同，皇帝不能居庐或结庐于墓侧，但在守丧时一般要避开正殿居住。开元五年(717)春正月壬寅朔，唐玄宗因为睿宗服丧不受朝贺。“癸卯寅时，太庙屋坏，移神主于太极殿，上素服避正殿，辍朝五日，日躬亲祭享”[⑤]。

皇帝面对上天所降的灾异也要避开正殿居住。贞观十三年(639)五月，久旱不雨，唐太宗避正殿[⑥]。总章元年(668)四月，彗见五车，唐高宗“避正殿，减膳”[⑦]。景龙三年(709)六月，唐中宗因为大旱“避正殿，减膳，亲录囚徒”[⑧]。兴元元年(784)，唐德宗因蝗灾和旱灾而不御正殿[⑨]。开成二年(837)，唐文宗因彗星不断出现，“诏天下放系囚，撤乐减膳，避正殿”[⑩]。皇帝之所以这样做，是因为他们认为自己是天子，对上天要像对父母一样恭敬，灾异反映的是自己对上天不孝而招致的责罚，避正殿减膳等方式正是对自己不孝的自我惩罚，正如唐文宗大和七年的罪己诏所云：“朕嗣守丕图，覆妪生类，兢业寅畏，上承天休。而阴阳失和，膏泽愆候，害我稼

①《旧唐书》卷193《列女传》。
②《旧唐书》卷188《孝友传》。
③《旧唐书》卷188《孝友传》。
④《新唐书》卷195《陈集原传》。
⑤《旧唐书》卷8《玄宗上》。
⑥《旧唐书》卷3《太宗下》。
⑦《旧唐书》卷36《天文志》。
⑧《旧唐书》卷7《中宗纪》。
⑨《旧唐书》卷37《无行志》。
⑩《旧唐书》卷36《天文志》。

穑，灾于黔黎。有过在予，敢忘咎责。从今避正殿，减供膳，停教坊乐，厩马量减刍粟，百司厨馔亦宜权减”[①]。

唐政府一方面鼓励同居，另一方面在一些政策上又影响到同居生活方式。如唐朝的赋役制度，初期的租庸调征收对象为丁男，后来的两税法则以户等高低为标准。同居者往往丁多户等高，所承担的赋役就重。为了逃避赋役，一些家庭不得不分财异居。另外，佛教提倡出家无家，出家的子女便不能与父母同居而侍奉父母，这也对同居方式形成了一定的冲击。“但由于孝悌的传统道德观念和统治阶级的提倡，同室共居和守丧居庐的居住方式一直占着上风”[②]。

四、孝与唐人的出行方式

唐人的出行方式体现着孝道的要求，主要表现在以下四个方面：

(1) 父母在尽量不远行。唐代提倡父母与子女同居共爨，因此要求子女尽量不要远行，以方便随时侍奉父母。据《通典》卷六十八《天子诸侯大夫士之子事亲仪(妇事舅姑附)》规定：“凡为人子之礼，冬温而夏凊，昏定而晨省，出必告，反必面。所游必有常，所习必有业”。作为子女出行要征得父母同意，回来要及时向父母汇报，出游必须向父母说明所去的地方。在外出时要注意安全，“不登高，不临深”，这是因为“不登危，惧辱亲也”。在儒家看来，身体发肤都是父母所赐，如果损伤自己，实际上是对父母的不敬。这种思想包含两层含义，其一，子女是父母生命的延续，子女身体健康才能使父母的生命得到延续；其二，孝养父母要靠子女，子女身体健康，不出意外，才能保证孝养父母的实施。对于官员来说步入仕途，就难免要远离父母，不能尽孝养之责。在忠孝不能双全的情况下，有的官员宁愿舍弃仕途而留在父母身边尽孝养之责，如淮南人何蕃入选太学生后担心父母年迈家人奉养不周，初入太学，每年回家看望一次父母，“父母止之”；后来一两年回去一次，父母“又止之”；后来五年没有回

① 《旧唐书》卷17《文宗下》。

② 雷巧玲《唐人的居住方式与孝悌之道》，《陕西师大学报》(哲社版)，1993年第3期。

家。“蕃，纯孝人也。闵亲之老，不自克，一日，揖诸生，归养于和州；诸生不能止，乃闭蕃空舍中。于是太学六馆之士百余人，又以蕃之义行言于司业阳先生城，请谕留蕃。于时太学阙祭酒，会阳先生出道州，不果留”[①]。尽管大家费尽心思想把他留住，他最终还是回到了父母身边。有的官员为了照顾父母，携带双亲一起到任职地居住，如李陵求浑瑊为他谋取蓝田尉时说：“某得此官，江南迎老亲，以及寸禄，即某之愿毕矣”[②]。又如刘禹锡因故要被朝廷委派到荒凉偏远的播州当刺史时，朝廷考虑到刘禹锡的八旬老母不能同行，有伤孝理，因而改任连州刺史[③]。这样可以方便其照顾老母亲。在父母长辈年老疾病无人照顾的情况下入仕为官，要给予法律的惩治。《唐律疏议》卷三《免所居官》第一百二十一条规定：“祖父母、父母老疾无侍，委亲之官”“徒一年”。其《疏议》解释说：“祖父母、父母老疾，委亲之官，谓年八十以上或笃疾，依法合侍，见无人侍，乃委置其亲，而之任所”。

（2）在出行时要尊敬长者。《通典》卷六十八《事先生长者杂仪》规定：

从于先生，不越路而与人言。遭先生于道，趋而进，正立拱手，先生与之言则对，不与之言则趋而退。见父之执，不谓之进，不敢进；不谓之退，不敢退；不问，不敢对。从长者而上丘陵，则必向长者所视。

与师长同行，越路与他人说话是对师长的不尊敬；在路上遇到师长，快步迎上去，立正拱手，以示对师长的尊敬；师长如果没有什么指示，就快步退去，之所以这样是避免与老师并行，与师长并行是对师长的不尊敬；和长者一起登高，要随着长者的视线远看，以便于长者询问有关远处的情况。《论语》云：“有酒食，先生馔”。所以先生之义应包含父兄，对师长在出行中的恭谨之规定应该也包括对自己的父母兄长。《唐六典》卷四《礼部》条云：“凡行路之间，贱避贵，少避老，轻避重，去避来”。由此可见，出行时路遇长者要礼让恭敬是唐朝社会生活的基本准则。

①《韩愈全集》卷2《太学生何蕃传》。

②《太平广记》卷151《李陵》引《续定命录》。

③《旧唐书》卷15《宪宗下》。

(3) 为老者提供出行方便。唐代对于老人有赐杖制度。唐玄宗在《赐高年几杖诏》中规定："九十以上，宜赐几杖，八十以上，宜赐鸠杖，所司准式"[①]。老人由于年老体衰，出行需要拐杖的辅助，朝廷给老人颁赐拐杖，既考虑到了老人出行方便的需要，更体现了一种关心和荣誉。老人出行需要交通工具的辅助。唐代的肩舆成为老人出行的重要工具。肩舆最初是专门用于年老体弱的大臣乘坐，方便其上朝出行，上朝时允许其一直乘坐到大殿上。如马怀素"谦恭谨慎，深为玄宗所礼，令与左散骑常侍褚无量同为侍读。每次阁门，则令乘肩舆以进"[②]。德宗时大臣崔祐甫因病"肩舆入中书，卧而承旨"[③]。这实际上是尊老敬老的一种体现。后来在唐代逐渐普及，上自皇帝，下至百姓都有乘坐。如白居易"以刑部尚书致仕。与香山僧如满结香火社，每肩舆往来，白衣鸠杖，自称香山居士"[④]"荥阳郑怀古，少有俊才，嗜学，而天性孝友。初家清齐间，遇李师道渐阻王命，扶侍老亲归洛。与其弟自舁肩舆，晨暮奔迫，两肩皆疮"[⑤]。可见，在民间肩舆也成为方便老人乘坐的出行工具。

(4) 为尽孝者提供出行方便。唐代有严格的门禁制度，对于擅自开闭城坊门者，给予法律的严惩。但对于因婚嫁或丧病原因出入却给以方便。唐代法令规定：

京城每夕分街立铺，持更行夜。鼓声绝，则禁人行；晓鼓声动，即听行。若公使赍文牒者，听。其有婚嫁，亦听。其注云：须得县牒。丧、病须相告赴，求访医药，赍本坊文牒者，亦听[⑥]。

在古代婚嫁的重要意义在于为祖宗传宗接代；为父母亲人求医问药是孝养的体现；丧祭的本质则是"慎终追远"，表达事死如生的孝道理念。所以为这三者提供方便，既出于人道主义的考虑，实际也是体现了在出行

①《全唐文》卷26，玄宗《赐高年几杖诏》。
②《旧唐书》卷102《马怀素传》。
③《旧唐书》卷119《崔祐甫传》。
④《旧唐书》卷166《白居易传》。
⑤《因话录》卷3《商部下》。
⑥《唐律疏议》卷8《卫禁》。

上为孝道提供方便。

综上所述，唐人在衣食住行的方式上都体现出孝道的要求，总体的原则表现为尊长优先，方便行孝。

第二节　孝文化与唐代家庭生活①

孝道作为家庭伦理道德的核心，在规范家庭成员行为，处理彼此之间的关系，维护家庭的稳定方面都发挥着主导作用。

一、家庭教育以孝为首

古人视教育为齐家治国之先导，而教民以孝悌之道则更是教育的根本。因此在古代家庭教育当中孝道伦理是至于首要地位的，唐代也不例外。

（1）唐代家庭高度重视《孝经》教育。《孝经》是儒家孝道理论的集中体现，也是古人践行孝道的圭臬。唐人将《孝经》教育置于优先的地位，唐玄宗在《令孝经参用诸儒解易经兼帖子夏易传诏》中说："《孝经》者，德孝所先"②。唐代规定在校学生必须学习的儒家经典为《孝经》和《论语》。科举考试当中《孝经》和《论语》同样是必考科目。唐玄宗更是煞费苦心两次亲为《孝经》作注，并命元行冲为《孝经》专门作疏，还"敕自今已后，宜令天下家藏《孝经》一本，精勤教习。学校之中，倍加传授。州县官长，明申劝课焉"③。这样使得《孝经》成为唐朝每个家庭的必备的孝道教育经典。《唐故朝议大夫梓州长史杨府君碑铭》记载，杨越死后，"遗令薄葬，不藏珠玉，唯《孝经》一卷，《尧典》一篇，昭示后嗣，不忘圣

① 今天所谓的"家庭"，古代被称为"家"。但古代的"家"的含义比今天所说的"家庭"要广泛的多，既包括家庭，也包括家族及宗族。这里所探讨的唐代家庭生活就是从家庭和家族的层面来分析的。

②《全唐文》卷28。

③《唐会要》卷35《经籍》。

道”[①]。由此可见唐人对《孝经》的重视，对《孝经》的重视实际是对孝道的重视。一般小孩学习儒家经典，大都从《孝经》《论语》开始。《唐故太原郡王处士墓志铭》记载，王仲建“及成童，伯仲以《孝经》授”[②]。《唐故睢阳太守赠秘书监李公神道碑铭》记载，李少康“七岁受《孝经》至《丧亲章》捧书孺慕，哀哽不食，邻伍长幼，为之涕泗”[③]。李华在《与外孙崔氏二孩书》教导外孙“汝等当学读《诗》《礼》《论语》《孝经》，此最为要也”[④]。《孝经》教育在提高家庭成员孝道意识方面发挥了积极的作用。《旧唐书•良吏传》记载：“开元中，(韦景骏)为贵乡令。县人有母子相讼者，景骏谓之曰：‘吾少孤，每见人养亲，自恨终天无分，汝幸在温清之地，何得如此？锡类不行，令之罪也。’因垂泣呜咽，仍取《孝经》付令习读之，于是母子感悟，各请改悔，遂称慈孝”[⑤]。《唐故太原郡王处士墓志铭》记载，王仲建学习《孝经》之后“俾专就养，克扶竭力之仁。捧药问安，式展因心之孝。衔酸茹恨，泣血穹苍。擗地扪心，几将灭性于庐次”[⑥]。《故常州刺史独孤公神道碑铭》记载，独孤及“幼有成人之量，秘监府君亲授以《孝经》常州一览成诵。秘监问曰：‘汝志于何句？’对曰：‘立身行道，扬名于后世，是所尚也。’……成童丁秘监忧，勺饮不入口者累日。先夫人同郡长孙氏，谕以不可灭性之义，由是微进饘粥，杖而后起，既免丧，加于人一等，乡族称其孝焉”[⑦]。由此可见，《孝经》在教育强化子女的孝道意识，提高行孝的自觉性上作用显著。

(2) 唐代家训将孝道教育置于首要地位。家训是家长用来教育子女的家庭规范，集中体现了孝道要求。唐代民间广泛流传的《太公家教》要求子女做到：“孝子事父，晨省暮看。知饥知渴，知暖知寒。忧时共戚，乐时同欢。父母有疾，甘美不餐。食无求饱，居无求安”；“其父出行，子须从

①《全唐文》卷214，陈子昂《唐故朝议大夫梓州长史杨府君碑铭》。
②《全唐文》卷806，张魏宾《唐故太原郡王处士墓志铭》。
③《全唐文》卷390，独孤及《唐故睢阳太守赠秘书监李公神道碑铭》。
④《全唐文》卷315，李华《与外孙崔氏二孩书》。
⑤《旧唐书》卷185《良吏上》。
⑥《全唐文》卷806，张魏宾《唐故太原郡王处士墓志铭》。
⑦《全唐文》卷409，崔祐甫《故常州刺史独孤公神道碑铭》。

后。路逢尊者，齐脚敛手。尊人之前，不得唾地。尊人赐酒，必须拜受。尊者赐肉，骨不与狗。尊者赐果，怀核在手”；“弟子事师，敬同于父。习其道术，学其言语。……一日为师，终日为父”[①]。唐人柳玭在其《戒子孙》一文中教导子孙一日都不可背离孝道，他说：“夫行道之人，德行文学为根株，正直刚毅为柯叶。有根无叶，或可俟时。有叶无根，膏雨所不能活也。至于孝慈友悌，忠信笃行，乃食之醯酱，可一日无哉”？他所著《家训》，训导子孙要“立身以孝悌为基”[②]。可见家训中突出强调了对子女孝道的要求。

(3) 唐代家庭重视女子孝道教育。唐代社会重视女子教育。出于对女子教育的需要，唐代出现了一大批女子列传和女训著作。这些著作大部分出自女性之手，如太宗长孙皇后《女则要录》，薛蒙妻韦氏《续曹大家女训》，王搏妻杨氏《女诫》，武则天《列女传》《孝女传》，陈邈妻郑氏《女孝经》及宋若华姊妹《女论语》等。这些著作的核心内容在于宣扬儒家的纲常名教，在伦理道德上突出强调遵循孝道。如陈邈之妻郑氏仿《孝经》体例，撰写的《女孝经》，内容包括开宗明义、后妃、夫人、邦君、庶人、事舅姑、三才、孝治、贤明、纪德行、五刑、广要道、广守信、广扬名、谏浮、胎教、母仪、举恶等十八章。其在《进女孝经表》中说：“天地之性，贵刚柔焉。夫妇之道，重礼义焉。……五常之教，其来远矣。总而为主，实在孝乎？夫孝者，感鬼神，动天地，精神至贯，无所不达。盖以夫妇之道，人伦之始，考其得失，非细务也。……今戒以为妇之道，申以执经之礼，并述经史正义，无复载乎浮词。总一十八章，各为篇目，名曰《女孝经》，上至皇后，下及庶人，不行孝而成名者，未之闻也。妾不敢自专，因以曹大家为主，虽不足藏诸岩石，亦可以少补闺庭”[③]。从其进奏本书的目的，可以明确地看出，其希望这本书有助于家庭孝道教育。此书以汉代曹大家(班昭)的名义说教，将女性孝道教育提高到了礼教层面。宋若华、宋若昭

---

① 《太公家教》，载冯瑞龙，詹杭伦编《华夏家训》，成都：天地出版社，1995 年，第 97 页。

②《全唐文》卷 816。

③《全唐文》卷 945。

也仿《论语》体例，撰写《女论语》，从立身、学作、学礼、早起、事父母、事舅姑、事夫、训子女、营家、待客、和柔、守节等十二个方面对女子的教育提出要求。这十二个方面直接或间接都与孝道有关。

(4) 唐代家庭孝道教育既重言传，也重身教。家长以身示范对子女孝道教育更具有感染力。如“(穆)宁居家严，事寡姊恭甚。尝撰家令训诸子，人一通。又戒曰：‘君子之事亲，养志为大，吾志直道而已。苟枉而道，三牲五鼎非吾养也。’疾病不尝药，时称知命。四子：赞、质、员、赏。……皆以守道行谊显。先是，韩休家训子姓至严。贞元间，言家法者，尚韩、穆二门云”[①]。再如唐代宰相杨炎其祖父、父亲都因孝行卓异而受到朝廷“旌表门闾”的表彰，杨炎本人“丁忧，庐于墓前，号泣不绝声，有紫芝白雀之祥”，又被朝廷“表其门闾”，史称其“孝著三代，门树六阙，古未有也”[②]。又如崔沔“纯谨无二言，事亲笃孝”[③]。其孝道被其子崔祐甫所继承，史载“安禄山陷洛阳，士庶奔迸，祐甫独崎危于矢石之间，潜入私庙，负木主以窜”[④]。危急时刻不顾家财，首先想到的是祖先牌位，世人称其孝。

二、家庭伦理准则以孝为核心

按照儒家的标准，家庭伦理规范可以概括为父慈、子孝、兄良、弟悌、夫义、妇听、长惠、幼顺等内容。但实际上这八种规范在处理家庭成员关系上并不是处在同一地位上的。中国古代的家庭实行的是父权家长制。在家庭中父权具有至高无上的地位，于家庭中，父为尊，子为卑，父为子天；夫为尊，妻为卑，夫为妻天，伦理规范的要求在实践上往往是单向性的。孝道与父权家长制相适应，其着力维护的是父母尊长，尤其是父亲在家庭中的权力和地位，突出强调的是作为子女对父母和长辈敬养的义务。孝道伦理正是为父权家长制而服务的，所以在家庭中父权处于中心地位，而相

---

①《新唐书》卷163《穆宁传》。

②《旧唐书》卷118《杨炎传》。

③《新唐书》卷129《崔沔传》。

④《旧唐书》卷119《崔祐甫传》。

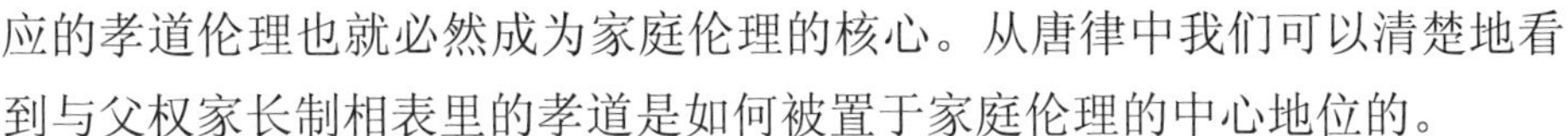

应的孝道伦理也就必然成为家庭伦理的核心。从唐律中我们可以清楚地看到与父权家长制相表里的孝道是如何被置于家庭伦理的中心地位的。

唐律以维护孝道的名义对家长的权力作出了明确的规定：① 家庭财产的支配权；② 对子女的管教权；③ 对子女婚姻的决定权；④ 对子女的代表权。唐律同样以维护孝道的名义，就子女对家长的义务作出了明确的规定：① 尽心赡养父母的义务；② 居丧守孝，慎终追远的义务。家长的权力被侵犯或是子女的义务没有尽到都要受到法律的惩处。

由于孝道在家庭伦理准则中处于核心地位，所以在家庭伦理关系的处理上，其他准则必须在与孝道要求一致的前提下才能发挥作用。《旧唐书》卷六十二《李大亮附李迥秀传》记载："迥秀母氏庶贱而色养过人，其妻崔氏尝叱其媵婢，母闻之不悦，迥秀即时出之，或止云：'贤室虽不避嫌疑，然过非出状，何遽如此？'迥秀云：'娶妻本以承顺颜色，颜色苟违，何敢留也。'竟不从"[①]。从上述文字来看，李迥秀和妻子崔氏的夫妻关系应该说还是可以的，但就是因为其违背了孝道原则，连夫妻的关系也不能维持了。《旧唐书》卷一百八《崔涣传附子纵传》记载："涣有宠妾郑氏，纵以母事之。郑氏性刚戾，待纵不以理，虽为大僚，每加笞诟。纵率妻子候颜，敬顺不懈，时以为难"[②]。郑氏作为崔涣的妾室，对于崔纵而言相当于继母，尽管郑氏对崔纵又打又骂，毫无慈爱可言，但作为人子的崔纵不仅不能埋怨，还要和颜悦色，"敬顺不懈"。由此可见，子女对父母的孝道是绝对要做到的，而父母对子女的慈爱是否能做到却并不具有强制的约束性。

三、家庭事务以孝为中心

高大观在《中国家族社会之演变》一书中认为"中国家族社会的特性在于它的宗法精神。它包括孝、悌、贞、顺、同居共财、尊嫡立嗣、尊卑男女名分，家长权威以及家族仪式。……家族仪式包括冠、婚、丧、祭等

---

① 《旧唐书》卷 62《李大亮附李迥秀传》。

② 《旧唐书》卷 108《崔涣传附子纵传》。

等”[①]。这里所说的家庭事务大多与孝文化有关，也可以说孝文化成为家族事务的集中体现。

(1) 一般家庭生产劳动主要目的在于奉养父母，抚育子女。《孝经·庶人》云：“用天之道，分地之利，谨身节用，以养父母，此庶人之孝也”。即对于一般老百姓的孝道要求就是通过躬耕劳作以奉养其父母。唐诗《邻相反行》反映出了通过生产劳动奉养亲人的主题。其诗云：“东家自云虽苦辛，躬耕早暮及所亲。男舂女炊二十载，堂上未为衰老人。朝机暮织还充体，余者到兄还及弟。春秋伏腊长在家，不许妻奴暂违礼。……我今躬耕奉所天，耘锄刈获当少年。面上笑添今日喜，肩头薪续厨中烟。纵使此身头雪白，又有儿孙还稼穑”[②]。诗人对躬耕养亲的表示赞许，杜甫笔下的孟氏兄弟也是靠辛勤劳动来孝养父母，训育儿女的。其诗云：“孟氏好兄弟，养亲唯小园。承颜胝手足，坐客强盘飧。负米力葵外，读书秋树根。卜邻惭近舍，训子学先门”[③]。从这些诗句可以清楚的看出唐代一般家庭生产劳动的目的不在于满足个人的物质享受，而主要在于奉养父母，抚育子女。抚育子女实质在于维持家族的延续，也是孝道的体现。

(2) 子女的日常生活作息都是围绕着尽孝道来安排的。《通典》卷六十八《天子诸侯大夫士之子事亲仪(妇事舅姑附)》规定，“鸡初鸣”成年儿子、媳妇以及未成年的子女都要梳洗整齐到父母住处去问安，伺候年老的父母穿衣、梳洗、吃饭，一年四季，从早上到晚上都要礼敬父母，即“凡为人子之礼，冬温而夏清，昏定而晨省，出必告，反必面。所游必有常，所习必有业。恒言不称老”。白居易以诗《十二时行孝文》更是将子女的孝行细化到一天十二个时辰来安排，其诗云：

平旦寅，早起堂前参二亲。处分家中送疏水，莫教父母唤频声。
日出卯，立身之本须行孝。甘饨盘中莫使空，时时奉上知饥饱。
食时辰，居家治务最须勤。无事等闲莫外宿，归来劳费父嫌憎。

① 胡戟等编《二十世纪唐研究》，中国社会科学出版社，2002年，第853页。
②《全唐诗》卷548。
③《全唐诗》卷230。

隅中巳，终孝之心不合二。竭力勤酬乳哺恩，自得名高上史记。

正南午，侍奉尊亲莫辞诉。回乾就湿长成人，如今去合论辛苦。

日昳未，在家行孝兼行义。莫取妻言兄弟疏，却教父母流双泪。

晡时申，父母堂前莫动尘。纵有些些不称意，向前小语善谘闻。

日入酉，但原父母得长寿。身如松柏色坚政，莫学愚人多饮酒。

黄昏戌，下帘拂床早交毕。安置父母卧高堂，睡定然乃抽身出。

人定亥，父母年高须保爱。但能行孝向尊亲，总得扬名于后世。

夜半子，孝养父母存终始。百年恩爱暂时间，莫学愚人不喜欢。

鸡鸣丑，高楼大宅得安久。常劝父母发慈心，孝得题名终不朽①。

虽然作为子女不可能这么严格地去安排每天的生活作息，但我们可以从中看出唐代家庭中子女的生活作息是以孝为中心的。

中国古代家庭一般的分工是男主外女主内，所谓“男不言内，女不言外”。因此在照顾老人日常起居方面，媳妇就要承担更多的责任。《女论语·事舅姑》对媳妇照顾公婆起居生活有详细的说明。其文曰：

阿翁阿姑，夫家之主，既入他门，合称新妇，供承看养，如同父母。敬事阿翁，形容不睹；不敢随行，不敢对语；如有使令，听其嘱咐。姑坐则立，使令便去。早起开门，莫令惊忤；洒扫庭堂，洗濯巾布；齿药肥皂，温凉得所；退步阶前，待其浣洗；万福一声，即时退步。整办茶盘，安排匙著。香洁茶汤，小心敬递。饭则软蒸，肉则熟煮；自古老人，齿牙疏蛀；茶水羹汤，莫教虚度。夜晚更深，将归睡处，安里相辞，方回房户。日日一般，朝朝相似，傅教庭帏，人称贤妇。莫学他人，跳梁可恶；咆哮尊长，说辛道苦；呼唤不来，饥寒不顾；如此之人，号为恶妇。天地不容，雷霆震怒，责罚加身，悔之无路。

从上述文字可以看出，作为媳妇，每天一早起床至晚上睡觉，从服侍老人浣洗至准备一日三餐都有详细规定，而且要求“日日一般，朝朝相似”，对于未出嫁的女子，照顾其父母的要求与出嫁为人妇者照顾舅姑是一样的。《女论语·事父母章》云：

---

①《全唐诗补编》卷28《全唐诗续拾》。

女子在堂，敬重爹娘。每朝早起，先问安康。寒则烘火，热则扇凉；饥则进食，渴则进汤。父母检责，不得慌忙；近前听取，早夜思量；若有不是，改过从长。父母言语，莫作寻常；遵依教训，不可强梁；若有不谙，借问无妨。父母年老，朝夕忧惶；补联鞋袜，做造衣裳；四时八节，孝养相当。父母有疾，身莫离床；衣不解带，汤药亲尝；祷告神祇，保佑安康。设有不幸，大数身亡；痛入骨髓，哭断肝肠；劬劳罔极，恩德难忘；衣裳装殓，持服居丧；安埋设祭，礼拜家堂；逢周遇忌，血泪汪汪。莫学忤逆，不敬爹娘；才出一语，使气昂昂；需索陪送，争竞衣妆；父母不幸，说短论长；搜求财帛，不顾哀丧，如此妇人，狗彘豺狼。

作为女子无论是在室还是出嫁为人妇，其日常的生活作息无不是围绕着孝敬父母公婆来进行的，这也充分说明了孝养父母公婆是子女媳妇日常生活的中心事务。

（3）婚丧祭礼是家庭最为重要的仪礼活动。中国古代家庭礼仪活动主要包括冠、婚、丧、祭等。唐代家庭对于冠礼并不怎么重视，而对婚礼和丧、祭礼仪活动非常热衷，是家庭最为重要的礼仪活动。

家庭是社会的细胞，婚姻是组建家庭的纽带。古人对于婚姻的理解与我们今天有着很大的差别，《礼记・昏义》云："昏礼者，将合二姓之好，上以事宗庙，而下以继后世也，故君子重之"。婚礼是维护宗法社会传承的需要，是保证传宗接代，延续家族血统的需要，也正是孝道伦理的基本内涵所在。丧祭礼仪活动是孝道文化的集中体现，所谓"丧祭之礼立，则孝慈著""丧葬之礼俗废，则骨肉之恩薄，而背死忘先者众""事死如事生，事亡如事存，孝之至也"。因此，对于孝道的重要要求之一就是对父母"死，葬之以礼，祭之以礼"。丧祭礼仪一方面体现了子女对去世父母祖先的思念和崇敬的情感，另一方面通过礼仪活动确认家族成员之间的血缘亲疏关系和在家族中的尊卑等级地位，加强彼此间的联系，从而维护家族的和谐稳定。正是由于婚礼和丧祭礼仪活动是孝道伦理的重要体现，直接影响到家族的延续和兴衰，所以才格外受到古人重视。

从重视《吉凶书仪》的编写可以反映出唐代家庭对于婚礼和丧祭礼仪活动的重视程度。书仪是供人们写信时模仿和套用的参考书，最早出现于魏晋。所谓《吉凶书仪》就是用来指导家庭冠、婚、丧、祭诸礼的仪注。吴丽娱先生指出："南北朝时期，一些世家大族和朝廷人士纷纷将礼仪书式建作吉凶书仪"[①]。唐代继承了撰写书仪的传统并得到进一步发展。两唐书记载下来的就有裴矩《大唐书仪》，裴矩、虞世南撰写的《吉凶书仪》，裴茝《书仪》，郑洵瑜《书仪》，杜有晋《书仪》，郑余庆《书仪》等。据周一良、赵和平先生《敦煌写本书仪略论》的统计，敦煌石窟中保存的唐代吉凶类书仪就有 15 种之多[②]。《吉凶书仪》种类多，且在像敦煌这样的唐代边疆之地广泛流传，正说明了唐代社会和家庭对吉凶书仪应用具有广泛的需求。《吉凶书仪》中主要是针对婚、丧、祭礼的仪注。以唐代颇具代表性的郑余庆《吉凶书仪》为例，《郑氏书仪》序文说："余询诸士林，式稡家训，爰笺[③]新礼仪注书仪共为部凡卅卷篇，以存至要也。"三十篇篇目为：

年叙凡例第一，节候赏物第二，公移平阙[式]第二，祠部新式第四，诸色笺表第五，寮属起居第六，典吏(史)起居启第七，吉凶凡例第八，四海吉书第九，内族吉书第十，外族吉书第十一，妇人吉书第十二，僧道吉书第十三，婚礼仪注第十四，凶礼仪注第十五，门风礼教第十六。起复为外官第十七，四海吊答书第十八，内族吉[④]丧书第十九，僧道凶书第二十，国哀奉慰第廿一，官遭忧遣使赴阙第廿二，敕使吊慰仪第廿三，口吊仪礼第廿四，诸色祭文第廿五，丧服制度第廿六，凶仪凡例策廿七，五服制度第廿八，妇人出嫁为本家父母服式图第廿九，公卿士庶内外族殇服式图第卅[⑤]。

从这个目录中我们可以看出，绝大部分仪注是有关婚、丧、祭礼的仪注，尤其是以丧祭仪注最为丰富，由此可见婚、丧、祭礼活动在唐代家庭事务中的重要程度。

---

① 吴丽娱《唐礼摭遗》，商务印书馆，2002 年，第 34 页。

② 周一良，赵和平《唐五代书仪研究》，中国社会科学出版社，1995 年，第 4 页。

③ 出自《敦煌文书》，原文有残损处。

④ 出自《敦煌文书》，原文有残损处。

⑤ 敦煌写本 S.6537 背 14 分号。

四、士族为弘扬孝道作表率[①]

陈寅恪先生曾指出："所谓士族者，起初并不专用其先代之高官厚禄为其唯一之表征，而实以家学及礼法等标异于其他诸姓"[②]。一个世家大族之所以能够延续数百年而长盛不衰，其中很重要的原因就是它有着一套完整的优良家风与家学。世家大族的家风的集中体现就是孝悌之道的传承和弘扬，而他们对孝悌之道的传承和弘扬又为整个社会作出榜样，带动了整个社会行孝之风的盛行。这里举例以说明之。

（1）山东士族。山东士族是指西晋末年"永嘉之乱"后仍然留居于此的世家大族。主要是指以崔、卢、李、郑、王为代表的五姓。《新唐书》卷一九九《儒学中·柳冲传》引柳芳论氏族云：

过江则为"侨姓"，王、谢、袁、萧为大；东南则为"吴姓"，朱、张、顾、陆为大；山东则为"郡姓"，王、崔、卢、李、郑为大；关中亦号"郡姓"，韦、裴、柳、薛、杨、杜首之；代北则为"虏姓"，元、长孙、宇文、于、陆、源、窦首之。

作为士族之首的山东士族，其家风多以孝悌而著称。崔氏家族中的博陵崔氏，"以清俭礼法为士流之则"。崔沔、崔祐甫父子皆以孝行而著称。崔祐甫的外甥卢迈，"范阳人，少以孝友谨厚称，深为叔舅崔祐甫所亲重"[③]。作为崔氏的外甥卢迈能以孝友而著称，正与崔氏的家风熏染分不开。清河崔邠"兄弟同时奉朝请者四人，颇以孝敬怡睦闻"。初任太常卿时，"大阅《四部乐》于署，观者纵焉。邠自私第去帽亲导母舆，公卿逢者回骑避之，衢路以为荣"[④]。崔氏四世缌麻同爨，兄弟六人互敬友爱，唐宣宗

① 有关唐代士族阶层的定义学术界仍有分歧．毛汉光先生的《中国中古社会史论》（上海书店出版社，2002 年版）认为士族之定义包含柳芳所说的郡姓，虏姓、关姓；亦包括正史中所提及的大族；还包括一切三世中有二世居官五品以上的家族，其中有唐代新族，列朝皇室亦包含在内。本文所指的士族是遵循了毛先生的广义定义。

② 陈寅恪《唐代政治史述论稿》，上海古籍出版社，1997 年，第 12 页。

③《旧唐书》卷 136《卢迈传》。

④《旧唐书》卷 155《崔邠传》。

慨叹道“郸一门孝友，可为士族法”。因此给其宅第题名为“德星堂”，后京兆百姓称其所居里为“德星社”[①]。清河崔彦昭“事母至孝，虽位居宰辅，退朝侍膳，与家人杂处，承奉左右，未尝高言。岁时庆贺，公卿拜席，时人荣之”[②]。

范阳卢氏“以儒学显，世代传习‘三礼’，是一个典型的儒学世家，与此相应，在范阳卢氏门风中也体现出了忠孝仁礼义、温良恭俭让等儒家伦理”[③]。下表反映了卢氏家族重视孝悌门风的情况。

表 5-3　范阳卢氏孝悌门风描述简表

范阳卢氏家族人物	孝悌门风描述	资料来源
卢公则	孝乃敦于亲族，义常著于交友	《全唐文补遗》第四辑《唐信州玉山县令范阳卢府君（公则）墓志铭并序》
卢伯卿夫人	幼闻诗礼，雅纂恭俭。以柔静为德，以孝慈为仁。	《全唐文补遗》第四辑《唐河中府猗氏县主簿卢公（伯卿）故夫人清河崔氏墓志铭并序》
卢子玉	幼而明敏，柔邕婉娩，能尚孝敬之道，常尉慈心……礼睦偕著，进退无亏。致俾家肥内正，实中馈贞吉。事舅姑苟有三善，今则可略而言矣。其一也，冬温暑清，晨兴宵寐。其二也，有疾必尝药专侍，忧不顷离。其三也，精乎珍馔，能调烹饪。有斯三者，可不谓令妇孝妇哉。加以恭顺悌姒，谦敬亲疏，育下宽平，寡言务简，其于四德之懿而又备焉	《全唐文补遗》第四辑 499 页《唐东都留守晏设使朝散大夫检校太子中允上柱国朱敬之亡妻范阳卢夫人（子玉）墓志铭并序》
卢希	高道不仕，节义共推。文武允诚，孝口惟美。进退有度，动静合仪。恰厥远彰，可为子孙之高范也。	《全唐文补遗》第六辑 489 页《唐故卢府君（荣）墓志铭并序》

① 《新唐书》卷 163《崔邠传》。

② 《旧唐书》卷 178《崔彦昭传》。

③ 韩涛《中古世家大族范阳卢氏研究》，硕士学位论文，曲阜师范大学，2009 年，第 146 页。

续表

范阳卢氏家族人物	孝悌门风描述	资料来源
卢峻	襟度夷旷，思致恬敏。生知孝悌，善与人交。	《全唐文补遗》第七辑《卢峻墓志》
卢正言	天资孝友，世笃忠贞。百行推先，九德成举。人伦之师表， 经济之良干。	《全唐文补遗》(千唐志斋新藏专辑)158 页《大唐故右监门卫将军上柱国赠银青光禄大夫兖州都督谥曰光范阳卢府君(正言)墓志铭并序》
卢有邻	融元和之粹，含太素之质。孝友以经德，温良以体仁。	《全唐文补遗》(千唐志斋新藏专辑)162 页《大唐故文林郎守徐州沛县主簿范阳卢府君(有邻)墓志铭并序》
卢均芳	仁纲仁纪，立德立词，先之以孝友，次之以礼则。	《全唐文补遗》(千唐志斋新藏专辑)208 页《大唐故北海郡千乘县令卢府君(均芳)墓志并序》
卢浼	文德贤礼，天下攸归，卑浅何知，敢轻得而祖述!公秉义敦诗，服训习礼，克忠克孝，布在人谣。	《全唐文补遗》(千唐志斋新藏专辑)241 页《大燕故魏府元城县尉卢府君(浼)墓志序》
卢仲文	府君家袭清风，世崇俭德，所尚备礼，不事厚葬。性根乎孝行本乎忠。	《全唐文补遗》(千唐志斋新藏专辑)347 页《唐故泽州晋城县尉范阳卢府君(仲文)墓志铭并述》
卢氏	夫人孝惠敦睦，淑慎承家，爱敬肃庄，秉哲垂懿。加以慈和明柔，动必中礼，妇于妇道， 赵己起勤。奉以簇蘩，可观容止，喜愠不见，中和在躬。	《全唐文补遗》(千唐志斋新藏专辑)369 页《和州乌江县令敦煌张公(澮)故夫人范阳卢氏墓志铭并序》
卢氏	诞膺嘉庆，挺生淑姿。孝而恭仁而敏，进止有则，风容甚盛。妇川页载光，母仪攸备。礼洽闺壶，德光室家。	《全唐丈补遗》第六辑《唐故蜀郡蜀县令清河崔府君夫人范阳卢夫人墓志铭并序》

从上表中我们大致可以看出，卢氏家族中无论男女，无论是嫁入卢氏家族的，还是从卢氏家族嫁到其他家族的，都能秉承孝悌之门风。

荥阳郑氏家族笃行孝悌。精心侍奉生病的父母者有之。如太仆光禄卿

郑潜曜在母亲(代国长公主)患病时，尽心侍奉，在母亲病情加重时，其“刺血为书请诸神，丐以身代。火书，而‘神许’二字独不化。翌日主愈”[①]，因而名列孝友传之中；郑羲房郑昈在侍母疾病时“衣不解、发不栉者弥年，侍疾执丧，优毁过礼”。在其影响下，其子公达为侍奉他“就养不仕”，他去世后，“庐墓泣血三年”[②]，其孝悌品行受到时人景仰；放弃官位奉养父母者有之。安史之乱期间，德宗朝宰相郑珣瑜“退耕陆浑山，以养母，不干州里”[③]。沧州刺史郑孝本“以母老乞罢官”[④]；在为父母服丧上哀毁逾礼者有之。北祖连山房的郑敞丁母忧“服勤过礼，执丧惟病”[⑤]，其子郑湛“年七岁，丁内忧，悲号不饮，屡至殒绝……丁洛阳(其父敞)忧……丁继亲忧，解，皆僅至毁灭，俯而从礼”[⑥]。另一子郑䜣在他去世时“公哀号，水浆不入口者数日，有成人至孝之性，亲族莫不哀异之。自三岁迄于终年，每常为先人追福，礼拜不阙”[⑦]。更有甚者因父母去世过度哀伤而病亡的，如郑羲房郑直女因其母卢氏去世，“哀不惭息，瘠毁斯过，未及卒哭，羸疾日侵”[⑧]，终因过度悲伤而亡。郑齐闵“丁内忧，既免丧，未能忘哀，是用生疾，凡匝四序，有加无瘳”[⑨]，也因为哀毁逾礼而亡；女子笃于孝者有之。阳武县尉郑杆材之女，“幼失所怙，……侍太夫人，温情定省，为姻族称叹”[⑩]。连山房郑测之女郑恂侍奉继母“孝道无亏”[⑪]。郑氏家族对于不孝子孙则严加约束，以维护其家法门风，如郑方达是个不肖之徒，其父

---

①《新唐书》卷195《郑潜曜传》。

②《全唐文》卷679，白居易《故滁州刺史赠刑部尚书荥阳郑公(昈)墓志铭(并序)》。

③《新唐书》卷165《郑珣瑜传》。

④《全唐文》卷313，孙逖《沧州刺史郑公(孝本)墓志铭》。

⑤《全唐文》卷275，薛稷《唐故洛州洛阳县令郑府君(敞)碑》。

⑥《唐代墓志汇编》，开元412《唐故大中大夫使持节青州诸军事青州刺史上柱国荥阳郑公(湛)墓志铭并序》。

⑦《唐代墓志汇编》，开元 440《唐故通议大夫持节开州诸军事开州刺史上柱国荥阳郑公(䜣)墓志铭并序》。

⑧《唐代墓志汇编》，大和089《唐故荥阳郑氏女墓志铭并序》。

⑨《唐代墓志汇编》，开元50《大唐故右骁卫仓曹参军荥阳郑府君(齐闵)墓志铭并序》。

⑩《唐代墓志汇编》，咸通033《(高湜)亡妾荥阳郑氏夫人墓志铭》。

⑪ 陕西省古籍整理办公室:《全唐文补遗》第6辑，三秦出版社。1999年，第159页。

郑畋“杖至一百，终不能毙”[①]。后经其兄长上诉朝廷，朝廷下诏将其禁锢黔州。

⑵ 次于山东士族的名门。如颜氏家族作为颜回的后人，素以重德行而著称，在实践孝悌上有优良的传统，隋唐时期的颜氏家族源自琅琊。颜盛自鲁迁居琅琊后，“代传恭孝，故号所居为孝悌里”[②]。入隋唐后，颜氏子弟继续秉承和弘扬孝悌家风，践行孝悌之道。如颜思鲁将其父颜之推的文集刊行，以传承父业体现孝道。颜相时(颜思鲁之子，颜师古之弟)“性仁友，及师古卒，不胜哀慕而卒”[③]。由此可见其兄弟间深切的悌友之情。颜敬仲(颜相时之侄)为人以“仁孝”称[④]，其侄女颜真定之孝烈非同一般。颜敬仲曾被酷吏诬陷，其侄女颜真定“率二妹割耳诉冤，敬仲得减死”[⑤]。颜真卿是颜真定之侄，其兄弟七人，多以孝悌著称，如“阙疑，孝友仁让”“允南，孝悌聪锐”“乔卿，仁友”“允臧，友悌有吏干”[⑥]。颜真卿的子侄辈也多能弘扬孝悌家风，颜真卿的三个儿子颜季明、颜寄明、颜颇遵从父命，出生入死，参与平定安史之乱，体现了孝子忠臣的风范。颜真卿之侄颜泉明“居母丧，毁骨立”“有孝节，喜振人之急”[⑦]。由此可见颜氏家族的孝悌门风。

颜氏家族盛于唐朝前期，作为盛于唐朝后期的柳氏家族也以孝悌之门风而著称。《旧唐书》卷一六五《柳公绰传》：“初公绰理家甚严，子弟克禀诫训，言家法者，世称柳氏云”[⑧]。据《资治通鉴》记载：“柳氏自公绰以来，世以孝悌礼法为士大夫所宗”[⑨]。柳公绰虽然身居高位，在家中却谨行礼法，为子弟垂范。《旧唐书·柳公绰传》记载，柳公绰“天资仁孝，初丁

---

①《旧唐书》卷137《郑云达传》。

②《全唐文》卷339颜真卿《晋侍中右光禄大夫本州大中正西平靖侯颜公大宗碑》。

③《新唐书》卷198《颜师古传》。

④《全唐文》卷339颜真卿《晋侍中右光禄大夫本州大中正西平靖侯颜公大宗碑》。

⑤《新唐书》卷199《殷践猷传》。

⑥《全唐文》卷339颜真卿《晋侍中右光禄大夫本州大中正西平靖侯颜公大宗碑》。

⑦《新唐书》卷192《颜杲卿传》。

⑧《旧唐书》卷165《柳公绰传》。

⑨《资治通鉴》卷259，景福二年二月。

母崔夫人之丧。三年不沐浴。事继亲薛氏三十年，姻戚不知公绰非薛氏所生”[①]。据《唐语林》卷一记载，柳公绰“在薛夫人之侧，未尝以严颜色待家人，恂恂如小子弟”。“薛夫人左右仆使至有以小字呼公者”[②]。身居高位，能够如此敬奉继母，可见其行孝之笃。柳公绰不仅孝敬双亲，而且能够善待宗族，敦睦内外。据《唐语林》卷一记载：“仆射柳元公家行为士大夫仪表……敦睦内外，当世无比。宗族穷苦无告，因公而存立者甚众”[③]。其子柳仲郢“方严，尚气义，事亲甚谨”[④]。柳氏非常看重对其孝悌门风的维护。据《东观奏记》中记载：

蓝田尉。直弘文馆柳珪擢为右拾遗，弘文馆直学士，给事中萧仿，郑公舆。畜绰驳还，曰：“陛下高悬爵位，本待贤良．既命浇浮，恐非惩劝。珪居家不禀于义方，奉国岂尽于忠节?”。刑部尚书柳仲郢诣东上阁门进表，称：“子珪才器庸劣，不合尘玷谏垣；若诬以不孝，即冤屈为甚。”太子少师柳公权又讼侵毁之枉。上令免珪官，且在家修省。贞元、元和已来，士林家礼法严整，以韩皋、柳公绰，柳仲郢为首称。一旦子孙不孝，簪组叹惜[⑤]。

不孝被看作是极大的罪名，是对家族门风的彻底否定，柳公权、柳仲郢叔侄竭力为柳珪诉冤，正是出于维护家族门风和声望的目的。柳仲郢之子柳玭还撰写了《柳氏家训》想通过家训来训导子孙永远秉承其家族的孝悌门风。《柳氏家训》云：“予幼闻先训，讲论家法，立身以孝悌为基，以恭默为本，以畏怯为务，以勤俭为法，以交结为末事，以弃义为凶人，肥家以忍顺，保友以简敬”[⑥]。柳玭明确指出柳家的家族礼法是以孝悌为根基的，作为柳氏家族成员要继续秉承这一家族风范。

(3) 一般士族。如韩皋家族。其家族门风与柳公绰家族而并称。《东

---

①《旧唐书》卷165《柳公绰传》。

②《唐语林》卷1。

③《唐语林》卷1。

④《新唐书》卷163《柳公绰传附仲郢传》。

⑤《东观奏记》卷中《柳珪免官修省》。

⑥《全唐文》卷816。

观奏记》卷中云："贞元、元和已来，士林家礼法严整，以韩皋、柳公绰，柳仲郢为首称"。韩皋家累世孝悌，其父韩滉按职位规定，门前可列戟，但因为府门是其父韩休在世时所修，不忍心破坏，于是就放弃了列戟的请求。韩滉去世后，韩皋万分悲痛，亲自撰写父亲的事迹，并上呈朝廷，坚持服丧三年。韩皋与韩滉长得很像，韩滉去世后，韩皋就不敢照镜子了[①]。据《唐语林》卷四记载，韩皋治家很严，有一枚家传的笏，韩休、韩滉、韩皋三代均持此笏上朝。因为是父祖所传，所以韩皋退朝后，总是亲置于卧室榻上，不让家仆保管，以此表示礼敬[②]。穆宁家族与韩皋家族相类似。《新唐书》卷一六三《穆宁传》记载：

穆宁，怀州河内人。……世以儒闻。……宁居家严，事寡姊恭甚。尝撰家令训诸子，人一通。又戒曰："君子之事亲，养志为大，吾志直道而已。苟枉而道，三牲五鼎非吾养也。"疾病不尝药，时称知命。……先是，韩休家训子姓至严。贞元间，言家法者，尚韩、穆二门云。

《旧唐书》卷一百五十五《穆宁附穆赞传》记载：

赞与弟质、员、赏以家行人材为搢绅所仰。赞官迭，父母尚无恙，家法清严。赞兄弟奉指使，笞责如僮仆，赞最孝谨。

上述举例中既有唐代高门士族，像博陵崔氏、清河崔氏、范阳卢氏、荥阳郑氏，又有中等士族，像琅琊颜氏、河东柳氏，还有一般士族，像韩皋家族、穆宁家族；既有活跃于唐朝前期的，像颜氏家族，又有新盛于唐朝后期的，像柳氏家族、韩皋家族、穆宁家族。这些士族都体现出了秉承和弘扬孝悌的门风，而且都以其门风赢得了朝廷和社会的尊敬，在践行孝道上为世人作出了表率。

一些新进家族，正是以老的士族的家风为榜样，而跻身士林，赢得尊重的。如出身于边将家庭的唐朝名相杜佑家族[③]。杜佑在《进通典表》中说："夫《孝经》《尚书》《毛诗》《周易》《三传》，皆父子君臣之要道，

① 《新唐书》卷 126《韩休传附韩皋传》。
② 《唐语林》卷 4。
③ 陈寅恪《唐代政治史述论稿》，上海古籍出版社，1997 年，第 282 页。

十伦五教之宏纲，如日月之下临，天地之大德，百王是式，终古攸遵”[①]。充分表明了他对儒家伦理道德的崇敬。其子杜式方“性孝友，弟兄尤睦。季弟从郁，少多疾病，式方每躬自煎调，药膳水饮，非经式方之手，不入于口。及从郁夭丧，终年号泣，殆不胜情，士友多之”[②]。杜牧(杜佑的孙子)在《上李中丞书》中云：“某世业儒学，自高、曾至于某身，家风不坠，少小孜孜，至今不怠”[③]。由此可见新兴家族对传统士族的孝悌门风的仿效。这种模仿效应必然扩大到整个士大夫阶层，进一步影响到社会的各个阶层。

第三节　唐代节日习俗中的孝文化

节日是按照时令节气确定每年中某些固定日子举行庆祝游玩娱乐或祭祀的风俗。节日不仅仅体现为庆祝、游玩或祭祀活动，同时也是道德观念、思维模式和生活习惯的集中体现。因此对节日中的孝文化的研究，能够从较为广阔的层面反映孝文化与唐代社会生活的关系。

一、岁时节日中的孝文化

唐代有着丰富多彩的岁时节日文化，重要的节日多达20多个，在这些节日当中大多体现着孝文化的因素。以下按照时间顺序作以阐述。

元旦即是新年的第一天，唐代指阴历正月初一。民间有元旦贺岁拜年的风俗。一般晚辈要向长辈祝福长寿，出嫁的妇女要回娘家看望长辈及亲人[④]，按照长幼尊卑饮屠苏酒[⑤]，举行家庭宴会，庆祝新年和家人团聚。白居易《岁日家宴戏示弟侄等兼呈张侍御二十八丈殷判官二十三兄》诗：“弟妹妻孥小侄甥，娇痴弄我助欢情。岁盏后推蓝尾酒，春盘先劝胶牙饧。形

① 《旧唐书》卷147《杜佑传》。

② 《旧唐书》卷147《杜佑传附子式方传》。

③ 《全唐文》卷752，杜牧《上李中丞书》。

④ 薛逢《元日田家》：“蛮榼出门儿妇去，乌龙迎路女郎来”。《全唐诗》卷548。

⑤ 方干《元日》：“才酌屠苏定年齿，坐中惟笑鬓毛斑”。《全唐诗》卷650。

骸潦倒虽堪叹，骨肉团圆亦可荣。犹有夸张少年处，笑呼张丈唤殷兄”[①]。该诗生动地反映了亲人团聚，共庆新年的欢乐景象。此外，元旦要举行祭祀祖先的活动[②]。朝廷要举行盛大的朝会，宫廷还有元旦赏赐群臣柏叶饮椒柏酒的礼俗。唐中宗赐柏叶给臣下，当时侍宴的武平一作《奉和元日赐宰臣柏叶应制》诗：“绿叶迎春绿，寒枝历岁寒。愿持柏叶寿，长奉万年饮”[③]。在古代椒是“玉衡”星精，服之能令人长寿，柏叶也寓意长(青)寿之意，所以赐群臣柏叶，饮椒柏酒实际上是祝福长寿之意，也是尊老敬老的一种体现。

寒食是为纪念春秋时期被火烧死的义士介子推而禁火的节日。到了唐代，寒食节有了新的风俗——扫墓拜祭亡故的亲人。白居易《寒食望野吟》诗生动描绘出了寒食清明时节扫墓祭拜思念亡亲的情景：“丘墟郭门外，寒食谁家哭？风吹旷野纸钱飞，古墓垒垒春草绿。棠梨花映白杨树，尽是死生别离处。冥冥重泉哭不闻，萧萧暮雨人归去”[④]。从诗中可以得知已有烧纸钱来表达哀思的方式，王建的《寒食行》也反映了这一习俗。“三日无火烧纸钱，纸钱那得到黄泉”[⑤]。寒食扫墓祭拜亡亲在唐朝初年已经盛行，因“寒食上墓，复为欢乐，坐对松槚，曾无戚容”被认为有伤风化，唐高宗龙朔二年(662)四月下诏禁断。但寒食上墓，已经成为社会习俗，唐玄宗开元二十年(732)四月，不得不下敕“宜许上墓，用拜埽礼”，并编入唐礼。为了保证拜扫的严肃性，不许作乐。开元二十九年(741)正月再次下敕：“寒食上墓，便为燕乐者，见任官与不考前资，殿三年，白身人决一顿”[⑥]。寒食节民间自发的拜扫祭祀亡亲活动被统治者所接受是因为其有助于孝道的劝化，并最终以国家礼仪的方式予以强化。

清明节是在寒食节后的第三天，与寒食节相连，因此在节日习俗上相

---

①《白居易集笺校》卷24。

② 元稹《告祀曾祖文》：“每岁换正至涉佳辰，睹儿孙宾游相会聚，未尝无悲，是用日至暨正旦、仲夏之五日，季秋之初九，莫不修奉祠祀以达事生之意焉。”《全唐文》卷655。

③《全唐诗》卷102。

④《白居易集笺校》卷124。

⑤《全唐诗》卷298。

⑥《唐会要》卷23《寒食拜扫》。

类似，以至于唐人将寒食清明并称。清明和寒食一样扫墓，祭祖是其重要的节日活动。杜牧的《清明》诗写出了清明时节扫墓祭奠亡灵哀痛与凄凉的场景："清明时节雨纷纷，路上行人欲断魂。借问酒家何处有，牧童遥指杏花村"[①]。唐代清明扫墓祭拜十分盛行，柳宗元这样描写当时扫墓的盛况："田野道路，士女遍满，皂隶佣丐，皆得上父母邱墓"[②]。和寒食节扫墓祭拜同样，清明节的扫墓祭拜活动得到唐朝统治者的倡导，也被编入了唐礼之中。

端午节在夏历的五月初五，又称端阳节，相传是为了招魂纪念战国时楚国诗人屈原而形成的节日。因此，追根溯源，端午节是一个祭奠亡灵，寄托哀思的节日。唐代端午节被赋予了敬老祈寿的新内涵。李唐王朝重视道教，道家在孝道伦理上的体现是追求长寿。唐玄宗李隆基的《端午》诗明确说明了端午节敬老祈寿的含义："端午临中夏，时清日复长。盐梅已佐鼎，曲蘖且传觞。事古人留迹，年深缕积长。当轩知槿茂，向水觉芦香。亿兆同归寿，群公共保昌。忠贞如不替，贻厥后昆芳"[③]。唐人在五月五日盛行赠赏续寿衣物的风俗。唐高宗在谈到端午节的由来时说："我见一记有云，五色丝可以续命，刀子可以辟兵，此言未知真虚，然亦俗行其事。今之所赐，住者使续命。行者使辟兵也"[④]。徐坚《初学记》云："造百索系臂，一名长命缕，一名续命缕，一名辟兵缯，一名五色缕，一名五色丝，一名朱索。又有条达等织组杂物，以相赠遗"[⑤]。唐代帝王每逢端午节都要向大臣赏赐续寿衣物等，在《全唐诗》和《全唐文》中有多首(篇)反映有关端午节赏赐续寿衣的作品，如窦叔向的《端午日恩赐百索》诗："仙宫长命缕，端午降殊私。事盛蛟龙见，恩深犬马知。余生倘可续，终冀答明时"[⑥]。权德舆《端午日礼部宿斋有衣服彩结之贶以诗还答》："良辰当五日，

---

①《千家诗·七言绝句》。

②《全唐文》卷573柳宗元《寄许京兆孟容书》。

③《全唐诗》卷3。

④《唐会要》卷29《节日》。

⑤《初学记》卷4。

⑥《全唐诗》卷271。

偕老祝千年。彩缕同心丽，轻裾映体鲜。寂寥斋画省，款曲擘香笺。更想传觞处，孙孩遍目前”[1]。又如李峤的《谢端午赐衣表》中云：“缕分五色，增长寿于尧年”[2]。这些诗句都反映了端午赐续寿衣物的含义。

中元节是儒、释、道“三教”合流的节日。“中元”指夏历的七月十五，其名源于道教。道教以正月十五日为上元，七月十五日为中元，十月十五日为下元，并与崇奉天官、地官、水官三神相配合。天官赐福，地官赦罪，水官解厄。七月十五日即为地官赦罪日。南朝萧梁时期道教徒借鉴《佛说盂兰盆经》编撰《玄都大献经》，吸收了《盆经》的“救拔饿鬼”之说。这样中元日地官赦罪就有了“赦免饿鬼”之义[3]，也就成了“鬼节”。佛教将七月十五日定为盂兰盆节。此节古天竺没有，它是由译经派生出来的斋节。西晋高僧竺法护将《佛说盂兰盆经》译成汉文。《盆经》讲述的是目连救母的故事。目连亡母生饿鬼中不得食，目连向佛求救，佛告诉目连，七月十五将百味饭食著于盆中，供养十方大德僧，亡父母、七世先人、六亲眷属，即可解救亡母轮回饿鬼之苦厄。故事主题是要求佛教徒践行孝道，这是佛教向中土儒家孝文化趋合的重要体现。晋末南朝之际，三吴荆楚佛寺将盂兰盆斋推及民间，成为岁时法会。唐代佛教兴盛，盂兰盆节受到社会广泛重视。唐高宗效法梁武帝在皇家寺院立送盆之仪：“国家大寺，如似长安西明、慈恩等寺……每年送盆，献供种种杂物，及舆盆、音乐人等，并有送盆官人，来者非一”[4]。武则天佞佛，宫廷盆斋法会规模盛大。据杨炯的《盂兰盆赋》描述，法会包括六个环节：“陈法供，饰盂兰”“名列部伍”；女皇登场“南面而观”；以九韶八佾乐舞迎神；公卿学士致颂词；礼毕。公卿等人的致词曰“圣人之德，无以加于孝乎”“扬先皇之大烈，孝之始也”“配天而祀文考，配地而祀高皇，孝之中也”“行之四海，

① 《全唐诗》卷329。

② 《全唐文》卷240，李峤《谢端午赐衣表》。

③ 《太上洞玄灵宝三元玉京玄都大献经》，见《道藏》第6册。此经本于《盆经》，将目连改为道君，佛祖改为元始天尊，供养诸菩萨改为供养诸大圣。

④ 《法苑珠林》卷62《祭祠篇》。

加于百姓，孝之终也”[①]。可见唐朝统治者重视盂兰盆法会的目的在于倡导孝道。由于盂兰盆法会的主题适应了中土民众的需要，加之统治者的提倡，使这一佛教斋节活动普及到了民间。圆仁描述会昌四年(844)长安寺院盂兰盆节的盛况云：“城中诸寺七月十五供养。诸寺做花蜡、花瓶、假花、果树等，各竞奇妙。常例皆于佛殿前铺设供养，倾城巡寺随喜，甚是盛会。今年诸寺铺设供养胜于常年”[②]。佛道两家都以七月十五日为节，皆举行斋醮法会，宣扬“救拔宗亲”的主题，带动了民间祭祀亡故亲人的社会风尚。

夏历的八月十五称为中秋节，也称为“八月节”“月节”或“月夕”。欧阳詹在其《玩月诗序》中云：“八月于秋，季始孟终；十五于夜，又月之中；稽于天道，则寒暑均；取于月数，则蟾兔圆”[③]。这正道出了中秋的含义。唐人视中秋赏月、拜月为盛事。月圆寓意着团圆，赏月、拜月多以全家聚在一起进行，共享亲情与节日的快乐。如果身在异地，不能与家人团聚，在这样的节日里自然就会产生思家念亲的怅然之情。这从唐人的诗作中有充分的体现，如戎昱《长安秋夕》诗云：“八月更漏长，愁人起常早。闭门寂无事，满院生秋草。昨宵西窗梦，梦入荆南道。远客归去来，在家贫亦好”[④]。杜荀鹤的《湘中秋日呈所知》云：“四海无寸土，一生惟苦吟。虚垂异乡泪，不滴别人心。雨色凋湘树，滩声下塞禽。求归归未得，不是掷光阴”[⑤]。张祜的《中秋月》：“碧落桂含姿，清秋是素期。一年逢好夜，万里见明时。绝域行应久，高城下更迟。人间系情事，何处不相思”[⑥]。这些诗作都反映了中秋时节睹月思乡念亲的情愫。正如肖群忠先生所说：“该节的文化内涵较为丰富，但其中最主要的是象征亲人的团聚、团圆，食月饼就在于月饼象征着圆月从空中来到人间，以喻示亲人的团圆。这一天，人们只要有可能，都要回家与父母家人团聚，一是意味着对父母的孝敬，

①《全唐文》卷190，杨炯《盂兰盆赋》。

②(日)圆仁《入唐求法巡礼行记》，上海古籍出版社1986年，第445页。

③《全唐诗》卷349。

④《全唐诗》卷270。

⑤《全唐诗》卷691。

⑥《全唐诗》卷510。

一是意味着家庭的团结和睦，因而中秋节也是孝道文化观念的体现”[①]。

唐人赋予九月九日重阳节与端午节相似的文化内涵——敬老祈寿。唐代九月九日有赏茱萸树饮菊花酒的风俗。徐坚《初学记》引《西京杂记》说：“汉武帝宫人贾佩兰，九月九日佩茱萸，食饵，饮菊花酒，云令人长寿”。又引《太清诸草木方》：“九月九日采菊花与茯苓、松脂，久服之令人不老”[②]。在唐诗中有佩茱萸枝饮菊花酒活动的描述，如上官婉儿《九月九日上幸慈恩寺登浮图群臣上菊花寿酒》：“帝里重阳节，香园万乘来。却邪萸入佩，献寿菊传杯。塔类承天涌，门疑待佛开。睿词悬日月，长得仰昭回”[③]。这首诗不仅反映了佩茱萸饮菊花酒的习俗，而且说明了这一习俗体现了敬老祈寿的思想内涵。

冬至是介于大雪和小寒之间的一个节气。这一日，太阳位于黄道最南的冬至点，即最远点上，是北半球白天最短的一天。也正是从这一天起，白昼逐渐加长，阳气逐步上升而气候逐渐变暖，因此古人非常重视冬至。这一天皇帝要举行祭天大典，以示对上天的崇敬和对自己天子身份的确认和巩固。隋唐时，冬至日南郊圆丘祭祀昊天上帝为国家大祀，祭祀昊天上帝都有唐代帝王的祖先配享。这一活动对民间也产生了影响，“用‘荐黍糕’的仪式供奉冬神玄冥和祖先，进酒肴拜贺君亲耆老。《从女仪》说冬至还有‘妇女献履袜于舅姑’之礼，是取‘践长者之义’的媳妇尊亲敬老之礼”[④]。

腊八节是指腊月初八。腊是猎的意思，从先秦时起就有冬月猎取禽兽以祭祀祖先的礼仪，也有腊祭百神之礼。尽管到了唐代这一节日已融入了佛教的习俗[⑤]，但腊祭的仪礼活动并没有变。唐礼制规定：“四时各以孟月享太庙，每室用太牢。季冬腊祭之后，以辰日腊享于太庙，用牲如时祭”[⑥]。民间也盛行腊祭活动，如段文昌任淮南节度使时：“于荆、蜀皆有先祖故

① 肖群忠《孝道观念在国人生活及民俗中的影响渗透》，《西北师范大学学报》（社科版），1998年第3期。

②《初学记》卷4。

③《全唐诗》卷5。

④ 李斌城《唐代文化》（中），中国社会科学出版社，2002年版，2007年重印，第1039页。

⑤ 佛教以腊月初八为佛祖释迦牟尼成道纪念日。

⑥《旧唐书》卷25《礼仪五》。

第，至是赎为浮图祠。又以先人坟墓在荆州，别营居第以置祖祢影堂，岁时伏腊，良辰美景享荐之”[①]。

除夕是旧历年的最后一天晚上，是除旧迎新，冬去春来的分界点，除夕的一项重要活动就是祭祀祖先，追思亡故的亲人，并希望祖先保佑自己及家人来年平安幸福。唐代民间还盛行除夕烧纸钱来祭奠亡灵，如圆仁在《入唐求法巡礼行记》中记载：“廿九日暮际，道俗共烧纸钱”[②]。

二、诞辰节中的孝文化

唐代帝王首创以自己的诞生日为节日。唐玄宗开风气之先，在开元十七年(729)将自己八月五日的生辰定为“千秋节”，唐玄宗的后世子孙予以效法，如肃宗生日称为“天成地平节”，武宗生日称为“庆阳节”，宣宗生日称为“寿昌节”，即使有些皇帝没有明确定生日为节日，照样要休假，举行庆祝活动。在皇帝诞辰节期间“群臣以是日献甘露醇酎，上万岁寿酒，王公戚里，进金镜绶带，士庶以丝结承露囊，更相遗问，村社作寿酒宴乐，名为赛白帝，报田神。上明元天，光启大圣，下彰皇化，垂裕无穷，异域占风，同见美俗”[③]。可见庆祝生命的降临和祈求生命的长久是这一节日的主题，而“热爱生命、传宗接代、追求永恒是孝道精神的本质之一”[④]。除了接受臣子的朝贺外，皇帝一般要派人到陵寝祭奠父母祖先，奉迎健在的皇太后，这也显示出皇帝诞辰节的孝道精神本质。在皇帝庆祝生日的带动下，民间庆贺生日之风由此而盛行开来。

除了皇帝的诞辰节以外，唐代宗教节日中也有诞辰节。如夏历二月十五日被定为老子的诞辰日，按照唐朝的规定，官员可以休假一天。李唐皇帝视老子为其始祖，在老子诞辰日以儒家祭祀祖先之礼仪来祭祀老子，使

① 《旧唐书》卷167《段文昌传》。

② 《入唐求法巡礼行记》，第24页。

③ 《全唐文》卷223，张说《请八月五日为千秋节表》。

④ 肖群忠《孝道观念在国人生活及民俗中的影响渗透》，《西北师大学报》(社科版)，1998年第3期。

道教节日赋予了孝道伦理的内涵。在唐代，夏历四月初八是佛祖诞辰日，也被定为国家节日，与老子诞辰节一样放假一天。在佛祖诞辰节日里，佛教信徒要以净水灌沐佛像以表达对佛祖的纪念之情。唐代同样赋予这一节日以孝道的内涵。据《太平御览》记载："刘牢之子敬宣，八岁丧母，昼夜号泣。四月八日，见众人灌佛，乃下头上金镜为母灌象，因悲泣不自胜"[①]。刘敬宣在佛诞节"为母灌象"表达哀悼亡母之情的行为被佛教信徒所接受，并作为孝道典型而被宣扬，使得佛教界这一神圣的节日披上了孝道的色彩。

三、唐代节日孝文化的特点

从上述节日中的孝文化来看，唐代节日文化在孝文化的发展方面表现出以下四个特点：

其一，孝文化融入了唐代众多节日当中，被节日文化习俗所广泛体现，这说明了孝文化在唐代民众当中的影响力得到了增强。

其二，对已有节日习俗中的孝道精神进一步规范和强化。如寒食节和清明节扫墓拜祭活动是从民间盛行而起的，唐代统治者认为这种活动有助于弘扬孝道伦理，因此将寒食、清明扫墓拜祭活动编入国家礼制之中，以国家礼法的形式对这些活动进行规范和引导，从而使寒食、清明节的孝道精神得到进一步的凸显和提升。

其三，宗教在节日习俗中宣扬孝道精神的作用进一步加强。唐代节日活动中有多种敬老祈寿的习俗，如元旦宫廷赐群臣柏叶饮椒柏酒的礼俗，端午节盛行赠赏续寿衣物的风俗，九月九日赏茱萸树饮菊花酒的风俗等，这些都与道教追求长生不老的思想密不可分，也是道教思想在孝道观念的集中体现。中元节时，佛道两教在孝道的宣扬上相互借鉴，形成了这一节日最鲜明的主题。腊八节则是儒家和佛教的思想合流的体现。节日是人们道德观念、思维模式和生活习惯的集中体现，儒释道要向社会生活的深层传播和发展，必然要向节日文化中渗透。唐代实行儒释道并重的政策，中

①《太平御览》卷657。

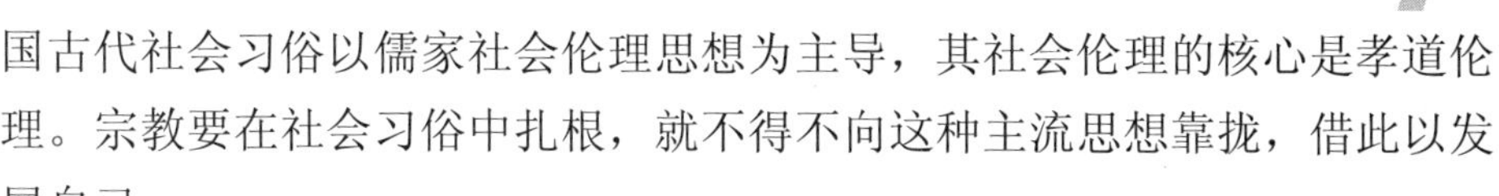

国古代社会习俗以儒家社会伦理思想为主导，其社会伦理的核心是孝道伦理。宗教要在社会习俗中扎根，就不得不向这种主流思想靠拢，借此以发展自己。

其四，形成了新的体现孝道精神的节日文化。唐代不仅将寒食、清明确定为国家法定的节日，而且创立了皇帝诞节，这一节日带动了民间庆生敬老祈寿的风尚。唐代老子诞辰节和佛诞节也都体现出孝文化的内涵。

总之，孝文化渗透到了唐代众多的节日之中，并以多种方式展现出来，强化了节日的孝道教化功能，对唐代行孝之风起到了积极的推动作用。

第四节　唐代社会风气与孝文化

社会风气是社会在一个阶段内所呈现的习尚、风貌。可以看作是一定社会中的风俗习惯、文化传统、行为模式、道德观念以及时尚等要素的集中体现。要认识唐代社会生活与孝文化之间的关系，对唐代社会风气与孝文化的关系有必要加以讨论。这里从唐代的厚葬之风、唐人重行第之风、唐代的修谱之风等三种社会风气入手，对唐代社会风气与孝文化的关系进行具体分析。

一、唐代的厚葬之风与孝文化

唐代各个社会阶层都崇尚厚葬。首先帝王皇室带头厚葬。唐代帝王厚葬之风从开国之君高祖李渊开始就一发而不可止。李渊去世后，唐太宗下诏："山陵制度准汉长陵故事，务从隆厚"。后经虞世南等人一再上书力谏厚葬之弊，最终丧事才"颇有减省焉"[①]。唐太宗在自定陵地诏书中说："犹恐身后之日，子子孙孙，习于流俗，犹循常礼，加四重之榇，伐百祀之木，劳扰百姓，崇厚园陵。今预为此制，务从俭约，于九嵕之山，足容棺而已。

① 《旧唐书》卷72《虞世南传》。

积以岁月，渐而备之。木马涂车，土桴苇籥，事合古典，不为时用”[①]。实际上与他所说的丧事从简是大相径庭。唐末五代人温韬在后梁时关中一带任静胜军节度使，史书记载：“韬在镇七年，唐诸陵在其境内者，悉发掘之，取其所藏金宝，而昭陵最固，韬从埏道下，见宫室制度闳丽，不异人间，中为正寝，东西厢列石床，床上石函中为铁匣，悉藏前世图书，钟、王笔迹，纸墨如新，韬悉取之，遂传人间，惟乾陵风雨不可发”[②]。可见昭陵墓葬富丽堂皇，规模宏大，所藏珍宝众多，说其是厚葬的典型一点都不为过。现代对唐代帝王及皇族陵墓的考古发掘也充分验证了其在丧葬上的奢侈。

其次，贵族官僚在丧葬上极尽奢华。最典型的莫过于李义府。《旧唐书》卷八十二《李义府传》记载：

(高宗龙朔二年)义府寻请改葬其祖父，营墓于永康陵侧。三原令李孝节私课丁夫车牛，为其载土筑坟，昼夜不息。于是高陵、栎阳、富平、云阳、华原、同官、泾阳等七县以孝节之故，惧不得已，悉课丁车赴役。高陵令张敬业恭勤怯懦，不堪其劳，死于作所。王公已下，争致赠遗，其羽仪、导从、轜輴、器服，并穷极奢侈。又会葬车马、祖奠供帐，自灞桥属于三原，七十里间，相继不绝。武德已来，王公葬送之盛，未始有也。

李义府改葬其祖父，竟然役使八个县的丁夫车牛，为其载土作坟，昼夜不息，就连县令也“不堪其劳，死于作所。”送葬之时，羽仪导从，车马供帐，“自灞桥属于三原，七十里间，相继不绝”，如此穷极奢华，古今罕见。

像李义府一样，在丧葬上穷尽奢华的贵族官僚很多，这里再举几例。因平定安史之乱有功被代宗封为武威郡王的李光进“葬母于京城之南原，将相致祭者凡四十四幄，穷极奢靡，城内士庶，观者如堵”[③]。宰相唐休璟“以家财数十万大开茔域，备礼葬其五服之亲，时人称之”[④]。大宦官高力

①《旧唐书》卷3《太宗下》。

②《新五代史》卷40《温韬传》。

③《旧唐书》卷161《李光进传》。

④《旧唐书》卷93《唐休璟传》。

士妻吕氏卒，“葬城东，葬礼甚盛。中外争致祭赠，充溢衢路，自第至墓，车马不绝”[①]。《唐语林》卷八记载：

滑州节度令狐母亡，邻境致祭。昭义节度初于淇门载船桅以充墓柱，至时嫌短，特于卫州大河船上，取长桅代之。及昭义节度薛公薨，归绛州，诸方并管内县涂阳城南设祭，每半里一祭，至漳河二十余里，连延相次。大者费千余贯，小者三四百贯。互相窥觇，竞为新奇。柩车暂过，皆为弃物矣。盖自开辟至今，奠祭鬼神，未有如斯之盛者也。

第三，商贾富家在丧葬上大摆阔气。永隆二年(681)正月，唐高宗诏雍州长史李义玄说：“商贾富人，厚葬越礼。卿可严加捉搦，勿使更然”[②]。武则天的《改元载初赦文》也说：“富商大贾，衣服过制，丧葬奢侈，损废生业”[③]。

第四，社会底层老百姓则不惜倾家荡产厚办丧事。李德裕在《论丧葬踰制疏》中说：

应百姓厚葬，及于道途盛陈祭奠，兼设音乐等。闾里编甿，罕知教义，生无孝养可纪，没以厚葬相矜，器仗僭差，祭奠奢靡，仍以音乐，荣其送终，或结社相资，或息利自办，生产储蓄，为之皆空，习以为常，不敢自废，人户贫破，抑此之由[④]。

对于厚葬之风盛行的社会状况，唐朝政府多次下诏敕予以禁止，《全唐文》收录的禁止厚葬的诏敕就有 8 个之多。从唐太宗贞观十七年(643)的《薄葬诏》到唐宪宗元和年间的《禁厚葬诏》，都指出了厚葬之流弊，明确提出了处罚条款。但实际效果是具文而已，没什么成效。

之所以厚葬成风，屡禁不止，其根本的原因在于孝道文化的深入人心。中国古代孝道伦理既包括对于在世父母的“生孝”，也包括对去世的父母祖先的“死孝”。对于死人的孝的主要体现就是对丧葬的重视。《论语》说：“慎终追远，民德归厚矣”。《中庸》说：“事死如生，事亡如存，

---

①《旧唐书》卷 184《宦官传》。

②《旧唐书》卷 5《高宗下》。

③《全唐文》卷 96，高宗武皇后《改元载初赦文》。

④《全唐文》卷 701，李德裕《论丧葬踰制疏》。

仁智备矣”。孟子说：“君子不以天下俭其亲”。《荀子·礼论篇》中说：“礼者，谨于治生死者也。生，人之始也；死，人之终也。终始俱善，人道毕矣，故君子敬始而慎终。终始如一，是君子之道，礼义之文也。夫厚其生而薄其死，是敬其有知而慢其无知也，是奸人之道，而倍(背)叛之心也。君子以倍叛之心接臧穀，犹且羞之，而况以事其所隆亲乎？故死之为道也，一而不可再复也。臣之所以致重其君，子之所以致重其亲，于是尽矣。故事生不忠厚不敬文，谓之野。送死不忠厚不敬文，谓之瘠”。儒家从道德伦理和仪礼制度的要求上，对丧葬的重要性和必要性进行了深入的诠释，这为厚葬的盛行奠定了坚实的思想基础。

儒家的事死如生的孝道思想又与古代“灵魂不灭”观念结合。古人认为，和人间同时存在的还有一个冥界，人死后灵魂不会消亡，变为鬼生活在冥间，鬼和人的情感和生活类似，鬼和人可以通过一些特殊的方式沟通。在唐人的笔记小说中就有大量的鬼故事存在，其中有不少就是宣扬孝道伦理的。魏晋以来佛教、道教大盛，佛教神不灭和道教长生不老的宗教学说进一步强化了古代中国固有的“灵魂不灭”观念。“灵魂不灭”的观念从终极关怀的层面上说明了丧葬的重要性和必要性。《孝经》第十六章《感应篇》云：

子曰：“昔者明王事父孝，故事天明；事母孝，故事地察；长幼顺，故上下治。天地明察，神明彰矣。故虽天子，必有尊也，言有父也；必有先也，言有兄也。宗庙致敬，不忘亲也；修身慎行，恐辱先也。宗庙致敬，鬼神着矣。孝悌之至，通于神明，光于四海，无所不通。《诗》云：‘自西自东，自南自北，无思不服’”。

此章正是从达天地，通鬼神的高度来阐述孝道的内涵和功能的，也就是说，孝不仅具有社会伦理学的意义，而且具有宗教伦理学的意义，从宗教伦理学的角度去认识孝，分析厚葬，就易于理解为什么统治阶级要极尽奢华地去办理丧事，为什么普通老百姓不惜倾家荡产地去为亲人送葬，因为这里体现着古人对终极关怀的追求。

一种社会风气一旦形成，没有革命性的变革是很难改变的。在孝道理论的指导下，从春秋战国开始，就开始了厚葬之风，在汉代以孝治天下的社会环境下，厚葬之风大盛。魏晋时期虽然有所抑制，但没有根本上的改观。从春秋战国到隋唐经历千余年的实践，孝道观念和厚葬观念已经深入人心。隋唐时期继续奉行以孝治天下的国策，大力提倡孝道，加之经济发展，社会稳定，这就进一步助长了厚葬之风。

二、唐人重行第之风与孝文化

唐代盛行称行第之风。岑仲勉先生对唐人论行第情况进行了详细的考证，撰写成了《唐人行第录》一书，其书所采材料广泛，包括两唐书、《全唐文》《全唐诗》、唐人专集、唐人笔记、《太平广记》《唐文续拾》《唐文拾遗》、敦煌吐鲁番文书及近代出土的唐人墓志等。论行第的情况出现在如此多的唐代文献之中，就可见这种风气在唐代之盛行。李斌城等主编的《隋唐五代社会生活史》一书说："行第本指家族内子弟(女)的排行次第，但在唐代却成为官场民间普遍流行的称谓。无论家人友朋、贵贱高低，无不以论称行第相为高尚，以致成为唐社会特有的风俗之一"[①]。《隋唐五代社会生活史》对唐代行第之称的普及与发展进行了详细论述，这里就不再赘述。关于行第在唐代流行的原因及社会基础，《隋唐五代社会生活史》一书对其进行了分析，归结起来有以下几点：其一，"行第作为'亲故'之称所包含的感情因素，使人们乐于接受"[②]；其二，"称行第，可称是官场及士子交往中避讳的一个办法"[③]；其三，称行第是"士族对官势和高贵门第的焰耀，以及世人对两者的艳羡"[④]；其四，唐人宗族观念强和宗族关系密切，促进了行第盛行之风。我们不妨对这四个方面的原因作进一步的分析。行第是家族内部同辈之间次序，在伦理道德上反映的孝道中的悌道，没有血缘关系的人之间也以"亲故"相称，并为社会所推崇，实际上是反映了孝悌之道在社会上的广泛推广。古代所说的避讳，包括为亲者讳，为尊者讳，为

① 李斌城等编《隋唐五代社会生活史》，中国社会科学出版社，1998 年，第 543 页。
②《隋唐五代社会生活史》，第 556 页。
③《隋唐五代社会生活史》，第 557 页。
④《隋唐五代社会生活史》，第 558 页。

贤者讳。为尊亲避讳实际上是孝道的体现，行第本身体现着孝道，以行第的方式来避讳，可以说是把二者体现的孝道伦理结合起来的体现。据岑仲勉先生考证，唐人的这种行第不是按一父所生的兄弟长幼次序计算，而是按曾祖所出而定。不仅男子按照曾祖所出排序，女子也是一样[①]。这实际上是以行第来密切家族以及宗族成员之间的关系，提高家族的地位和影响，同样是孝道伦理的要求和体现。因此可以说唐代盛行称行第之风尚，正是孝文化在唐人社会生活中广泛渗透的结果。

三、唐代的修谱之风与孝文化

谱牒，也称为家谱、族谱、家乘、宗谱、世谱，它是记载某一家族的世系源流、血缘关系及发展演变情况的谱籍，是人类以血缘关系为核心的亲缘关系的写照。修撰谱牒始于周代，魏晋南北朝时期形成重视谱学之风，唐代继承了这一风气。南宋史家郑樵就说："姓氏之学，最盛于唐"[②]。据《新唐书·艺文志》乙部《谱牒类》著录统计，谱系之书凡1950卷，其中，唐代约占半数，由此可见唐代谱学之盛。唐代无论是官方还是民间都很重视谱牒的撰修。

唐朝官方曾多次大规模的组织修撰谱牒，仅在唐太宗贞观五年(631)至唐玄宗开元二年(714)这80年间，就先后三次组织全国性的谱牒修撰工作，先后修成《氏族志》《姓氏录》和《姓族系录》三部规模宏大的谱牒。这些谱牒的修撰工作得到皇帝的亲自指导，并抽调多名官员和学者来修撰。《氏族志》是唐太宗亲自筹划的，并抽调高士廉、韦挺、岑文本、令狐德棻等人主修的。《姓氏录》是在武则天支持下，由唐高宗亲自裁定的类例，参与修撰的有孔志约、杨仁卿、史玄道、吕才等12人。《姓族系录》从唐中宗神龙元年(705)开始修撰，至唐玄宗开元二年(714)完成，历时10年，参与的有柳冲、徐坚、刘知几、吴兢等谱学家、史学家、学者13人。由此可见，唐朝政府对于修撰谱牒工作是何等的重视。开元之后，官方修谱牒

① 岑仲勉《唐人行第录》(外三种)，中华书局，2004年，第5页。
②《通志》卷25，《氏族略》。

的规模虽有所缩小，但修谱的工作一直在进行，如代宗时修成《皇室永泰谱》，宪宗时修成《元和姓纂》，文宗时修成《续皇室永泰新谱》等等。

私家修谱在唐代也颇为盛行。见于史籍记载的如王方庆所著的《王氏家谱》15 卷、《家谱》20 卷，刘知几撰写的《刘氏家史》15 卷、《谱考》3 卷，裴守真撰成的《裴氏家谱》20 卷，韦绚所撰的《韦氏诸方略》1 卷，陆景献所撰的《吴郡陆氏宗系谱》1 卷，徐商所著的《徐氏谱》1 卷，窦澄之所撰的《窦氏家谱》1 卷等等。当然私家所撰谱牒远不止上述。南宋史家郑樵说："隋唐而上，官有簿状家有谱系。"[①]欧阳修修撰的《新唐书宰相世系表》所收 98 姓 376 名宰相，大多数仍能详细述其家世传承，其就参考了唐代私家的谱牒之作，在经历了五代丧乱，谱牒亡散的状况下，还能搜罗到这么多的谱牒供参考，由此可见唐代私家修谱之风。

唐代社会所形成的"人尚谱系之学，家有谱系之书"的社会风尚，学者多从政治上去分析其原因。如杨小红在《唐代在谱牒发展史上的历史地位》一文中说："唐代最高统治集团为何如此重视谱系之学，一次又一次地组织修撰大型谱谍著作？其主要原因是唐代政治生活的需要"[②]。郭峰在《晋唐时期的谱牒撰修》一文中说："晋唐时期，受门阀士族政治社会运动及尚姓观念影响，私家修谱之风更为兴盛"[③]。林其锬在《家谱功能的历史嬗变与现代价值》一文中说："魏晋南北朝、隋唐时期是士族政治、魏立九品中正制，'上品无寒门，下品无势族'，选官品人，婚姻嫁媾，士庶分明，尊卑严格，'官之选举，必由簿状；家之婚姻，必由谱系'，因而维系门阀制度的家谱特别兴盛。此时的家谱成了政府选举、士族出仕、门第婚姻的根据，同时也成为士族政治服务的工具"[④]。

仅从政治上去分析唐代谱牒兴盛的原因是不够的，其实孝文化在谱牒发展中起着根本性的影响。血缘关系的辨析，族群关系的认同是谱牒产生的根本原因。而孝道伦理所提倡的父慈、子孝、兄友、弟恭是从纵横两个

---

①《通志》卷 25《氏族略》。

② 杨小红《唐代在谱牒发展史上的历史地位》，《档案学通讯》，1994 年第 2 期。

③ 郭峰《晋唐时期的谱牒撰修》，《中国社会经济史研究》，1995 年第 1 期。

④ 王鹤鸣等主编《中华谱牒研究》，上海科学技术文献出版社，2000 年，第 68 页。

维度对宗法关系的伦理概括，体现的是尊尊与亲亲相统一的原则，是调节宗族内部人伦关系的基本行为准则。“孝”既要求善事父母，友悌兄弟，也就是说家族内部的和睦团结是孝的体现。“孝”又要求传宗接代，显亲扬名，光宗耀祖，也就是家族的兴旺和发达同样是孝的体现。中国古代社会是一个“家国同构”的社会，家是国的缩影，国是家的放大，朝代政权的更替实质上是家族统治的轮替。李唐皇帝煞费苦心地一再组织修撰谱牒，抬高李氏家族在社会上的地位，无非就是想打击魏晋以来的门阀士族，巩固其家族的统治，使其家族的统治能够长久地延续下去，体现的正是孝道伦理的要求。唐代不同于魏晋南北朝，科举制的实行，士族与庶族的同谱，使谱牒不再仅仅是选拔官吏的依据，也不再是门阀士族进入官场的凭证和享受特权的依据，谱牒对于门阀士族和官僚贵族获取的政治特权的意义日渐衰微，而谱牒的社会意义日益凸显。唐代官僚贵族私撰谱牒目的则转为继承和发扬家族传统，使整个家族以至整个宗族得以稳固和延续。《新唐书》卷九十五《高俭传》赞论说：“古者受姓受氏以旌有功。是时人皆土著，故名宗望族，举郡国自表，而谱系兴焉。所以推叙昭穆，使百代不相乱也。遭晋播迁，胡丑乱华，百宗荡析，士去坟墓，子孙犹挟系录，以示所承”①。这正说明家族谱牒是作为传承祖宗血脉、延续家族及宗族事业的纽带。于邵为唐初名臣于志宁的五世从孙，曾续撰于氏家谱，《全唐文》卷四百二十八收录了他的家谱《后序》，其序如下：

邵高叔祖皇朝尚书左仆射侍中太子太师燕国定公讳志宁，博学多闻，……又述作之外，修集家谱，其受姓封邑，衣冠婚嫁，著之谱序，亦既备矣。历一百七十余年，家藏一本，人人遵守，未尝失坠。洎天宝末，幽寇叛乱，今三十七年。顷属中原失守，族类逃难。不南驰吴越，则北走沙朔，或转死沟壑，其谁与知？……所以旧谱散落无余，将期会同，考集不齐，奚为修集？实难有待。今且从邵一房，自为数例。有若九祖长房今太子少保谯国公颀，……邵之弟也。有若九祖第三房今襄王府录事参军载，与邵同在京列，保家履道，为宗室长，邵之兄也。各引才识子弟，参定其

①《新唐书》卷95《高俭传》。

宜，从是而审之，谁曰不可？

又以子孙渐多，昭穆编次，纸幅有量，须变前规，亦《春秋》之新意也。今请每房分为两卷，其上卷自九祖某公至元孙止，其下卷自父考及身已降，迭相补注。

即令邵以皇考工部尚书为下卷之首。此其例也。且诸房昭穆既同，寻而绎之，可以明矣。后能代习家法，述作相因，从子及孙，从孙及子，孙孙子子，兴复宗祧，岂唯两卷乎？将十部而弥盛矣。

其文公第四子安平公房此建平公已上三房衣冠人物全少，今与文公第五子齐国公、文公第六子叶阳公、文公第七子平恩、公文公第八子襄阳、公文公第九子桓州刺史并以六房，同为一卷。

就中第五卷已下，子孙皆名位不扬，婚姻无地，湮沉断绝，寂尔无闻，但存旧卷而已。后有遇之者、知之者，以时书之。

其五祖九祖分今叙在三卷，并录之于后。……

从序文可以得到以下信息：修家谱的目的在于追宗溯源，“代习家法”“兴复宗祧”，所以在家谱中为后继者留下广阔空间，以期望家族事业兴旺发达，后继有人；家谱中突出了仕宦人物多，子孙繁盛的前三房，即在家谱中凸显了为家族乃至宗族发展和延续作出贡献的子孙，一方面是对其为家族发展所做贡献的褒扬，二是可以昭示后人向其学习，把家族事业发扬光大。而这些都是孝道伦理的体现。

第六章　唐代的孝道观和孝文化的特征

孝道观是孝文化的核心内容，研究唐代孝文化必须对唐人的孝道观进行分析。唐代孝文化的特征是我们从总体上认识唐代孝文化必须明确的问题，因此，本章将对这两个问题作以探讨。

第一节　唐代的孝道观

唐代继承了秦汉以来的孝道观，但不同阶层对孝道的理解却存在着差异。因此，唐人的孝道观较为复杂，应具体分析，不可一概而论。

一、唐人对孝道的一般理解

1. 孝道的基本含义

唐代孝道的基本含义是“善事父母”。作为唐代基本法典—《唐律疏议》云：“善事父母曰孝。既有违犯，是曰‘不孝’”。“善事父母”的含义比较广泛，有多方面的内涵。

首先，物质上供养父母。在衣食住行及日常生活上尽可能的满足父母的物质需要。如果有能力而对父母供养不足，就要受到惩罚。《唐律疏议》卷一《名例律》“十恶”条之七“不孝”条注云：“若供养有阙”。对此，疏议解释说：“《礼》云：‘孝子之养亲也，乐其心，不违其志，以其饮食而忠养之。’其有堪供而阙者”。同书卷二十四《斗讼律》“子孙违反教令”条律文云：“诸子孙违反教令及供养有阙者，徒二年。”其注文云：“谓可从而违，堪供而阙者。”其疏议曰：“祖父母、父母有所教令，于事合宜，即须奉以周旋，子孙不得违犯。‘及供养有阙者’……家道堪供，而故有阙者。……若教令违法，行即有愆；家实贫窭，无由取给；如此之类，不合有罪”。唐律将“供养有阙”列入“不孝”之罪，正说明了子女在物质奉养老人方面应该承担义务，当然，这种义务的履行是在有能力的前提下。

其次，精神上敬养父母。子女要真心诚意地奉养父母，使父母在精神上感到愉悦。这是相对于物质上赡养更高的一个层次上的要求。正所谓“事亲尽欢，其难在色”[①]。如何“色养”父母，《通典》卷六十八《礼典·天子诸侯大夫士之子事亲仪·妇事舅姑附》对此有详细规定：

子事父母，鸡初鸣，……妇事舅姑，如事父母，鸡初鸣，咸盥漱，……以适父母舅姑之所。及所，下气怡声，问衣燠寒，疾痛疴痒，而敬抑搔之。出入则或先或后，而敬扶持之。进盥，少者奉槃，长者奉水，请沃盥，盥卒，授巾。问所欲而敬进之，柔色以温之。

父母舅姑之衣、衾、簟、席、枕、几，不传；杖、屦，祇敬之，勿敢近。在父母舅姑之所，不敢哕噫、嚏咳、欠伸、跛倚、睇视，不敢唾洟，寒不敢袭，痒不敢搔。……子妇无私货，无私畜，无私器，不敢私假，不敢私与。……

凡为人子之礼，冬温而夏凊，昏定而晨省，出必告，反必面。所游必有常，所习必有业。恒言不称老。居不主奥，坐不中席，行不中道，立不中门。听于无声，视于无形。不登高，不临深，不苟訾，不苟笑，不服闇，不登危，惧辱亲也。父命呼，唯而不诺，手执业则投之，食在口则吐之，走而不趋。亲老，出不易方，复不过时。不有私财。为人子者，父母存，冠衣不纯素；孤子当室，冠衣不纯采。父母有疾，冠者不栉，行不翔，言不惰，琴瑟不御，食肉不至变味，饮酒不至变貌，笑不至矧，怒不至詈。疾止复故。

《天子诸侯大夫士之子事亲仪·妇事舅姑附》从子女的饮食起居、衣着服饰、言谈举止、表情态度等各个方面对奉养父母作出细致而繁琐的规定，其目的就是要使子女对父母做到无微不至的照顾，总的体现为顺亲、

① (晋)陶潜《陶渊明集》卷7。

敬亲的思想。《二十四孝》之“戏彩娱亲”更是生动地反映了从精神层面“善事父母”的要求。

第三，以礼安葬和祭祀去世父母。不论是物质供养父母，还是精神上敬养父母都是在父母生前的孝行表现。在父母去世后则要以礼安葬和祭祀，做到慎终追远，按照儒家的规定，安葬和祭享亡故的父母都要符合礼仪的规定。《孝经·丧亲章》云：“(丧亲以后)三日而食，教民无以死伤生，毁不灭性，此圣人之政也。丧不过三年，示民有终也”。唐人在观念上也主张以礼安葬去世父母。唐玄宗《孝经》注云：“不食三日，哀毁过情，灭性而死，皆亏孝道。故圣人制礼施教，不令至于殒灭”“三年之丧，天下达理，使不肖企及，贤者俯从。夫孝子有终身之忧，圣人以三年为制者，使人知有终竟之限也”[①]。但是在现实社会中，统治者出于教化的目的，对“哀毁逾礼”者大加褒扬。敦煌所出《唐开元户部格残卷》录证圣元年(695)四月九日敕文云：“敕：孝义之家，事须旌表。……其孝必须生前纯至，色养过人；殁后孝思，哀毁逾礼。神明通感，贤愚共伤。……州县亲加案验，知状迹殊尤，使覆同者，准令申奏”[②]。唐代统治者就对许多哀毁逾礼的孝子进行了表彰。唐代对“哀毁逾礼”的孝子进行表彰，本意在于宣扬孝道伦理，因为表彰的对象必须是非同寻常的，并不是希望人人都僭越礼制。唐代帝王也曾多次下诏禁止丧葬奢靡，逾越礼制的行为。由此可见，在观念上唐人还是坚持葬之以礼，祭之以礼的。

第四，延续父母生命，传宗接代。在儒家看来，子女是父母生命的一部分，也是父母生命的继续延伸，正如《孝经》所谓“身体发肤，受之父母，不敢毁伤，孝之始也”。所以子女保护好自己的生命就等同于爱护了父母的生命，保护好自己的生命才能孝养父母，更好地延续父母的生命，因此被看作是“孝之始也”，所以儒家要求子女不履危，不涉险，不与人邀斗，尽量避免任何社会和自然对身体的伤害，以此保障其他孝行的实施。但在唐代出现了“割股奉亲”的现象，朝廷还将其视为至孝行为予以表彰。“割股奉亲”是在父母身患重病，有生命之忧的特殊情况下施行的行为，

① 《十三经注疏·孝经注疏》卷 9。
② 敦煌写本 S.1344 号。

其目的在于延续父母的生命。儒家主张在特殊情况下可以不墨守成规，适当“权变”。作为子女在父母生命面临危机的情况下，采取损伤自己身体以延续父母生命的举动正是这种“权变”观念的体现，令狐楚在《奏榆次县冯秀诚割股奉母状》中说：

纵螫及肤，口犹难忍；援刀刺骨，心岂易安。……天生仁孝，日用元和，忘甚痛于己躯，期有瘳于亲疾。人伦共感，名教所宗[①]。

令狐楚将“割股奉亲”视为“人伦共感，名教所宗”，即是符合儒家“权变”思想的。视割股奉亲为孝道也与佛教的孝道观有关，佛教宣扬父母恩重如山，在报答父母之恩上要有牺牲自我的精神。唐代佛教盛行，对其孝道观念的宣传不遗余力，因而促进了社会“割股奉亲”的认同。对“割股奉亲”的认同也反映出了唐人在孝道观上的新发展。

传宗接代对于延续父母、祖辈的生命具有着决定意义，所谓“不孝有三，无后为大”。传宗接代是孝子义不容辞的责任。上文中提到的唐代民间采取多种形式祈求子嗣的行为正是这一观念的体现。在唐《令》中将“无子”列为出妻的“七出”之首，更是将这一要求上升到法律的层面。

第五，承父之志，显亲扬名。继承父母的遗志，并努力去建功立业，从而扬名显亲，光宗耀祖，这是对父母精神生命的延续的体现，也是儒家孝道伦理的要求。它是在“不敢毁伤”以延续父母的生物性生命的基础上更高层次的孝道，所谓“立身行道，扬名于后世，以显父母，孝之终也”。唐玄宗《孝经》注云：“言能立身，行此孝道，自然名扬后世，光显其亲。故行孝以不毁为先，扬名为后”[②]。唐代士大夫好修家训，家礼，及谱牒，其目的就在于继承父祖的遗志，激励子孙建功立业，以扬名显亲，光宗耀祖。

第六，父子相隐。唐代在孝道观上依然遵从父子相隐的原则。唐律规定凡是同居亲属，或非同居大功以上亲属，或非同居小功以下但情重的亲属，如果犯有谋反、逆、叛以外的常罪，可以互相包庇隐瞒，法律不予追究。甚至在官府追查时为罪人通风报信，都不予追究。凡非同居小功以下，

---

①《全唐文》卷 542。

②《十三经注疏·孝经注疏》卷 1《开宗明义章第一》。

又非情重的亲属，虽然相隐有罪，但可以比照常人相隐罪减三等处置。上述应相容隐的亲属，犯有谋反、逆、叛以外的常罪，不得相互告发，如果互相告发，被告者依自首法免于处分，告者则科告亲属之罪，其处罚轻重视所告亲属之亲疏尊卑而有所不同，告亲者尊者一般从重处罚。官府也不得令应该容隐的亲属相互为证，违犯者要“杖八十”①。唐代的父子相隐的原则实际上是适用于所有亲属的共同原则。

第七，遵循几谏原则。唐人在孝道上反对对父母绝对服从。史书记载了唐太宗与孔颖达在国子学讨论孝经的事情：

贞观十四年(640)三月丁丑，太宗幸国子学，亲观释奠。祭酒孔颖达讲孝经，太宗问颖达曰：“夫子门人，曾、闵俱称大孝，而今独为曾说，不为闵说，何耶？”对曰：“曾孝而全，独为曾能达也。”制旨驳之曰：“朕闻家语云：曾晳使曾参锄瓜，而误断其本，晳怒，援大杖以击其背，手仆地，绝而复苏。孔子闻之，告门人曰：‘参来勿内。’既而曾子请焉，孔子曰：‘舜之事父母也，使之，常在侧；欲杀之，乃不得。小棰则受，大杖则走。今参于父，委身以待暴怒，陷父于不义，不孝莫大焉。’由斯而言，孰愈于闵子骞也？”颖达不能对②。

唐太宗认为曾参不分是非的一味服从父亲，致使父亲陷于不义，这是最大的不孝，可见其反对不分是非的一律盲从父母的做法。唐玄宗在为《孝经·谏诤章》所作的注中说：“有非而从，成父不义，理所不可”“不争则非忠孝”③。他也主张在大是大非面前要谏诤，盲从的话就不是忠孝的表现。当然，谏诤要讲究方式和方法，不能因为谏诤而伤害到父子感情。所以在谏诤的分寸把握上是很难的，但这并不影响人们在观念上对这一孝道准则的认同。

第八，同居共财。唐人视同居共财为孝道的体现。提倡子孙与父母共

---

①《唐律疏议》卷 29《断狱》据众证定罪条：议曰：“其于律得相容隐”，谓同居，若大功以上亲及外祖父母、外孙，若孙之妇、夫之兄弟及兄弟妻，及部曲、奴婢得为主隐；其八十以上，十岁以下及笃疾，以其不堪加刑：故并不许为证。若违律遣证，“减罪人罪三等”，谓遣证徒一年，所司合杖八十之类。

②《旧唐书》卷 24《礼仪四》。

③《十三经注疏·孝经注疏》卷 7。

同生活。《唐律·户婚律》规定“诸祖父母、父母在，而子孙别籍、异财者，徒三年”。唐律规定，家庭财产权属于尊长，尊长在，卑幼别立户籍，分异财产则被视为不孝，唐律将其列入“十恶”，给予严厉惩处。同时唐朝政府对累世同居者给予大力表彰，以鼓励这种孝行。

以上观念都是从不同角度对“善事父母”的体现，由此可见“善事父母”的要求是十分细致和广泛的。

2. 孝道的泛化

除了从善事父母的角度理解孝道以外。唐人在孝道观念上也表现出泛化的特点。主要表现在：

其一，从宇宙本体的角度理解孝。如《晋书》卷八十八《孝友传》序云：“大矣哉，孝之为德也。分浑元而立体，道贯三灵；资品汇以顺名，功苞万象。用之于国，动天地而降休徵；行之于家，感鬼神而昭景福”。《周书》卷四十六《孝义传》序说：“夫塞天地而横四海者，其唯孝乎”。这里显然把孝看作是“分浑元而立体，道贯三灵；资品汇以顺名，功苞万象”的宇宙本源了。

其二，从道德伦理的最高准则的角度解释孝。《隋书》卷七十二《孝义传》序云：“然则孝之为德至矣，其为道远矣，其化人深矣。故圣帝明王行之于四海，则与天地合其德，与日月齐其明”。这是继承了《孝经》以孝为至德之说。唐代谥法这样界定孝：“秉德不回曰孝，慈惠爱亲曰孝，协时肇享曰孝，五宗安之曰孝，从命不忿曰孝，几谏不倦曰孝，善事父母曰孝，亲睦其党曰孝，慈爱忘劳曰孝，博于备物曰孝，尊仁安义曰孝”[①]。这里孝显然是涵盖了所有的道德准则。

第三，从移孝作忠的角度理解孝。唐人继承了《孝经》移孝作忠的思想，唐玄宗《孝经》注云：“移事父孝以事于君，则为忠矣”[②]。即孝是忠的基础，忠是孝的延伸。

综上所述，唐人基本上是从“善事父母”的角度去理解孝道的，同时

---

①《唐会要》卷79《谥法上》。

②《十三经注疏·孝经注疏》卷2。

对孝道的理解也表现出泛化的特点。

二、不同阶层孝道观念的差异

在唐代，由于所处社会地位的不同，不同阶层对孝道的理解上也有所差异。

（一）唐代帝王的孝道观

唐代帝王出于维护统治利益的需要，从两个方面对孝的含义进行附会和泛化。一是认为延续发展祖宗留下的社稷基业，即所谓“德教加于百姓，刑于四海”[①]，这才是天子的大孝。《资治通鉴》卷一百九十一武德九年六月丁巳条载：

世民访之府僚，皆曰：“齐王凶戾，终不肯事其兄。比闻护军薛实尝谓齐王曰：‘大王之名，合之成“唐”字，大王终主唐祀。’齐王喜曰：‘但除秦王，取东宫如反掌耳。’彼与太子谋乱未成，已有取太子之心。乱心无厌，何所不为！若使二人得志，恐天下非复唐有。以大王之贤，取二人如拾地芥耳，柰何徇匹夫之节，忘社稷之计乎！”世民犹未决，众曰：“大王以舜为何如人？”曰：“圣人也。”众曰：“使舜浚井不出，则为井中之泥，涂廪不下，则为廪上之灰，安能泽被天下，法施后世乎！是以小杖则受，大杖则走，盖所存者大故也。”

从上述材料来看，唐代君臣认为，唐太宗发动政变是安定社稷、泽被天下、法施后世的义举，是大孝，可以与帝王中孝道之楷模大舜相提并论，并非一般意义上的孝可比。唐玄宗也认为发动铲除韦后的政变是安社稷，对祖宗尽孝道的义举。《旧唐书》卷八《玄宗上》载：

或曰：“先启大王。”上曰：“我拯社稷之危，赴君父之急，事成福归于宗社，不成身死于忠孝，安可先请，忧怖大王乎！若请而从，是王与危事；请而不从，则吾计失矣。”遂以庚子夜率幽求等数十人自苑南入。

裴冕、杜鸿渐等劝唐肃宗称帝灵武时说：

今寇逆乱常，毒流函谷，主上倦勤大位，移幸蜀川。江山阻险，奏请

① 《孝经》卷1《开宗明义章》。

路绝，宗社神器，须有所归。万姓颙颙，思崇明圣，天意人事，不可固违。伏愿殿下顺其乐推，以安社稷，王者之大孝也[①]。

裴冕、杜鸿渐等人认为肃宗顺应群臣之请，继承皇位，以安定国家这是作为君主的大孝。其实唐肃宗本人也是这样认为的。《旧唐书》卷十《肃宗本纪》记载，肃宗在其即位诏书中说：

朕闻圣人畏天命，帝者奉天时。知皇灵眷命，不敢违而去之；知历数所归，不获已而当之。在昔帝王，靡不由斯而有天下者也。乃者羯胡乱常，京阙失守，天未悔祸，群凶尚扇。圣皇久厌大位，思传眇身，军兴之初，已有成命，予恐不德，罔敢祗承。今群工卿士佥曰："孝莫大于继德，功莫盛于中兴。"朕所以治兵朔方，将殄寇逆，务以大者，本其孝乎。须安兆庶之心，敬顺群臣之请，乃以七月甲子，即皇帝位于灵武[②]。

唐玄宗时宰相崔日用更是对天子之孝与庶人之孝作了明确的区分。《旧唐书》卷九十九《崔日用传》载：

（崔日用）为相月余，……因入奏事，言："太平公主谋逆有期，陛下往在宫府，欲有讨捕，犹是子道臣道，须用谋用力。今既光临大宝，但须下一制，谁敢不从？忽奸宄得志，则祸乱不小。"上曰："诚如此，直恐惊动太上皇，卿宜更思之。"日用曰："臣闻天子孝与庶人孝全别。庶人孝，谨身节用，承顺颜色；天子孝，安国家，定社稷。今若逆党窃发，即大业都弃，岂得成天子之孝乎！"

由此可见，唐代统治者将其争权夺位美化成延续发展祖宗留下的社稷基业，泽被天下，留法后世之孝行，这在我们看来着实有些牵强，但在他们看来，这正是皇帝与臣民的不同，是王者之大孝。

唐代帝王对孝的泛化还表现在以忠释孝、"移孝于忠"。《旧唐书》卷二十四《礼仪四》记唐太宗于贞观十四年（640）三月丁丑在国子学说："孝者，善事父母，自家刑国，忠于其君，战阵勇，朋友信。扬名显亲，此之谓孝"[③]。这实际上把由孝衍生的，或说附加于孝的忠、勇、信等皆纳入了

①《旧唐书》卷10《肃宗纪》。

②《旧唐书》卷10《肃宗纪》。

③《旧唐书》卷24《礼仪四》。

孝的范畴。唐玄宗《孝经》注云:“移事父孝以事于君，则为忠矣”。《孝经·广扬名章》记:“君子之事亲孝，故忠可移于君;事兄悌，故顺可移于长;居家理，故治可移于官。”玄宗分别注云:“以孝事君则忠，以敬事长则顺。君子所居则化，故可移于官也”①。

武则天的《臣轨·序》云:“然则君亲既立，忠孝形焉。……奉国奉家，率由之道宁二;事君事父，资敬之途斯一。臣主之义，其至矣乎”!在武则天看来事父孝则能事君忠，二者是完全统一的。她还认为“孝”是为“忠”服务的，对亲“孝”可以扩充升华为对君“忠”，忠君是孝道之根本。《臣轨·至忠章》云:

古语云:“欲求忠臣，出于孝子之门”。非夫纯孝者，则不能立大忠。夫纯孝者，则能以大义修身，知立行之本。……欲尊其亲，必先尊于君;欲安其家，必先安于国。故古之忠臣，先其君而后其亲，先其国而后其家。何则?君者，亲之本也，亲非君而不存;国者，家之基也，家非国而不立。

从这段文字可以清楚地看出武则天站在统治者的立场上将君置于亲之前，强调君比亲重要，国比家重要，竭力宣扬移孝作忠的理念，使孝亲从属和服务于忠君爱国，以此达到维护其皇权统治的目的。

(二) 唐代士大夫的孝道观

唐代士大夫对孝的理解上与唐代帝王不同之处主要体现在对忠孝关系的理解上。与唐代帝王强调忠孝完全是统一的不同，唐代士大夫认为忠孝是两个不同的范畴，忠孝往往不能两全。《封氏闻见记》卷四《定谥》载:

代宗朝吏部尚书韦陟薨，太常博士程皓谥曰忠孝，刑部尚书颜真卿驳之:“出处事殊，忠孝不并。已为孝子，不得为忠臣，忠臣不得为孝子。故求忠于孝，岂先亲而后君;移孝于忠，则出身而事主。所以叱驭而进，不惮危险，故王尊为忠臣。思全而归，恐有毁伤，故王阳为孝子。则知昼之与夜本不相随，春之与秋，岂宜同日。且以为尚书忠业高远，羽仪前朝，百行之中，能事甚众。议行称谥，固多美名。何必忠孝两施，然后表德历考前史，恐无此事。敢率愚见，请更商量。”皓执前议曰:“天地之性人

① 《十三经注疏·孝经注疏》卷7。

为贵，人之行莫先于孝。孝于家则忠于国，爱于父则敬于君。脱爱敬齐焉，则忠孝一矣。夫君臣上下不可以废忠，事父母、承祭祀不可以亏孝。忠孝之道，人伦大经。孔子曰：'以孝事君则忠。'又曰：'夫孝始于事亲，中于事君，终于立身。'此圣人之教也。至于忠孝不并，有谓而言：将由亲在于家，君危于国，奉亲则孰当问主；赴国则无能养亲。恩义相迫，事或难兼。故徐庶指心，翻然辞蜀；陵母刎颈，卒令归汉。各求所志，盖取诸随。至若奉慈亲、当圣代，出事主，入事亲，忠孝两全，谁曰不可，岂以不仕为孝，舍亲为忠哉！况忠孝侯之传鹊印，唐尧之代即有此官。伏念美名，请依前谥。"有司不能驳焉。

颜真卿的观点非常鲜明，即"忠孝不并"，"已为孝子不得为忠臣，为忠臣不得为孝子"。程皓虽然给出"当圣代，出事主，入事亲"，可以做到"忠孝两全"，但他也承认了"恩义相迫，事或难兼"，忠孝不能兼顾的事实，实际上等于他承认了忠孝之间存在的不一致性和矛盾性。《旧唐书》卷九十二《韦陟传》记此事说："右仆射郭英乂不达其体，请从太常之状而奏"。认为"郭英乂不达其体"正反映了士大夫忠、孝不能混同的看法。朱海在《唐代忠孝问题探讨——以官僚士大夫为中心》一文中也指出"忠先于孝，'死事一君'的忠节观念在唐代尚非主流认识"[①]。唐代士大夫坚持忠孝不能混同的观念，这就为他们在孝亲奉家与忠君奉公上保留了选择权，其实质则是为士大夫保留了对抗皇权的空间。唐代士大夫之所以能够坚持忠孝不能混同的观念，是因为一方面唐代君主专制统治相对比较开明，还没有象宋代以后那样严酷，另一方面门阀政治在唐代虽已经瓦解，但士族在社会上的影响力，尤其是在家族礼法思想观念上还依然延续着，家族利益至上在思想领域还有一定的市场。因此唐代士大夫还保留着与皇权抗争的勇气。

（三）庶民百姓的孝道观

就庶民百姓而言，其对孝道的理解主要集中在"善事父母"这一基本内涵上。《新唐书》卷一百九十五《孝友传序》云："唐受命二百八十八年，

① 朱海《唐代忠孝问题探讨——以官僚士大夫阶层为中心》，《武汉大学学报》，2000 年第 3 期。

以孝悌名通朝廷者，多闾巷刺草之民，皆得书于史官”[①]。虽然受族表者多典型事例，但从中也能反映出普通民众的孝道状况。受到旌表的老百姓大致分为三种类型，“事亲居丧著至行者”“数世同居者”“割股奉亲者”。这三种情况都反映的是孝的基本含义。唐代的诗歌作品中也能反映出这一点来，如唐诗《邻相反行》：

东家自云虽苦辛，躬耕早暮及所亲。男舂女炊二十载，堂上未为衰老人。
朝机暮织还充体，余者到兄还及弟。春秋伏腊长在家，不许妻奴暂违礼。
尔今二十方读书，十年取第三十余。往来途路长离别，几人便得升公车。
纵令得官身须老，衔恤终天向谁道？百年骨肉归下泉，万里枌榆长秋草。
我今躬耕奉所天，耘锄刈获当少年。面上笑添今日喜，肩头薪续厨中烟。
纵使此身头雪白，又有儿孙还稼穑。家藏一卷古孝经，世世相传皆得力。
为报西家知不知，何须谩笑东家儿。生前不得供甘滑，殁后扬名徒尔为[②]。

这首诗反映了普通民众勤于耕织，孝养父母的思想。王梵志是一个民间诗人，他的诗作更能反映普通百姓的观念。在其诗作中有许多反映孝道的作品，如《你若是好儿》：

你若是好儿，孝心看父母。五更床前立，即问安稳不。天明汝好心，钱财横入户。王祥敬母恩，冬竹抽笋与。孝是韩伯瑜，董永孤养母[③]。

这首诗要求作子女的孝养父母要晨昏省定，钱财都要交由父母管理，要向古代的孝子虚心学习。又如“父子相怜爱，千金不肯博”[④]。这是对父子亲情的赞扬；“立身行孝道，省事莫为愆。但使长无过，耶娘高枕眠”[⑤]。这是对立身行孝的要求；“耶娘行不正，万事任依从。打骂但知默，无应即是能”[⑥]。这是要顺从父母的要求。

总之，从这些诗作中可以反映出普通民众对孝道最为直接的理解就是

---

①《新唐书》卷195《孝友传》。

②《全唐诗》卷548薛逢《邻相反行》。

③《王梵志诗校辑》，第37页。

④《王梵志诗校辑》，第93页。

⑤《王梵志诗校辑》，第110页。

⑥《王梵志诗校辑》，第110页。

如何“善事父母”。

另外，唐代是佛教和道教昌盛的时期，佛教和道教在与儒家思想争斗过程中，出于自身发展的需要，将儒家孝道理论与其教义相融通，形成了佛教和道教的孝道观念。关于孝文化与宗教的关系，前边已经专门论述过了，这里就不赘述了。

综上所述，唐代人遵行了儒家孝道伦理的基本内涵，即从物质和精神上善事父母，在父母去世后尽心办理丧事，并祭之以礼，做到慎终追远。以孝立身，传宗接代，延续父母的物质生命，显身扬名以荣耀父母祖先，延续父母的精神生命。和睦家族，推己及人，将爱亲之心推向社会。同时还体现出对孝道理解的泛化特点。另外，唐代不同阶层站在各自的立场上，对孝道理解的侧重不同。与魏晋南北朝孝先于忠不同，出于皇权统治的需要，唐朝帝王强调天子能够继承和发扬祖宗基业，确保社会安定即是最大的孝行，要求官僚士大夫和普通民众做到忠孝统一，忠先于孝。官僚士大夫出于自身利益的考虑，则强调忠孝不可兼得，以保持其对皇权的相对独立。普通民众则以“善事父母”作为对孝的直接理解，通过勤于耕作尽心孝养父母。

第二节 唐代孝文化的特征

唐代孝文化作为一个特定时代的文化，有其自身的特征。这些特征的形成是基于多方面的因素，其中唐代的社会历史条件是这些特点形成的主要原因。

一、唐代孝文化的主要特征

唐代孝文化的特征概括起来主要表现在以下几个方面：

(1) 唐代孝文化具有继承性。唐代孝文化是在前代孝文化的基础上形成的，因此对于前代多有继承。唐代承袭了汉代以来“以孝治天下”的立国原则，将儒家孝悌伦理普遍运用于政治实践之中。在孝道理论上以《孝经》《论语》等儒家经典为准绳。在以孝化民，以孝安国方面，吸收了以前历朝历代的成功经验，主要表现：政治思想上崇圣尊儒，政治实践上，注重孝德训教，强化孝治思想；帝王以身示范，躬行孝道；旌表孝德孝行，树立孝悌楷模；推行养老政策，培养孝子顺民；以礼法来约束孝行，保障孝德；把孝道伦理和孝悌品行纳入国家教育制度和人事制度，作为朝廷选拔官吏和官吏升迁黜陟的重要依据和参照标准。上述这些举措在我们从汉代以来的政治实践中都能找到渊源。这也反映出了唐代孝文化的鲜明继承性。

(2) 唐代孝文化具有创新性。唐代孝文化有其继承的一面，也有其发展的一面。唐代的许多孝治政策虽然源于唐以前的历朝历代，但其在内涵上比之以往却更为丰富，制度更为完善。比如在孝道教育上，虽然汉代以来就很重视《孝经》的学习，但其重视程度都无法与唐代相比。唐代，《孝经》被视为学者学习的首要任务，其地位排在《论语》之上，列为学校教育的必修课和科举考试的必考科目。唐玄宗煞费苦心地两度为《孝经》亲自作注，这在古代帝王当中是史无前例的，并且令老百姓每家都要藏一部《孝经》，以供学习，使《孝经》教育的普及化空前。另外，唐代的国家教育体系完备，官学规模空前，其在推进孝道教育上发挥的作用也是汉代学校教育不能相比的。在选人用人上汉代实行察举孝廉之制，魏晋南北朝则实行九品中正制，这些选人方式弊端很多，往往不能选拔出德才兼备的人选来。唐代实行科举制，通过考试的方式往往能将既具有儒家忠孝品行，又有真才实学的人选拔出来，保证了官吏的德才素质。在养老政策上，唐代重视对女性的尊重，实施了许多优抚老年妇女的政策。在以礼行“孝”方面，唐代不仅修撰了有史以来最为系统和完备的礼典《开元礼》，进一步丰富完善了孝行礼仪规范，而且打破了“刑不上大夫，礼不下庶人”的士庶界限，在唐朝官修的《开元礼》和杜佑《通典》的《开元礼纂类》中都出现了有关庶人的礼仪规范，如《开元礼》卷四十八“诸侯士大夫宗庙”条标出“庶人祭寝”，《开元礼纂类》“亲王冠”条、“亲王纳妃”条、“三品以上丧”条等都附有庶人的礼仪规范，而这些都是体现孝文化的礼仪制度，《新唐书·礼乐志一》记载，元和十三年(818)，太常博士王彦威撰《曲台新礼》三十卷，又采元和以来王公士民婚祭丧葬之礼撰成《续曲台礼》三十卷。从中可以看出唐代官方礼仪制度与民间礼俗规范趋于融合，反映出唐代孝行礼仪规范开始向世俗化发展。在以法护孝上，早在西周初期“不孝入罪”的思想就已经出现，《孝经·五刑章》所云的“五刑之属三千，罪莫大于不孝”确立了“不孝”为罪中重罪的立法思想，秦汉魏晋时期，虽遵循“不孝重罪”之原则，对不孝罪行实施“重刑主义”，但当时法律体系不够完备，法律对于不孝罪的界定，不孝罪涉及的范围，以及犯罪程度不同的量刑差异等等，都缺乏明确的规定。唐律不仅对不孝罪进行了明确的界定，而且在《唐律疏议》中将不孝罪列为“十恶”中的第七条。不仅如此，唐律还对各种不孝罪行和不孝行为，以及量刑的轻重程度，法律诉讼的程序等作了详细的规定。在史学方面，唐代史学家不仅强化了孝悌伦理在历史评价中的功能，在史馆制度中建立了孝子事迹报送制度，而且在官修的纪传体正史中专门设立了孝友类传，这是以史彰孝的新创造。通过文学艺术来弘扬孝道唐代也是开辟了新的局面，在社会生活方面唐代强化了节日文化对孝道的弘扬功能，不仅把清明、寒食等含有孝文化习俗的民间节庆活动确定为国家的法定节日，而且创立了具有孝文化内涵的新节日。总之，唐代对孝文化的发展是广泛而深刻的，反映出了唐人的进取精神和创造精神。

(3) 唐代孝文化具有开放性。唐代对于周边国家和国内少数民族一直采取较为平等的民族政策，在思想文化上也采取开放的政策，因此唐代的孝文化也是敞开大门面向世界的：① 以儒家思想为核心的国家教育面向周边国家和少数民族子弟开放。唐代积极吸纳少数民族和周边邻国贵族子弟到国学就读，同时也招收各国留学生到国学学习，新罗、日本所派的留学生最多。据史籍记载，依附于唐朝或与唐朝密切交往的少数民族和邻国有数十个，到唐朝留学的积极性都非常高。外国留学生一旦获准入学，则与唐朝学生享受同等待遇，衣食费用均由唐朝政府负担，所受教育也与唐朝学生相同。唐朝教育的指导思想是儒家政治伦理，所学内容主要为儒家经典，作为儒家思想核心内容的孝道是学生必须掌握的思想武器。唐朝教育对少数民族和周边邻国的开放，使得儒学教育和孝道教育走出了国门，具有了国际化的色彩。② 国家科举选拔制度面向周边国家和少数民族学子开放。唐代专门为留学生设立“宾贡科”，在科举考试时留学生与唐朝学子一起应试。唐代科举考试以儒家经典为主，价值评判以儒家思想为准绳，《孝经》《论语》是必考科目，这就是说参加科举考试的外国留学生必须掌握儒家的孝道理论。科举考试是为任用官员服务的，唐代选拔官员注重德行，包括孝德在内，所以外国人在唐朝为官意味着必须践行孝道。③ 国家礼仪活动面向外国人士和少数民族开放。孝道是礼仪的精神实质，而礼仪是孝道的外在形式和表现，向外国人及少数民族开放礼仪活动实际就是在向他们宣扬孝道。唐代，外国君主和少数民族酋长可以参加各种国家礼仪活动。如唐高宗麟德二年(665)举行封禅大典，“突厥、于阗、波斯、天竺国、罽宾、乌苌、昆仑、倭国，及新罗、百济、高丽等诸蕃酋长”都获邀参加[①]。《唐会要》卷十上“皇帝仲春仲秋上戊祭太社太稷仪”中有“诸蕃客位于北门之内”。说明少数民族及外国首领或使者是参加这项祭祀活动的。《新唐书》卷十九《礼乐九》记载皇帝元正、冬至受群臣朝贺时会“设诸蕃方客位”，说明元正、冬至祭祀朝贺时少数民族及外国首领或使者也是参加的。在参加这些礼仪活动中外国人和少数民族首领必然要受到孝文化的熏陶。④ 儒家经典及国家典章制度面向外国和少数民族开放。儒家经典和国家典章制度是孝道思想的重要载体。外国人和少数民族子弟及贵族学习儒家经典和唐朝典章制度的过程也正是以孝道为核心的儒家思想向其传播的过程。在唐朝，外国人和少数民族子弟，留学生、学问僧可以广泛地学习儒家经典和唐朝的典章制度，而且也可以将这些经典带回自己的国家和部族。唐朝政府有时也将儒家经典、图书、典章制度等赏赐给周边邻国，如“(武)则天垂拱二年(686)二月，新罗王金政明遣使请《礼记》一部并新文章，令所司写《吉凶要礼》，并于文馆词林采其词涉规诫者勒成五十卷赐之”[②]。又“(开元)十八年(740)七月癸未，命有司写《毛诗》《礼记》《左传》《文选》各一部赐金城公主，从其请也”[③]。时金城公主嫁给吐蕃赞普为妻，其典籍是流入吐蕃的。在古代儒家经典和国家典章制度被看作是治国之法宝，不能授之于“夷狄”，唯恐其掌握了其中的治国要领，强大起来，对付华夏。唐代却对外国及少数民族开放经典和典章制度的学习和传

---

①《唐会要》卷7《封禅》。

②《唐会要》卷36《蕃夷请经史》。

③《唐会要》卷36《蕃夷请经史》。

播，恰恰是希望这些蕃夷从中学习儒家的忠孝礼义。当金城公主请唐玄宗赐送儒家经典时，大臣于休烈就以“典有恒制，不可以假人”的理由来反对。当时的侍中裴光庭赞同赐书，他说：“吐蕃不识礼经，孤背国恩，今求哀启颡，许其降附，渐以诗、书，陶一声教，斯可致也。休烈但见情伪变诈于是乎生，不知忠信节义亦于是乎在”[①]。从这番言论中反映出唐代对于儒家思想道德的传播所持有的开放态度。

(4) 唐代孝文化具有包容性。唐代孝文化不是儒家一统天下，道教和佛教等宗教以其特有的方式也参与到孝文化的建设当中，为孝文化的发展注入新的内涵。

在唐代，道教徒提出通过修道使父母亲人长生不老或羽化成仙也是孝道的体现，主张修道以忠孝为根基，把孝道视为得道的必备要求。人们可以通过道教斋醮活动来为父母亲人祈福长寿或拔度先祖。也可以通过度人入道，敬拜道教神仙，修造道观，塑造道教神仙塑像，抄写道教经典等多种方式来为父母亲人祈福或拔度，

唐代佛教主张僧尼出家不是不孝，而是能在精神上给父母带来更大的慰藉，是高于儒道的更高层次上的孝道，是大孝。佛教徒通过编造《父母恩重经》等与孝道有关的佛教经典，着力宣扬父母养育之恩天高水深，倡导僧俗两界要尽心行孝报答父母之恩，并结合因果报应之说，提出忠孝者必得善报，不孝者必遭恶果。佛教行孝的方式除了入教外，与道教类似，主要有修造佛寺佛像，请佛礼拜，写经烧香，供养三宝，饭食众僧，举办佛教法事活动为父母造福等。

以宗教活动方式来表达对父母亲人的孝心被唐代社会所广泛接受，上自天子，下至庶民百姓，欣然而为之。如唐高宗为其母文德皇后建慈恩寺以追福[②]。武则天为其母追福，度其女太平公主为女道士。大将田神功去世时唐代宗“赐千僧斋以追福”[③]。王维之兄王缙的妻子李氏卒，王缙“舍道

① 《新唐书》卷104《于志宁附于休烈传》。

② 《旧唐书》卷191《方伎传》。

③ 《旧唐书》卷124《田神功传》。

政里第为寺，为之追福，奏其额曰宝应，度僧三十人住持”[①]。唐刺史郑仁恺的妻子房氏“性纯孝，初丁公忧，哀毁踰礼，乃表奏男智度、女光严出家，以申追福”[②]。仪凤三年(678)，七月十五日“比丘僧超生师兄弟等，为亡考妣敬造石经一条”[③]。天授二年(691)敦煌灵修寺比丘尼善信，“减三衣之余”，为亡母写妙法莲花经一部，希望亡母“乘斯福业，上品上生”[④]。

当然也有反对这些行孝方式的，如李翱就反对将佛教的“七七斋”纳入丧葬仪礼[⑤]。尽管有人反对，但却不能与这种状况相抗衡，姚崇的做法就反映了当时的社会状况。姚崇在《遗令诫子孙文》中云：

且佛者觉也。在乎方寸，假有万像之广，不出五蕴之中。但平等慈悲。行善不行恶，则福道备矣，何必溺于小说，惑于凡僧，仍将喻品，用为实录？抄经写像，破业倾家，乃至施身，亦无所吝，可谓大惑也。亦有缘亡人造像，名为追福，方便之教，虽则多端，功德须自发心，旁助宁应获报？递相欺诳，浸成风俗，损耗生人，无益亡者。假有通才达识，亦为时俗所拘，如来普慈，意存利万，损众生之不足，厚豪僧之有余，必不然矣。且死者是常，古来不免，所造经像，何所施为？

夫释迦之本法，为苍生之大弊。汝等各宜警策，正法在心，勿效儿女子曹终身不悟也。吾亡后必不得为此弊法，若未能全依正道，须顺俗情，从初七至终七，任设七僧斋；若随斋须布施，宜以吾缘身衣物充，不得辄用余财，为无益之枉事，亦不得妄出私物，徇追福之虚谈。

道士者，本以元牝为宗，初无趋竞之教，而无识者慕僧家之有利，约佛教而为业。敬寻老君之说，亦无过斋之文，抑同僧例，失之弥远。汝等勿拘鄙俗，辄屈于家。汝等身殁之后，亦教子孙，依吾此法[⑥]。

从姚崇这番话中可以看出，当时社会普遍采取礼佛崇道的方式来为自

---

①《旧唐书》卷118《王缙传》。

②《全唐文》卷220，崔融《唐故密亳二州刺史赠安州都督郑公碑》。

③ 陕西省古籍整理办公室《全唐文补遗》(第七辑)，三秦出版社，2000年，第448页。

④ 王重民《敦煌遗书总目索引》，中华书局，1983年，第152页。

⑤《全唐文》卷636，李翱《去佛斋论》。

⑥《全唐文》卷206，姚崇《遗令诫子孙文》。

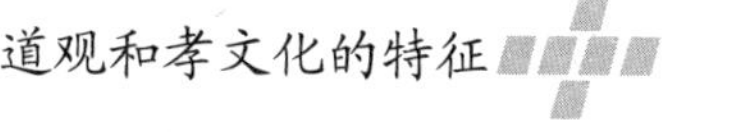

身和亲人祈寿追福，尽管姚崇反对这种做法，但他还是不得不顺应“俗情”，允许子孙在自己去世后设“七七斋”及行布施，为自己追福。

综上所述，佛道之孝道观及孝行方式在唐代被广泛接受和实行，正是反映了唐代孝文化具有比较强的包容性。

(5) 唐代孝文化具有阶段性。大致以安史之乱为分水岭，将唐代分为前后两个时期。唐代孝文化在前后两个时期的发展中表现出阶段性特征，总体来看，唐代前期重视文化事业建设，在孝文化的实践上唐朝政府积极主动，多有建树，而后期政府在孝道措施推行上则消极乏力。

旌表孝行是唐朝政府提倡孝道的重要举措，从两唐书《孝友传》所记的旌表的52人来看，在安史之乱以前的占到旌表人数的67.3%。尽管资料并不完整，但还是可以反映出唐朝政府在后期旌表孝行方面的力度逐步减弱。尤其是宪宗以后的晚唐更是几近停止。

表6-1　两唐书《孝友传》所记旌表孝友人物时代表

姓　名	时　代	姓　名	时　代
张志宽	高祖	陈集原	高宗、武则天
宋兴贵	高祖	元让	高宗、武则天
李知本	高祖、太宗	裴敬彝	高宗、武则天
赵弘智	高祖、太宗、高宗	裴守真	高宗、武则天
张公艺	高祖、太宗、高宗	徐元庆	武则天
刘君良	太宗	李日知	武则天、中宗、睿宗、玄宗
王君操	太宗	崔沔	武则天、中宗、睿宗、玄宗
任敬臣	太宗	裴子余	中宗、睿宗、玄宗
许坦	太宗	陆南金	玄宗
王少玄	太宗	张琇	玄宗
沈季诠	太宗	梁文贞	玄宗
支叔才	太宗、高宗	李处恭	玄宗
周智寿	高宗	张义贞	玄宗
程袁师	高宗	吕元简	玄宗
武弘度	高宗	郑潜曜	玄宗
赵师举	高宗	侯知道	玄宗
同蹄智寿	高宗	陆南金	玄宗

姓　名	时　代	姓　名	时　代
程俱罗	玄宗	罗让	宪宗
许法慎	玄宗	余常安	宪宗
王遇、弟遐	肃宗	梁悦	宪宗
许伯会	肃宗	丁公著	宪宗、穆宗
崔衍	德宗	康买得	穆宗
宋思礼	德宗	王博武	武宗
李兴	德宗	万敬儒	宣宗
林攒	德宗	何澄粹	不详
陈饶奴	德宗	章全益	不详

尊老养老的政策也是前期好于后期。唐朝前期实行均田制，老人从政策上可以分到一部分土地，这在小农经济时代对于老人的生活保障尤为重要，但安史之乱后，唐朝的均田制废除，老人获得分配土地的优惠政策也随之停止。给高年老人赐爵赐物的养老尊老举措在前期得到较好推行，后期则逐渐松懈。这从唐代版授高龄老人的情况可以反映出来。

表 6-2　唐代有确切记载的与州级官员有关的版授情况表①

时间	版授年龄	版授州级官员	其他待遇
高祖武德九年八月太宗即位	百岁以上	不详	赐米四石、绵帛十段
	八十以上	不详	赐米二石、绵帛五段
高宗显庆二年幸并州	八十以上	刺史	不详
高宗乾封元年正月泰山封禅大赦改元	百岁以上	下州刺史	不详
	八十以上	刺史、司马	节级量赐粟帛
高宗弘道元年十二月改元大赦	百岁以上	下州刺史	节级量赐粟帛
	九十以上	上州司马	节级量赐粟帛
武后光宅元年改元大赦	百岁以上	不详	赐粟五石、绵帛五段
	九十以上	不详	赐粟三石、绵帛三段

① 此表引自刘兴云所著《唐代中州乡村社会》，甘肃人民出版社 2007 年版，第 98-99 页，其中高宗乾封元年正月泰山封禅大赦改元，赐百岁以上下州刺史，八十岁以上刺史、司马，与年龄越高所赐级别越高的原则不尽一致，可能记载有疏误，还待考证。

续表

时间	版授年龄	版授州级官员	其他待遇
武后载初元年改元大赦	百岁以上	下州刺史	米粟五石、帛十段
	九十以上	上州司马	米粟四石、帛七段
中宗景龙三年十一月大赦	不详	不详	不详
睿宗太极元年改元大赦	九十以上	上州司马	朱衣、执象笏
	八十以上	下州司马	绿衣、执木笏
玄宗丨一年正月幸并州	百岁以上	上州刺史	赐物十段、赐紫
	九十以上	上州长史	赐物七段、赐绯
开元十三年十一月东封赦	百岁以上	下州刺史	节级量赐粟帛
	九十以上	上州司马	节级量赐粟帛
开元二十二年正月亲耕籍田大赦天下	百岁以上	下州刺史	节级量赐粟帛
	九十以上	上州司马	节级量赐粟帛
开元二十二年亲耕籍田大赦	百岁以上	上州刺史	不详
	九十以上	中州刺史	不详
	八十以上	上州司马	不详
开元二十六年七月册皇太子大赦天下	百岁以上	不详	赐粟五石、绵帛五段
	八十以上	不详	赐粟三石、帛三段
开元二十七年二月加尊号大赦	百岁以上	下州刺史	赐粟五石、绵帛五段
	九十以上	上州司马	赐粟三石、绵帛五段
玄宗天宝元年二月大赦	不详	不详	不详
天宝七载五月上尊号大赦	百岁以上	下郡太守	量赐酒、面
	九十以上	上郡司马	量赐酒、面
天宝十三载二月上尊号大赦	百岁以上	本郡太守	赐绵帛五段、粟三石
	九十以上	郡长史	不详
肃宗至德元载七月即位大赦	不详	太守	赐物五段
至德二载十月给复凤翔五载	不详	不详	不详
至德二载收复两京大赦	八十以上	不详	赐绯鱼袋
肃宗上元二年九月去上元年号赦	不详	不详	不详

从表中可以看出，唐代版授高年老人的活动主要集中在安史之乱以前，从唐肃宗以后，唐代有关版授高年老人为州级官员有确切时间记载的就没

有了，不可能对于肃宗以后这类活动记载都存在疏漏，只能说明这方面的活动是少多了，甚至也可能停止了。

陵寝制度和庙祭制度是慎终追远的体现。唐代前期帝王在陵墓建设用尽心思。从考古资料来看，唐代前期帝王陵墓的规模远盛于后期。在陵寝的管理和维护上唐朝后期也疏懈的多，如王双怀先生所言："不仅陵寝的建筑不能与唐代前期相比，就连陵寝的安全也不能确保无虞"[①]。唐代前期，不仅庙祭活动频繁，而且皇帝亲自上陵祭拜的活动也比后期多，明堂祭享，封禅等活动也都在唐朝前期举行。崇圣儒尊儒在唐代前期盛况空前，安史之乱后趋于萧条。以儒学教育为核心的唐代官学教育兴盛于唐代前期，安史之乱后也趋于衰败，官方对《孝经》的注疏活动及普及活动也都集中在唐朝前期。这些都说明唐朝前期在孝道教化方面是积极有为的，而后期作为就弱得多了。与推行孝化有关的唐代大型官修礼法活动，修撰正史活动，修撰谱牒活动等都在安史之乱以前完成的，这些都说明了唐代孝文化随着唐代前期文化事业的发展获得了大发展，而随着唐朝后期文教事业的衰落，以孝治天下的实践活动也趋于衰弱。

(6) 唐代孝文化具有地域性。唐代行孝之风的浓厚也表现出区域化，这从两唐书《孝友传》所记载的孝友人物的分布可以反映出来。

表 6-3 两唐书《孝友传》所列孝友地理分布情况表[②]

州县	人数	州县	人数	州县	人数	州县	人数
万年	2	梓州	1	稷山	2	并州	1
长安	1	饶州	1	荥阳	1	洪州	1
泾阳	1	许州	1	京兆	5	越州	1
华原	1	庐州	1	苏州	2	绛州	1
华州	1	解县	2	上饶	2	河间	2
郑县	14	南岳	1	句容	1	龙门	3
下邽	2	安邑	15	弋阳	5	舒城	1

① 王双怀《荒冢残阳——唐代帝陵研究》，陕西人民教育出版社，2000 年，第 169 页。

② 崔衍、罗让、羽林飞骑啖荣禄、乐工段日昇、左千牛薛锋等 5 人的籍贯还有待考证，未在表中列举。

续表

朝邑	2	虞乡	3	贵溪	1	高安	1
州县	人数	州县	人数	州县	人数	州县	人数
鹑觚	1	河东	14	建昌	1	泾县	1
灵台	1	河西	1	临江	1	繁昌	1
新平	1	伊阙	2	赣县	1	奉天	2
宜川	1	汴州	1	余杭	3	华阴	1
洛交	1	陈留	2	建德	1	潞州	1
洛川	1	尉氏	1	桐庐	2	鄜陵	1
博陵	1	中牟	2	诸暨	1	绛县	1
冀州	1	阳武	1	萧山	4	平原	1
贝州	1	封丘	2	信安	2	襄阳	1
沧州	2	许田	1	东阳	2	城固	1
清池	4	胙城	3	睦州	2	榆次	1
渤海	1	朗山	1	建阳	1	繁昌	1
瀛州	1	徐州	1	邵武	3	歙县	1
乐陵	2	荆州	1	泉山	1	河阳	1
邯郸	1	长寿	1	永泰	1	赵州	1
鸡泽	2	益州	2	奉先	1	饶阳	1
文安	1	郪县	1	澧阳	1	寿张	1
武邑	5	涪城	1	栎阳	1	即墨	1
沙河	1	资阳	2	湖城	2	同官	2
南乐	1	梓潼	3	高平	1	豫州	1
魏县	1	依政	1	正平	2	聊城	1
武城	1	巴西	3	曲沃	4	新安	1
历亭	2	南郑	1	太平	1	开阳	1
临河	1	巢县	1	陇西	1	武功	1
汤阴	1	万载	1	北海	1	宋州	1
鼓城	4	南陵	1	经城	1	常州	1
太原	2	鄱阳	1	单父	1	泉州	1
蒲州	2	乐平	3	无棣	1	闻喜	1
虢州	1	衢州	1	青州	1	灵州	2
恒州	2	富平	1	棣州	1	池州	1
定州	1	寿州	1				

从表中可以看出，唐朝旌表的孝友人物分布还是比较广泛的，说明孝道伦理在唐代社会具有广泛的基础。但同时表中也显示，在唐朝的统治中心，也就是两京畿辅区域分布的孝友典型最多，包括河东区域，说明这些区域的行孝之风较之其他区域浓厚的多。其次是江淮地区、巴蜀地区的孝友典型较多，说明这一区域行孝之风也比较浓郁。靠近唐朝边疆的区域，如河西走廊以西，五岭以南及东北地区则相当少，说明这些区域孝化比较弱。

二、影响唐代孝文化特征形成的因素

唐代孝文化的特征形成的原因是多方面的，从社会历史角度来看，归纳起来主要有以下几个方面：

(1) 小农经济模式和“家国同构”的社会组织结构是孝文化产生的物质基础。与之前的封建王朝一样，唐代是建立在小农经济基础之上的，其社会组织结构延续了“家国同构”的模式，社会是由一个个分散的农耕家庭或家族而组成的，国家是由家族来统治的，家是国的基础，国是家的扩大。孝文化是联系国与家之间的纽带和桥梁，唐代统治者要治理这样一个建立在小农经济和“家国同构”的社会组织基础上的国家，就不得不选择“以孝治天下”的治国方略。“以孝治天下”经过了从汉代到魏晋南北朝及隋朝600余年的实践，已经形成了一整套比较完备的政治理论和政治举措。唐代要奉行“以孝治天下”的治国之道，其必然要对这些政治实践进行借鉴和吸收，从而使其在孝文化上表现出鲜明的继承性是必然的。

(2) 唐代又是一个富于创造的时代。经历了汉末以来数百年的战乱和分裂，李唐王朝实现了新的统一，无论是统治者还是老百姓都渴求建立新的太平盛世，焕发出了励精图治、锐意进取的发展动力。民族的融合，思想文化的交流与碰撞，激发了唐代的思想文化发展的活力与生机。在唐代谋求思想创新、制度创新、文化创新的大潮下，孝文化的创新发展是大势所趋。加之唐代在封建社会发展历程中处于最鼎盛的时期。经济发展，政治稳定，文化繁荣，也为孝文化的创新与发展奠定了良好的社会基础。

⑶ 唐代实行开放政策，对外全面实行开放方针，对少数民族和周边国家采取较为平等的态度。少数民族和周边国家既仰慕唐朝的强盛和富足，更希望得到唐人治国之真谛。到唐朝学习先进的思想文化成为当时周边各国学子的最大愿望和主要任务。唐朝对此完全开放，不仅吸纳其到国学学习，而且为其学习提供资助。在文教开放的背景下，孝道文化也随之走出国门，走向了世界。

⑷ 李唐统治者采取儒释道三教兼蓄并用的政策，尽管在不同时期，不同的皇帝，根据不同的政治需要对儒释道三教中的某一个有所偏好或压制，但总体上，唐朝统治者对儒释道三教是重视和扶持的。唐代，儒释道三教都得到了较为充分的发展。三教并列，出于自身的利益，三教之间存在着矛盾和斗争，当然在矛盾和斗争中也有渗透和融合。由于孝道文化是中国古代文化的鲜明特征，儒家借助孝道文化获得广泛的社会认同和政治上的指导地位，所以佛道两教出于自身的发展需要，在向儒家渗透、融合的过程中大力宣扬孝道文化，在儒释道并重的社会背景下，这种带有宗教色彩的孝文化逐渐得到了社会的广泛接受，从而使唐代孝文化表现出了较强的融合性。

⑸ 安史之乱前，唐朝社会经济得到长足发展，国强民富，封建中央集权统治坚强有力，封建社会达到了最为鼎盛的时期。这为孝治政策的推行和孝文化的发展提供了良好的社会历史条件。安史之乱之后，唐朝社会经济遭到严重的破坏，政治上藩镇割据，朋党竞争，宦官专权，边患四起，中央集权逐步衰弱，国势趋向衰微，经济上国家财力的匮乏无法对文化建设提供有力的经济保障，而政治上中央集权的控制能力下降无法有效推行孝治政策。加之藩镇借助孝道之名，发展私家势力，与朝廷相抗衡，唐朝后期朝廷更加注重忠，而不是孝。这样一来，唐王朝在文化建设和孝治政策的推行上也就日渐停滞了。

⑹ 黄河中下游区域是唐代的统治中心，也是其经济文化中心，这里中央集权统治最坚强，政令也最为畅通，其受儒家思想文化的浸染也最深，所以孝文化的氛围也就最为浓厚。江淮地区和巴蜀地区是唐代经济和文化发展的两个次中心。到了唐朝后期，这些地方经济发展则超过了北方，也

成为唐朝中央统治的重要支柱，唐朝中央政府在这两个区域的统治力也比较强，政令执行也比较通畅。以忠孝为核心的儒家价值观念在这些区域也有长期的积淀，因而这些区域的孝文化也就比较浓郁了。唐代的河西地区、岭南地区和东北地区多居住着少数民族，本身汉化程度比较低，在思想文化上与汉族存在比较大的差异。唐朝对于边疆少数民族采取羁縻政策，通过设置羁縻府州，任命少数民族首领担任府州长官，对其进行管理。这种管理实际上是一种民族自治政策。表面上其隶属于唐朝中央政府管辖，实际上中央政府对其内部事务基本不予干涉，安史之乱时，吐蕃趁乱袭唐，控制了河西地区，安史之乱以后，唐朝国力日益下降，对周边少数民族的区域大都失去了控制力。由于唐朝政府在河西地区、岭南地区和东北地区统治薄弱，在政治和思想文化上影响力不足，所以孝文化对其没有太多影响。在周边的少数民族中粟末靺鞨建立的渤海国，虽然也处在东北边疆，与唐朝之间是羁縻关系。但其主动学习汉族文化，受儒家思想文化影响较深，所以这一区域也有孝子出现。可以这样说，唐朝孝文化的区域性特征是与唐代区域社会经济文化发展的水平有关，在一定程度上取决于唐朝政府在这一区域的统治力的强弱，统治力强，政治和思想的影响就大，反之，则影响小。

第七章　唐代孝文化的地位及影响

唐代孝文化对唐代社会思想的引领、社会的稳定发挥了不可替代的作用。同时对唐代周边国家的思想文化产生了深刻的影响，成为宋元明清等朝代孝文化的流觞。在孝文化的发展中起着承前启后、继往开来的重要作用。

第一节　孝文化在唐代社会的地位及影响

孝文化对唐代社会的影响是深刻而全面的。其主要功能则表现为对唐人思想道德和文化的引领，对唐人政治实践和社会生活的指导，以及对唐代社会秩序的维护。前文已经对此专门进行了论述，这里就不再细论，仅从政治、经济、文化、社会生活等四个方面进一步作以概括总结，以便于从整体上对孝文化在唐代社会的地位及影响作以把握。

在政治上，“以孝治天下”是唐代施政的指导原则，在孝道伦理的约束下，无论是出于自愿还是迫于政治的需要，唐代帝王大多以身作则，竭力塑造自己的孝德形象，以为天下士民作出榜样。同时，大力推行孝治政策，在意识形态上崇圣尊儒，以儒家政治伦理思想作为施政的指导思想；唐代将《孝经》作为学校教育的必修课程，并普及到每个家庭。以儒家思想为准绳，开科取士，《孝经》《论语》作为必考科目，以孝德作为官员选拔任用，考核奖惩的重要标准，劝导孝行成为唐代官员的重要职责，而官员的孝行表率也促进了唐代孝治政策的实施。唐代大力旌表行孝，树立了数百位孝友典范，积极奉行养老尊老之策，多举措优抚老人，以引导全社会践行孝道。修撰“五礼”，以礼行孝。制定《唐律》以法惩治不孝。总之，孝道贯彻到唐代政治生活的各个方面，反映了孝文化在唐代政治生活上的强大影响力。

在经济上，孝文化成为维护唐代小农经济的精神动力。在孝道观念的影响下唐代家庭财产管理采取同财共居和家长专管的方式。用于孝文化的费用在唐代财政中占有相当的比重。一方面唐代经济政策促进了孝文化的发展，另一方面，祭祀、丧葬等方面过度开支成为唐代社会经济的沉重负担。

在文化上，孝道思想发挥着意识形态的作用。唐代佛道等其他思想学说与儒家抗争的最大障碍就是孝道。为了自身的发展，佛道等宗教不得不对孝道表示认同，而且以其宗教的方式来宣扬孝道，以达到自身的发展。孝道是唐代史学撰述、文学、艺术创作，及其他文化表现的主要主题之一。孝道塑造了文人的品质，而唐代文学、史学、艺术、医学等在弘扬孝道中也得到了发展。

在社会生活上，孝文化成为唐代社会生活的指南。对唐人的衣食住行方式，家庭生活，节日习俗等都产生了不同程度的影响，在唐人的社会生活上发挥着指导性的作用。在孝文化的影响下，唐代社会呈现出许多体现孝文化的风尚。注重厚葬、行第和谱牒就是这种风尚的体现。

孝文化的作用集中的体现在对唐代社会秩序的维护上，正如黄修明所说："有唐一代近三百年间，封建统治相对稳定，社会秩序相对良好，与唐统治者重视'孝治'所形成的浓厚孝文化氛围，无疑有着非常密切的关系"[①]。

第二节　唐代孝文化对周边国家的影响

唐代实行对外开放政策，所有思想文化和物质文化都对周边国家开放，孝文化在唐代思想文化中处于核心的地位，周边国家在学习借鉴唐代思想文化的过程中，孝文化是其学习的重要内容。新罗、日本对唐代思想文化学习借鉴最多，其受到的影响也最大。

① 黄修明《孝文化与唐代社会政治》，《广西大学学报》，2002 年第 5 期。

一、唐代孝文化对新罗的影响

唐朝初年，朝鲜半岛处于高句丽、新罗、百济三国鼎立的局面，在唐朝的帮助下，新罗分别在高宗显庆五年(660)和总章元年(668)消灭了百济和高句丽，统一了朝鲜半岛，直到十世纪上半叶，新罗政权走向衰微。新罗对朝鲜半岛的统治与唐朝大体上相始终。从两汉以后，朝鲜半岛就有学习中国文化的传统，到了唐代，中国封建社会达到了空前的繁荣和鼎盛，出于对唐朝文化的仰慕和政治需要，朝鲜半岛在思想文化、典章文物、生活习俗等各个方面积极向唐朝学习。唐朝又实行对外开放政策，这为朝鲜半岛学习唐朝文化提供了难得的机遇。在周边国家中，新罗在接受唐文化方面热情最高，唐朝文化对其影响也最深刻，唐玄宗曾称新罗为“君子之国，”认为新罗“颇知书记，有类中华”[①]。唐朝文化以儒学为统领，新罗对唐朝的学习也以儒家思想文化为根本，儒家思想文化向新罗传播的过程也正是唐代孝文化向新罗传播的过程。唐代儒家思想和孝文化向新罗传播主要通过以下途径：

(1) 通过新罗留学生传播。新罗向唐朝派遣了大批留学生，据学界估计，自唐太宗贞观十四年(640)新罗派遣留唐学生起至五代中叶，300年间，新罗所派遣之留唐学生当有 2000 人之多。这在当时是一个相当庞大的数字，唐朝周边中其他诸国留唐学生，远不能比。常年居住在唐朝的留学生可达一二百人之多[②]。新罗留学生留学期限一般为 10 年，在华期间购书款项由新罗支付，衣物食宿则由唐朝政府负担。新罗学生主要在唐朝国子监学习。当时唐朝国子监的教授内容主要是儒家经典，以《周易》《尚书》《周礼》《仪礼》《礼记》《毛诗》《春秋左氏传》《公羊传》《谷梁传》各为一经，《孝经》《论语》则是必修课。可见儒家孝道伦理是其学习的重要内容。新罗学生学习相当刻苦，学业卓著者也颇多，在唐朝“宾贡科”考试及第者

---

① 《旧唐书》卷 199《东夷传·新罗》。

② 严耕望《新罗留唐学生与僧徒》，载《唐史研究丛稿》，(香港)新亚研究所，1969 年，第 432 页。

中新罗留学生最多[①]，足以说明其在儒家思想理论上的认识水平。新罗留唐学生通过在中国学习儒学，回国以后多能出人头地，便成为儒学和孝悌伦理在新罗传播的一个重要媒介。

(2) 通过使节传播。唐朝与新罗之间的使团派遣非常频繁，“据统计，从 618 年到 906 年的 289 年间，新罗共向唐朝派遣使团 126 次，唐朝向新罗派遣使团 34 次”[②]。在使团派遣上唐朝政府注意挑选儒学之士，借此以弘扬儒家教化。如开元二十五年(737)，新罗王兴光卒，玄宗诏赠太子太保、左赞善大夫邢璹摄鸿胪少卿，往新罗吊祭，临行前玄宗嘱托邢璹说：“新罗号为君子之国，颇知书记，有类中华。以卿学术，善与讲论，故选使充此。到彼宜阐扬经典，使知大国儒教之盛”“璹等至彼，大为蕃人所敬”[③]。由此可见，在使团交往中促进了儒家思想和孝文化向新罗的传播和影响。

(3) 民间往来的传播。有唐一代，除了留学生和使团以外，新罗的僧人、商人、农民、士兵等都纷纷到唐朝来求法、经商、务农、从军，其中不少人定居于唐。据日本僧人圆仁的《入唐求法巡礼行记》一书记载，唐朝在许多新罗人居住区，设立诸如“新罗馆”“新罗院”“新罗坊”“新罗所”等管理机构，专门管理新罗侨民。这些来唐的社会各界人士，深受唐朝文化的熏染，也成为儒家思想和孝文化传播的重要媒介。

唐代儒学和孝文化对新罗的影响突出地表现在其教育制度和科举制度上。新罗神文王二年(682)，仿唐朝在中央设立国学，招收贵族子弟入学，主要讲授儒学经典。据《三国史记》卷八《新罗本纪》第八记载，圣德王十六年(717)，“秋九月，入唐大监守忠回献文宣王十哲七十二弟子图。即置于太学”。从此朝鲜太学开始供奉孔子，孔子圣人地位的确立，标志着儒学在朝鲜儒教化的开始。747 年新罗在国学设置诸业博士和助教人员。新罗也兴办地方学校，从而使儒学教育走向民间。新罗国学学制是 9 年，

① 据严耕望先生研究，自唐穆宗长庆初至后梁、后唐之际一百年间，新罗参加唐朝为留学生专设的“宾贡科”及第者达 90 人，有姓名可考者 26 人。参见《新罗留唐学生与僧徒》《唐史研究丛稿》，新亚研究所，1969 年，第 432-438 页。

② 陈尚胜《中韩交流三千年》，中华书局，1997 年，第 17 页。

③《旧唐书》卷 199 上《东夷传·新罗》。

学生年龄为15至30岁，所学课程主要为儒家经典，包括《左氏春秋》《尚书》《周易》《礼记》《毛诗》《论语》《孝经》《文选》等。与唐朝一样，《论语》《孝经》是必修课程，其余的是选修课程。可见新罗同样重视儒家孝道伦理的学习。

元圣王四年(788)，新罗开始模仿唐朝科举制，设"读书三品科"选拔官吏，以取代骨品制，《三国史记》卷十《元圣王纪》记载：

四年春，始定读书三品以出身。读春秋左氏传、若礼记、若文选，而能通其义。兼明论语、孝经者为其上。读曲礼、论语、孝经者为中。读曲礼、孝经者为下。若博通五经、三史、诸子百家书者超擢用之。

可以看出，通过科举考试，新罗把仁义、忠孝等儒家思想通过制度化深入到新罗的社会中。

在唐朝孝文化的影响下，新罗社会上也形成了行孝之风。高丽王朝时期的名僧一然(1206—1289)所著的《三国遗事》一书中就记载了多则新罗时期的孝行故事。如《向得舍知割股供亲》记载："景德王代，能川州有向得舍知者。年凶，其父几于馁死，向得割股以给养。州人具事奏闻，景德王赏赐租五百硕"①。这则故事不仅反映了在唐代流行的割股奉亲的现象也为新罗社会所仿效，新罗政府也将其视为孝道之表现而予以表彰。另一则故事《孙顺埋儿》记载，兴德王时代(826—836)有个叫孙顺的人，父亲早亡，他与妻子靠当雇工赚取米粮供养母亲。他的小儿子经常夺取母亲的食物。为了使母亲吃饱肚子，他和妻子商议把小儿子背到山脚下埋掉。就在他挖坑时得到了一口奇特的石钟，于是把儿子和石钟一起背回家，并将石钟挂在屋梁下敲击，声音传到了王宫。兴德王听说了这件事后，说"昔郭巨瘗子，天赐金釜。今孙顺埋儿，地涌石钟。前孝后孝，覆载同鉴"。于是"乃赐屋一区，岁给粳五十硕，以尚纯孝焉"②。这则故事与"郭巨埋儿"如出一辙，很可能是在"郭巨埋儿"故事的基础上编造的，《贫女养母》记载有个女子多年靠乞讨奉养瞎眼的母亲，遇到灾荒年，在别人家门

①《三国遗事》卷5《孝善》。

②《三国遗事》卷5《孝善》。

前很难讨到东西，于是卖身给大户人家服役，以换取稻米赡养母亲。这件事后来传到真圣王(887—897 年在位)那里，国王不仅赐谷赐宅，而且“旌其坊为孝养之里”[①]。这则故事与“董永卖身葬父”的故事相类似。这两则故事说明唐代流行的孝行故事在新罗也已经深入人心了。《大城孝二世父母》记载，新罗神文王时代(681—692)，牟梁里的一个穷苦人家的孩子叫大城，因向高僧渐开举行的法会行布施而获得果报，死后托生到国宰金文亮家中为子，他将前世母亲接到府第赡养，后来又修造两座佛寺为两世父母祈福，一然称赞他“以一身孝二世父母，古亦罕闻”[②]。这则故事则是用佛教的因果报应之说来宣扬孝道，与唐代佛教界宣扬孝道的模式完全一致。不难看出以上这些故事多有虚构之处，但还是能够反映出在唐代孝文化的影响下，新罗社会崇孝行孝的社会风尚。

二、唐代孝文化对日本的影响

同新罗一样，日本也为唐朝繁荣的经济、发达的文化和完备的制度所吸引，通过派遣留学生、学问僧、遣唐使、邀请唐朝人到日本等方式学习并全面移植唐朝文化。儒家思想和孝文化也就是在这一过程中向日本传播并影响日本社会的。

据学者研究，从公元 630 年至公元 894 年，日本共向唐朝派遣“遣唐使”19 次[③]。遣唐使团的成员一般都有数百人之众，“遣唐使的主要目的是从事吸收唐朝优秀文化活动，除了在各地参观考察孔庙、寺观等文化名胜外，他们还延请儒者教授儒家经典，延聘各类人才前往日本，通过各种

① 《三国遗事》卷 5《孝善》。

② 《三国遗事》卷 5《孝善》。

③ 森克己、木宫泰彦认为共任命 19 次(森克己《遣唐使》，至文堂，1966 年初版，1972 年重版；木宫泰彦《日中文化交流史》商务印书馆，1980 年版)，王晓秋、大庭修认为任命伊吉博德送唐驻百济镇将刘仁轨所派特使司马法聪至百济那一次不应列入，应为 18 次(王晓秋、大庭修《中日文化交流史大系(历史卷)》，浙江人民出版社，1996 年，第 103 页)。

途径搜求唐朝典籍携回日本”[①]。如“开元初，又遣使来朝，因请儒士授经。诏四门助教赵玄默就鸿胪寺教之，乃遗玄默阔幅布以为束修之礼，……。所得锡赉，尽市文籍，泛海而还”[②]。

与新罗一样，日本留学生多在唐朝的国子监学习，学习的内容也以儒家经典为主。这些人回国后在日本积极传播儒家思想和孝道伦理。在来唐学习的留学生中以吉备真备(693—775)和阿倍仲麻吕(698—770)最为著名。阿倍仲麻吕19岁来唐学习，在唐旅居53年而去世。吉备真备则学成回国。据日本史书记载，吉备真备从唐归来带回《唐礼》《乐书要录》《写律管声》《太衍历经》《东观汉记》等书。回国后作为大学助教，他给400多名学生讲五经、三史(《史记》《汉书》《后汉书》)，为年少的孝谦女帝讲授《礼记》《汉书》等儒家经典和史书，写了《私教重聚》来训诫人们遵循儒家道德伦理。“他参与了删除和修改日本律令的工作，并参稽礼典，重新制定和完备了祭孔礼式”[③]。从他的身上可以反映出日本留学生在儒学和孝文化传播中所发挥的重要作用及孝文化对日本社会的重要影响。

儒家思想和孝道伦理在传播到日本后对日本社会产生了深刻影响。圣德太子执政期间(572—622)，两项重要改革都以儒家思想道德为指导，其一是制定“冠位十二阶”官僚制度，以儒家的“德、仁、礼、信、义、智”来区分官位的大小。其二是制定了《十七条宪法》，“有人做过统计，‘十七条宪法’中有13条21款的文词，取自中国的文献典籍，从《尚书》《诗经》《周易》《左传》《礼记》等经典著作直至《昭明文选》《说苑》。分析其内容可以看出，‘十七条宪法’其思想的大致来源，主要是儒家，也间有源自主张重法治的法家思想”[④]。

公元646年(大化二年)，日本孝德天皇实行大化革新。大化革新是在

---

① 李斌城主编《唐代文化》(下)，中国社会科学出版社，2002年版，2007年重印，第1390页。

②《旧唐书》卷199上《东夷传·日本》。

③ 李斌城主编《唐代文化》(下)，中国社会科学出版社，2002年版，2007年重印，第1390页。

④ 王晓秋，大庭修主编《中日文化交流史大系·历史卷》，浙江人民出版社，1996年，第94页。

儒家思想的影响下发动的。这场政治革新的组织者是中大兄皇子和中臣镰足，幕后指导者则是南渊请安(在派遣隋使时随同一起去中国留学的汉人移民)。“后来，整个政变过程以及政变后的改革、制定律令等，都是以儒家的思想为指导”[①]。

大化改新之后，儒学和孝道伦理对日本的影响更加深入广泛，它渗透到日本的教育制度、伦理道德、律令制度等许多方面。在教育制度上，日本天智天皇时(676)设立大学寮。文武天皇大宝元年(701)二月，开始释奠先圣先师于大学寮[②]。此后，大学以及国学每年春秋两次举行释奠，祭祀孔子，标志着儒学在日本地位的确立。日本仿唐制定的《养老令》“学令”中规定：大学寮设大学头、置博士、助教讲授儒家经典。大学寮的教材是九经，有选修和必修之分。《周易》《尚书》《周礼》《仪记》《礼记》《毛诗》《春秋左氏传》各为一经。学习这些经书的人同时兼修《孝经》《论语》。可见与唐朝官学中的儒学教育基本相同，儒家的忠孝思想是教育的核心内容。

在日本奈良朝时期是相当重视孝道伦理和孝行的推广的。这一时期天皇敕语中也经常强调孝为“百行之本”，说“人禀五常，仁义斯重，士有百行，孝敬为先”[③]。孝谦天皇仿效唐玄宗下诏令百姓家藏《孝经》一部，以便学习并尊行。日本还令地方官推荐孝子，对不孝者要予以流放[④]。唐令的“赋役令”中规定：“若孝子、顺孙、义夫、节妇，志行闻于乡闾者，州县申省奏闻，表其门闾，同籍悉免课役”[⑤]。日本令的“赋役令”几乎同样抄录下来：“凡孝子、顺孙、义夫、节妇，志行闻于国郡者，申太政官奏闻，表其门闾，同籍悉免课役”。据王金林研究，“在《续日本纪》等史籍中，关于乡闾间，以孝见称，被免除田租的记载，也是不乏其例的”[⑥]。

---

① 王晓秋，大庭修主编《中日文化交流史大系·历史卷》，浙江人民出版社，1996 年，第 125 页。

② 王载源《儒学东渐及其日本化的过程》，《孔子研究》，1989 年，第 3 期。

③ 王金林《汉唐文化与古代日本文化》，天津人民出版社，1996 年，第 258 页。

④ 王金林《汉唐文化与古代日本文化》，天津人民出版社，1996 年，第 257 页。

⑤《唐令拾遗》第 23《赋役令》。

⑥ 王金林《汉唐文化与古代日本文化》，天津人民出版社，1996 年，第 258 页。

从中也反映出日本受到唐朝孝文化影响后，社会上行孝之风也比较盛行。

在律令上日本几乎完全移植唐朝的律令。以现存的养老令为例，“以日本《养老律令》而言，它与唐律篇名完全相同，有许多条基本上全部模仿唐律原文”[①]。唐朝律令的制定是以儒家“孝治”思想为指导的，着力在于维护儒家所倡导的忠孝思想。日本律令几乎完全模仿唐朝，其对儒家思想和孝道伦理的维护就可想而知了。

第三节　唐代孝文化对宋代孝文化的影响

宋承唐制，在政治上继续奉行“以孝治天下”的国策。唐朝所实行的孝治政策基本上都在宋代得以继承和发展。

宋代与唐代一样，重视孝道教化。宋代君臣讲孝论孝的言论在宋代的诏敕、文诰、奏议中随处可见，如《宋大诏令集》卷一百二十五《元祐元年明堂赦天下制》云：“圣人之德，无以加孝”[②]；卷一百四十六《令子弟因父兄殁收叙未经百日不得公参诏》云：“孝居百行之先，丧有三年之制，著于礼典，以厚人伦”[③]；卷第一百九十八《禁西川山南诸道祖父母父母在别籍异财诏》云：“厚人伦者莫大于孝慈，正家道者无先于敦睦”[④]；卷二百零六《张诚一责授右千牛卫将军分司南京制》云：“孝治之极，天下顺之，不子之罚，民不轻犯”[⑤]；卷二百四十《甘州外甥回纥可汗王夜落隔可特进怀宁顺化可汗王制》云：“王者孝治万方”[⑥]等。这些言论与汉唐人论孝如出一辙。宋代效仿唐代，皇帝“无帝不宗”，其尊号、谥号一般含有“孝”字，以标榜“以孝治天下”。

---

① 王晓秋，大庭修主编《中日文化交流史大系·历史卷》，浙江人民出版社，1996 年，第 117 页。

②《宋大诏令集》卷 125《明堂二·元祐元年明堂赦天下制》。

③《宋大诏令集》卷 146《丧服上·令子弟因父兄殁收叙未经百日不得公参诏》。

④《宋大诏令集》卷 198《禁约上·禁西川山南诸道祖父母父母在别籍异财诏》。

⑤《宋大诏令集》卷 206《贬责四·张诚一责授右千牛卫将军分司南京制》。

⑥《宋大诏令集》卷 240《诸蕃·甘州外甥回纥可汗王夜落隔可特进怀宁顺化可汗王制》。

宋代重视《孝经》宣教和普及推广。经常在国学、宫廷内部及朝会时宣讲《孝经》。宋太宗淳化五年(994)下诏增刻《孝经义疏》。宋真宗咸平二年(999)诏邢昺等校订《孝经义疏》，咸平四年(1001)并刊印《孝经义疏》颁布天下。大中祥符八年(1015)，宋真宗亲写《孝经诗》三章赐群臣。仿效唐代，至和二年(1055)，刻石经立于国子监。宋高宗曾亲自书写《孝经》，赐给现任官及在校学生，并颁发郡州让刻石经。和唐代一样，《孝经》可以说是在宋代最为普及和流行的一部儒家经典。

孝道教育也是宋代学校教育的重要内容。《宋会要辑稿·崇儒二·郡县学》："大观新格……诸小学，八岁以上听入，若在家在公有违，若不孝不悌，不在入学之限"[①]。就是说，孝悌品行成为能否接受学校教育的重要条件。在课程设置方面，与唐代一样《孝经》被定为学生的必修课程，通晓《孝经》也是学生最起码的要求。

宋代仿效唐代实行科举选士，在科举考试中注重儒家思想和孝悌品行的要求。《孝经》是科举考试的必考内容。宋代仿效汉唐，在科举考试中设立"孝悌廉让"和"孝悌力田"科，专门为孝行卓著者为官开辟途径。

宋代孝道品行同样是官员考核、升迁及奖惩的重要依据。孝行卓异者往往可以得到提拔，如张伯威，绍熙元年(1190)武举进士，调神泉县尉，母病，"伯威刲左臂肉食之，遂愈……事闻，诏伯威与升擢"[②]。申积中，"年十九，登进士第。事所养父母，尽孝终身……政和六年，以奉议郎通判德顺军。翰林学士许光凝尝守成都，得其事荐诸朝，诏赴京师，擢提举永兴军学事"[③]。对于孝德、孝行缺失的官员则往往给予免官罢职的处分。如王荣为侍卫马军都虞侯，因"母老不迎养，供给甚薄"被太宗下诏罢免[④]。"李定匿生母丧，不宜为御史，罢台事"[⑤]。发现官员有不孝行为，宋代朝廷也会及时予以纠正，如宋太祖发现部分蜀郡官员长年不回家省亲甚至父

①《宋会要辑稿》第54册《崇儒二·郡县学》。

②《宋史》卷456《孝义传》。

③《宋史》卷456《孝义传》。

④《宋史》卷280《王荣传》。

⑤《宋史》卷322《陈荐传》。

母病疾也不回家探望，立即下诏予以制止："丁丑，诏蜀郡敢有不省父母疾者罪之"[①]。宋太宗太平兴国年间下诏戒谕："文武官，父母在剑南、陕路、漳泉、福建、岭南，皆令迎侍，敢有违者，御史台纠举以闻"[②]。

在调动官员时也尽量使官员尽孝方便。如杨澈"迁右赞善大夫、知淄州。事亲以孝闻，求便侍养，徙同判青州"[③]。又宋徽宗时期，姚祐任职吏部侍郎，"命镇蜀，用母老辞，迁工部尚书"[④]。以上这些以孝任官的做法都同于唐代。

在旌表孝行方面宋代基本上继承了唐代的做法。有改其乡里名称的，如"徐承珪，莱州掖人。幼失父母，与兄弟三人及其族三十口同甘藜藿，衣服相让，历四十年不改其操。所居崇善乡缉俗里，木连理，瓜瓠异蔓同实，州以闻。乾德元年，诏改乡名义感，里名和顺"[⑤]。有下诏抚慰的，如"刘孝忠，并州太原人。母病经三年，孝忠割股肉、断左乳以食母；……开宝二年，太祖亲征太原，召见慰谕"[⑥]。有赐以财物的，如"吕昇，莱州人。父权失明，剖腹探肝以救父疾，父复能视而昇不死。冀州南宫人王翰，母丧明，翰自抉右目睛补之，母目明如故，淳化中，并下诏赐粟帛"[⑦]。有赐以官职的，如"罗居通，益州成都人。母死，庐墓三年，有甘露降坟树，芝草生其旁。开宝四年，长吏以闻，诏以居通为延长主簿"[⑧]。有旌表门闾、免其赋役的，如"郭琮，台州黄岩人。幼丧父，事母极恭顺。娶妻有子，移居母室。凡母之所欲，必亲奉之。居常不过中食，绝饮酒茹荤者三十年，以祈母寿。母年百岁，耳目不衰，饮食不减，乡里异之。至道三年，诏书存恤孝悌，乡老陈赞率同里四十人状琮事于转运使以闻，有诏旌表门闾，

---

①《宋史》卷2《太祖二》。

②《宋史》卷267《刘昌言传》。

③《宋史》卷296《杨徽之传附杨澈传》。

④《宋史》卷354《姚祐传》。

⑤《宋史》卷456《孝义传》。

⑥《宋史》卷456《孝义传》。

⑦《宋史》卷456《孝义传》。

⑧《宋史》卷456《孝义传》。

除其徭役”[①]。由此可见汉唐旌表孝行的传统被宋代完全予以继承。

宋代也承袭了唐代的养老政策。首先继承了唐代授予高龄老人以官爵，以提高老人的社会政治地位的政策。有关记载在宋代的文献中记载颇多，现兹录数条如下：

《宋史·太宗纪》：“赐诸州高年爵公士”。

《宋史·神宗纪》：“台州民延赞等九人年各百岁以上，并授本州助教”。

《续资治通鉴长编》卷二十九：“丙申，赐诸道高年百二十九人爵为公士”。

《续资治通鉴长编》卷七三：“赤县父老……九十者摄官，赐粟帛终身，八十者爵一级”。

《宋会要辑稿·崇儒一·太学》：“太学内、上舍生父母年七十以上，外舍生父母年八十以上，并与初品官，妇人与封号”。

从所引材料来看，只是宋代赐高龄老人的官爵名称与唐代不同而已。除了继承唐代授予高龄老人官爵外，在从物质生活上关照老人方面也多有继承，主要包括赐予高龄老人财物，蠲免其赋役等，如宋太宗曾下诏：“赐京畿高年帛”[②]“召京城耆耋百岁以上者凡百许人至长春殿，……各赐束帛遣之”[③]。宋真宗时下诏：“赤县父老，令本府宴犒，……赐粟帛终身”[④]“父老年八十者赐茶帛，除其课役”[⑤]。

宋代的法律大典《宋刑统》仿效唐律而修成，在以法惩治不孝行为方面完全予以继承。《宋刑统》仍以“不孝”列入“十恶”之条，在具体的不孝行为、量刑的轻重差异，以及不孝罪的诉讼程序上一比唐律。在“孝治”与“法制”的关系处理上，除了危及封建皇权统治的根本的情况下，往往作出因“孝”而屈法的选择。子女为父母报仇而杀人者，往往被作为孝行的典范而在法律上给予宽免。如瀛州河间人李璘为父亲及家属报仇杀

①《宋史》卷456《孝义传》。

②《宋史》卷4《太宗一》。

③《续资治通鉴长编》卷25，太宗雍熙元年十二月。

④《续资治通鉴长编》卷73，真宗大中祥符三年闰二月。

⑤《续资治通鉴长编》卷90，真宗天禧元年六月。

死仇人陈友，“案鞫得实，太祖壮而释之”[①]。再如，雍熙中，京兆鄠县民甄婆儿为母报仇斧杀仇人，“有司以其事上请，太宗嘉其能复母雠，特贷焉”[②]。又如刘斌兄弟为报父仇而杀伤仇人刘志元，“州具狱上请，诏志元黥面配隶汝州，释斌等罪”[③]。子女犯罪因父母年迈疾病，或者本身孝行卓异可以获得减免，如《宋史》卷一百九十九《刑法一》记载：“庆历五年，诏罪死者，若祖父母、父母年八十及笃疾无助者，列所犯以闻”；同书卷二百零一《刑法三》记载：“(熙宁三年)令州县考察士民，有孝悌力田为众所知者，给帖付身偶有犯令，情轻可恕者,特议赎罚”。还有父母犯罪因子孙孝悌而减免刑罚的，如“邢神留，深州陆泽人。父超，逋官租，里胥督租，与超斗，超殴里胥死。神留年十六，诣吏求代父死。州以闻，特诏减死，赐里胥家万钱为棺敛具”[④]。以上这些因“孝”而屈法的现象在唐代也是屡见不鲜的，说明宋代在以法来保障孝道方面完全沿袭了唐代的原则立场。

在以礼行孝方面，宋代的礼仪制度也是继承了唐礼，如宋代的礼仪大典《开宝通礼》是在唐朝《开元礼》的基础上修撰的，即宋代在唐礼的基础上修撰了礼仪制度，但遇到礼仪问题还是要参考唐代的礼仪制度。如《四库全书总目·大唐开元礼》引南宋周必大言：“朝廷有大疑，稽是书而可定；国家有盛举，即是书而可行。”并称颂《开元礼》“诚考礼者之圭臬也”[⑤]。由此可知唐代有关孝文化的礼仪规定基本为宋所继承。

在文化方面，宋代继续实行崇圣尊儒之策，儒家思想发展到新的阶段——理学兴盛的时代，儒家思想在社会的主导地位更加巩固，影响更加深入。在史学修撰方面，宋代承袭了唐代的史馆制度，孝子资料被各地搜集后送交史馆，以备为其立传，在欧阳修等人修撰《新唐书》时仿唐朝修八部纪传体史书和后晋刘昫修《旧唐书》之例，专门立孝友传以述孝行，弘

①《宋史》卷456《孝义传》。
②《宋史》卷456《孝义传》。
③《宋史》卷456《孝义传》。
④《宋史》卷456《孝义传》。
⑤《四库全书总目》卷82《史部三十八·政书二·大唐开元礼》。

扬孝道。孝道仍然是宋代文学艺术表现的重要主题。

在社会生活方面，宋代继承汉唐以来传统，鼓励累世同居，提倡同居共财，在法律上禁止父母、祖父母在别籍异财。家庭财产由家长专管。社会上厚葬之风、重视行第之风、修撰家谱之风仍然盛行。

当然，宋代对于唐代孝文化的继承不是一味照搬，而是在继承上有自己的革新和发展，因为本书主要探讨的是唐代孝文化对宋代孝文化的影响，只是从继承的角度去作以分析。

学界一般认为，中国封建社会在唐宋之际发生了显著的变化，宋以后的元明清诸朝代在思想文化及典章制度方面主要是沿袭宋代。单从孝文化来看，宋代对唐代孝文化的继承应该说是大于变革，所以唐代孝文化的影响应不限于宋代，而是对唐以后的宋元明清各朝代都产生了影响，可谓影响深远。

第八章　孝文化的传承与创新

以上诸章基于唐代社会对中国古代孝文化的内涵、地位、影响、作用、表现及实践方式等进行了历史性的考察，使我们对传统孝文化的风貌、魅力以及局限性所在有了一个全面的审视。研究历史文化的目的在于对历史文化进行总结反思，并对现实实践提供经验和启迪。本章将主要从价值分析的角度对传统孝文化进行反思和批判，探寻孝文化的传承与创新，以及探讨孝文化的现代转型的路径。

第一节　对待传统孝文化的态度

如何对待中国传统思想文化，毛泽东早有论述。他说："今天的中国是历史的中国的一个发展；我们是马克思主义的历史主义者，我们不应当割断历史。从孔夫子到孙中山，我们应当给以总结，承继这一份珍贵的遗产。这对于指导当前的伟大的运动，是有重要的帮助的。"①也就是我们对待中国传统思想文化遗产应当坚持马克思主义唯物史观的基本立场和原则，对中国传统思想文化进行认真总结和反思，去其糟粕，取其精华，发现和吸取其合理的思想资源，发现和吸取那些在现时代仍然有价值有意义有生命力有影响力的活东西，通过发掘、阐释、活用，使之转化成为中国现代社会思想文化的有机内涵，从而使中国现代文明具有鲜明的中国性格和中国特色。而这种中国性格和中国特色正是中国文化软实力的重要体现。

作为中国传统思想文化的重要内涵和核心价值的孝文化自然是中国传统思想文化的珍贵遗产，对其也应坚持认真总结、反思，在批判继承的基

① 《毛泽东选集》第2卷，人民出版社1991年，第534页。

础上重新发展。罗国杰先生指出：

毋庸讳言，中国传统道德具有鲜明的矛盾性和两重性。它既有民主性的精华，又有封建性的糟粕；既有积极、进步、革新的一面，又有消极、保守、落后的一面。而且在有些情况下，精华与糟粕又互相结合，良莠混杂，瑕瑜互见。对于中国传统道德，我们既不能全盘否定，也不能全盘继承。全盘否定势必导致历史虚无主义；全盘继承必导致复古主义。这两种倾向都是错误的。正确的态度是以历史唯物主义为指导，坚持批判继承，去糟取精，综合创新和古为今用的方针。[①]

中国传统道德确实很讲孝。孝顺父母仍然是值得肯定的，但在中国封建社会后期，把孝理解成愚忠愚孝，这当然是不对的。现在有些地方把《二十四孝》也拿出来了，有的还设置了塑像馆，把“二十四孝”人物塑了像……现在有不少人已经感觉到分不清楚糟粕与精华。比如说《二十四孝》中，其中有些是值得我们学习的，但是有些是非常荒唐的，如宣传轮回报应、封建迷信、天赐神助等。把《二十四孝》作为研究资料是可以的。但把“二十四孝”人物塑成蜡像让人学习就值得分析了。[②]

就传统孝文化而言，所谓“去糟取精”，就是以辨证唯物主义和历史唯物主义的观点，以实事求是的科学态度，认真和审慎地对孝文化进行分析，剔除其封建性的糟粕，吸取其民主性的精华，抛弃其消极、守旧和落后的一面，继承其积极、革新和进步的一面。所谓“批判继承”，就是要立足于马克思主义理论的原则立场，着眼于人民群众的根本利益，从中国特色社会主义现代化建设的需要出发，基于千百年来人们对孝道的一些共同价值追求，对孝文化有批判、有选择，有提炼和加工，从而摒弃其封建的落后的消极的一面，弘扬其科学的先进的积极的一面。所谓“古为今用”，就是通过继承和弘扬孝文化中合理的、积极的、进步的内涵和精神，来解决中国特色社会主义现代化建设中所面临的现实道德问题、社会问题和文化问题等，所谓“综合创新”，就是在吸收和继承传统孝文化的精华的基础上，结合中国现代社

① 罗国杰主编《中国传统道德》，中国人民大学出版社，1997年版，第4页。
② 瞿振元，夏伟东主编《中国传统道德讲义》，人民大学出版社，1997年版，第6，18页。

会的特点，赋予其时代的新内涵和新精神，实现传统孝文化的现代转型和提升，推陈出新，使孝文化与时俱进，保持持久的生命力和文化魅力。

如何用辩证唯物主义和历史唯物主义的观点、立场和方法对传统孝文化进行具体的批判和分析。肖群忠先生提出两种方式，很有见地。这里将其观点摘录如下：

第一，判断良莠必须坚持历史标准与现代标准的统一。中国孝文化，首先是一种历史文化遗产。因此在对其进行价值分析判断之前，必须将其历史实然先搞清楚，就是要搞清楚某一孝道观念形成的社会经济文化背景和必然性，这一观念在当时所强调的旨趣，否则就会犯简单化错误。如果简单的以现代价值为据，对其进行价值判断，就会不符合古代原意和事后诸葛的情况，难以令人信服。当然搞清历史实然，还是为了古为今用，因此，我们还必须在认清历史实然的同时，适应现代社会需要和时代进步潮流，对其进行价值判断和取舍，否则，这种对历史文化遗产的研究就会仅仅是一种学术认知行为，缺乏实践价值。

第二，对良莠混杂的孝道观念更要做仔细的辨证分析，否则，也会犯简单化错误。罗国杰先生指出“中国传统道德大体上分为三种类型：一是今天我们看来是优秀的，或者说基本上是优秀的；二是既有糟粕又有精华的；三是全面是糟粕的。一、三这两个部分比较好分别。”难就难在第二类良莠混杂的，对这一类更要做仔细而辨证的分析。有的内容可能含有为当时封建政治服务的内涵，但也有符合人类一般生活规律的成分，且不可简单化。一定要坚持两点论，具体问题具体分析，事物的积极因素与消极因素、积极作用与消极作用往往是相伴而生的，交织存在的，我们需要仔细分析，该肯定的要肯定，该否定的要否定，且应各有分寸，且不可犯机械的、简单的形而上学错误。①

孝文化正是罗国杰先生所说的中国传统道德中的第二种类型的典型代表，其内容良莠混杂，精华与糟粕并存，积极与消极、进步与落后错综复杂，只有立足于历史唯物主义和辩证唯物主义的立场上，坚持历史标准和

---

① 《孝与中国文化》，第346，346页。

现代标准的统一，坚持对孝观念进行具体的、细致的、辩证的分析，才能真正做到批判继承、去糟取精、古为今用、综合创造，保持孝文化的历史价值和彰显孝文化的现代精神。

第二节　传统孝文化的精华与糟粕

所谓孝文化的精华是指传统孝文化中所蕴含的反映人类社会历史发展基本规律和符合时代价值的内容，所谓糟粕是指传统孝文化中抑制人的自由发展和为封建政治压迫提供服务的方面。孝文化的精华正是需要我们所弘扬的，而孝文化的糟粕正是我们所要抛弃的。

一、孝文化的精华

(1) 敬爱父母。我们每个人的生命都来自于父母。父母与子女之间的血缘关系是天然的，不可改变的。父母和子女之间是最亲密、最直接的关系。因此父母对于子女的爱是无私的。人由出生到能够独立生活一般要经过长达 20 年左右的时间，这个过程是在父母无私的爱的呵护下完成。在人的成长过程中形成的对父母的感激和爱恋之情应该是最自然的、最纯真的。很难想象如果一个人连含辛茹苦养育自己的父母都不爱的人，他对他人、国家、社会怎么能够有真挚的爱呢？要形成健全的人格和良好的道德品质岂不就成为了空中楼阁而没有了根基，所以孝道实际上就是人的情感和道德的基石，所谓“百善孝为先”就是这个道理。只要这种亲子关系永远存在，基于这种血缘亲情基础上的爱敬父母之孝就会永远存在。

爱敬父母不仅是感情和道德的需要，而且是人类社会发展的需要。在古代社会生产力落后的情况下，社会生产、生活以家庭为单位来组织，人们要生存下来，“必须采取代际反哺互养的方式，这是人类代际之间互相珍视和保护生命的合理生存方式”[①]。孝文化既是古代这种小农经济基础上的

① 《孝与中国文化》，第 338 页。

文化产物，同时又是维系古代社会生产生活的伦理基础。今天，尽管随着中国经济社会的发展，养老制度的完善，小农经济的基础日渐薄弱，但对于广大农村的老人这种代际反哺互养依然具有现实意义。

人类社会的发展一个是物质生产的发展，另一方面是人类的种的繁衍。在古代传宗接代、养儿防老、多子多福观念的影响下，人们高度重视繁衍子孙，以求得到子孙的赡养和孝敬的回馈，从而推动了人类的繁衍。如果子孙失去了对父母孝敬，则会降低父母对繁衍养育子女的热情，那将直接威胁到人类自身的发展。西方国家不提倡孝敬父母，对父母养育之恩的回馈，所以西方人越来越不愿意养育子女，导致了劳动力的匮乏和社会发展的动力不足。因此孝敬父母应该成为人类的永恒价值理念。

(2) 生命意识。对生命的尊重与热爱是传统孝文化的精神本质。孝文化的起源于生殖崇拜和祖先崇拜。无论是生殖崇拜还是祖先崇拜都是对生命价值的尊崇。而孝道的践行同样体现着对生命的热爱和执着追求。具体表现为三重含义：

其一，强烈的生命眷恋意识。儒家把“葬之以礼、祭之以礼”和“慎终追远”作为孝道的重要内容和体现，其传达的是对生命追思眷恋之情。儒家有强烈的追本溯源意识，他们说：“先祖者，类之本也”①“无先祖焉出?”②“万物本乎天，人本乎祖”③“君子反古复始，不忘其所由生也”④。由于生命是从祖先那里传承而来的，所以人不能忘祖，祭祀祖先，就是要表达对祖先赋予的生命的崇敬、感激和追思之情。从这个意义上说，安葬父母，是对父母生命逝去的眷恋，祭祀祖先，其本质是对生命来源的追思。

其二，强烈的热爱生命意识。孝字可以看作是“老”字与“子”字的组合，即“老”扶“子”头，“子”承“老”身。这一结构蕴含着“子”对“老”的生命进行赡养和照顾的责任；又体现着“老”对“子”的生命的呵护及养育的义务。孝敬父母实际就是要让父母的生命得到应有的尊重和

①《荀子·礼论》。

②《大戴礼记·礼三本》。

③《礼记·效特性》。

④《礼记·祭义》。

珍视，所谓“夫孝，始于事亲。”就是说孝敬父母首先是要赡养父母使父母的生命得以维持，对于“父母之年，不可不知也，一则以喜，一则以惧”[①]。一方面，子女因父母能够高寿而感到高兴喜悦，另一方面，子女则因父母年迈而产生忧虑恐惧。传达的是子女应当珍惜父母这一有限的生命，尽可能地去延长父母生命的要求。维持和延长父母生命只是对父母生命低层次的尊重，更高层次则是要对其生命给予崇高的礼遇，所谓“孝子之至，莫大乎尊亲”[②]。孔子弟子子游问孝，子曰：“今之孝者，是谓能养。至于犬马，皆能有养。不敬，何以别乎?”[③]就是说在满足父母物质需求的基础上更重要的是满足其精神需求。对生命的热爱还表现在对自我生命的珍视。“身体发肤，受之于父母，不敢毁伤，孝之始也。”[④]“身者，亲之遗体也。行亲之遗体，敢不敬乎?”[⑤]。身体不仅仅是自己生命的承载体，也是父母所给的，是父母生命遗留下来的身体，是父母生命在我们身体中的延续。所以珍爱自己的身体和生命是对父母生命尊敬的一种体现。为了保全生命，儒家要求不登高，不临深，不处险地，“游必有方”。为了孝敬父母要修身，不能做伤风败俗、违科犯禁的事情辱没自身，并使父母蒙羞。

其三，强烈的生命延续意识。儒家强调只有家族生命的不断延续才是最大的孝，所谓“孝有三：小孝用力，中孝用劳，大孝不匮”[⑥]“不孝有三，无后为大”[⑦]。孝道思想体现强烈的生命意识，从祖先到父母，从父母到自己，从自己到自己的后代，生命就是在这样的传宗接代的延续中得到流动、生生不息，从而也实现了人们对于生命有限的遗憾而追求永恒的一种价值取向。父母的生命传续到自己，如果不能继续延续下去，那将是一件非常严重的事，“无子为其绝世也”[⑧]，正是这种思想的明显体现。生命总是在代

---

①《论语·里仁》。

②《孟子·万章上》。

③《论语·为政》。

④《孝经·开宗明义章》。

⑤《大戴礼记·曾子大孝》。

⑥《大戴礼记·曾子大孝》。

⑦《孟子·离娄上》。

⑧ 《大戴礼记·本命》

代相传中得以延续，这也是人类有限生命对无限生命的一种追求。以关爱生命、重视生命为内容的孝道思想，正是这样的一种生命价值观。这种生命价值观既表现为渴望生命延绵不断地传递，又表现为追求生命价值的不断升华。传宗接代的方式实现了生命之间的延续，从祖先到父母，从父母到自己，从自己到后代，生生不息。这种生命的接力实现了有限生命与生命永恒存在的统一，体现了儒家对生命永恒价值的追寻和关切。人类的生存与发展要靠种的繁衍来实现。儒家以孝道的理论诠释了生命延续的终极意义和价值，以及关爱生命、重视生命的意义。

今天尊重生命、关爱生命依然是时代的呼唤。在物质利益至上的今天，我们往往见物而不见人，重利而轻人。就自身而言，透支健康而换取物质利益，许多人不珍惜自己的身体，生活在亚健康的状态下，有的则积劳成疾，英年早逝，把痛苦留给父母亲人。有些人过分追求外在的形体之动人，埋怨父母没有给自己一个漂亮或英俊的外表，盲目减肥，狂热整形，致残致死者大有人在。有的则寻找刺激，陷入黄赌毒之泥潭不能自拔。有的则无视对父母社会之责任，轻生自杀，遗恨于父母亲人。另外，遗弃年迈父母及幼弱子女、杀父弑母、卖女鬻儿的恶性事件时有发生。见危不救成为社会热议的焦点，制售假药，往食品中添加有毒物质以换取钱财而致人死伤的事件屡见不鲜。凡此种种，都反映出了我们今天敬畏生命、尊重生命、关爱生命的缺失，因此弘扬孝道文化中的生命意识有着深刻的现实意义。

(3) 修身意识。儒家认为子女的身体是父母给的，是父母生命在子女身体和生命上的延续，所以孝敬父母一方面就要做到全体贵生，毫发无损的保全自己的生命安全，另一方面就是要加强自身修养，使自身得到完善，生命力得到尽情的展现。《孝经·开宗明义章》说：“夫孝，始于事亲，中于事君，终于立身”。孝从奉养父母开始，然后扩展到效忠君王，但自身的修养是孝亲忠君的基础。儒家所指的个人修养是以道德品质为核心的，如曾子要求孝子应“攻其恶，求其过，强其所不能，去私欲，从事于义”[①]。君子应该“直言直行，不婉言而取富，不屈行而取位”“不得志，不安贵位，

①《大戴礼记·曾子立事》。

不怀厚禄，负耜而行道，冻饿而守仁，则君子之义也”[①]。就是说在个人修养上要恪守仁义的标准。再如孟子说：“事，孰为大？事亲为大”[②]“事亲，事之本也”[③]“仁之实，事亲是也；义之实；从兄是也；智之实。知斯二者弗去是也；礼之实，节文斯二者是也；乐之实，乐斯二者，乐则生矣。生则恶可已也，恶可已，则不知足之蹈之，手之舞之”[④]。这里孟子把孝悌看成了贯穿于仁义礼智等之中的核心内容，也就是说作为孝子，要通过修养自己仁义礼智这四个方面的品质来提升自己的孝道。在围绕孝道修身的层次上，第一个层面立身慎行，不辱父母，即“慎行其身，不遗父母恶名，可谓能终也”[⑤]。做到谨言慎行，不因为自己的错误而让去世的父母蒙羞是低一层次的孝道，第二个层面则是“立身行道，扬名于后世，以显父母，孝之终也”[⑥]。也通过立身行道，成就非凡的功业，光宗耀祖，扬名于后世，使父母因此受到别人的敬慕，这是更高层次上的孝道。儒家强调，人的修养要贯穿于日常生活之中，如曾子所云：“君子一举足不敢忘父母，一出言不敢忘父母，故道而不径，舟而不游，不敢以父母之遗体行殆也。一出言不敢忘父母，故恶不出口，忿言不及于己。然后不辱其身，不忧其亲，是可谓孝矣”[⑦]。举手投足，言谈举止时时处处都要想着父母，这样才能保证不因为自己的过错让父母受辱和担忧。这种修养在实践上要持之以恒，终其一生，即“孝子于亲也，生则有义以辅之，死则哀以莅焉，祭祀则莅之以敬；如此，而成于孝子也”[⑧]。在修养方法上，儒家特别强调要内心真诚，慎独自省，曾子云:“吾日三省吾身，为人谋而不忠乎？与朋友交而不信乎？传不习乎？”[⑨]这里他通过反省自查以达到真诚无私。所以曾子强调子女对

①《大戴礼记・曾子制言》。
②《孟子・离娄上》。
③《孟子・离娄上》。
④《孟子・离娄上》。
⑤《大戴礼记・曾子大孝》。
⑥《孝经・开宗明义章》。
⑦《大戴礼记・曾子大孝》。
⑧《大戴礼记・曾子本孝》。
⑨《论语・学而》。

父母的感情应是发自内心的真诚情感的流露，无需外在的强制。曾子说："礼以将其力，敬以入其忠，饮食移味，居处温愉，著心于此，济其志也"[①]。曾子强调孝是人们发自内心的真诚情感的流露，孟子要求"诚身以事亲"，"守身以事亲"。而要做到这两点，关键在于明善。孟子说："不明乎善，不诚其身矣"[②]"不失其身而能事亲者，吾闻之矣；失其身而能事其亲者，吾未之闻也"[③]。这些都是强调了要以真诚之心去修身，要通过内在的反省自查去达到自我革新，自我净化，自我升华的效果。

基于孝的修养体现出以下两个特点：一是道德修养是一个人修养的根本，也是人成为合格的人的根本；二是道德的修养关键在于自律，从内在的自我反省、自我净化、自我革新来实现自我的升华。这对于今天重视名利而轻视人格修养，重视知识学习而忽视道德完善，过分依赖外在的教育而忽视内心的修养自觉都有着重要的启迪意义。

(4) 敬老意识。敬老是由孝亲延伸而来的。《说文解字》说"孝"字"从老省；从子，子承老也。"说明孝与老有着密切的关系。孟子说："老吾老以及人之老"，清楚地说明了敬老的思想是从孝亲推演而来的。中国尊老传统源远流长，《礼记·祭义》记载："昔者有虞氏贵德而尚齿，夏后氏贵爵而尚齿，殷人贵富而尚齿，周人贵亲而尚齿。虞夏殷周，天下之盛王也，未有遗年者，年之贵乎天下久矣，次乎事亲也。"由此可见古代极重年岁，尊高年仅次于孝亲。古人认为尊老有助于兴孝道。《大学》云："上老老而民兴孝"，《大戴礼记》说："上思敬老，则下益孝"，《王制》篇则进一步提出"养耆老以致孝"的政治措施。尊老与致孝是紧密结合、互相促进的关系。而养老与致孝的互动也将政治与伦理结合为一体，形成良性互动的关系。

古代社会提倡家庭致孝和政治上尊老，是与其社会历史条件分不开的。中国古代是农耕经济，其生产方式以家庭为组织单位，在生产工具简陋，在自然灾害威胁和靠天吃饭的生产状态下，生产率很低，生存资源非常有

① 《大戴礼记·曾子立孝》。

② 《孟子·离娄上》。

③ 《孟子·离娄上》。

限，如果失去劳动能力的老人得不到子女的赡养，将无法存活。因此养老的社会责任必须由家庭来承担。作为统治者提倡尊老也是出于维护小农经济的发展和社会的稳定。孝文化的这种规则设计，一方面体现了作为人子，对于生养自己的父母，在年老之时，出于感情的需要去赡养父母，另一方面也体现了当时的社会经济状况的要求，是社会为保障生存机会的平等性而作出的伦理和制度安排。这种为实现“老有所养”的社会目标而设计的伦理规范，符合人类社会发展的需要，体现了人性的关怀。1982 年 9 月 21 日联合国第 37 届大会一致通过了《老龄问题维也纳国际行动计划》。《计划》指出:“尊敬和照顾年长者是全世界任何地方人类文化中少数不变的价值因素之一，它反映了我们求存动力和社会求存动力之间一种基本相互作用，这种作用决定了人类的生存和进步”“人类的特点是童年阶段长，老年阶段也是。在整个人类历史上，这一特点使得老年人能教育年轻人并将种种价值留传给他们；老年人的这一作用保障了人类的生存和进步。老年人在家庭、邻里以及各种社会生活中的存在依然传授着无可替代的人类课程。老年人不仅以他的生命，而且事实上以他的死亡教导着我们所有人类。”①

老龄问题是当今世界的一大问题。据联合国统计，全世界 60 岁以上的老年人，1950 年为 2.1 亿，1975 年为 3.5 亿，2005 年为 6.73 亿，预测到 2050 年增加到 20 亿，在此期间世界人口将由 25 亿增加到 92 亿，增加 3 倍多；而老年人将由 2.1 亿增加到 20 亿，增长近 10 倍。老年人的增长速度大大快于人口增长的速度，老年人在人口中占的比重将由 8.5%上升为 21.7%。我国老龄问题日益突出。据统计，1980 年我国的老年人约有 8000 万，占人口总数的 8%；2013 年底，我国老年人突破了 2 亿，占人口总数的 14%。在 2025 年之前，老年人口将每年增长 800 多万人。老年人面临诸多问题和困难。一是失能老年人口继续增加，从 2012 年的 3600 万人增长到 2013 年的 3750 万人。二是慢性病老年人持续增多，2012 年为 0.97 亿人，2013 年突破 1 亿人。三是空巢老年人口规模继续上升，2012 年为 0.99 亿人，2013 年突破 1 亿人。四是无子女老年人和失独老年人开始增多，由于

① 中国老龄问题全国委员会编《联合国老龄问题资料汇编》，1993 年，第 12 页。

计划生育一代陆续开始进入老年期，加上子女风险事件的发生等因素，无子女老年人越来越多。2012 年中国至少有 100 万个失独家庭，且每年以约 7.6 万个的数量持续增加。五是贫困和低收入老年人数量仍然较多，2012 年全国约有 2300 万人。六是城镇老年人口的宜居环境问题十分突出，七成以上的城镇老年人口居住的老旧楼房没有安装电梯，其中的高龄、失能和患病老年人出行举步维艰。七是农村老年人留守现象更加突出，2012 年约有 5000 万，其中的高龄、失能和患病老年人的照料护理问题，已经引起社会各界的普遍关注。八是涉老侵权案件、老年人受害受骗事件、老年人自杀现象时有发生。由于人口老龄化超前于现代化，老有所养的问题日益严峻。在“未富先老”和“未备先老”的情况下，单凭社会养老是无法实现老有所养的目标的。居家养老和社会养老结合是当前和今后一定时期的现实选择，而这种养老模式需要基于孝道伦理的敬老意识的配合。在社会上依然要倡导尊重老人、关爱老人的良好风尚。

(5) 爱国意识。爱国意识是世界各民族普遍崇尚的价值观念。有人说，中国人的爱国之心为世界之最。此言不虚。中华民族自古就有爱国主义精神传统，几千年来薪火相传，历久弥新，成为中国人最为宝贵的美德之一，是我们立身处世、建功立业的道德准绳、行为准则。爱国精神成为中国各民族团结和凝聚力的精神支柱，成为推进中华民族生存和发展的不竭动力。如此伟大的爱国精神其产生的根源则与孝文化有着密切的关系。当然。爱国精神产生的因素是多方面的，但作为精神的源泉则必须从孝文化那里去寻找答案。我们把自己的国家习惯上称之为“祖国”而祖国的概念即是父母和祖先所占籍居住生养的地方。古人有称祖国为“父母国”或“父母之邦”的习惯。《孟子·万章》云：“(孔子)去鲁，曰：‘迟迟吾行也，去父母国之道也。’”《史记·仲尼弟子列传》云：“夫鲁，坟墓所处，父母之国，国危如此，二三子何为莫出?”唐朝阎朝隐《奉和送金城公主适西蕃应制》诗云：“回瞻父母国，日出在东方。”关于“父母之邦”的说法，如《论语·微子》：“枉道而事人，何必去父母之邦。”(唐)韩愈《后廿九日复上书》：“今天下一君，四澎一国，舍乎此，则夷狄矣，去父母之邦矣！”鲁迅《坟·文化偏至论》：“邦国如是，奚能淹留？吾见放于父母之邦矣！”。因为祖先和父母在那个国家出生，是那里的水土物产养育了祖先和父母，所以那片土地是我们的生命血脉的根源所在，所以我们才有把生养父母和祖先的国家称为父母国或“父母之邦”。这种亲切的称呼反映了我们源于对父母祖先的孝而产生的热爱之情。爱国实则是源于孝亲敬祖而形成的。《礼记·大传》云：“自仁率亲等而上之至于祖，自义率极顺而下之至于祢，是故人道亲亲也。亲亲故尊祖，尊祖故敬宗，敬宗故收族，收族故宗庙严，宗庙严故重社稷……”。“社稷”在古代是国家的代称。“重社稷”也就是重视国家热爱国家的意思。从中不难看出爱国之情源于尊祖、尊祖源于爱亲，而爱国主义正是孝意识衍生的结果。时至今日，每年大批海外中华儿女不远千里万里回国探望亲人，祭祀父祖，拜谒炎黄陵庙。体现的是念祖思根的情怀。许多从父祖时期就已经漂泊海外的中华儿女，念念不忘为祖国的独立、富强和统一大业积极贡献力量，在每逢国家遭受像汶川地震那样的重大灾难时海外中华儿女、港澳台同胞总是慷慨解囊，竭尽全力给予支援的救助。这种精神和力量既可以说是爱国精神的体现，也可以说是赤子对祖国母亲的敬仰，对先祖的“追孝”。

今天爱国主义依然是我们最为重要和宝贵的精神追求。2006 年 10 月中共十六届六中全会通过的《中共中央关于构建社会主义和谐社会若干重大问题的决定》提出了社会主义核心价值体系，其中以爱国主义为核心的民族精神成为这一体系的精髓之一。2013 年中共中央大力提出培育和践行社会主义核心价值观，其中爱国成为每个人的核心价值理念和行为准则。要让爱国主义的活水源远流长，弘扬孝文化则是一项基础工程。

(6) 和谐意识。所谓和谐，就是两种事物或者一种事物自身的诸构成要素之间保持一种协调良好的关系。传统孝文化充分体现出了和谐的理念，这种和谐理念体现在各个领域和层面。首先，体现在父母与子女关系的和谐上。在孝文化的核心是协调好父母与子女的关系，在父母与子女的关系上通过子女对父母的“孝”和父母对子女的“慈”来形成和谐的关系。其次，体现在家庭成员关系的和谐上。在父慈子孝的基础上通过兄友弟恭、夫义妇顺形成家庭以及家族的和谐关系。其三，体现在整个社会人际关系的和谐上。传统孝文化也包含着和谐社会的意识，所谓“宗族称孝焉，乡

党称弟(悌)焉”“弟子入则孝，出则悌，谨而信，泛爱众，而亲仁”“老吾老以及人之老，幼吾幼以及人之幼”。即家庭内部的父慈子孝、兄友弟恭推及到社会就是以孝敬父母之心去对待社会上的老人，以尊敬兄长之情对待社会上的同辈长者，以慈爱和友爱之心对待他人的孩子和社会上同辈的年轻者，这样就使得整个社会形成人与人之间的和谐关系。其四，体现在个人与国家关系的和谐上。《论语》云：“其为人也孝悌，而好犯上者，鲜矣。君子务本，本立而道生。孝悌也者，其为仁之本与。”作为一个孝顺父母，尊敬兄长的人，而喜好冒犯长辈和上级，是很少见的；不喜好冒犯长辈和上级，而喜好造反作乱的人，是没有的。君子要致力于根本，根本确立了，治国做人之道就产生了。孝悌实际上就是仁的根本。也就是说一个拥有孝悌理念的人会比较自觉地把这种道德准则应用于对待君上和国家，即所谓“移孝作忠”“忠臣出于孝子之门”。其五，体现在个人自身的和谐上。传统孝道要求，作为子女对父母的孝要做到感情、认识和行动的统一协调，即表里如一，孝要出自内在的真实感情，不仅要做到养，更要做到敬。所以特别强调要修身。修养要达到的境界就是要有一个真诚之心、善良之心，以此心指导其言行，以达到内在与外在的和谐。其六，体现在人与自然的和谐上。在古人看来孝心出自于天性，如孟子所说：“人之所不学而能者，其良能也；所不虑而知者，其良知也。孩提之童无不知爱其亲者，及其长也，无不知敬其兄也。”孝道既然出自自然天性，因此践行孝道必须与自然规律相和谐，与自然保持良好关系，正是基于要与自然保持和谐关系，所以曾子说“伐一树，杀一兽，不以其时，非孝也”。

2004 年 9 月 19 日，中国共产党第十六届中央委员会第四次全体会议上正式提出了“构建社会主义和谐社会”的概念。2005 年以来，中国共产党提出将“和谐社会”作为执政的战略任务，“和谐”的理念要成为建设“中国特色的社会主义”过程中的价值取向。“民主法治、公平正义、诚信友爱、充满活力、安定有序、人与自然和谐相处”是和谐社会的主要内容。孝文化所蕴含的和谐理念和相关原则将对和谐社会的建设提供借鉴和启迪，对培育和践行社会主义核心价值观提供思想源泉。

此外，传统孝文化还包含着强烈的责任意识和进取意识。孝文化不仅强调一个人要对自己和父母负责，而且强调要对家庭(家族)、国家民族负责，要树立修身、齐家、治国、平天下的远大志向，要显亲扬名，光宗耀祖，保家卫国，将个人与家庭、国家、民族的利益紧紧融为一体，突出体现了担当意识和进取精神。这些对于我们今天遏制个人主义至上，对家庭、社会、国家民族的责任意识欠缺，不思进取、追求安逸和享乐等不良风气亦有着重要的借鉴意义。

二、孝文化的糟粕

就传统孝文化的糟粕而言，主要表现在以下几点：

(1) 服务于封建统治专制性。孝道本来是属于家庭中的道德伦理规范，用于协调父母子女和家庭成员之间的关系的。起初与忠君并无瓜葛。一些古代思想家出于迎合封建专制统治的需要，极力鼓吹“忠孝合一，移孝作忠”的思想，使“孝”成为封建专制统治的基本道德力量。中国古代封建社会是以宗法式家庭形式来组织社会，建立以皇帝绝对权威为基础的封建家天下。在这种统治模式下，皇帝不仅是一国之君，而且是天下的大家长。在这种封建等级制社会里，对封建家长的绝对尽孝，扩大到国家就是对君主的绝对尽忠。这样的话，孝亲与忠君便密切联系起来。封建统治者宣扬孝是忠的前提，忠是孝的结果，而且强调忠重于孝，在忠孝不能两全时，则要求必须“舍孝尽忠”。传统孝道中“忠孝合一”观念完全出于封建统治阶级谋求封建社会秩序稳定和封建皇权统治长治久安的需要，实际上是对封建统治阶级利益的维护。前文对唐代帝王孝道观念的分析中就清晰地反映了这种政治本质。今天虽然封建统治已经退出历史舞台，但封建特权思想和专制思维并没有随着封建统治制度的消亡而消失，需要我们时刻警惕和反省，所以对传统孝道中维护封建专制统治的一面要彻底批判，才能使我们从封建专制思想的奴役下最终解放出来。

(2) 服务于父权家长制的奴役性。进入封建社会以后，传统孝道不断强化对封建父权家长制的维护。将子女对家长尽孝的义务片面化，将父母对子女的教导权力绝对化，在孝道要求方面不分是非，子女要无条件服从

父母，要绝对顺从父母家长的意志，不能有丝毫的违逆，封建法律赋予父母家长对子女的教导权、财产的管理和处置权、婚姻的决定权和对外的代表权等，宋代以后到了“天下无不是的父母”“父叫子亡，子不得不亡”的极端地步。传统孝道中这种践踏子女人格尊严、视子女为奴仆和依附的极其专制不平等的理念和制度，是不利于子女人格的健全、家庭和谐关系的建立和社会发展的，是典型的封建糟粕，必须坚决予以扬弃。

(3) 维护男尊女卑的不平等性。传统孝文化中不仅表现出父母家长对子女的专制和奴役，而且还有维护男尊女卑的一面。视婚姻为传宗接代的纽带，视妇女为传宗接代的工具，不能生养成为妇女被遗弃和摧残的最为重要的理由。由父权延伸到夫权，导致对妇女的歧视和奴役。从传宗接代的需要出发，形成重男轻女的思想。这些都与今天的男女平等观念背道而驰，是我们需要抛弃的糟粕之一。

(4) 过分尚老思维下的保守性。尊老敬老是中国传统孝文化的题中之义，提倡尊老敬老有助于增加人类的团结和社会的稳定和谐，也体现出对老人为社会作出贡献的尊重和礼遇，也是人道主义精神价值的体现。但在古代中国由于片面强调了老人的价值和贡献，以及对老人权力的维护，形成了一种尊老抑少的价值观，老代表着正确，代表着能力和智慧，代表着权威和尊严，少则意味着幼稚、无知、不可靠，需要被指教和管控。在家庭里老人说了算，在社会上长者说了算，在政治上形成了“老年政治”。在中国文化当中有智慧的人大都被塑造成老的形象，在资源分配，晋升职位、获得发展机会等方面往往都是讲究“论资排辈”。老年人的特点一般是注重经验，追求平稳，创新、冒险和变革的意识不强，而青年人虽然社会经验欠缺一些，但求新思变的意识强。在老少不平等的文化氛围下，年轻人的活力和创造力被长期压制，导致中国古代社会发展进步缓慢，文化上日趋保守。因此今天我们在弘扬传统尊老文化的同时，要克服老少不平等的观念，扬弃传统孝文化中这些消极保守的因素，建立新型的尊老文化。

(5) 传统孝文化中的愚昧性和虚假性。一是孝文化与鬼神观念等迷信思想结合。一方面宣扬人死后灵魂不灭，注重丧祭可以保佑子孙获得福报。因此厚葬久丧，大修陵墓，大搞祭祀活动，劳民伤财，造成社会的极大浪费。另一方面编造孝感动天的迷信。古代统治者为了推行孝道教化，编造大量迷信故事来愚弄民众，如二十四孝故事中的大舜“孝感动天”“耕于历山，象为之耕，鸟为之耘”；董永“卖身葬父”“仙姬陌上迎，织缣偿债主，孝感动天庭”；孟宗“哭竹生笋”，王祥“卧冰求鲤”等等，使得孝文化神秘化。二是将孝道行为推行极端化，为了宣扬孝道，封建统治者以极端的孝道行为为标准来树立典型，所谓“孝行卓异”者方能获得表彰，因而催生了许多极端的行孝方式，如“哀毁逾礼”“泣血庐墓”“恣蚊饱血”“尝粪辨疾”“割股奉亲”“郭巨埋儿”等。这些以摧残伤害自己身心和他人性命来表达孝心的行为不仅违背了传统孝道伦理珍爱生命的价值追求，而且背离了人道主义的精神，使人性走向了扭曲。三是孝道行为的虚假性。孝感动天这类故事本身就是编造出来唬人的虚假故事，而许多极端化的孝道行为当中已经包含了博取名利的不纯动机和表演性的成分，更有甚者以孝为幌子而公然博取名利的现象也不在少数，如郭纯“每哭(亡母)则群鸟大集”、王燧“家猫犬互乳其子”等人为制造出来孝感假象以获得政府表彰；“举孝廉，父别居”，以孝名博取官位；大办寿宴和丧祭活动以孝为名而敛人钱财的现象既就是今天也还存在着。传统孝文化中这些违背人性、违背诚信道德、违背科学精神的东西要统统将其清除掉，打扫得干干净净。

(6) 与现代法治精神的冲突性。《孝经》云“五刑之属三千，罪莫大于不孝”。由于把法看作对孝辅助的工具，因此孝道往往凌驾于法律之上。而孝道根基在家，其本质是对私情、私德的维护。所以在中国古代法律中，法律维护家长的利益，对于子女晚辈冒犯家长处以重刑，而对家长伤害子女则从轻或免于处置。当父子家人如有人犯罪，道德和法律都鼓励或默许他们之间的相互隐瞒和庇护，甚至可以代父母服刑，即遵循“父子相容隐”的原则。汉代法律规定，如果父母犯了罪子女到官府告发，则要被处死刑，唐律则规定除非父母犯了谋逆那样的大罪，才可以到官府去告发，否则就要受到法律的惩处。当子女为父母报仇而自行杀伤父母的仇人时，法律往往宽大处置甚至不予追究，反而受到嘉奖。这些都是人情大于司法，私德凌驾于公德的体现，与现代法治精神所倡导的法律面前人人平等，维护公平正义是相冲突的，也是需要我们抛弃的落后理念。

第三节　孝文化对于建设中国特色社会主义的启示

中国特色社会主义就是将马克思主义普遍原理与中国实际和时代特征结合起来，独立自主走自己的路。一个国家的历史文化是这个国家保持独特性的根基，文化是民族的血脉，是人民的精神家园，优秀传统文化凝聚着中华民族自强不息的精神追求和历久弥新的精神财富，是发展社会主义先进文化的深厚基础，是建设中华民族共有精神家园的重要支撑，也是中国特色社会主义事业发展的智慧源泉。作为中国传统文化最鲜明的特色之一，孝文化延续发展时间久远，内涵丰富，其自身发展演变历史经验是我们推进中国特色社会主义事业建设的精神财富，从中可以得到诸多的启迪。下面就四个方面的问题作以探讨。

一、孝文化与社会主义核心价值体系建设

中国共产党的十六届六中全会首次明确提出社会主义核心价值体系这一新命题。社会主义核心价值体系包括四个方面的基本内容，即马克思主义指导思想、中国特色社会主义共同理想、以爱国主义为核心的民族精神和以改革创新为核心的时代精神、以“八荣八耻”为主要内容的社会主义荣辱观。这四个方面的基本内容相互联系、相互贯通，共同构成辩证统一的有机整体。建立社会主义核心价值体系，需要大力弘扬民族优秀文化传统，传统孝文化是民族优秀文化传统的集中代表之一，推进社会主义核心价值体系建设可以从传统孝文化中汲取营养、借鉴经验，探寻路径。

(1) 传统孝文化在精神价值上多与社会主义核心价值体系相一致。这里所说的一致主要是从逻辑关系上的理解。传统孝文化与社会主义核心价值体系因时代不同，表达方式、话语体系等存在具体的差异，但其在哲学思考、价值追求、文化心理、人文情怀等方面多有切合。

首先与马克思主义的指导有切合之处。如在政治理想上，以孝道为基

础的儒家大同理想讲："大道之行也，天下为公，选贤与能，讲信修睦。故人不独亲其亲，不独子其子，使老有所终，壮有所用，幼有所长，矜、寡、孤、独、废疾者皆有所养，男有分，女有归。货恶其弃于地也，不必藏于己；力恶其不出于身也，不必为己。是故谋闭而不兴，盗窃乱贼而不作，故外户而不闭，是谓大同。"[①]在大道施行的时候，天下是人们所共有的，把既贤德又有才能的人推选出来给大家办事，人人讲求诚信，崇尚和睦。因此人们不仅仅奉养自己的父母，不仅仅抚育自己的子女，要使老年人能终其天年，中年人能为社会效力，幼童能顺利地成长，使老而无妻的人、老而无夫的人、幼年丧父的孩子、老而无子的人、残疾人都能得到供养。男子要有职业，女子要及时婚配。人们憎恶财货被抛弃在地上的现象而要去收贮它，却不是为了独自享用；也憎恶那种在共同劳动中不肯尽力的行为，总要不为私利而劳动。这样一来，就不会有人搞阴谋，不会有人盗窃财物和兴兵作乱，家家户户都不用关大门了，这就叫做大同社会。这里所讲的大同理想与共产主义社会主义的理想是多么的相似啊，正反映出以孝道文化为基础的中国传统文化在追求人类社会发展目标上殊途而同归，在价值观上表现出利他主义的价值取向。

其次，与中国特色社会主义共同理想有切合之处。中国特色社会主义共同理想就是指国家富强，民族复兴和人民幸福，就是要实现中华民族的伟大复兴之梦。而孝文化是民族团结和兴旺发达的精神基础。潘光旦先生曾指出，血统与道统是我们民族文化最基本的两个观念。重视血统从而产生强烈的孝意识，而孝意识又反过来又激励家族、民族、种族的繁衍、发展和兴盛，成为凝聚民族团结的纽带，催生民族奋进的潜在的内生动力，维系民族兴旺发达的精神基石。中国特色社会主义离不开中华文化的深厚基础和精神支撑。胡锦涛在中共十七大报告中明确指出："弘扬中华文化，建设中华民族共有精神家园。中华文化是中华民族生生不息、团结奋进的不竭动力。要全面认识祖国传统文化，取其精华，去其糟粕，使之与当代社会相适应、与现代文明相协调，保持民族性，体现时代性。"孝文化作为

① 《礼记·礼运》。

中华传统文化的优秀代表和精神基础，也同样是中国特色社会主义共同理想实现的精神基础和动力源泉之一。

第三，与爱国主义民族精神有切合之处。孝道是中国爱国主义的情感来源，是国家和民族凝聚力的道德基础。中国传统文化将孝行扩大，由对有血缘的生身父母亲人的小爱到没有血缘关系的同一民族、同一文化传统的祖国人民的大爱，爱国主义是孝意识的延展结果，是亲亲感情的连锁效应。这种以孝心为基础的爱国主义像血液和空气一样是中华民族须臾不可或缺的民族意识，在各个时代、各个阶段、各个民族、各个地域形成了不变的民族凝聚力，贯穿中国历史几千年不变。从古至今，中华儿女都把报效祖国视为人间大孝，所以，弘扬传统孝文化的合理思想对于振奋民族精神、增强民族凝聚力是内在统一的。

第四，与社会主义核心价值观有切合之处。党的十八大提出，倡导富强、民主、文明、和谐，倡导自由、平等、公正、法治，倡导爱国、敬业、诚信、友善，积极培育和践行社会主义核心价值观。富强、民主、文明、和谐是国家层面的价值目标，自由、平等、公正、法治是社会层面的价值取向，爱国、敬业、诚信、友善是公民个人层面的价值准则，这 24 个字构成社会主义核心价值观的基本内容。传统孝文化的价值理念中就隐含着富强、文明、和谐、爱国、敬业、诚信、友善等内容，在传统道德观念中一切以孝道为基础，所谓百善孝为先，一切善心、善念和善行皆从孝道开始，以孝道为前提，所以培育和践行社会主义核心价值观，孝道同样是基础，是前提。

(2) 弘扬孝道文化有助于社会主义核心价值体系的大众化。社会主义核心价值体系能否真正构建起来，关键是这一体系能否成为中国大众群体所共同遵守的价值取向，内化为每个社会公民的个人精神追求，也就是说要实现社会主义核心价值体系的大众化。当前推进社会主义核心价值体系建设大众化的困境主要体现在：其一，如何使社会主义核心价值体系抽象的理论，转化为具体的、形象的内容，容易被社会大众所理解和接受；其次，如何扩大社会主义核心价值体系的受众面，即由目前的局限在党员干部等有限社会群体而扩大到社会广大民众。孝文化是中国文化中产生最早、影响最深远的伦理范畴，成为中华传统文化的基本特征，数千年来主宰着中国人的价值观念和行为规范，渗透在中华民族心理之中，从官方来看，“孝治天下”是治国之要道，从民间来看，孝文化广泛的融入衣食住行、风俗习惯等生产生活的方方面面。以孝为基础的传统文化中成长起来的每一个中国人，身体里都存有孝道和孝文化的基因，每一个中国人的生活无不折射出孝道和孝文化光影。中国社会的孝道文化不仅有着深厚的人文心理基础，而且有着广泛的社会群众基础，能引起普遍的认同感。孝文化内涵丰富具体，从对父母的天然亲情而起始，真切而自然，因此以弘扬孝道文化为媒介，可以将社会主义核心价值体系与传统文化对接，使其变得具体而切近每个社会民众，便于被民众所认同和接受。孝道文化有多个层次和境界，所谓“修身、齐家、治国、平天下”。因此上自党和国家领导，下至普通百姓，都可以践行孝道。以弘扬孝道为载体实践社会主义核心价值体系能被社会各个阶层所接受。加强自身修养是齐家、治国、平天下的基础。对于每个普通民众来说实践社会主义核心价值体系，首先就要从自身的修养做起，自身的修养的起点又是修养孝道，没有对父母的爱心，就谈不上爱岗敬业，关爱他人，奉献社会、报效国家。因此以弘扬孝道为载体可以为社会主义核心价值体系的实践打牢广泛而坚实的基础。

(3) 孝文化可为社会主义核心价值体系建设提供路径借鉴。社会主义核心价值体系建设必须有其实现的合适路径，否则无法成为整个社会的价值取向和精神支柱。孝文化在古代社会属于核心价值体系的重要组成部分。而孝文化成为核心价值体系有其实现的自身路径。同为核心价值体系，孝文化建构和实践的途径是可以给予社会主义核心价值体系建设以启迪和借鉴的。

首先，必须建构起系统的理论体系。孝意识和实践的产生是久远的，但孝道理论却是经过不断地总结和凝练才形成的，从孔子最早提出，期间经过曾子、孟子等许多位思想家不断地丰富和完善，最终形成了《孝经》——专门来阐述孝道理论的经典著作，为其成为社会思想的主流价值奠定了坚实的基础。不仅如此，历朝历代不断对《孝经》进行注解和新的阐明，使其保持了与时俱进的持续影响力。今天我们虽然提出了社会主义核心价值体系，但对这一体系的理论构建还需要不断地丰富和完善，要推出社会主义核心价值体系系统的、科学的、权威性的著作，根据时代的发展不断丰富其理论内涵，这是社会主义核心价值体系建设的灵魂和基础。没有这个灵魂和基础，社会主义核心价值体系是无法建构起来的。

其二，必须构建其系统的教育体系。核心价值体系不会自然成为人们的价值追求，而必须通过教育灌输。我们从唐代孝道教育可以看出古代对孝道教育的重视程度。无论是家庭教育，还是官学、私学，无不把孝道教育作为主要内容，上自皇子贵胄，下至庶民百姓，无论哪个阶层都必须接受孝道教育。正因为如此，才使的孝道伦理深入人心。所以，推进社会主义核心价值体系建设，必须将社会主义核心价值体系融入整个教育体系之中，无论家庭、学校还是社会都必须承担起社会主义核心价值体系的教育任务，坚持持续的教育和灌输，才能使其深入人心。

其三，必须构建系统的制度保障体系。古代为了推行孝道，统治者将“孝治天下”作为治国理念，围绕孝道伦理的要求，建立起了一整套政治、经济、文化和社会制度，为孝道理念的实践提供了强有力的保障。因此构建社会主义核心价值体系，必须将这一价值体系自觉的转化为执政理念，内化在政治、经济、文化、社会、生态建设的制度和举措之中，才能形成强大的社会支撑力来推进社会主义核心价值体系的实践。

其四，必须融入社会生活之中。从唐代社会来看，孝文化融入了老百姓的衣食住行，广泛渗透在家庭生活、节日习俗之中，引领着社会的风尚。反映出作为核心价值体系的孝文化在古代之所以深入人心，与其紧密融入民众社会生活分不开。构建社会主义核心价值体系也应当自觉接地气，融入百姓生活，才能根深叶茂。

其五，必须持续推进。孝道伦理理论化从孔子开始，到《孝经》形成和汉代正式确定“以孝治天下”的政治实践，这期间经历了长达数百年的实践和理论探索。从中可以看出，孝道伦理成为社会的核心价值观是经历了一个相当长的探索过程的，也是一个不断持续推进的过程。由此可见，思想理论的成熟不可能一蹴而就，更不可能靠一纸文件就能解决问题。而是要在实践中不断地总结、提炼，持续推进才可能实现。不能急于求成，而要扎实持续推进。

二、孝文化与当代教育

改革开放以来我国教育事业发展十分迅速。从国民教育体系来看，教育规模不断扩大，教育普及率大幅提升。1978 年至 2013 年间，全国小学学龄儿童入学率从 94%提高到 99.7%；初中毛入学率从 20%达到 100%；高中阶段教育毛入学率从不到 10%提高到 86%；高等教育毛入学率从不到 1%提高到 34.5%；学前教育毛入园率从很低水平起步，达到 67.5%[①]。在教育方针上，积极推进素质教育，不断提高教育质量，提出了坚持育人为本、德育为先，把立德树人作为教育系统的根本任务和教育理念。积极推进教育体制机制改革，加大对教育的投入，师资队伍建设和办学条件都有了较大的改善，国民知识文化素质有了较大提高，人力资源开发处于发展中国家较好水平。对于教育所取得的巨大成就应当给予充分的肯定。但同时教育存在的问题也是非常突出的，比如专家指出："我国社会上始终蕴藏着特别旺盛的教育需求，但财政支持还低于世界平均水平。从劳动力文化程度和创新人才能力看，我国与发达国家差距依然很大，现代化建设和人民群众对教育强烈需求和教育资源供给不足的矛盾比较突出，城乡、区域及学校之间教育发展差距较为明显，素质教育实施很不平衡，教育公平与质量有待提高。"[②]这些问题固然重要，但并没有反映出我国教育存在的最为根本性的问题所在，我个人认为，最为根本性的问题在于"育人为本，德育为先"的基本方针没有得到切实的贯彻。改革开放以来，在大力发展经济的同时，功利主义的思潮侵蚀着社会的各个领域。在这种大背景下，教育围绕应试和功利而转，学校教育注重的是知识的灌输和技术能力的提升，道德教育虚置，人格塑造边缘。导致整个社会道德滑坡，精神荒芜，许多青年人人格残缺，失去了对自己、家庭和社会的爱心和责任，失去了对高尚情操、价值理想的追求和坚守。早在 1989 年，邓小平就指出"十年来我们最大的失误在于教育方面，对青年的政治思想教育抓得不够，教育发展

① 详细数据参见教育部官方网站发布的《2013 年全国教育事业发展统计公报》。

② 张力《改革开放 30 年我国教育成就和未来展望》
http://news.xinhuanet.com/theory/2008-10/07/content_10160445.htm

不够。”“我们的最大失误在教育，对年轻娃娃、青年学生教育不够。控制通货膨胀可以很快见效，而教育的失误补起来困难得多。”邓小平所讲的教育是指“思想政治教育”，也就是我们所说的德育问题。他在 20 多年前就认识到教育中德育和思想政治教育是最大的失误，这个失误补起来比经济建设要困难得多。不幸的是 20 多年来，我们这方面的失误不是得到了有效补救，而是在进一步的扩大和深化。所幸的是近年来党和政府以及社会各界对这一问题越来越重视，中央和教育部门积极采取措施来加强德育和思想政治教育工作。尤其是积极从传统文化中吸取教育经验和营养。应该说中国传统文化，尤其是儒家文化特别重视道德建设，重视人的道德修养和人格完善，在道德教育方面也积累了丰富的方法和途径。孝道作为道德之首，儒家文化的基础，这方面的内涵和经验自是丰富。

首先，德育教育应从孝道教育入手。我们今天讲“育人为本，德育为先”，即德育在教育当中是首要的，作为教育的宗旨首先要引导人成为一个向善的人，正如《礼记·学记》所说：“教也者，长善而救其失者也”，即教育就是长养其善行，修正其错误的(不善的)行为。《说文解字》说“育，养子使善也”，也强调了德育在教育中的根本性的地位和作用。《孝经》开宗明义说“夫孝，德之本也，教之所由生也”。就是说孝道是道德的根本，是教育所产生的原因。为什么这么说呢？父母是我们人生中最大的恩人，人们之间的道德情感首先产生在父母与子女之间，即子女对父母的尊敬和爱戴，这是人来到这个世界体验到的第一种道德情感，由对父母的爱，而扩展到对兄弟姐妹的爱，进而延伸到对他人，对社会，乃至对自然万物的爱。《孝经》说：“不爱其亲而爱他人者，谓之悖德；不敬其亲而敬他人者，谓之悖礼”。如果一个人不爱自己的父母亲人，而自称爱他人，那这种德(爱)是一种虚假的爱，如果一个人不尊敬自己的父母亲人，而自称尊敬他人，这种礼(敬)实际上是一种虚假的礼貌。因此要有爱心和善心先得有孝心。现代德育理论认为，责任的认识是道德的起源，责任感是道德教育的基础和根本要求。孝道实际上是因对父母的感恩而产生的对父母尊敬和孝养的责任感，这种责任感正是所有责任感的起源。因此，我们进行德育教育，首先要从孝道入手，从最基础的道德感的培养做起，才能建构出宏伟绚丽的道德大厦来。

其次，孝文化中的许多内涵都可以成为当代德育教育的内容。从德育类型划分的角度来说，德育包括私德、公德和职业道德。私德教育即培养青少年的私人生活的道德意识及行为习惯，如相互尊重、相互体谅、相互关心、诚实、忠诚、敬老爱幼等；公德教育即培养青少年的国家与社会生活的道德意识和符合社会公德的行为习惯，如遵守社会公共秩序、注意公共卫生、爱护公共财物、保护环境、见义勇为、维护民族尊严和民族团结等；职业道德教育即培养青少年职业生活的道德意识及合乎道德规范的行为习惯，如忠于职守、勤恳工作、廉洁奉公、团结合作等。从传统孝文化的内涵来看，其对青少年无论是私德、公德，还是职业道德的培养都有裨益。首先，孝敬父母，尊老爱幼是孝道文化的基本内涵，也是我们今天德育教育的重要内容。其次，由孝文化所延伸出来的许多道德价值也是我们当代德育教育的重要内容。如孝道是感恩意识、责任意识之基础。人皆为父母所生所养，从一出生就感受到父母爱，在成长中得到父母无私的爱和呵护。为了儿女父母甘受千辛万苦，甚至奉献自己的生命。在这个养育的过程中，子女产生了对父母的依恋，感激、进而产生回报父母养育之恩的情感。这种知恩、感恩、报恩的情感和意识，以及作为子女尽到奉养父母的责任意识，就是孝。也就是说感恩意识和责任意识皆始于孝。因此对青少年进行感恩意识和责任意识教育离不开孝道教育。又如，近些年来，青年少年漠视生命、无视生命的自杀或他杀行为时有发生，加强青少年的生命意识和价值的教育成为时代的课题。孝道的内在本质就是生命论，孝文化特别重视生命和珍视生命的价值，不仅重视现实有限生命的维护和魅力的尽情绽放，而且关注生命的永恒与超越。生命的源泉来自祖先和父母，因此要对祖先和父母心怀敬畏之义，要对父母的生命给予珍视和保护。自己的身体不仅是自己的，而且是父母的。因为它是父母所给的，是父母和祖先生命的延续，因此珍视自己的生命，成就自己的人生，不仅是自己生命价值的体现，也是对父母祖先尽孝的体现。加强孝道教育有助于培养青少年珍视生命、热爱生命的感情，树立其对生命敬畏之心、责任之心，催生其对生命价值和意义的思考和发掘。再如孝道文化是民族团结和凝聚力的基础，是爱国主义情感的源泉，加强孝道教育有助于培养青少年维护民族团结，弘扬爱国主义精神。此外孝道文化蕴含的和谐意识、修身意识等都是对青少年进行德育教育的有益资源。孝是道德之源，德育之基，其在思想和价值方面具有原发性、基础性的特点，可以说与今天开展的德育内容有着内在的、多方面的联系，需要我们对其进行现代的转换和充分的挖掘，才能展示这一思想宝库的魅力所在。

第三，德育教育应注重传统孝道教育的言传与身教的统一。以孝道教育为基础的传统道德教育特别注重言传与身教的统一，从一定程度上来说，更看重道德实践、身体力行。孔子曾说过“听其言而观其行”[①]“君子贵讷于言而敏于行”[②]。就是说不仅言和行要统一，而且要少说多做，重在实际的行动。中国传统孝道教育实践中不仅重视孝道理论的宣传，而且重视孝行的示范和表率作用。在家庭中父母通过对自己的父母尽孝的行动为子女做示范，在社会上官僚士大夫在孝行上为百姓做示范，在政治上皇帝为官民做示范。汇聚成了宏大的孝道实践力量，推动孝道教育的深入，所以教育才深入人心。今天在功利主义思潮的影响下，整个社会言行错位，表里不一，在道德思想层面唱高调的多，落实的少，对别人说教的多，自己按照自己所教导别人的去做的少。领导要求老百姓遵守道德规范而自己却超越规范之外，老师要求学生遵守道德而自己却践踏道德的神圣，家长要求子女对自己尊敬却不尊敬自己的父母。如此以来德育教育离开了实践的支撑，仅停留在空洞的说教和言不由衷的宣传上，不仅使得道德力量日益微弱，而且给人造成道貌岸然的虚假印象，使道德教育陷入了极大的危机之中。因此，要走出德育的困境，就要借鉴孝道教育注重道德实践的传统，要让道德教育不仅在言语上是巨人，而且在行动上是伟人。

第四，德育教育可借鉴传统孝道教育中的大德育观。传统孝道教育从德育观上来看是一种大德育观，即将家庭教育、学校教育和社会教育有机结合的一种教育模式。我们从前面对唐代社会的分析可以看出。唐代家庭

---

①《论语·公冶长》。

②《论语·里仁》。

教育以孝道为核心，对孩子的启蒙教育就从孝道开始进行，在家庭生活中处处融入孝道的理念，并进行孝道的实践；在学校教育中，无论是官学还是私学都以孝道教育为基础，将其贯穿于学校教育的整个体系；在社会领域，国家将“孝治天下”作为治国之道，融入各种政治环节之中，尤其是在官员的选拔上把孝道作为重要的标准，对孝道模范进行大张旗鼓的表彰，社会舆论也自觉的宣扬孝道，并形成浓厚的社会氛围。这种家庭教育、学校教育和社会教育有机结合的模式可以说是传统孝道教育成功的不二法门。今天，人们对建立家庭教育、学校教育和社会教育相结合的大德育格局的意义和重要性已经有了清楚的认识，但在实践上却步履艰难，家庭、学校、社会在德育教育上还未能携手并进，形成有机的整体，营造出和谐的氛围。因此在实践上还要吸收和借鉴中国古代德育教育的成功经验，推进大德育观的实践创新。

三、孝文化与养老问题

孝敬父母是孝道的基本内容，尊老敬老是传统孝文化的重要内涵，在古代养老问题的解决中发挥了重要作用。随着时代变迁，社会变革，中国快速进入了老龄化社会。由于经济社会发展与老龄化不同步，以及中国特殊的社会历史文化状况，养老问题成为社会面临的日益突出问题。中国传统孝道文化和养老经验对于今天解决养老问题依然具有重要的意义和价值。

（一）老龄化社会需要孝道

虽然今天孝道产生的自然经济基础和宗法社会已经不再存在，但中国的现实社会现状依然需要孝道来为老龄化社会服务，也就是说，在今天的老龄化社会中孝道依然有其存在的社会基础和合理性。

(1) 国情发展现状需要孝道。我国已经步入老龄化社会，但社会经济发展水平与老龄化的进程并不一致。改革开放以来，虽然经济发展取得了巨大成就，但仍然属于发展中大国，还处在社会主义初级阶段，社会福利水平还不够高，保障体系还不够健全，社会还无力全部承担居民养老所需要的福利和设施条件，在家庭还是社会基本生产和消费单位的背景下，子

女赡养年老体弱的父母依然是其社会责任。

我国是一个传统农业大国。新中国成立以来，我国实行的是城乡二元经济体制。广大农村还是处在自然经济占主体的状态下，在这种经济体制下，也形成了城乡社会二元结构，城市居民有比较完备的社会保障，而经济发展落后的广大农村，社会保障还很不完善，老人的养老还主要依靠家庭和本人，家庭养老仍然是农村老人养老的主要模式。

我国是人口大国，目前是老龄人口最多的国家，加之改革开放以来的独生子女政策的实施、经济社会的发展水平提高后人们生育子女意愿的下降等因素，与发达国家相比，我国老龄人口规模庞大且不断增加，老龄化速度也是世界上最快的，据推测，到 2020 年，我国老年抚养系数将接近 30%，到 2030 年将达到 40%。这样即使将来我国经济社会发展水平大幅提高，社会也难以完全解决养老问题，子女和家庭承担一定的养老责任将是长久性的。从家庭结构来看，虽然核心家庭已经成为社会的主要家庭模式，但两世同堂仍然是不可忽视的重要模式。尤其是在广大农村，三世同堂依然占有相当的比例。即使父母与子女分居的核心家庭，子女与父母在经济和生活上依然保持着密切的联系。长期以来形成的家庭养老观念在中国老人和子女的心理上依然占据主流，这种观念在短期内不可能很快转变。在这种背景下，弘扬孝道美德是现实国情的需要。

(2) 养老本身的要求需要孝道。现代养老的基本要求有三项：经济上赡养、生活上照料、精神上慰藉。养老所要达到的目标是“老有所养、老有所医、老有所学、老有所乐、老有所为”。一方面在“未富先老”的国情下，许多老人在经济上还需要子女给予帮助，在生活上给予照顾，尤其是在精神上给予慰藉。在改革开放和市场经济大潮的冲击，家庭养老功能的日渐减弱的背景下，传统孝道观念也趋于淡化，现实生活中一些子女不但不尽孝养义务，反而“啃榨”老人，侵占老人财物，干涉老人婚姻，损害老人合法权益，甚至打骂虐待、遗弃老人等，这些行为丧尽天良，令人发指。孝道强调幼敬长、下尊上，要求子女孝敬父母，晚辈尊敬老人，在物质、生活和精神上都要尽力帮助老人，使其颐养天年，享受到天伦之乐。这种精神无论古今，还是未来都具有普遍的社会意义，因此解决养老问题则需要弘扬孝道以激发子女对父母赡养和照顾的道德意识和社会责任感。

（二）孝道之于养老问题的价值

孝道是中华民族创造的宝贵精神财富，其中优秀的部分在今天社会依然发挥着重要作用，对于解决中国老龄化问题具有重要的价值。

⑴ 有助于缓解老龄化社会带来的经济压力。在中国未富先老的国情下，经济发展水平较低，养老保障体系不够健全，保障能力比较低，政府没有能力完全承担居民的全部养老责任。中国的老年人大多数生活在农村，尽管政府已经开始实施农村养老补贴制度，受经济和财力的限制，保障能力依然处在低水平状态，大多数农村老人还必须依靠家庭和子女的扶助才能安度晚年。家庭养老目前还是普遍认同的养老模式，其赖以存在的思想道德基础就是传统孝道观念，如果在这一观念指导下，子女都能自觉承担起赡养老人的责任，那对于我们这个经济还不够发展发达的国家无疑是缓解了养老所带来的巨大经济压力。

⑵ 有助于减轻市场经济给老人带来的养老冲击。一方面，改革开展和经济发展为养老问题的解决提供了诸多保障，如养老保障体系的建设加快，养老制度的受益面扩大，保障水平不断提高等，另一方面，也给老人养老带来巨大风险，如物价上涨速度远快于老人养老金的增长速度，这会使老人的养老金因物价上涨而无法满足看病、出行等生活需要，这就需要子女在经济上给老人以帮助。再如在市场经济等价交换的原则影响下，许多年轻一代将这一原则也应用于家庭成员之间，在对父母的照顾和扶助上也斤斤计较，锱铢必算，导致父母与子女间关系的冷漠。又如社会养老机构和人员在市场经济逐利思想的影响下，在对待老人上不是把尊敬善待老人放在首位，而是奉行利益至上原则，使老人感受不到养老机构的尊重和情感上的温暖。孝道是以天然亲情为纽带的，不能以物质利益来考量，弘扬孝道，可以提升子女和晚辈的感恩之心，激发其道德感和责任感，以克服市场经济对家庭关系的冲击，提升社会对老人服务的质量水平。

⑶ 有助于满足老人的精神需要。随着社会经济的发展，养老保障和医疗保障等机制的不断健全，老人物质生活保障逐步得到解决和提高，满足老人的精神需求成为养老日益突出的问题。改革开放使得社会流动性不

断加大，父母与子女异地而居的现象日趋普遍，空巢老人日益增多，父母与子女之间聚少离多，甚至长年难以见面，寂寞和孤独成为许多老人的最大痛苦，有些老人难以忍受寂寞和孤独，甚至走上了自杀轻生的道路。据调查，近年来中国自杀率总体下降的情况下，老人自杀，尤其是农村老人自杀率却在上升。一首《常回家看看》唱出了中国亿万老人的心声。传统孝道强调养老不能仅停留在物质供养层面，更重要的是精神上的尊敬和关怀。因此，弘扬传统孝道，可以提升社会对于老人精神生活的关注，加强对老人的精神慰藉，满足老人的精神需求。

(4) 有助于和谐社会建设。家庭和谐社会才能和谐，家庭和谐是社会和谐的基础，直接关系到社会的安定团结。面对老龄化的到来，倡导养老敬老应该成为社会的共识。联合国把 1999 年定为国际老人年，并提出“建立不分年龄、人人共享社会”的主张，正反映了养老敬老对于和谐社会建设的重要性。儒家所倡导的孝道其本质是对人的爱，有了对人的爱心，才能建立起互相关心、互相帮助、扶危济困的和谐社会。传统孝道主张“弟子入则孝，出则悌，凡爱众而亲仁”“老吾老以及人之老，幼吾幼以及人之幼”，即孝始于对父母亲人的爱，而并不局限于此，而是要以此心度彼心，推己及人，由爱敬自己的长辈扩展到爱敬他人的长辈，由爱亲而延伸到爱他人，由爱家而延伸到爱民族和国家，由爱民族、国家而延伸到爱人类、爱世界，由爱人扩展到爱一切万事万物。人人都有了这个爱心，并将其洒向他人、社会，老人怎么会得不到关爱？社会怎能不和谐呢？

（三）传统敬老养老经验之启示

传统社会为了推行孝道，解决养老敬老问题进行了长期的探索，积累了丰富的经验，尽管时代不同，社会制度存在差异，但就同一问题的解决是有其共性的规律和路径可循的。

首先，古代社会较好地解决了老人的物质需求问题。养老敬老首先是解决养老的问题，也就是解决老人的物质生活的需要问题，这是养老敬老的基础。古代社会实行的是家庭养老模式，与这一模式相配套，在解决养老的物质供应问题上做了切实的制度安排，即实行家庭财产家长负责制。

这种制度安排能够保障父母长辈在年老体衰，丧失劳动能力的情况下分享到维持生活所需的物质资源。尽管生产力低下，但养老的制度设计却是最有效的。新中国成立以来，破除了家长所有制的体制，家庭养老模式却依然保留，且实行城乡二元体制。城市有退休金和养老金及享受公费医疗(参加医保)的老人，其养老所需的物质有较好保障，但对于城市其他老人和广大农村的老人而言，一旦子女不孝，基本生活则难以保障。尽管近年来国家推行了农村医改和养老补助制度，但补贴标准依然很低，单靠这些补贴是不足以维持老人的生活的。在目前国家经济还不发达，家庭养老依然为主要形式的情况下，一方面政府要继续加强经济发展，提高社会养老保障水平，另一方面要参照当地居民生活水准，建立家庭养老经济保障制度，明确家庭对于供养老人的最低保障标准，以保证老人的生活所需。

其次，古代社会建立了全民养老敬老的良好意识和氛围。社会上大力倡导孝道，家庭、学校、社会皆以孝道和敬老尊老教育为基本内容，帝王亲行养老之礼以为天下表率，地方上行乡饮酒之仪以劝民养老敬老，国家、地方和民间大力表彰孝行和养老敬老的典范，对于违反孝道和不敬老之行为人人起而攻之，使其无藏身之地。这种良好的意识和氛围促使人们把养老敬老作为自己的职责和义务，自觉地加以实践。今天社会的敬老养老意识与古代社会相比薄弱得多，造成这种局面的因素是多方面的。“五四”以来一直到“文革”，反封建、反旧文化、反旧道德的浪潮一浪接一浪，作为旧道德的孝道文化和尊老思想受到不断批判，削弱了人们对这些观念的认同。新社会强调社会平等和人格独立，在反对老人在家庭和社会上的权威地位的同时，也淡化了尊老意识。改革开放以来，在市场经济大潮的冲击下，人们把主要目标放在的经济建设和物质利益追求上，道德教育和道德建设被严重忽视，加之受西方个人主义、享乐主义等思潮之影响，孝亲尊老的利他价值观受到严重冲击。计划生育政策的实施，独生子女和核心家庭的增多，形成了家庭资源向子孙辈的进一步转移，一切以孩子为中心，家庭内部的孝道和尊老教育被严重忽视，导致了青年人对父母的感恩意识和孝养意识严重缺失。因此社会需要重新确立起全民养老敬老的意识。而古代社会集家庭、学校、社会全方位的孝亲敬老意识的教化方式，大张旗鼓地表彰激励敬老孝亲典型的做法都是可供我们借鉴的经验。

再次，古代社会有比较健全的养老制度保障。养老敬老是一项系统的社会工程，需要有完备的养老制度做保障。古代社会在这方面实施了诸多保障制度。以唐代为例，在物质供养上除建立了家长对家庭财产有管理权制度以外，政府不仅免除老人承担的赋役，还给高龄老人以一定的物质补贴，在精神层面，建立了礼遇老人的相关制度，如以礼养老制度、赐杖制度、赐爵赐服、节庆慰问等制度，以此提高老人的社会地位。在调动尊老养老积极性方面，建立了中央、地方多层次的孝亲敬老表彰制度，并把孝道作为选拔官吏的标准，不仅要求官吏在敬老孝亲方面为老百姓做表率，而且要尽到劝导老百姓孝亲敬老之责。在敬老孝亲的条件保障方面，建立孝假、侍丁、探亲、丁忧等制度，以保障有子女有时间去看望、照顾老人和处理老人的丧葬事宜等。在法律上，将孝亲养老作为立法的基本原则贯彻于法律条文当中，以法保障老人的地位和权益，对不孝亲敬老者给予严厉的惩处。古代社会所采取的一些具体的养老措施虽然已经过时，或者已经不合事宜，但其从政治上高度重视和激励、采取物质、精神、实施条件、法律保障等系统地进行设计和实施养老工程，应该是给我们今天在养老系统制度设计和具体实施上都具有一定的启迪意义。

四、孝文化与法治建设

孝文化是中国传统文化的核心组成部分，是中国传统文化的特质所在，其在精神内涵上具有伦理、社会、政治和宗教超越等多个维度，在中国传统社会居于意识形态的地位。法律反映一个国家的文化，保障和服务于其核心价值理念和意识形态。中国古代法律深受孝道文化的塑造和影响。以法护孝和弘扬孝道是中国古代法律的传统。《孝经·五刑》云："五刑之属三千，罪莫大于不孝。"从已有的文献来看，不孝罪在汉代就进入了法律条文。如张家山汉简《二年律令·贼律》就规定"子贼杀伤父母，奴婢杀伤主、主父母妻子，皆枭其首市""子牧杀父母、殴詈泰父母、父母、(假)父母、主母、后母，及父母告子不孝，皆弃市""妇贼伤、殴詈夫之泰父母、父母、主母、后母，皆弃市”。尽管规定零散，但不孝罪入律却是不争的事实。北齐时不孝列入“重罪十条”严惩，此后，不孝一直作为重罪列入“十恶”。不孝罪的内容与范围随之不断扩大，到《唐律疏议》中包括十种行为：谓告发、诅詈祖父母父母，及祖父母父母在，别籍、异财，若供养有缺；居父母丧，身自嫁娶，若作乐，释服从吉；闻祖父母父母丧，匿不举哀；诈称祖父母父母死等。从古代孝道文化与法律的关系来看，孝道对于法律具有超越性，二者的关系是“孝统于法”，孝道精神是立法的基本原则和依据，法律是作为国家贯彻孝道的强制工具和手段。法律从内容和形式上全面体现了孝道的内涵和要求，我国古代法律文化传统不仅规定了子女对父母物质上的奉养义务，而且规定了子女孝敬父母等精神方面的义务，不仅规范子女的外在行为，而且规范子女的内在心理、情感，这种在法律上事无巨细、“无微不至”地全面贯彻孝道精神符合孝道精神与法律关系模式上“孝统于法”的整体格局，乃是孝道精神全面统御法律的直接体现。中国古代法律从法律规则(诸如子女触犯不孝之罪的具体刑罚规定等)到法律原则(诸如惩戒权、送惩权、父权的规定等)，再到规则、原则相结合的具体法律制度(诸如容隐制度、存留养亲制度等)及整个法律理念、精神等，各个法律形式、层面全面规制、贯彻了孝道精神。不仅如此，当法律与孝道精神发生冲突时，则采取“屈法申孝”的原则，如容隐制度、存留养亲制度、宽容血亲复仇行为等等，使得孝道凌驾于法律之上，法律只能保障和服务于孝道，而不能限制和阻碍孝道的实践，否则，法律就会遭到唾弃，失去其价值和意义。

鸦片战争以来，在西方列强凭借工业文明和船坚炮利的优势，一次次对中国这个“天朝大国”发起侵略和掠夺，中华民族陷入了空前的危机之中，面对危机和谋求救亡图存，知识阶层越来越对中国传统文化产生置疑，由置疑进而到批判和全盘的否定，在对儒家思想、旧礼教、旧道德、旧文化的批判中，作为儒家思想文化的重要组成部分和基石，孝道文化遭到了猛烈的批判，在“一边倒”的学习西方先进思想文化的大潮下，传统文化被彻底清算，中国传统法律文化首当其冲地被抛弃，孝道文化也从法律中淡出。1902年4月清廷推行司法改革，任用沈家本、伍廷芳为修律大臣，主持修律。这次变法具有“中西结合、汇通古今”的色彩，在引进西法的同时，也强调主张中国传统法律的某些原则，在亲属、婚姻、继承方面尤为明显。如《大清民律草案》第四编家制中规定，“家长，以一家之中最尊贵者为之”“家政统于家长”“与家长同一户籍之亲属，为家属”“家长亲属互为抚养之义务”“父母在，欲另立户籍者，须经父母允许”[①]，在第 1374 条关于亲子关系的规定中，也保留了父母对子女的惩戒权或送至衙门惩戒的权力，同时还规定了子女的财产由父母管理、子女在经营职业时须经父母同意等等。而在婚姻问题上，实行同姓不婚、子女结婚须经父母许可；在继承方面沿用宗祧继承制，在家属内部，子女对父母仍具有一定的隶属性，所有这些，无不呈现出该草案所采取的宗法精神。《民国民律草案》在亲子关系的规定中，父母的家长权力有所减弱，并对子女成年与未成年做出了区分，成年子女在财产、行为、人身方面更具独立性，但是子女对父母的扶养义务却独立成条，第 1165 条规定，“为子者，负毕生孝敬父母之义务”、第 1183 条“父母与成年之子，在共同生活利益上，有互为必要扶助之责。”[②]父母因维持家用使用了子女的财产，一般情况下，子女也无请求返还的权利，子女因家庭之用使用父母的财产亦然。后来，国民政府的新民法修成后，这些反映传统家族主义和孝道伦理的要求就被剔除了。新中国成立以来，在“反传统就是进步”的五四理念的影响下，大陆全面废除国民政府“六法全书”，视传统如同糟粕，儒家道德问题研究成为学术界的一大禁区。“文革”时期，破四旧、批周孔，反传统形成了一场史无前例的社会运动，在以阶级斗争为纲的大旗下，仁爱、孝道、代际尊卑等遭到反复的批判和践踏，子女与父母以阶级划线，与父母亲人决裂，甚至儿女带头造父母的反，上演了一出出“父不父、子不子”的人间悲剧，政治批判将文化虚无主义、法制虚无主义推到了顶峰，社会道德水准也急剧下降。改革开放之后，民事法律的体系构建逐步被提上日程。我国大陆民法立法大致延续了清末民初的修律精神，依旧按照大陆法的编制体例，其精神实

① 杨立新点校《大清民律草案·民国民律草案》，长春，吉林人民出版社 2002 年版，第 170 页。

②《大清民律草案·民国民律草案》，第 359 页。

质多取法于法国民法、德国民法及日本民法等，但是新民法亲属、继承中有关家制、亲子的规定却被取消。

现代法律在孝道文化的体现上与传统社会法律对孝道文化体现的本质区别在于对封建等级性和不平等性的批判和扬弃。中国现代法律取法于西方大陆法系。体现民主、自由和平等的价值，强调尊重人性、尊重人格的独立和完整，以及维护人的人格尊严，并支持人的自我发展。因此在现行的《中华人民共和国宪法》第 33 条即规定：中华人民共和国公民在法律面前一律平等，任何公民享有宪法和法律规定的权利，同时必须履行宪法和法律规定的义务。宪法的规定正指明了父母子女之间平等关系。法律上的平等意味着父母子女在人格上是平等的，父母不能体罚子女、不能虐待子女、不能侵犯其与生具来的人身自由和人格尊严，同样子女也不能侵犯父母的自由和人格尊严、不能虐待父母。

我国现行法律对孝道文化有所规定，在一定程度上体现了对传统文化的继承。这些规定大致体现于《中华人民共和国宪法》《中华人民共和国继承法》《中华人民共和国婚姻法》《中华人民共和国老年人权益保障法》《中华人民共和国刑法》等法律的具体规定中。《中华人民共和国宪法》第 49 条规定：父母有抚养教育未成年子女的义务，成年子女有赡养扶助父母的义务；《中华人民共和国婚姻法》有类似之规定，即第 21 条规定：子女对父母有赡养扶助之义务。子女不履行赡养义务时，无劳动能力或生活困难的父母，有要求子女付给赡养费的权利；《中华人民共和国继承法》第 13 条第 1 款规定：同一顺序继承人继承遗产的份额，一般应当均等；第 3 款规定：对被继承人尽了主要扶养义务或者与被继承人共同生活的继承人，分配遗产时可以多分；第 4 款规定：有扶养能力和有扶养条件的继承人，不尽扶养义务的，分配遗产时应当不分或者少分。通过上面的规定我们可以看出，子女对父母如果尽心赡养、共同生活，父母去世之后自然会多分的遗产，反之，不尽孝道、忘乎人本，自然会少分、甚至分不到财产；《老年人权益保障法》的规定是作为最低限度道德的孝道被法吸收的最直接证明，其涉及立法意图的第 1 条就规定：为保障老年人合法权益，发展老年事业，弘扬中华民族敬老、养老的美德，根据宪法，制定本法。换言之，现有法律对敬老、爱老的传统道德持一种肯定的态度。该法第10条规定：老年人养老主要依靠家庭，家庭成员应当关心和照料老年人。第11条规定：赡养人应当履行对老年人经济上供养、生活上照料和精神上慰藉的义务，照顾老年人的特殊需要。第15条规定：赡养人不得以放弃继承权或者其他理由，拒绝履行赡养义务。赡养人不履行赡养义务时，老年人有要求赡养人付给赡养费的权力。由此可见，我国的养老问题仍然要靠家庭来承担，子女作为赡养人也理应对父母肩负起孝道之本分，这不仅是情理的所在，更是法理的要求。《刑法》中关于老年人保护的规定大致表现在第260条虐待罪、第261条遗弃罪的条款中，因虐待家庭成员，情节严重致使被害人重伤、死亡者，可能被判处2～7年的有期徒刑，因遗弃应当扶养的家庭成员，情节恶劣的将可能会被判处5年以下的徒刑、拘役或者管制。

总的来看我国现行法律对孝道精神的维护和弘扬虽有体现，但还存在诸多不足。主要体现在：

（1）孝道精神的文化根基不稳。孝道文化是传统文化的重要组成部分，也是传统道德价值的核心之一。没有对传统文化一个正确的态度，孝道文化就不会有稳定的根基。长期以来，人们站在反封建和建设社会主义新社会的立场上，视传统文化和传统道德、价值理念为封建统治的保护伞、对其采取批判和否定的立场。近年来虽然从民间和高层都对传统文化有了新的认识，提出了弘扬中国优秀传统文化的新要求，由于法制建设的滞后，在这方面还没有及时的跟进和反映。如现行《宪法》修订于1982年12月，其立法精神与党的十二次全国代表大会精神一致，即把马克思主义的普遍原理与我国的具体实际结合起来，走自己的道路，建设有中国特色的社会主义。《宪法》在序言部分分别对社会主义、人民民主专政、马克思主义和毛泽东思想等内容进行了规定，并没有对中国传统文化、传统道德、传统价值作出明确的规定。因为宪法没有这样的原则规定，所以具体的法规也就没有依据来修订。在这样的背景下，孝道文化是缺乏稳定的根基和发展的土壤的。

（2）法不容情难以凸显孝亲之义。中西社会历史传统迥异。西方社会是个人本位型的，尚理法，划分界限分明，强调权利义务，就是父子夫妻间也要明算账。中国传统社会是伦理本位型的，重人情，讲究孝悌礼让，尚情而无我。所以中国传统法是情法交融，提倡以德化人，追求无讼的理想境界，采取原心定罪，恤刑宥过等方式来施法。孝道是中国传统道德伦理最基础的部分，是爱家、爱族、爱国的精神源泉，是民族团结的心理纽带，不仅深深根植于亲子之爱的人性之中，而且深嵌入国民的情感之中。法律必须包含最低的道德是学界所公认的，所以法律对孝道的支持是应该的。但我们现行法律体系以西法为宗，更多的是从个人本位的角度来立法和施法。在一定程度上脱离中国社会的国情和民众的心理情感基础。在现行法律中有关体现孝道要求的主要是从父母与子女的经济关系来做规定，基本处在经济供养的孝道的最低层面，并不较好反映孝道亲情伦理关系及精神敬养的要求。一些规定让理性经济人在亲情之间横走，对亲情构成极大的破坏。如《继承法》关于子女继承父母遗产的规定，隐含着把利益考量置于亲情之上的思维模式，带有明显以物质利益来劝导行孝的目的，在价值上则是体现出追求效益而轻视公平的选择。法不容情导致在法律实施上面临极为尴尬的困境。现行法律规定，当子女不履行赡养老人义务时，只有当父母主动到法院去告发，法院才会介入。中国传统伦理文化讲究“无诉是求、息事宁人”，更强调“家丑不可外扬”，出于亲情伦理的考量，很少有父母愿意将子女告到法庭，对簿于公堂之上。一方面，法律有对不履行赡养义务的子女进行诉讼和处罚的明确规定，另一方面，深受亲情和传统伦理影响的老人忍气吞声，陷入困境而无人救助。据调查，近年来中国整体上自杀率在下降，而老人尤其是农村老人的自杀率却在上升，大多数与老人得不到子女赡养有关。对于自杀法律是无法追究子女的责任的。因此在法不容情的状况下，法律条文就成了一纸具文。

(3) 保障不力难以维护孝道实践。以《老年人权益保障法》为例，这是一部社会法，是对孝道文化体现最为集中的一部法律。整体上来看，其具体条款对法律责任规定比较“软”“弱”，责任主体也不明确，对国家责任没有明确规定，原则性、倡导性的规定较多，以致予使老年人权益的保护落不到实处。

针对上述问题，着眼于全面依法论国和中国特色社会主义法律体系的建设有必要进一步完善法律体系，使得孝道文化合理的内涵在法律中得到

应有的体现，强化中国法律的特色建设，切实保障孝道文化的传承。

（1）确定优秀传统文化的法律地位。近年来国家对传统文化的地位和作用认识在不断提升。中国共产党第十七届中央委员会第六次全体会议通过的全体会议公报提到“中国共产党从成立之日起，就既是中华优秀传统文化的忠实传承者和弘扬者，又是中国先进文化的积极倡导者和发展者”；要“培养高度的文化自觉和文化自信，提高全民族文明素质，增强国家文化软实力，弘扬中华文化，努力建设社会主义文化强国”；致力于“推动中华文化走向世界”“建设优秀传统文化传承体系”。十八大报告再次提出了“建设优秀传统文化传承体系，弘扬中华优秀传统文化”的重大任务；十八届三中全会进一步提出完善中华优秀传统文化教育；习近平在 2014 年 2 月 24 日中共中央政治局第十三次集体学习时的讲话中指出：培育和弘扬社会主义核心价值观必须立足中华优秀传统文化。牢固的核心价值观，都有其固有的根本。抛弃传统、丢掉根本，就等于割断了自己的精神命脉。博大精深的中华优秀传统文化是我们在世界文化激荡中站稳脚跟的根基。这些新认识表明了国家在弘扬和借鉴传统文化上的决心和信心，也说明了将这些新理念纳入法律体系中的时机日益成熟。优秀传统文化法律地位的确立是对其价值的认同和维护的根本保障。只有这样，优秀传统文化才有发展的强力支撑，孝道文化才有发展的文化基础。

（2）处理好法律和亲情的关系。法律是一个国家文化的组成部分，一国之法律必须根植于一国之民族特点和文化传统。历史法学派萨维尼认为，法律是一个民族“内在的默默起作用的力量”，其深深根植于这个民族的历史文化传统之中，有着其民族不同的固有文化特征，“法律就像语言一样，不是任意的、故意的意志的产物，而是缓慢的、渐进的、有机的发展结果”。[①]我们这个民族是一个尚情的民族，具有浓厚的亲情和孝道伦理观念。法律不能漠视这种历史传统和民族心理情感的需要。从人性的角度来看，人是一个情感与理性的结合体，在调节和处理人们社会关系时应该考虑到情与

① （英）G.P.古奇《十九世纪历史学与历史学家下册》，耿淡如译，北京：商务印刷馆，1997 年版，第 40 页。

理的协调。法律在把人假设为理性人并对其利益进行主张和维护的同时，也要考虑到人的感情和正义的需要。亲属之间的关系有其特殊性，他们之间并不是追求各自最大利益的实现，而是在亲情关系上奉行“利他原则”，为了维护亲情，往往为对方的利益而作出自我牺牲。因此亲属之间出现矛盾纠纷以后，不是去诉诸法律，而是通过亲情、友谊在内部去化解。法律一方面要尊重这种基于亲情、伦理的需要的解决矛盾方式。另一方面，当这种道德伦理遭到践踏，漠视亲情而沦为陌生人关系时，作为法律应该承担起拯救亲情，保障权利和弘扬孝道的责任。当法律担当起了道德的责任，法律才具有了内在的正当性和亲和力，法律与孝道的结合，情理法的互动协调，会推进我国法制的有效实施，也有利于扩大法律对社会的有效治理。从而赢得社会对法律的尊重和支持。

(3) 完善法律规定，更好的为弘扬孝道提供保障。法律应当对亲情权进一步作出明确界定，在未来的民法典中应该增加亲属法，以此来专门调处家庭内部成员之间的法律关系，尤其是父母子女之间的关系，对于子女对父母的精神赡养和探望权等作出更加详细的规定，并确定相应的民事制裁措施，以此有效引导孝行和规制不孝的发生。在老年人权益保障方面，要明确政府的责任主体，使其与子女成为老年人照顾的共同责任主体，进一步健全子女照顾老人的制度保障，进一步加大照顾老人的专门机构的建设，健全对养老机构的监督和监管体系。在涉及孝行方面的案件审理时，考虑到亲情与伦理道德的需要，借鉴中国传统法律文化在处理孝道问题的运作方法，可采取“半情半法”的调解制度。国家法与伦理法的互动，强化法的情理基础，以达到维护社会稳定和谐的目的。

第四节　新型家庭孝道文化的创建

上节主要讨论的是孝道如何服务于新的社会建设，本节主要讨论孝道伦理在现代家庭中如何转型和构建。传统孝道的基本内涵为善事父母，是家庭伦理的基本理念和规范。现代家庭与传统家庭已经发生了很大的变化，

宗法性、等级性和家长的绝对权威性都已经不复存在。平等、民主、自由、公平正义等现代社会理念融入了家庭伦理建设之中。因此传统孝道无论是理念上、还是实践上都需要结合新的社会特点来进行新的创建，才能使孝道文化的生命力持续发展。

一、新型家庭孝道文化的理念创建

家庭是以婚姻和血缘关系为纽带的最基本的社会单位。新中国成立以来，废除了一夫多妻制、家长制和宗法体制，法律上确定了男女平等和自主婚姻的原则，使得家庭的功能和属性回归到了本真的面目。改革开放以来，随着市场经济的发展、政治社会变革的深入，及计划生育政策的实施等，使得中国家庭从结构上、规模上、生活方式上都发生了很大的变化。有学者将其概括为：家庭规模小型化、家庭结构简单化、家庭夫妻主权化、家庭利益自主化、家庭教育知识化、家庭消费精神化、家庭劳务社会化等多个特征[①]，同时平等、民主、自由、公平正义等现代理念也融入到了家庭道德伦理价值体系之中。因此对于新型孝道文化在理念上的创建应该基于两个方面的考虑，一是作为以婚姻和血缘关系为纽带最基本社会单位的家庭的社会功能和内部基本关系没有变化的前提下，作为家庭伦理道德的孝道的基本内涵应该保持和传承。另一方面，结合中国家庭新的变化特点和新的价值理念融入新的符合现代社会要求的新内涵。基于这两个方面的情况，现代家庭孝道的内涵主要可概括为父慈子孝、兄弟友爱，夫妻和美，尊老爱幼，家庭和睦。这一概括孝道伦理的基本立足点是从亲子关系、血缘关系、婚姻关系和家庭的和谐角度来表达孝道内涵的。体现出孝道的基石在于亲情。孝的本质是亲人之间的爱。没有了亲情之爱，就不可能有父慈子孝，兄弟友爱，夫妻和美，尊老爱幼，家庭和睦，也就不成之为孝道。而这种亲情之爱是自然所赋予人的，是人与生俱来的，正所谓“孩提之童无不知爱其亲者，及其长也，无不知敬其兄也。亲亲，仁也；敬长，义也；

---

① 张伟《论现代家庭》，《青海社会科学》，2008 年第 5 期。

无他，达之天下也”[①]。同时，这一概括也体现了平等、互益、公平正义等现代社会理念的要求。

二、新型家庭孝道文化创建的原则

适应新型社会发展的需要，新型家庭孝道文化的创建应该遵循平等性、情感性、自律性、互益性等原则，切实克服依附性、功利性、强制性、奴役性等错误观念和行为。

随着封建体制退出历史舞台，等级性和宗法性也被清除出家庭。平等和公平正义成为现代社会伦理的基石，也成为家庭伦理的基础。家庭成员在法律地位和人格上取得了平等。家庭伦理道德的建设必须以平等精神为出发点，以不伤害任何一方情感和利益为前提，尊重彼此的人格、感情和权利。

强调平等的同时，我们要看到家庭与社会不同，家庭伦理关系中存在着天然的角色等差秩序家庭成员间的平等，尤其是父母子女间的平等具有相对性。传统孝道伦理与这种自然的秩序相统一。孝道伦理以自然亲情为基础，所以它首先体现的是爱的精神，在此基础上孝道体现的是晚辈对长辈的伦理情感和伦理义务，即要有敬的精神，不仅要对父母、祖父母报之以敬，而且要对比自己年长的兄姐给予敬，这就是所谓的悌道。悌道是孝道的延伸，也是孝道的重要组成部分。费孝通先生在《乡土中国》中提出了“差序格局”的伦理观念，他说：“伦是什么呢？我的解释是从自己推出去的和自己发生社会关系的那一群人里所发生的一轮轮的波纹差序”[②]。伦重在差别，反映的是一种秩序，正如《礼记•大传》云：“亲亲也、尊尊也、长长也、男女有别，此其不可得与民变革者也”。这里所谓的不可变革者，实际上是指建立在自然亲情上的这种人伦差序是天然合理的。在传统社会这种人伦差序是由礼来维护和体现的。家庭与社会不同，它是一个自然共同体，不像朋友关系，父母不能选择子女，子女也无法选择父母。父母和子女并不是完全平等的自然人关系，而是成人与儿童的关系，存在着事实

① 《孟子·尽心上》。

② 费孝通《乡土中国》，北京：三联书店，1985 年，第 25 页。

上的不平等性。家庭存在的重要功能就是通过教育和培养，使未成年人成为社会上合格的公民。因此亲子之间的孝道伦理不是一种绝对的平等自由，而是必须建立在一种人伦等差秩序上的伦理关系。孝道不仅要体现一个爱字，还要体现一个敬字。

孝道的产生基于亲子之间的亲情，这种亲情就是亲子之间的仁爱，如孔子所言“仁者爱人”。亲子之间这种仁爱之情是孝道存在的基石，没有了亲子之间的爱，就谈不上孝道。中国古代虽然提倡父慈子孝、兄友弟恭，但出于对封建宗法体制和父权家长制的维护，把亲子之间的仁爱之情往往割裂开来，片面强调子女对父母的爱，晚辈对长辈的敬。双向情感的交流变成了单向情感的付出，这实际上是对亲子之间真实情感的歪曲，背离了孝道的基本精神。现代社会建立在平等的原则基础上，为亲子间的自然亲情的建立打下了基础。现代家庭亲子关系的好坏，与父母的社会地位、家庭经济条件的好坏没有必然联系，根本在于亲情的状况。因此新型孝道观应把重点放在亲子之间仁爱之情的培养和呵护上。

自律性应成为新型孝道创建的原则之一。现代社会是一个平等自由的社会，虽然法律、社会道德规范对孝道的践行仍有一定的约束，但与古代社会相比，其外在的强制性和约束力已经大大的削弱。因此，新型孝道观念和孝道的实践更多的体现在亲子双方的自律性上。作为父母，自觉地去爱自己的孩子，精心地呵护和抚养孩子、教育孩子，为子女的成长创造良好的生活学习条件和环境，甚至为子女的成家立业，孙子辈的成长而无怨无悔的操劳；作为子女，从内心深处尊敬父母，照顾年迈的父母，在生活上精神上对父母给予关心，通过各种方式让父母安享晚年。这些都是出于父母和子女的自觉行动。这种自觉行动正是体现的自然亲情的流露和需要。

新型孝道也应体现互益性。在“父权至上”的古代社会，孝道往往成为一种单向性的义务，使孝道变形和扭曲。现代社会强调父母和子女的人格和法律地位平等。孝道也应回归到互益性的轨道上来。代际互哺不仅体现了人生存发展的需要，也体现了平等和公平正义的原则。孩子小的时候需要父母的养育和呵护。父母将其看作快乐和责任，无怨无悔的去实施。父母年迈，需要子女的照顾和关心。子女视其为报恩的自觉，诚心诚意地去奉养双亲。在父母与子女相互爱敬、相互帮助、相互鼓励下，不仅完成了人生生存和发展的历程，而在这个历程中体现出了基于孝道的公平正义。

尽管新中国成立已经60多年了，改革开放也进行了30多年，但与中国长达数千年的封建社会历史相比还十分短暂。封建社会作为一种社会制度形态早已经灰飞烟灭了，但封建社会的等级观念、人身依附观念等落后思想和习俗依然不同程度的存在着，反映在孝道方面的家长作风，人身依附性、奴役性等依然存在。加之改革开放以来，在市场经济趋利化大潮和西方资产阶级拜金主义、个人主义和享乐主义的冲击下，亲子关系功利化、人身依附化和奴役化不仅没有削弱，反而有强化之势。

从父母对孩子的情况来看，今天依然有许多父母秉持“棍棒底下出孝子”“不打不成器”的理念，经常打骂孩子，父母打死自己亲生孩子的惨剧时有发生。许多父母仍然视子女为自己的附属品，“望子成龙”“望女成凤”是当下中国绝大多数父母的普遍心理，生怕输在起跑线上，从孩子出生起就为孩子设计好人生的目标，各种培训班、补习班、强化班将孩子牢牢囚禁在急功近利的牢笼中不得有任何的自由，成为现代社会奴役孩子的新方式。由于父母越俎代庖，包办了孩子的人生，使许多孩子如温室里的花草，人格不健全，缺乏生活的乐趣和社会责任感，生活能力、承受挫折和压力的能力欠缺。许多孩子出现心理障碍，甚至轻生自杀，走上不归之路；这些都是传统家长作风，旧孝道观念和功利思想结合的产物。啃老族在中国成为庞大的群体也是新时代人身依附现象的体现。

从子女对父母的情况来看，一是以功利的态度对待父母的现象比较严重。在赡养父母上斤斤计较，子女间推诿扯皮；在财产争夺上争先恐后，子女间互不相让；有奶便是娘。许多丧失劳动能力又无经济来源的老人，往往得不到子女的基本赡养，甚至遭到子女的虐待或遗弃。尤其是在中国农村这种现象相当严重。华中科技大学中国乡村治理研究中心的一项调查显示，1980年至今，农村老人自杀率越来越高，其原因多为亲情缺失所致[①]。二是存在代际剥削现象。一些子女为了自己求学、成家、买房和培养子女

---

①《老人自杀率升高背后存代际剥削》，京华时报，2014年10月3日，第11版(作者不详)。

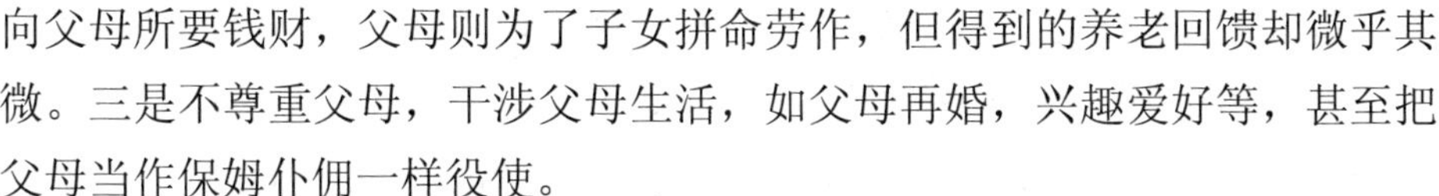

向父母所要钱财，父母则为了子女拼命劳作，但得到的养老回馈却微乎其微。三是不尊重父母，干涉父母生活，如父母再婚，兴趣爱好等，甚至把父母当作保姆仆佣一样役使。

无论是父母对子女，还是子女对父母，这些依附性、功利性、强制性和奴役性的观念和行为必须切实克服，才可能建立起体现平等性、情感性、自律性和互益性的新型孝道文化。

三、新型家庭孝道文化的实践探索

传统孝道文化的一个显著特点就是特别注重实践，在实践中加深对孝道的理解和体会，强化遵守孝道的习惯和行动自觉。新型孝道文化的创建同样也离不开实践的努力和探索。时代不同，家庭的特点不同，孝道文化的实践也必须与时俱进，既有继承也必须积极创新，回应现实的问题，适应时代的发展。

加强家庭孝道教育是首要回应的现实问题。孝道教育是孝道实践的基础和前提。没有孝道意识的树立，就不可能有孝道实践的自觉实施。目前的实际情况是家庭孝道教育存在着比较严重的缺位。许多家庭不重视对孩子的孝道教育，就其原因有以下几个方面：一是仍然对孝道文化心存误解。近代以来中国封建社会走向衰落，传统文化陷入危机，尤其是“五四”以来，随着“西学”的冲击，对传统文化、旧道德展开了一次次的批判。这种长期的反复批判使许多人对中国传统文化形成偏见和误解，对民族文化失去了自信。孝文化作为旧文化、旧道德的重要组成部分也成为社会各界一再批评的对象。在许多人看来孝道是封建统治的帮凶，提倡孝道就是维护家长权威和家庭对子女的统治，就是压制孩子的个性自由和人格独立，是保守的、落后的。对于孝道文化的合理内涵和精华所在缺乏深刻的认识，受这种认识的影响，许多中国家长不敢或者是不愿旗帜鲜明的在家庭内提倡孝道和开展孝道教育。二是独生子女家庭对孩子教育的扭曲。改革开放以来随着计划生育政策的实施，家庭生养子女人数受到限制，也出现了一批独生子女家庭。这些家庭往往视孩子如珍宝，对孩子溺爱、娇惯成为了普遍现象，在溺爱之下全然抛弃了家庭道德伦理教育。另一方面在望子成龙的梦想趋势下，对孩子注重智力的开发，而忽视思想道德和人格的培养。三是父母负面言行的影响。改革开放以来，随着市场经济的建立，道德建设乏力，功利主义、拜金主义、个人主义等价值观念受到追捧，许多父母在孝道言行方面不够重视，甚至自身的道德修为差强人意，给孩子树立了反面的典型，不仅自身得不到孩子的尊敬和爱戴，而且影响了孩子的孝道观念和行为的养成。父母是孩子最好的老师。许多父母只顾埋怨子女不孝顺，其实责任往往不在子女，而在父母自身。因此加强家庭孝道教育是推进新型孝道文化实践亟需解决的问题。首先，家长应该加强对民族传统文化的学习，树立正确的传统文化观念，增强对民族优秀传统文化的自信，结合现代社会实际，旗帜鲜明的倡导和弘扬孝道文化。其次，要树立正确的育儿观念，应该将道德养成、人格完善作为孩子教育的根本。而道德的起点，人格的起点和教育的起点都以孝道教育为起点，切实重视孝道教育，筑牢孩子人格成长坚实的塔基。再次，坚持身教胜于言传。在孝道和道德实践上要以身作则，要求孩子做到的，首先要自己做到，这样才能切实为孩子树立起孝道榜样和实践航标。

需要注意的是现在对孩子进行孝道教育时，有许多家庭或机构让孩子背诵《弟子规》《孝经》等古代孝道教育蒙书和典籍，这种做法我个人不大赞同。因为这些作品中思想驳杂，又有精华，又有许多封建糟粕，小孩子无法辨别，会对孩子形成误导。另一方面，这些著作中的一些要求不适应孩子现代社会人格的塑造，相当多的实施规范已经不适应时代的发展。不加拣择的来对孩子进行教育，会使孩子对孝道产生错误的理解，在实施中也会产生困惑。因此应该从现代社会的要求出发，按照新型孝道的理念，吸收传统孝道教育资料中的合理内容对孩子进行孝道教育，才真正有利于孝道文化的弘扬。

在孝道的实践中应该注重亲情的培养和维护。亲子之情是维系孝道的基石。如果亲子之间没有了亲情，那孝道就失去了根基。亲子关系是与生俱来的，亲情也是与生俱来的。尽管如此，这并不意味着亲情就不需要培养和维护。三字经讲“性相近，习相远。苟不教，性乃迁”。善良的心性如果不加以培养和维护，是会随着习染和环境的变化而改变的，亲情尽管有天生的血缘关系作为支撑，但也会随着亲子之间关系和环境的变化而发生改变的。中国古代社会长期处在自然经济条件下，聚族而居是社会的基本生活形态，家庭和亲属关系是一个人最核心的人际关系，子女与父母亲人朝夕相伴，亲情的培养和维护相对比较容易。现代社会，人们生产、生活方式日益社会化，人们流动迁移日益频繁，社会生活节奏日益加快，社会交往的范围日益广泛，家庭关系变得越来越淡漠。和爱人、朋友、同事之间相处的时间和精力越来越多，而与父母、兄弟、姐妹等亲属在一起的时间和精力却相对减少。这样亲子之间的情感就容易疏离。我的一位同事告诉我，她发现间隔越久，给父母打电话话题就越少，另一位同事则是从自己离开父母去外地上学起几乎每天晚上 10 点钟左右与母亲通电话，总有说不完的话题，那天要是不打电话就会觉得心里慌乱不安。所以尽管现代生活变化对亲子之间的感情培养造成了挑战，但如果有意识的去进行培养，还是会保持浓浓的亲情的。

亲情的培养和维护离不开亲子之间的相互理解、相互尊重、相互包容和相互支持。父母与子女要积极做到换位思考，设身处地地为对方去着想，父母要理解现代社会下孩子成长和生活的压力，孩子要体谅父母养育自己的辛劳和老来的寂寞。父母要尊重和支持子女的人生选择，子女也要尊重和支持父母的生活情趣。家庭不同于社会，所谓清官难断家务事，父母与子女之间要勇于包容，尤其是婆媳之间，不能为一些家务琐事非要争个你高我低，分出个你输我赢。这样一来，高低输赢是分出来了，可感情也就破裂了。

孝道实践也要从现代社会的实际情况出发来实施。现代社会与古代社会相比发生了很大的变化。古代社会是农业社会，生产方式是男耕女织的家庭经营方式。生产和生活节奏都比较慢，社会交往范围非常有限，生活方式上家族聚居，同爨共财，子女基本依附在父母身边。古代关于家庭孝道实践规范基本与当时的社会历史条件相适应，如“家族聚居”“同爨共财”“晨省昏定”“出告反面”“父母在，不远游”“厚葬久丧”等等。现代社会则是工业化下的社会高度分工的生产方式，生产和生活节奏非常快，居住方式城镇化和社区化，科技和信息化发展日新月异，人员流动性日益加强和社会交往范围日益广泛，人们的生活方式和价值观念也日益多元化，家庭结构日益简单，子女和父母分开居住的现象日益广泛。在这种社会背景下，孝道实践方式必须从现代社会实际出发，做到切合新的孝道观念，切近实际，切近生活，与时俱进。国家老龄委在广泛进行社会调研的基础上提出了一个新“24孝”行动标准，具体如下：

1. 经常带着爱人、子女回家。
2. 节假日尽量与父母共度。
3. 为父母举办生日宴会。
4. 亲自给父母做饭。
5. 每周给父母打个电话。
6. 父母的零花钱不能少。
7. 为父母建立“关爱卡”。
8. 仔细聆听父母的往事。
9. 教父母学会上网。
10. 经常为父母拍照。
11. 对父母的爱要说出口。
12. 打开父母的心结。
13. 支持父母的业余爱好。
14. 支持单身父母再婚。
15. 定期带父母做体检。
16. 为父母购买合适的保险。
17. 常跟父母做交心的沟通。
18. 带父母一起出席重要的活动。
19. 带父母参观你工作的地方。
20. 带父母去旅行或故地重游。
21. 和父母一起锻炼身体。
22. 适当参与父母的活动。
23. 陪父母拜访他们的老朋友。
24. 陪父母看一场老电影。

应该说这些行动体现了新的孝道观念的内涵，反映出了现代社会生活的实际情况，也具有比较强的可操作性。尽管这24项行动是否能作为新时代孝道实践的标准规范还有待商榷，但这个标准的提出无疑是迈出了现代社会状况下孝道具体实践方式探索的切实一步。只要我们坚持以人为本，着眼于新的时代特点、立足于新的孝道观念，遵循新的孝道创建原则，去开拓新的孝道实践路径，必然能推进孝道文化的实践创新。

大环境决定小气候。家庭孝道文化的创建虽然是社会孝道文化创建的基础，但没有社会大环境弘扬孝道文化的支持，家庭孝道文化也就失去了方向和引导。因此新型家庭孝道文化的创建离不开整个社会对新型孝道文化的创建。一是社会要加强对孝道文化的研究，积极创建适合新时代的孝道理论体系，为孝道文化的弘扬奠定坚实的思想基础。二是编写适合新时代的孝道教材，将孝道教育纳入国民教育体系之中，使孝道理念深入人心，大力树立和表彰新时期的孝道楷模，使孝道精神激励国人。三是切实从法律、社会养老制度等方面加强建设，推进孝道文化的制度创建，为家庭孝道文化的弘扬提供有力的制度保障。

主要参考文献

一、历史文献

1. 正史

[1] (汉)班固. 汉书[M]，北京：中华书局，1975.

[2] (刘宋)范晔. 后汉书[M]，北京：中华书局，1965.

[3] (晋)陈寿. 三国志[M]，北京：中华书局，1975.

[4] (唐)房玄龄等. 晋书[M]，北京：中华书局，1974.

[5] (梁)沈约. 宋书[M]，北京：中华书局，1974.

[6] (唐)姚思廉. 梁书[M]，北京：中华书局，1973.

[7] (唐)姚思廉. 陈书[M]，北京：中华书局，1972.

[8] (北齐)魏收. 魏书[M]，北京：中华书局，1974.

[9] (唐)李延寿. 南史[M]，北京：中华书局，1975.

[10] (唐)李延寿. 北史[M]，北京：中华书局，1974.

[11] (唐)令狐德棻. 周书 [M]，北京：中华书局，1971.

[12] (唐)魏征. 隋书[M]，北京：中华书局，1973.

[13] (后晋)刘昫. 旧唐书 [M]，北京：中华书局，1975.

[14] (宋)欧阳修，宋祁. 新唐书[M]，北京：中华书局，1975.

[15] (宋)欧阳修. 新五代史[M]，北京：中华书局，1974.

[16] (元)脱脱等. 宋史[M]，北京：中华书局，1985.

2. 其他文献

[1] 诗经[M]，上海：上海古籍出版社，1980.

[2] (清)孙星衍. 尚书今古文注疏[M]，北京：中华书局，1986.

[3] 周振甫. 周易译注[M]，北京：中华书局，1991.

[4] 方向东. 大戴礼记汇校集解[M]，北京：中华书局，2008.

[5] (春秋)左丘明. 春秋左传[M]，中华书局，1990.

[6] 汪受宽. 孝经译注[M]，上海：上海古籍出版社，2004.

[7] (清)阮元. 十三经注疏[M]，北京：中华书局影印本，1979.

[8] 管子[M]，北京：中华书局，2004.

[9] (清)孙诒让. 墨子闲诂[M]，北京：中华书局，2001.

[10] 徐元诰. 国语集解[M]，北京：中华书局，2002.

[11] (战国)商鞅，石磊译注. 商君书[M]，北京：中华书局，2009.

[12] (清)王先谦. 荀子集解[M]，诸子集成本，北京：中华书局，1986.

[13] (清)王先慎. 韩非子集解[M]，北京：中华书局，1998.

[14] (战国)吕不韦. 吕氏春秋[M]，上海：上海古籍出版社，2002.

[15] (汉)董仲舒. 春秋繁露[M]，上海：上海古籍出版社，1989.

[16] 苏与. 春秋繁露义证[M]，北京：中华书局，2010.

[17] (汉)许慎. 说文解字[M]，北京：中华书局，1963.

[18] 王明. 太平经合校[M]，北京：中华书局，1960.

[19] 王明. 抱朴子内篇校释[M]，北京：中华书局，1985.

[20] 杨明照. 抱朴子外篇校笺[M]，北京：中华书局，1991.

[21] 余嘉锡. 世说新语笺疏[M]，北京：中华书局，1983.

[22] (梁)僧祐辑. 弘明集[M]，上海：上海古籍出版社，1991.

[23] (北齐)颜之推. 颜氏家训[M]，北京：中华书局，2008.

[24] 刘俊文. 唐律疏议笺解[M]，北京：中华书局，1996.

[25] (唐)孙思邈. 备急千金要方[M]，北京：人民卫生出版社，1955.

[26] (唐)孙思邈. 千金翼方[M]，上海：上海古籍出版社，1999.

[27] (唐)武则天. 臣轨[M]，粤雅堂丛书本.

[28] (唐)道世. 法苑珠林[M]，上海：上海古籍出版社，1995.

[29] (唐)刘知几. 史通[M]，上海：世纪出版社，2008.

[30] (唐)吴兢. 贞观政要[M]，上海：上海古籍出版社，1978.

[31] (唐)李林甫. 唐六典[M]，北京：中华书局，1992.

[32] (唐)杜佑. 通典[M]，北京：中华书局，1988.

[33] （唐）封演．封氏闻见记[M]，北京：中华书局，2005.

[34] （唐）裴庭裕．东观奏记[M]，北京：中华书局，1994.

[35] 朱金城．白居易集笺校[M]，上海：上海古籍出版社，1988.

[36] （唐）韩愈．韩愈全集[M]，上海：上海古籍出版社，1997.

[37] （唐）宋昭若撰．女论语[M]，状元阁女四书，光绪壬辰年（1892）善成堂校刊.

[38] （唐）张鷟．朝野佥载[M]，西安：三秦出版社，2004.

[39] （唐）李吉甫．元和郡县图志[M]，北京：中华书局，1983.

[40] （唐）李冗．独异志[M]，北京：中华书局，1983.

[41] （唐）赵璘．因话录[M]，上海：上海古籍出版社，1957.

[42] （唐）王泾．大唐郊祀录，适园丛书本.

[43] 张锡厚．王梵志诗校辑[M]，北京：中华书局，1983.

[44] （清）董诰．全唐文[M]，北京：中华书局，1983.

[45] 陕西省古籍整理办公室．全唐文补遗（一至九辑）[M]，西安：三秦出版社，1994-2007.

[46] 周绍良，赵超．唐代墓志汇编[G]，上海：上海古籍出版社，1992.

[47] 周绍良．唐代墓志汇编续集[G]，上海：上海古籍出版社，2001.

[48] （清）彭定求．全唐诗[M]，北京：中华书局，1960.

[49] 陈尚君辑校．全唐诗补编[M]，北京：中华书局，1992.

[50] 袁闾琨等编．唐宋传奇总集[M]，郑州：河南人民出版社，2001.

[51] （五代）孙光宪．北梦琐言[M]，北京：中华书局，2002.

[52] （宋）宋敏求．唐大诏令集[M]，北京：中华书局，2008.

[53] （宋）王溥．唐会要[M]，北京：中华书局，1955.

[54] （宋）窦仪．宋刑统[M]，北京：中华书局，1986.

[55] （宋）李昉．太平御览[M]，北京：中华书局，1985.

[56] （宋）李昉．文苑英华[M]，北京：中华书局，1966.

[57] （宋）李昉．太平广记[M]，北京：中华书局，1990.

[58] （宋）王钦若等．册府元龟[M]，北京：中华书局，1960.

[59] （宋）司马光．资治通鉴[M]，北京：中华书局，1998.

[60] （宋）洪迈．容斋随笔[M]，上海：上海古籍出版社，1978.

[61] （宋）王谠. 唐语林[M]，上海：上海古籍出版社，1978.
[62] （宋）朱熹. 晦庵先生朱文公文集[M]，上海：上海书店出版社，1989.
[63] （宋）赞宁撰，范祥雍点校. 宋高僧传[M]，北京：中华书局，1987.
[64] （宋）刘克庄. 千家诗[M]，太原：山西古籍出版社，2003.
[65] （宋）郑樵. 通志[M]，北京：中华书局，1987.
[66] 宋大诏令集[M]，北京：中华书局，1962.
[67] （宋）李焘. 续资治通鉴长编[M]，北京：中华书局，1992.
[68] （清）王夫之. 读通鉴论[M]，北京：中华书局，1975.
[69] （清）赵翼. 陔余丛考[M]，上海：商务印书馆，1957.
[70] （清）陆增祥. 八琼室金石补正[M]，北京：文物出版社，1985.
[71] （清）徐松. 宋会要辑稿[M]，北京：中华书局，1957.
[72] （清）永瑢等. 四库全书总目[M]，北京：中华书局，1965.
[73] 丛书集成[M]，上海：上海书店出版社，1994.
[74] 道藏[M]，文物出版社、上海书店、天津古籍出版社，1988.
[75] 陈垣编. 道家金石略[M]，北京：文物出版社，1988.
[76] 大正藏刊行会. 大正新修大藏经[M]，台北：新文丰出版公司影印，1983.
[77] 卍续藏经[M]，台北：台湾新文丰影印本.
[78] 河南省洛阳地区文管处. 千堂志斋藏志[G]，北京：文物出版社，1984.
[79] 冯瑞龙，詹杭伦编. 华夏家训[M]，成都：天地出版社，1995.
[80] 翁绍军. 汉语景教文典诠释[M]，北京：三联书社，1996.

二、学术著作

[1] 侯外庐等. 中国思想通史（第1卷）[M]，北京：人民出版社，1957.
[2] 中国美术家协会四川石刻考察团. 大足石刻[M]，北京：文物出版社，1959.
[3] 四川美术学院雕塑系. 大足石刻[M]，北京：朝花美术出版社，1962.
[4] 陈其泰编. 梁启超论著选粹[M]，广州：广东人民出版社，1969.
[5] 杨荣国. 中国古代思想史[M]，北京：人民出版杜，1973.
[6] 鲁迅. 而已集[M]，北京：人民出版社，1980.

[7] 刘敦桢. 中国古代建筑史[M]，北京：中国建筑工业出版社，1980.

[8] 蔡尚思主编. 中国现代思想史资料简编(第 1 卷)[M]，浙江人民出版，1982.

[9] 顾颉刚. 古史辨 [M]，上海：上海古籍出版社，1982.

[10] 唐长孺. 魏晋南北朝史论拾遗[M]，北京：中华书局，1983.

[11] 王重民. 敦煌遗书总目索引[M]，北京：中华书局，1983.

[12] 中国唐史研究会. 唐史研究会论文集[C]，西安：陕西人民出版社，1983.

[13] 匡亚明. 孔子评传[M]，济南：齐鲁书社，1985.

[14] 费孝通. 乡土中国[M]，北京：三联书店，1985.

[15] 吴申元. 中国人口思想史稿[M]，北京：中国社会科学出版社，1986.

[16] 梁漱溟. 中国文化要义 [M]，上海：学林出版社，1987.

[17] 余英时. 士与中国文化[M]，上海：上海人民出版社，1987.

[18] 贺麟. 文化与人生 [M]，北京：商务印书馆，1988.

[19] 杨国枢. 中国人的蜕变 [M]，台北：桂冠图书公司，1988.

[20] 赵吉惠. 中国先秦思想史[M]，西安：陕西人民教育出版社，1988.

[21] 中国唐史学会. 中国唐史学会论文集[C]，西安：三秦出版社，1989.

[22] 钱穆. 中国文化导论[M]，北京：中国青年出版社，1989.

[23] 张岂之. 中国思想史[M]，西安：西北大学出版社，1989.

[24] 朱凤翰. 商周家族形态研究[M]，天津：天津古籍出版社，1990.

[25] 赵国华. 生殖崇拜文化论[M]，北京：中国社会科学出版社，1990.

[26] 甘怀真. 唐代家庙礼制研究[M]，台北：台湾商务印书馆，1991.

[27] 林安弘. 儒家孝道思想研究[M]，北京：文津出版社，1992.

[28] 朱谦之. 中国景教[M]，北京：人民出版社，1992.

[29] 王祥龄. 中国古代崇祖敬天思想[M]，台北：台湾学生书局，1992.

[30] 谭蝉雪. 敦煌婚姻文化[M]，兰州：甘肃人民出版社，1993.

[31] 冯晓林. 中国隋唐五代教育史[M]，北京：人民出版社，1994.

[32] 罗义俊编. 理性与生命一当代新儒学文萃 [M]，上海：上海书店，1994.

[33] 史仲文，胡晓林. 中国隋唐五代习俗史[M]，百卷本《中国全史》丛书，北京：人民出版社，1994.

[34] 宁业高. 中国孝文化漫谈[M]，北京：中央民族大学出版社，1995.

[35] 周一良，赵和平. 唐五代书仪研究[M]，北京：中国社会科学出版社，1995.

[36] 王晓秋，大庭修. 中日文化交流史大系(历史卷)[M]，杭州：浙江人民出版社，1996.

[37] 陈来. 古代宗教与伦理[M]，上海：三联书店，1996.

[38] 宋金兰. 汉字与文化[M]，北京： 首都师大出版社，1996.

[39] 牛志平. 唐代婚丧[M]，西安：西北大学出版社，1996.

[40] 章群. 唐代祠祭论稿[M]，台北：学海出版社，1996.

[41] 王金林. 汉唐文化与古代日本文化[M]，天津：天津人民出版社，1996.

[42] 陈尚胜. 中韩交流三千年 [M]，北京：中华书局，1997.

[43] 宫晓卫. 孝经・人伦的至理[M]，上海：上海古籍出版社，1997.

[44] 魏英敏. 孝与家庭伦理[M]，郑州：河南教育出版社，1997.

[45] 王玉德. 孝•中国家政理念评议[M]，南宁：广西人民出版社，1997.

[46] 罗国杰主编. 中国传统道德[M]，北京：中国人民大学出版社，1997.

[47] 瞿振元，夏伟东主编. 中国传统道德讲义[M]，北京：人民大学出版社，1997.

[48] 陈戍国. 中国礼制史・隋唐五代卷[M]，长沙：湖南教育出版社，2011.

[49] 葛兆光. 七世纪前中国的知识、思想与信仰世界[M]，上海：复旦大学出版社，1998.

[50] 黄正建. 唐代衣食住行研究[M]，北京：首都师范大学出版社，1998.

[51] 李斌城. 隋唐五代社会生活史[M]，北京：中国社会科学出版社，1998.

[52] 马一浮. 复性书院讲录 [M]，济南：山东人民出版社，1998.

[53] 郑晓江，李承贵，杨彗骋. 传统道德与当代中国[M]，合肥：安徽教育出版社，1998.

[54] 黄小石. 净明道研究[M]，成都：巴蜀书社，1999.

[55] 任爽. 唐代礼制研究[M]，长春：东北师大出版社，1999.

[56] 何世明. 从基督教看中国孝道[M]，北京：宗教文化出版社，1999.

[57] 丁凌华. 中国丧服制度史[M]，上海：上海人民出版社，2000.

[58] 康学伟. 先秦孝道研究[M]，长春：吉林人民出版社，2000.

[59] 宋大川. 中国教育制度通史(第二卷)[M]，济南：山东教育出版社，2000.

[60] 王鹤鸣等主编. 中华谱牒研究[M]，上海：上海科学技术文献出版社，2000.

[61] 王双怀. 荒冢残阳——唐代帝陵研究[M]，西安：陕西人民出版社，2000.

[62] 谢宝耿. 中国孝道精华[M]，上海：上海社会科学出版社，2000.

[63] 肖群忠. 孝与中国文化[M]，北京：人民出版社，2001.

[64] 钟肇鹏. 求是斋丛稿[M]，成都：巴蜀书社，2001.

[65] 韩德民. 孝亲的情怀[M]，北京：北京语言文化大学出版社，2001.

[66] 万本根. 中国孝道文化[M]，成都：巴蜀书社，2001.

[67] 胡戟等编. 二十世纪唐研究[M]，北京：中国社会科学出版社，2002.

[68] 吕思勉. 中国制度史[M]，上海：上海世纪出版集团，2002.

[69] 吴丽娱. 唐礼摭遗[M]，北京：商务印书馆，2002.

[70] 毛汉光. 中国中古社会史论[M]，上海：上海书店出版社，2002.

[71] 张国刚. 佛学与隋唐社会[M]，石家庄：河北人民出版社，2002.

[72] 杨立新点校. 大清民律草案·民国民律草案[M]，长春：吉林人民出版社，2002.

[73] 徐复观. 中国思想史论集 [M]，上海：上海书店，2004.

[74] 岑仲勉. 唐人行第录(外三种)[M]，北京：中华书局，2004.

[75] 吴锋. 中国传统孝观念的传承研究[M]，长春：吉林人民出版社，2005.

[76] 朱红林. 张家山汉简《二年律令》集释 [M]，北京：社会科学文献出版社，2005.

[77] 刘兴云. 唐代中州乡村社会[M]，兰州：甘肃人民出版社，2007.

[78] 张国刚. 中国家庭史，第二卷(隋唐五代时期)[M]，广州：广东人民出版社，2007.

[79] 王长坤. 先秦儒家孝道研究[M]，成都：巴蜀书社，2007.

[80] 朱岚. 中国孝道七讲[M]，北京：中国社会文献出版社，2008.

三、译著

[1] (德)马克思. 资本论[M]，北京：人民出版社，1953.

[2] (德)马克思，恩格斯. 马克思恩格斯选集[M]，北京：人民出版社，1972.

[3] (德)黑格尔. 王造时译，历史哲学 [M]，上海：上海书店出版社，2006.

[4] (日)森克己. 遣唐使[M]，东京：至文堂，1966年初版，1972年重版.

[5] (日)木宫泰彦. 日中文化交流史[M]. 上海：商务印书馆，1980.

[6] (韩)金富轼，金童权译. 三国史记[M]，汉城：(韩国)新华社，1983.

[7] （日）圆仁. 入唐求法巡礼行记[M]，上海：上海古籍出版社，1986.

[8] （日）仁井田陞. 唐令拾遗[M]，长春，长春出版社，1989.

[9] （日）池田温. 中国古代写本识语集录[M]，东京：大藏出版株式会社，1990.

[10] （英）G.P.古奇、耿淡如译. 十九世纪历史学与历史学家（下册）[M]，上海：商务印书馆，1997.

[11] （韩）一然，权锡焕，陈蒲清注译. 三国遗事[M]，长沙：岳麓书社，2009.

四、学术论文

[1] 陕西省文物管理委员会. 唐永泰公主墓发掘简报[J]，文物，1959(8).

[2] 胡厚宣. 殷卜辞中的上帝和王帝（下）[J]，历史研究，1959(10).

[3] 于省吾. 略论图腾与宗教起源和夏商图腾[J]，历史研究，1959(11).

[4] 严耕望. 新罗留唐学生与僧徒[J]，载唐史研究从稿[M]，香港：新亚研究所，1969.

[5] 陕西省博物馆，乾县文教局唐墓发掘组. 唐懿德太子墓发掘简报[J]，文物，1972(2).

[6] 陕西省博物馆，乾县文教局唐墓发掘组. 唐章怀太子墓发掘简报[J]，文物，1972(2).

[7] 李裕民. 殷周金文中的“孝”和孔丘孝道的反动本质[J]，考古学报，1974(2).

[8] 陕西省博物馆. 唐李寿墓发掘简报[J]，文物，1974(9).

[9] 傅乐成. 唐人的生活[J]，收入《汉唐史论集》，联经出版公司，1977.

[10] 江文汉. 景教[J]，收入《中国古代基督教及开封犹太人》，知识出版社，1982.

[11] 李永宁. 报恩经和敦煌壁画中的报恩经变相[J]，载敦煌文物研究所编. 敦煌研究文集[C]，兰州：甘肃人民出版社，1982.

[12] 赵和平. 唐人节日略说[J]，百科知识，1986(1).

[13] 胡文和，李官智. 安岳卧佛沟唐代石经[J]，四川文物，1986(6).

[14] 王铁. 《曾子》著作时代考[J]，中国哲学史研究，1987(1).

[15] 郭政凯. 周代养老制度的特点[J]，中国史研究，1988(2).

[16] 何平. 孝道的起源与孝行的最早提出[J]，南开学报，1988(2).

[17] 王载源. 儒学东渐及其日本化的过程[J]，孔子研究，1989(3).

[18] 中国社会科学院考古研究所洛阳唐城队. 唐东都武则天明堂遗址发掘简报[J]，考古，1989(5).

[19] 牛志平. 试论唐代的孝道[J]，晋阳学刊，1991(1).

[20] 王慎行. 论西周孝道观的本质[J]，人文杂志，1991(2).

[21] 查昌国. 西周“孝”义试探[J]，中国史研究，1993(2).

[22] 雷巧玲. 唐人的居住方式与孝悌之道[J]，陕西师范大学学报 ，1993(3).

[23] 张泽咸. 唐代的节日[J]，收入《文史》(第37辑)，1993.

[24] 杨小红. 唐代在谱牒发展史上的历史地位[J]，档案学通讯，1994(2).

[25] 邱仲麟. 不孝之孝——唐以来割股疗亲的社会史初探[J]，新史学，1995(1).

[26] 郭峰. 晋唐时期的谱牒撰修[J]，中国社会经济史研究，1995(2).

[27] 陈萍萍. 唐玄宗御注《孝经》始末[J]，台州师专学报，1996(5).

[28] 肖群忠. 孝道观念在国人生活及民俗中的影响渗透[J]，西北师范大学学报，1998(3).

[29] 孙修身. 儒释孝道说的比较研究[J]，敦煌研究，1998(4).

[30] 罗新慧. 郭店楚简与《曾子》[J]，管子学刊，1999(3).

[31] 朱海. 唐代忠孝问题探讨——以官僚士大夫阶层为中心[J]，武汉大学学报，2000(3).

[32] 中国社会科学院考古研究所西安唐城工作队. 陕西西安唐长安城圆丘遗址的发掘[J]，考古，2000(7).

[33] 张践. 儒家孝道观的形成与演变[J]，中国哲学史，2000(3).

[34] 刘泽民. 孔子以孝释仁析[J]，中南工业大学学报，2001(3).

[35] 尚爱玲. 《唐律》中的孝治思想[J]，锦州师范学院学报，2001(3).

[36] 张卫民. 汉代官吏的优抚制度[J]，山东师大学报，2001(4).

[37] 谭思健. 论唐代行孝与崇孝之风[J]，江西教育学院学报，2001(5).

[38] 甘怀真. “旧君”的经典诠释——汉唐间的丧服礼与政治秩序[J]，新史学(台北)，2002(2).

[39] 臧知非. 王杖诏书与汉代养老制度[J]，史林，2002(2).

[40] 舒大刚. 《周易》、金文“孝享”释义[J]，周易研究，2002(4).

[41] 黄修明. 孝文化与唐代社会政治[J]，广西大学学报，2002(5).

[42] 黄开国. 论儒家的孝道学派 [J]，哲学研究，2003(3).

[43] 马继云. 孝的观念与唐代家庭[J]，山东师范大学学报，2003(3).

[44] 谭洁. 魏晋时期的孝道观[J]，武汉大学学报，2003(4).

[45] 肖群忠.《中国孝文化研究》介绍与摘要 [J]，伦理学研究，2004(4).
[46] 王志胜. 唐代家庭财产管理制度[J]，齐鲁学刊，2004(4).
[47] 俞晓红. 论唐五代白话小说的伦理观[J]，安徽师范大学学报，2004(6).
[48] 罗小红. 再论唐代的夺情起复制度 [J]，西北大学学报，2005(3).
[49] 薛洪勣.《龙城录》考辨[J]，社会科学战线，2005(5).
[50] 赵楠. 论《咏孝经十八章》[J]，西南民族大学学报，2004(5).
[51] 陈一风. 论唐玄宗注《孝经》的原因[J]，长春师范学院学报，2005(6).
[52] 于赓哲. 割股奉亲缘起的社会背景考察——以唐代为中心[J]，史学月刊，2006(2).
[53] 王先进. 论唐代的家庭养老[J]，固原师专学报，2006(1).
[54] 孙亦平. 论杜光庭的三教融合思想及其影响[J]，中国哲学史，2006(4).
[55] 赵小华. 唐人的孝亲观念与孝亲诗[J]，华南师范大学学报，2006(4).
[56] 陈倩. 论唐承隋制中的“孝治”政策[J]，喀什师范学院学报，2006(5).
[57] 商爱玲. 唐玄宗以孝驭官动因及实践探析[J]，北方论丛，2007(2).
[58] 刘兴云. 浅议唐代的乡村养老[J]，史学月刊，2007(8).
[59] 刑学敏. 唐代家庭伦理关系探微——以荥阳郑氏为例的考察[J]，中国社会历史评论，2007(8).
[60] 蔡镕津. 唐代知识分子的孝及其原因探析[J]，重庆科技学院学报，2007(6).
[61] 李传军，金霞. 父母恩重经与唐代孝文化——兼谈佛教中国化过程中的“通儒”与“济俗”现象[J]，孔子研究，2008(3).
[62] 郭江，陈维峰. 儒家忠孝思想在朝鲜半岛的传播[J]，天府新论，2008(5).
[63] 张伟. 论现代家庭[J]，青海社会科学，2008(5).

后　　记

本书是在恩师王双怀教授指导下完成的。我于 2006 年考入陕西师范大学历史文化学院，师从王双怀教授，攻读博士学位，专业方向是隋唐五代史。之前我曾在西北大学思想文化研究所，师从方光华教授攻读中国思想史专业的硕士学位，在中国思想文化学习研究方面有一定的基础。所以，在进行博士论文选题时，王双怀教授建议我能将思想文化史与唐史研究结合起来确定题目。孝道文化是中国传统思想文化中的核心理念，也是中国思想文化最具特色的传统文化之一。我对此颇有研究的兴趣，也收集了一些这方面的资料。当时，学术界多关注孝道文化的总体研究，还没有深入就某一个时代的孝文化进行具体深入研究，我就萌生了研究唐代孝文化的想法，这样就可以把思想文化史与隋唐史的研究更加紧密地结合起来。这一选题得到了王双怀教授的认可和支持。正巧，当年的中国社科基金选题指南中也将孝文化作为研究的重点课题，这也坚定了我研究这一课题的信心。在王老师的指导下，我确定了研究思路和框架，经过 3 年的努力，写成了 20 余万字的博士论文。尽管在答辩时评委会给了“优秀”等次，但也提出了一些问题和建议，需要再作进一步研究。2012 年我申请到了陕西省社科基金的支持，对唐代孝文化作了进一步的研究，重点是在孝文化的传承与创新方面，在此基础上形成了本书。

由于个人能力和时间的限制，有些研究还未能展开，有些研究还比较粗糙，不够深入全面，错漏之处，敬请方家批评指正。

本书的出版得到了西安电子科技大学出版社各级领导的大力支持，尤其是李惠萍女士和高维岳先生给予了很多指导和帮助。在学术著作出版困难的情况下，西电出版社坚守传播文化的社会责任担当，给本书提供了出版机会，这是对我莫大的鼓舞和鞭策。在此，表示诚挚的感谢！

季庆阳

2015 年 4 月 22 日于西安